W0199026

Name	Kl.	Schulj.	Bemerkung	Slg.

Nr.:

Infinitesimalrechnung 2

Leistungskurs

von
Karl-August Keil
Johannes Kratz
Hans Müller
Karl Wörle

Bayerischer Schulbuch-Verlag · München

bsv **Mathematik**

Bedeutung der farbigen Kennzeichnung von Lehrtexten:

- Abschnitte, die wahlweise behandelt werden können, sind durch blaue,
- Ergänzungs- und Zusatzstoffe durch rote Ziffern oder Buchstaben gekennzeichnet;

von Aufgaben:

- „Grundaufgaben": Sie sind schwarz nummeriert und bilden das Grundgerüst. Sie werden als erste Übung zum Verständnis und zur Festigung des Lehrstoffes empfohlen.
- „Wahlaufgaben": Sie sind blau gekennzeichnet und dienen der Vertiefung. Sie können in Anpassung an die zur Verfügung stehende Zeit und an das Leistungsvermögen der Klasse in einer Auswahl behandelt werden.
- „Zusatzaufgaben": Sie sind rot gekennzeichnet, bieten zusätzlichen Stoff oder stellen erhöhte Anforderungen. Sie können ohne Schaden für den Gesamtlehrgang grundsätzlich übergangen werden.

Gedruckt auf chlorfrei gebleichtem Papier

1997
1. Auflage
© Bayerischer Schulbuch-Verlag, München
Umschlaggestaltung: Lutz Siebert unter Verwendung einer Computergrafik
von Herbert W. Franke und Horst Helbig
Satz und Druck: Tutte Druckerei GmbH, Salzweg-Passau
ISBN 3-7627-3808-4

Dieses Werk folgt der reformierten Rechtschreibung und Zeichensetzung.

Inhalt

G. Grundwissen

Dieses Kapitel wiederholt Inhalte der 11. Jahrgangsstufe. Aufgaben dazu befinden sich auch auf Seite 240. Soweit Kenntnisse daraus (z. B. Produkt-, Quotienten-, Kettenregel) noch nicht vorhanden sind, kann hier auf solche Inhalte eingegangen werden. Je nach Lehrplanaufbau kann dies jedoch auch später an geeigneter Stelle geschehen.

G.1. Die Gerade und ihre Steigung

Definition G.1:

Eine Funktion $f: x \mapsto mx + t;\ x \in \mathbb{R}$ heißt *lineare Funktion*. Ihr Graph ist eine Gerade. $y = mx + t$ ist die *Gleichung* der Geraden. m heißt der *Steigungsfaktor* der Geraden.

Die Gerade schneidet die y-Achse im Punkt $P(0;\ t)$.
Je größer $|m|$, desto steiler verläuft sie:

$m > 0$: die Gerade steigt nach rechts an,
$m < 0$: die Gerade fällt nach rechts ab,
$m = 0$: die Gerade verläuft parallel zur x-Achse.

Zur Definition der *Steigung* in einem Punkt $P_0(x_0;\ y_0)$ der Geraden g wählt man noch einen beliebigen anderen Punkt $P_1(x_1;\ y_1)$ auf g (Fig. G.1) und bildet im entstehenden „Steigungsdreieck" das Verhältnis

$$\frac{\Delta y}{\Delta x} = \frac{y_1 - y_0}{x_1 - x_0} = \tan\alpha .$$

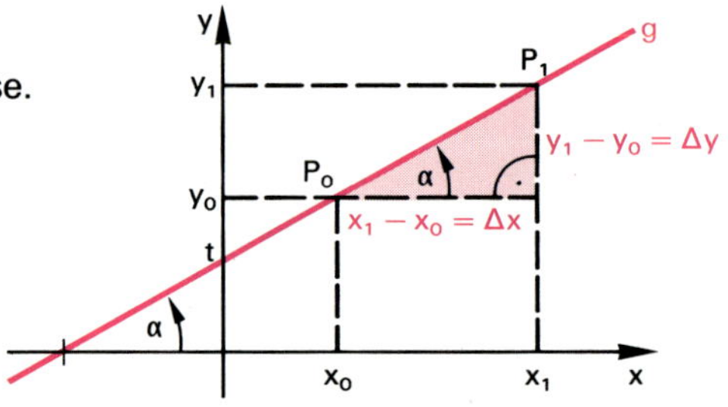

Fig. G.1

Da $y_0 = mx_0 + t$ und $y_1 = mx_1 + t$, erhält man

$$\frac{\Delta y}{\Delta x} = \frac{(mx_1 + t) - (mx_0 + t)}{x_1 - x_0} = \frac{m(x_1 - x_0)}{x_1 - x_0} = m, \quad \text{unabhängig von } x_0,\ x_1 \text{ und } t.$$

Die Gerade mit der Gleichung $y = mx + t$ hat also an jeder Stelle und unabhängig von t die Steigung

$$\boxed{\frac{\Delta y}{\Delta x} = \tan\alpha = m} \qquad \text{mit} \quad -90° < \alpha < 90°$$

Steigung und Steigungsfaktor sind also identisch und gleich dem Tangens des Neigungswinkels α der Geraden gegen die x-Achse.

Zwei Geraden mit den Steigungen m_1 und m_2 stehen genau dann aufeinander senkrecht, wenn

$$\boxed{m_1 \cdot m_2 = -1}$$

Aufgaben

1. Welche Steigung hat die Gerade PQ? Berechne ihren Neigungswinkel auf 0,01° genau. Wie lautet die Gleichung der Geraden?

   a) $P(2; 2)$, $Q(4; 6)$ b) $P(-5; 0)$, $Q(3; -2)$

2. Berechne die Neigungswinkel der Geraden g_1 und g_2 auf 0,01° genau. Unter welchem Winkel und in welchem Punkt schneiden sie sich?

   a) $g_1: y = \frac{3}{2}x + 2$; $g_2: y = -\frac{1}{3}x - \frac{5}{3}$ b) $g_1: 2x - 3y - 4 = 0$; $g_2: 3x + 2y + 7 = 0$

3. Im Punkt $A \in g$ wird das Lot zu g errichtet. Welche Gleichung hat es?

   a) $g: y = -\frac{1}{2}x + 3$; $A(2; ?)$ b) $g: 2x - 3y + 6 = 0$; $A(?; 4)$

G.2. Allgemeine Eigenschaften von Funktionen

G.2.1. Monotonie

Definition G.2:

Die Funktion $f: x \mapsto f(x)$; $x \in D_f$ heißt

streng monoton zunehmend[1]	*streng monoton abnehmend*[1]
wenn mit zunehmendem x	
der Funktionswert f(x) zunimmt;	der Funktionswert f(x) abnimmt;
oder	
wenn für alle $x_1, x_2 \in D_f$ gilt	
$x_1 < x_2 \Rightarrow f(x_1) < f(x_2)$;	$x_1 < x_2 \Rightarrow f(x_1) > f(x_2)$.

Von den zugehörigen Graphen sagt man, dass sie streng monoton steigen (Fig. G.2) bzw. fallen.

Gilt für $x_1 < x_2$ nur $f(x_1) \leqq f(x_2)$ bzw. $f(x_1) \geqq f(x_2)$, so heißt f *monton zunehmend* bzw. *monoton abnehmend*.

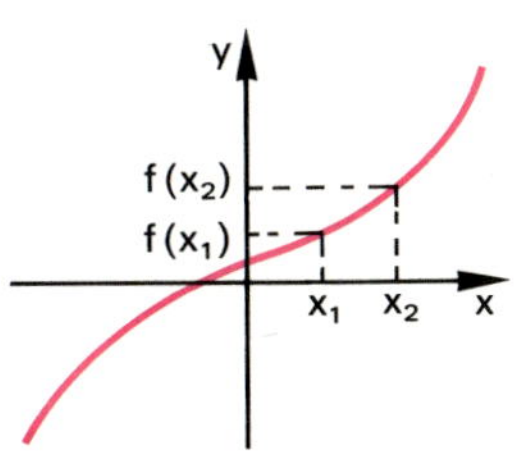

Fig. G.2

Beispiel: $f: x \mapsto f(x) = x^2$; $x \in \mathbb{R}^+$

Wir betrachten die Differenz benachbarter Funktionswerte:

$f(x_2) - f(x_1) = x_2^2 - x_1^2 = (x_2 + x_1)(x_2 - x_1)$

Für $0 < x_1 < x_2$ sind die beiden letzten Faktoren jeweils positiv und damit auch $f(x_2) - f(x_1) > 0$, f selbst also streng monoton zunehmend.

Wie liegen die Verhältnisse bei $g: x \mapsto g(x) = x^2$; $x \in \mathbb{R}^-$?

[1] auch *echt* monoton zunehmend (abnehmend)

Aufgaben

Zeige, dass die Funktion $f: x \mapsto \frac{1}{x}$; $x \in \mathbb{R}^+$ streng monoton abnimmt. Was ergibt sich, wenn man als Definitionsmenge $\mathbb{R}^-$ wählt?

G.2.2. Beschränktheit

Definition G.3:

Die Funktion $f: x \mapsto f(x);\ x \in D_f$ heißt

nach oben beschränkt	*nach unten beschränkt*
wenn es eine Zahl $S \in \mathbb{R}$ gibt, sodass	wenn es eine Zahl $s \in \mathbb{R}$ gibt, sodass
$f(x) \leqq S$	$f(x) \geqq s$

für alle $x \in D_f$.

S heißt eine *obere Schranke*, *s* eine *untere Schranke* von f.
Ist S eine obere Schranke, so ist jede Zahl, die größer ist als S, auch eine obere Schranke. Entsprechendes gilt für untere Schranken. Eine nach oben beschränkte Funktion hat unendlich viele obere, eine nach unten beschränkte Funktion unendlich viele untere Schranken. Die kleinste obere Schranke heißt *Supremum*, die größte untere Schranke *Infimum* von f.
Aus der Vollständigkeitseigenschaft der reellen Zahlen folgt, dass jede nach oben beschränkte Funktion ein Supremum hat, jede nach unten beschränkte Funktion ein Infimum.
Das Supremum (Infimum) kann zur Wertemenge gehören, muss es aber nicht.

Beispiel: Jede quadratische Funktion ist entweder nach oben oder nach unten beschränkt. Der Funktionswert im Scheitel ist Supremum bzw. Infimum.

Eine Funktion heißt *beschränkt*, wenn sie nach oben und unten beschränkt ist (Fig. G.3).

Beispiel: Die Sinusfunktion $f: x \mapsto \sin x$ ist beschränkt, weil für alle $x \in \mathbb{R}$ gilt $-1 \leqq \sin x \leqq 1$. 1 ist Supremum, -1 ist Infimum.

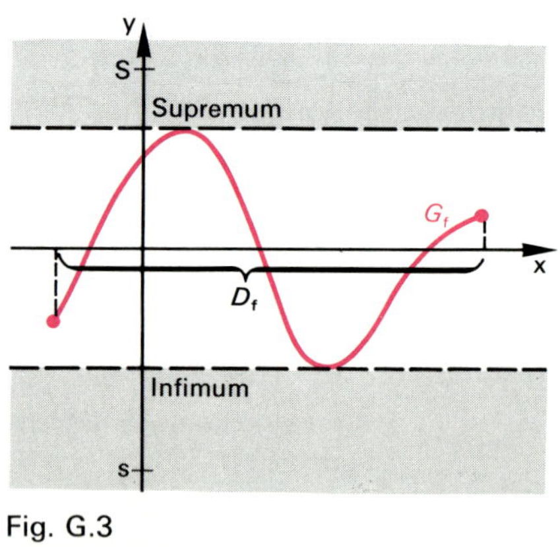

Fig. G.3

Aufgaben

Untersuche folgende Funktionen auf Beschränktheit nach oben bzw. unten. Gib ggf. das Supremum bzw. Infimum an. Gehört es zur Wertemenge?

a) $f: x \mapsto -x^2 + 2x;\quad x \in \mathbb{R}$ b) $f: x \mapsto |x-1| + 2;\quad x \in \mathbb{R}$ c) $f: x \mapsto \frac{1}{x};\quad x \in \mathbb{R}^+$

G.2.3. Symmetrie des Graphen

Definition G.4:

Eine Funktion $f: x \mapsto f(x);\ x \in D_f$ heißt

gerade, / *ungerade,* } wenn mit $x \in D_f$ auch $-x \in D_f$ und $\begin{cases} f(-x) = f(x) \\ f(-x) = -f(x) \end{cases}$ gilt.

Bei der geraden Funktion gehört also zu den Werten x und $-x$ derselbe Funktionswert, d.h. der Graph ist symmetrisch zur y-Achse. Fig. G.4.

Bei der ungeraden Funktion gehören zu den Werten x und $-x$ Funktionswerte, die sich nur im Vorzeichen unterscheiden. Der Graph ist punktsymmetrisch zum Ursprung. Fig. G.5.

Beispiele: $x \mapsto x^2,\ x \in \mathbb{R}$ ist eine gerade Funktion, da $(-x)^2 = x^2$ für alle $x \in \mathbb{R}$,

ebenso $x \mapsto \cos x,\ x \in \mathbb{R}$ wegen $\cos(-x) = \cos x$.

$x \mapsto x^3,\ x \in \mathbb{R}$ ist eine ungerade Funktion, da $(-x)^3 = -x^3$ für alle $x \in \mathbb{R}$,

ebenso $x \mapsto \sin x,\ x \in \mathbb{R}$ wegen $\sin(-x) = -\sin x$.

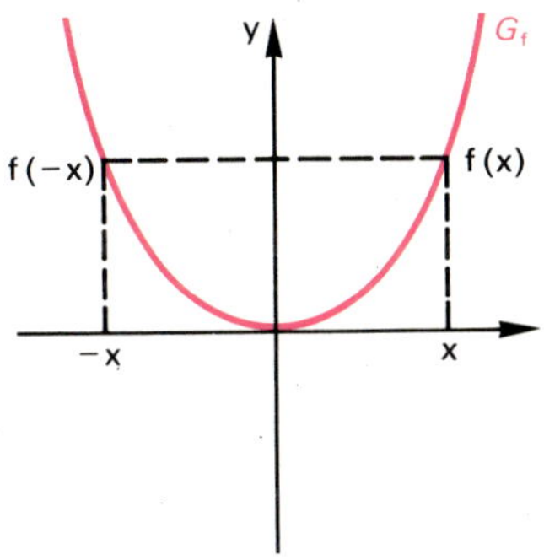

Fig. G.4

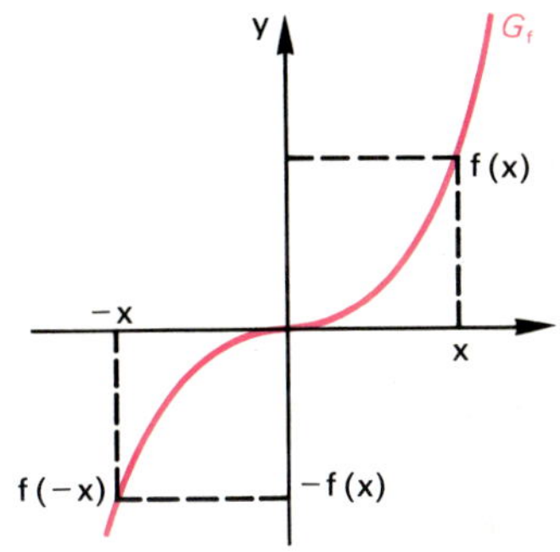

Fig. G.5

Aufgaben

Welche Symmetrieeigenschaften haben die Graphen der folgenden Funktionen (jeweils maximale Definitionsmenge vorausgesetzt)?

a) $f: x \mapsto x^2 - 1$ b) $f: x \mapsto |x|$ c) $f: x \mapsto \frac{1}{x}$

d) $f: x \mapsto \frac{1}{x^2}$ e) $f: x \mapsto x^2 - 2|x| + 1$ f) $f: x \mapsto x^3 - 4x$

g) $f: x \mapsto x \cos x$ h) $f: x \mapsto \frac{\sin x}{x}$

G.3. Grenzwerte von Funktionen

G.3.1. Grenzwert für $x \to \infty$

Definition G.5:

Eine Funktion f mit rechtsseitig unbeschränktem Definitionsbereich hat für $x \to \infty$ den Grenzwert a, wenn der Betrag $|f(x) - a|$ jede noch so kleine positive Zahl unterschreitet, sobald x groß genug wird.
Man schreibt:

$$\lim_{x \to \infty} f(x) = a \quad \text{bzw.} \quad \lim_{x \to \infty} (f(x) - a) = 0$$

und sagt: f *konvergiert für* $x \to \infty$ *gegen den Grenzwert* a.

Beispiel: Für $n \in \mathbb{N}$ und $a \in \mathbb{R}$ gilt $\lim\limits_{x \to \infty} \frac{a}{x^n} = 0$ und entsprechend $\lim\limits_{x \to -\infty} \frac{a}{x^n} = 0$

Es gelten die *Grenzwertregeln:*

Wenn $\lim\limits_{x \to \infty} f(x) = a$ und $\lim\limits_{x \to \infty} g(x) = b$, dann ist

$$\lim_{x \to \infty} [f(x) \pm g(x)] = a \pm b$$

$$\lim_{x \to \infty} [f(x) \cdot g(x)] = a \cdot b \qquad \text{und}$$

$$\lim_{x \to \infty} \frac{f(x)}{g(x)} = \frac{a}{b}, \quad \text{falls} \quad b \neq 0$$

Von diesen Regeln macht man Gebrauch, wenn man zur Ermittlung des Grenzwertes von Bruchtermen durch die höchste (im Nenner) vorkommende Potenz von x kürzt:

Beispiel: $$\lim_{x \to \infty} \frac{3x^3 - 7x + 13}{4x^3 + 20x^2} = \lim_{x \to \infty} \frac{3 - \frac{7}{x^2} + \frac{13}{x^3}}{4 + \frac{20}{x}} = \frac{3}{4}$$

Auf analoge Weise ist der Grenzwert einer Funktion für $x \to -\infty$ definiert. Die Grenzwertregeln gelten auch für $x \to -\infty$.

Aufgaben

Bestimme die folgenden Grenzwerte:

a) $\lim\limits_{x \to \infty} \frac{x^2 - 3x + 2}{x^2 + x - 6}$ b) $\lim\limits_{x \to \infty} \frac{2x - 3}{\sqrt{x^2 + 1}}$ c) $\lim\limits_{x \to \infty} \frac{2x + \sin x}{x + 3}$ d) $\lim\limits_{n \to \infty} (-1)^n \frac{2n}{n^2 + 1}$

G.3.2. Grenzwert für $x \to x_0$

Definition G.6:

> Eine Funktion f hat für $x \to x_0$ den Grenzwert a, wenn der Betrag $|f(x) - a|$ jede noch so kleine positive Zahl unterschreitet, sobald x der Stelle x_0 nahe genug kommt. Dabei muss $x \neq x_0$ sein und die Annäherung an x_0 muss innerhalb von D_f möglich sein.
>
> Man schreibt:
>
> $$\lim_{x \to x_0} f(x) = a \quad \text{oder} \quad \lim_{x \to x_0} (f(x) - a) = 0$$
>
> und sagt: f konvergiert für $x \to x_0$ gegen a.

Anmerkungen:

1. Befindet sich x_0 im Inneren von D_f oder ist x_0 eine Definitionslücke, so muss sowohl bei der Annäherung von links als auch von rechts für $x \to x_0$ der Betrag $|f(x) - a|$ jede noch so kleine positive Zahl unterschreiten.
2. Ist f rechts von x_0 nicht definiert, so kommt natürlich nur die Annäherung von links in Frage. Entsprechendes gilt, wenn f links von x_0 nicht definiert ist.
3. An der Stelle x_0 selbst muss f nicht definiert sein.

1. Beispiel: Die Funktion $f\colon x \mapsto \frac{x^2 - 1}{x - 1}$ ist an der Stelle $x_0 = 1$ nicht definiert. Für $x \neq 1$ gilt $f(x) = x + 1$. Es ist $\lim_{x \to 1} f(x) = 2$, weil der Betrag $|f(x) - 2|$ jede noch so kleine positive Zahl unterschreitet, sobald man x genügend nahe bei 1 wählt.

2. Beispiel: $f\colon x \mapsto 2x^2$ mit $D_f = \mathbb{R}$ ist an der Stelle $x_0 = 1$ definiert, wobei $f(1) = 2$. Es ist aber auch $\lim_{x \to 1} f(x) = 2$, was man am einfachsten dadurch nachweist, dass man $x = 1 + h$ in den Funktionsterm einsetzt und das Verhalten für $h \to 0$ betrachtet („h-Methode").

Die Grenzwertregeln von G.3.1. gelten für den Fall $x \to x_0$ entsprechend wie für $x \to \infty$.

Aufgaben

Bestimme folgende Grenzwerte:

a) $\lim_{x \to 2} \frac{x^2 - 4}{x + 2}$ b) $\lim_{x \to 1} \frac{x^3 - 1}{x^2 - 1}$ c) $\lim_{x \to 3} (x^2 + 1)$ d) $\lim_{x \to 2} \frac{3}{x}$

G.3.3. Stetigkeit

Definition G.7:

Eine Funktion f heißt an einer Stelle $x_0 \in D_f$ *stetig*, wenn

$$\lim_{x \to x_0} f(x) = f(x_0).$$

Dazu muss die Funktion f an der Stelle x_0 selbst definiert sein.

Eine Funktion f ist an einer Stelle x_0 unstetig, wenn $x_0 \in D_f$ und $\lim\limits_{x \to x_0} f(x)$ nicht existiert oder nicht mit $f(x_0)$ übereinstimmt.

Ist f an der Stelle x_0 nicht definiert und existiert der Grenzwert $\lim\limits_{x \to x_0} f(x) = a$, so heißt f *stetig fortsetzbar an der Stelle* x_0, weil die Funktion $\bar{f}$ mit

$$\bar{f}(x) = \begin{cases} f(x) & \text{für} \quad x \in D_f \\ a & \text{für} \quad x = x_0 \end{cases}$$

an der Stelle x_0 definitionsgemäß stetig ist (vgl. 1. Beispiel in G.3.2.).

Aus den Grenzwertregeln für $x \to x_0$ ergibt sich

Satz G.1:

Sind zwei Funktionen f und g an der Stelle x_0 stetig, so gilt dies auch für ihre Summe, ihre Differenz und ihr Produkt. Ebenso ist der Quotient $\frac{f}{g}$ an der Stelle x_0 stetig, falls $g(x_0) \neq 0$.

Für Funktionen, die in einem *abgeschlossenen* Intervall stetig sind, gelten die beiden folgenden wichtigen Sätze:

Satz G.2 (Extremwertsatz):

Eine in einem abgeschlossenen Intervall $J = [a; b]$ stetige Funktion f ist in J beschränkt und nimmt darin einen größten und einen kleinsten Funktionswert an (*Maximum* bzw. *Minimum*).

Wird das Maximum bzw. Minimum am Rand von J angenommen, so spricht man von einem *Randmaximum* bzw. *Randminimum*.

Satz G.3 (Zwischenwertsatz):

Ist f eine im abgeschlossenen Intervall $J = [a; b]$ stetige Funktion, so gibt es zu jedem Wert y_0 zwischen $f(a)$ und $f(b)$ mindestens eine Stelle $x_0 \in J$ mit $f(x_0) = y_0$.

G.4. Ableitung und Ableitungsfunktion

G.4.1. Die Ableitung an einer Stelle x_0

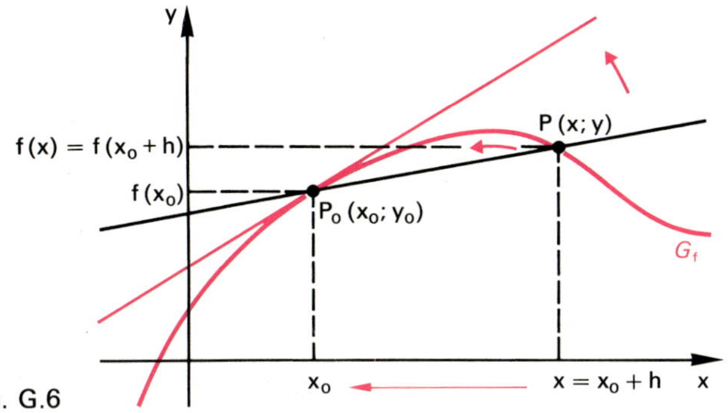

Fig. G.6

Auf der Suche nach der Steigung des Graphen G_f einer Funktion f: $x \mapsto f(x)$ in einem bestimmten Punkt $P_0(x_0; y_0)$ im Inneren von D_f wählt man einen beliebigen anderen Punkt $P(x; y)$ auf G_f und bestimmt zunächst (nach Abschnitt G.1.) die Steigung der Kurvensekante PP_0:

$$m_{PP_0} = \frac{\Delta y}{\Delta x} = \frac{y - y_0}{x - x_0} = \frac{f(x) - f(x_0)}{x - x_0}, \quad x \neq x_0 \quad \text{(vgl. Fig. G.6)}$$

Der Quotient $\dfrac{f(x) - f(x_0)}{x - x_0}$ heißt *Differenzenquotient* der Funktion f an der Stelle x_0.

Definition G.8:

> Hat der Differenzenquotient $\dfrac{f(x) - f(x_0)}{x - x_0}$ für $x \to x_0$ einen Grenzwert, so heißt f an der Stelle x_0 *differenzierbar* und der Grenzwert
>
> $$f'(x_0) = \lim_{x \to x_0} \frac{f(x) - f(x_0)}{x - x_0}$$
>
> heißt *Ableitung* (oder *Differenzialquotient*) der Funktion f an der Stelle x_0.

Setzen wir $x = x_0 + h$, also $h = x - x_0$, so ist $x \to x_0$ gleichbedeutend mit $h \to 0$ und wird erhalten die oft zweckmäßigere „h-Form“:

$$f'(x_0) = \lim_{h \to 0} \frac{f(x_0 + h) - f(x_0)}{h}$$

Definition G.9:

Die Gerade mit der Steigung $m = f'(x_0)$ durch den Punkt $P_0\,(x_0;\, y_0)$ ist die *Tangente* an G_f in P_0.
Die *Steigung des Graphen* G_f im Punkt $P_0\,(x_0;\, y_0)$ ist die Ableitung $f'(x_0)$.

Beispiel: Für $x \mapsto x^2;\, x \in \mathbb{R}$ erhält man an einer beliebigen Stelle x_0:

$$f'(x_0) = \lim_{h \to 0} \frac{(x_0 + h)^2 - x_0{}^2}{h} = \lim_{h \to 0} \frac{2x_0h + h^2}{h} =$$
$$= \lim_{h \to 0} (2x_0 + h) = 2x_0$$

Für $x_0 = 1$ erhält man damit für die Tangente im Punkt $P_0\,(1;\, 1)$

$$\frac{y-1}{x-1} = 2 \qquad \text{also} \qquad y = 2x - 1.$$

Wie z. B. die Funktion $f\colon x \mapsto |x|;\, x \in \mathbb{R}$ zeigt, gibt es Funktionen, die an einer Stelle x_0 stetig, aber dort nicht differenzierbar sind (hier $x_0 = 0$). Dagegen gilt

Satz G.4:

Eine an einer Stelle x_0 differenzierbare Funktion ist dort stetig.

Aufgaben

Berechne für folgende Funktionen allgemein die Ableitung $f'(x_0)$ und bestimme dann die Gleichung der Tangente im Punkt $P\,(1;\, f(1))$:

a) $f\colon x \mapsto \frac{1}{x}$ $(x_0 \neq 0)$ b) $f\colon x \mapsto \frac{1}{x^2}$ $(x_0 \neq 0)$ c) $f\colon x \mapsto \sqrt{x}$ $(x_0 > 0)$

G.4.2. Die Ableitungsfunktion

Die Zuordnung $x \mapsto f'(x)$, mit x aus dem Differenzierbarkeitsbereich von f, stellt selbst wieder eine Funktion dar.
Wir nennen sie die *Ableitungsfunktion* $f'\colon x \mapsto f'(x);\ x \in D_{f'}$.

Durch unmittelbares Einsetzen in die Definition der Ableitung erhält man wie im obigen Beispiel für einige wichtige Grundfunktionen folgende

Tabelle 1

$f(x) = c$ (konstant)	$\Rightarrow$	$f'(x) = 0$ (konstant)
$f(x) = x$	$\Rightarrow$	$f'(x) = 1$ (konstant)
$f(x) = x^2$	$\Rightarrow$	$f'(x) = 2x$
$f(x) = x^3$	$\Rightarrow$	$f'(x) = 3x^2$
$f(x) = \frac{1}{x}$	$\Rightarrow$	$f'(x) = -\frac{1}{x^2} \quad (x \neq 0)$
$f(x) = \sqrt{x}$	$\Rightarrow$	$f'(x) = \frac{1}{2\sqrt{x}} \quad (x > 0)$
$f(x) = \sin x$	$\Rightarrow$	$f'(x) = \cos x$
$f(x) = \cos x$	$\Rightarrow$	$f'(x) = -\sin x$

Aufgaben

Bestimme die Ableitungsfunktion zu folgenden Funktionen:

a) $f\colon x \mapsto mx + t$ b) $f\colon x \mapsto ax^2$ c) $f\colon x \mapsto \frac{1}{x^2} \quad (x \neq 0)$

G.4.3. Höhere Ableitungen

Häufig ist die Ableitungsfunktion f′ einer Funktion f (zumindest in einer Teilmenge von $D_{f'}$) selbst wieder differenzierbar. Die Ableitung von f′ wird mit f″ bezeichnet und heißt 2. Ableitung von f. Die Ableitung von f″ nennen wir die 3. Ableitung f‴ von f. Es folgen ggf. die 4., 5., ... n-te Ableitung von f, für die man $f^{(4)}, f^{(5)}, \dots f^{(n)}$ schreibt. Eine Funktion, deren n-te Ableitung $f^{(n)}$ in einer gewissen Zahlenmenge existiert, heißt dort n-mal differenzierbar.

Beispiel aus der Physik:

Die Geschwindigkeit ist die 1. Ableitung des Weges nach der Zeit,
die Beschleunigung ist die 2. Ableitung des Weges nach der Zeit.

G.5. Ableitungsregeln

Um Funktionen, die sich aus der vorausgehenden Tabelle zusammensetzen, differenzieren zu können, benötigt man einige allgemeine Ableitungsverfahren.

G.5.1. Ableitungsregeln für Summe, Differenz und konstanten Faktor

Unmittelbar aus der Definition der Ableitung ergeben sich die folgenden Regeln:

$$f(x) = u(x) \pm v(x) \quad \Rightarrow \quad f'(x) = u'(x) \pm v'(x)$$
$$f(x) = c \cdot u(x) \quad \Rightarrow \quad f'(x) = c \cdot u'(x) \quad \text{mit} \quad c \in \mathbb{R}$$

Beispiel: $f(x) = 3x^2 + 12x - 7 \Rightarrow f'(x) = 6x + 12$

(Wie lässt sich daraus leicht der Parabelscheitel finden?)

Aufgaben

Differenziere folgende Funktionsterme:

a) $f(x) = x^2 + x$ b) $f(x) = -2x^2 - 8x + 1$ c) $f(x) = x^3 + 5$

d) $f(x) = 2\sqrt{x} + 3\sin x$ e) $f(x) = \frac{a}{x} + b\sqrt{x}$ f) $f(x) = a\sin x + b\cos x$

G.5.2. Die Produktregel[1]

Für eine Produktfunktion mit $f(x) = u(x) \cdot v(x)$ gilt keine so einfache Regel wie die für Summe und Differenz zweier Funktionen in G.5.1. Für $f(x) = x^2 \cdot x = x^3$ z. B. ist nämlich $f'(x) = 3x^2$, die Ableitungen der Einzelfaktoren x^2 und x sind aber 2x und 1, ihr Produkt also 2x.
Zur Klärung bilden wir zunächst den Differenzenquotienten

$$\frac{f(x) - f(x_0)}{x - x_0} = \frac{u(x) \cdot v(x) - u(x_0) \cdot v(x_0)}{x - x_0}$$

$$\underset{2}{=} \frac{u(x) \cdot v(x) - u(x) \cdot v(x_0) + u(x) \cdot v(x_0) - u(x_0) \cdot v(x_0)}{x - x_0}$$

$$= u(x)\,\frac{v(x) - v(x_0)}{x - x_0} + v(x_0)\,\frac{u(x) - u(x_0)}{x - x_0}.$$

[1] Diese und die folgenden Regeln werden in manchen Kursen erst in der 12. Jahrgangsstufe behandelt, deshalb ist die Darstellung hier etwas ausführlicher gehalten. Zusätzliche Aufgaben siehe S. 240.
[2] Im Zähler wurde der Term $u(x) \cdot v(x_0)$ gleichzeitig subtrahiert und addiert.

Die Ableitung $f'(x_0)$ ist der Grenzwert des Differenzenquotienten. Mit den Grenzwertregeln erhalten wir

$$f'(x_0) = \lim_{x \to x_0} u(x) \cdot \lim_{x \to x_0} \frac{v(x) - v(x_0)}{x - x_0} + \lim_{x \to x_0} v(x_0) \cdot \lim_{x \to x_0} \frac{u(x) - u(x_0)}{x - x_0}$$

$$= u(x_0) \cdot v'(x_0) + v(x_0) \cdot u'(x_0),$$

falls $u(x)$ und $v(x)$ an der Stelle x_0 differenzierbar sind. Mit kleinen Umstellungen auf der rechten Seite ergibt sich, wenn wir gleichzeitig x_0 durch x ersetzen und die Schnittmenge der Definitionsmengen von u und v mit D bezeichnen, die

Produktregel:

Sind die Funktionen u und v für ein $x \in D$ differenzierbar, so trifft dies auch für die Produktfunktion $u \cdot v$ zu, und es gilt:

$$f(x) = u(x) \cdot v(x) \quad \Rightarrow \quad f'(x) = u'(x) \cdot v(x) + u(x) \cdot v'(x)$$

Beispiele: a) $f(x) = x^2 \cdot \sin x \quad \Rightarrow \quad f'(x) = 2x \cdot \sin x + x^2 \cdot \cos x = x(2\sin x + x\cos x)$

b) $f(x) = x^3 = x^2 \cdot x \quad \Rightarrow \quad f'(x) = 2x \cdot x + x^2 \cdot 1 = 3x^2$

c) $f(x) = x^4 = x^2 \cdot x^2 \quad \Rightarrow \quad f'(x) = 2x \cdot x^2 + x^2 \cdot 2x = 4x^3$

Zeige, dass die Zerlegung $f(x) = x \cdot x^3$ das gleiche Ergebnis liefert!

d) $f(x) = x^5 = x \cdot x^4 \quad \Rightarrow \quad f'(x) = 1 \cdot x^4 + x \cdot 4x^3 = 5x^4$

Zeige, dass die Zerlegung $f(x) = x^2 \cdot x^3$ zum gleichen Ergebnis führt!

Allgemein gelangt man damit zu folgender Regel[1]:

$$f(x) = x^n \quad \Rightarrow \quad f'(x) = n \cdot x^{n-1} \quad \text{für} \quad n \in \mathbb{N} \setminus \{1\} \quad \text{und} \quad x \in \mathbb{R}$$

Aufgaben

1. Bilde die Ableitung mit Hilfe der Produktregel:

a) $f(x) = x\sqrt{x}$ b) $f(x) = \frac{\sqrt{x}}{x}$ c) $f(x) = \frac{1}{x^2}$

d) $f(x) = x^2 \cos x$ e) $f(x) = x^7 \sin x$ f) $f(x) = \frac{\cos x}{x}$

2. Begründe, warum die Regel $f(x) = c \cdot u(x) \Rightarrow f'(x) = c \cdot u'(x)$ für $c \in \mathbb{R}$ als Sonderfall der Produktregel aufgefasst werden kann!

3. Zeige:
$f(x) = u(x)\,v(x)\,w(x) \quad \Rightarrow \quad f'(x) = u'(x)\,v(x)\,w(x) + u(x)\,v'(x)\,w(x) + u(x)\,v(x)\,w'(x)$
kurz: $(uvw)' = u'vw + uv'w + uvw'$

[1] Exakter Beweis mit Hilfe des Prinzips der vollständigen Induktion (siehe 15.4.).

G.5.3. Die Quotientenregel

Für eine Quotientenfunktion mit $f(x) = \frac{u(x)}{v(x)}$ und $v(x) \neq 0$ gilt $f(x) \cdot v(x) = u(x)$. Setzen wir die Existenz der Ableitungen voraus (vgl. Aufgabe 1), so können wir auf der linken Seite die Ableitung mit Hilfe der Produktregel bilden und gleich der Ableitung der rechten Seite setzen:

$$f'(x) \cdot v(x) + f(x) \cdot v'(x) = u'(x)$$

Lösen wir diese Gleichung nach $f'(x)$ auf, ersetzen im Zähler $f(x)$ durch $\frac{u(x)}{v(x)}$ und erweitern Zähler und Nenner mit $v(x)$, so erhalten wir die

Quotientenregel:

$$f(x) = \frac{u(x)}{v(x)} \Rightarrow f'(x) = \frac{u'(x) \cdot v(x) - u(x) \cdot v'(x)}{(v(x))^2},$$

falls $u'(x)$ und $v'(x)$ existieren und $v(x) \neq 0$

Beispiele: a) $f(x) = \frac{\sin x}{x^3} \Rightarrow f'(x) = \frac{\cos x \cdot x^3 - \sin x \cdot 3x^2}{x^6} = \frac{x \cos x - 3 \sin x}{x^4}$

b) $f(x) = \tan x = \frac{\sin x}{\cos x} \Rightarrow f'(x) = \frac{\cos x \cdot \cos x - \sin x \cdot (-\sin x)}{\cos^2 x}$

$$= \frac{\cos^2 x + \sin^2 x}{\cos^2 x} = \frac{1}{\cos^2 x}$$

Entsprechend erhält man $f(x) = \cot x \Rightarrow f'(x) = -\frac{1}{\sin^2 x}$

c) $f(x) = x^{-5} = \frac{1}{x^5} \Rightarrow f'(x) = \frac{0 \cdot x^5 - 1 \cdot 5x^4}{x^{10}} = -\frac{5}{x^6} = -5 \cdot x^{-6}$

Das Beispiel c) lässt vermuten, dass die Differenziationsregel für die Potenzfunktion auch dann anwendbar ist, wenn der Exponent ganzzahlig negativ ist. Dies gilt in der Tat, denn mit $n = -m$ ist

$$f(x) = x^{-m} = \frac{1}{x^m}; \quad x \in \mathbb{R} \setminus \{0\} \quad \text{und} \quad m \in \mathbb{N},$$

$$f'(x) = \frac{0 \cdot x^m - 1 \cdot mx^{m-1}}{(x^m)^2} = -\frac{m}{x^{2m-(m-1)}} = -\frac{m}{x^{m+1}} =$$

$$= -m \cdot x^{-m-1} = n \cdot x^{n-1}.$$

Was ergibt sich für $n = 0$?

Insgesamt erhalten wir damit folgende Ergänzung zu unserer Tabelle 1 in G.4.2:

Tabelle 2

$f(x) = x^n \Rightarrow f'(x) = n \cdot x^{n-1}$ für $x \in D_f$ und $n \in \mathbb{Z}$,

wobei $D_f = \mathbb{R}$ für $n > 1$ und $D_f = \mathbb{R} \setminus \{0\}$ für alle übrigen ganzen Zahlen n.

$f(x) = \tan x \Rightarrow f'(x) = \frac{1}{\cos^2 x}$ für $x \neq (2k+1)\frac{\pi}{2}$ für alle $k \in \mathbb{Z}$

$f(x) = \cot x \Rightarrow f'(x) = -\frac{1}{\sin^2 x}$ für $x \neq k \cdot \pi$ für alle $k \in \mathbb{Z}$

Aufgaben

1. Beweise die Quotientenregel (ähnlich wie die Produktregel) direkt durch Ansetzen des Differenzenquotienten von f an der Stelle x_0! (Umformung des Zählers nach gleichzeitigem Subtrahieren und Addieren von $u(x_0) \cdot v(x_0)$!)

2. Bilde $f'(x)$:

   a) $f(x) = \frac{1}{9 - x^2}$ b) $f(x) = \frac{1}{\sqrt{x}}$ c) $f(x) = \frac{1}{\sin x}$ d) $f(x) = \frac{1}{2 + x - x^2}$

3. Beweise: $f(x) = \frac{1}{g(x)} \Rightarrow f'(x) = -\frac{g'(x)}{(g(x))^2}$

4. Differenziere mit der Quotientenregel:

   a) $f(x) = \frac{x+1}{x}$ b) $f(x) = \frac{(a-x)^2}{x}$ c) $f(x) = \frac{x^2 - 1}{x^2}$

   Frage: Wie kann man a), c) und auch b) einfacher differenzieren?

   d) $f(x) = \frac{x^3}{(x-a)^2}$ e) $f(x) = \frac{x}{\sin x}$ f) $f(x) = \frac{1}{x^4} - \frac{1}{x^5}$

G.5.4. Zusammengesetzte Funktionen und Kettenregel

Funktionsterme wie $\sqrt{x^2 + 1}$ oder $\sin(2x + 1)$ können wir mit unseren bisherigen Ableitungsregeln nicht differenzieren. Man kann solche Funktionen durch Einführung einer Hilfsvariablen aus zwei Termen zusammensetzen:

Beispiele: a) $f\colon x \mapsto y = \sqrt{x^2 + 1}$ kann zusammengesetzt werden aus
$g\colon x \mapsto u = x^2 + 1$ und $h\colon u \mapsto y = \sqrt{u}$

b) $f\colon x \mapsto y = \sin(2x + 1)$ ist zusammengesetzt aus
$g\colon x \mapsto u = 2x + 1$ und $h\colon u \mapsto y = \sin u$

Es werden also zwei Funktionen $g: x \mapsto u = g(x)$ und $h: u \mapsto y = h(u)$ zu einer neuen Funktion f zusammengesetzt oder verkettet. Man schreibt auch

$$f: x \mapsto y = h(g(x)) \qquad \text{oder} \qquad f = h \circ g$$

und spricht von der *Verkettung von Funktionen*. (Dabei muss auf Definitionsmengen Rücksicht genommen werden!)

Zur Herleitung der Ableitung setzen wir nun voraus, dass g und h differenzierbar und damit auch stetig sind, und bilden den Differenzenquotienten

$$\frac{f(x) - f(x_0)}{x - x_0} = \frac{h(g(x)) - h(g(x_0))}{x - x_0} = \frac{h(u) - h(u_0)}{x - x_0}$$

$$= \frac{(h(u) - h(u_0)) \cdot (u - u_0)}{(u - u_0) \cdot (x - x_0)} = \frac{h(u) - h(u_0)}{u - u_0} \cdot \frac{g(x) - g(x_0)}{x - x_0}.$$ [1]

Wegen der Stetigkeit von g ist $\lim\limits_{x \to x_0} g(x) = g(x_0) = u_0$. Für $x \to x_0$ gilt auch $u \to u_0$. Damit ist

$$f'(x_0) = \lim_{x \to x_0} \frac{f(x) - f(x_0)}{x - x_0} =$$

$$= \lim_{u \to u_0} \frac{h(u) - h(u_0)}{u - u_0} \cdot \lim_{x \to x_0} \frac{g(x) - g(x_0)}{x - x_0} = h'(u_0) \cdot g'(x_0).$$

In der angegebenen Form ist die Gleichung $f'(x_0) = h'(u_0) \cdot g'(x_0)$ eine lokale Aussage. Da sie für jedes x_0 des Differenzierbarkeitsbereichs von $f(x) = h(g(x))$ gilt, kann man x_0 durch x und u_0 durch u ersetzen. So ergibt sich mit $u = g(x)$ die

Kettenregel:

$$f(x) = h(g(x)) \Rightarrow f'(x) = h'(u) \cdot g'(x) = h'(g(x)) \cdot g'(x) \quad \text{für} \quad x \in D_{g'},\ u \in D_{h'}$$

Beispiele: a) $f(x) = \sqrt{x^2 + 1}$; $\qquad h(u) = \sqrt{u}$; $\quad u = g(x) = x^2 + 1$

$h'(u) = \dfrac{1}{2\sqrt{u}}$; $\quad g'(x) = 2x$

$$f'(x) = h'(u) \cdot g'(x) = \frac{1}{2\sqrt{u}} \cdot 2x = \frac{x}{\sqrt{x^2 + 1}} \quad \text{für alle } x \in \mathbb{R}$$

b) $f(x) = \sin(2x + 1)$; $\quad h(u) = \sin u$; $\quad u = g(x) = 2x + 1$

$h'(u) = \cos u$; $\quad g'(x) = 2$

$$f'(x) = h'(u) \cdot g'(x) = \cos u \cdot 2 = 2\cos(2x + 1) \quad \text{für alle } x \in \mathbb{R}$$

---

[1] Bei dieser Herleitung wird vorausgesetzt, dass $u - u_0 \neq 0$, d. h., dass zumindest in einer „kleinen Umgebung" von x_0 gilt $g(x) \neq g(x_0)$. Die Kettenregel gilt jedoch in der angegebenen Form allgemein.

Aufgaben

1.–7.: Bilde für den angegebenen Term f (x) der Funktion $f: x \mapsto f(x); x \in D_f$ den Ableitungsterm f′(x)! Bei welchen Aufgaben stimmt $D_{f'}$ nicht mit D_f überein?

1. a) $(3x+2)^4$; $D_f = \mathbb{R}$ b) $(1-x)^5$; $D_f = \mathbb{R}$ c) $(3x^2-2x+5)^3$; $D_f = \mathbb{R}$

2. a) $\frac{1}{2x-1}$; $D_f =]0,5; \infty[$ b) $\frac{1}{(2x-1)^3}$; $D_f =]-\infty; 0,5[$

 c) $\frac{1}{(x^2+x+1)^2}$; $D_f = \mathbb{R}$ d) $\frac{1}{(2-\sin x)^2}$; $D_f = \mathbb{R}$

3. a) $\sin 2x$; $D_f = \mathbb{R}$ b) $\cos(\frac{1}{2}\pi x)$; $D_f = \mathbb{R}$

 c) $\sin(ax+b)$; $D_f = \mathbb{R}$ d) $\tan \pi x$; $D_f = [0; 0,5[$

4. a) $\sin^2 x$; $D_f = \mathbb{R}$ b) $\sin^2 x + \cos^2 x$; $D_f = \mathbb{R}$

 c) $\sin^3 x$; $D_f = \mathbb{R}$ d) $-\cos^4 x$; $D_f = \mathbb{R}$

5. a) $\sqrt{2x-3}$; $D_f = [1,5; \infty[$ b) $\sqrt{x^2+1}$; $D_f = \mathbb{R}$

 c) $\sqrt{\frac{x^2+1}{x}}$; $D_f = \mathbb{R}^+$ d) $\sqrt{x+\sqrt{x}}$; $D_f = \mathbb{R}_0^+$

6. a) $\sin x \cdot \sin 2x$; $D_f = \mathbb{R}$ b) $x \cdot \sqrt{x^2+1}$; $D_f = \mathbb{R}$

 c) $x^2\sqrt{1-x^2}$; $D_f = [-1; 1]$ d) $x^2 \cdot \sin 2x$; $D_f = \mathbb{R}$

7. a) $\frac{\sin 2x}{x^2}$; $D_f = \mathbb{R}^+$ b) $\frac{\sqrt{x}}{\cos 3x}$; $D_f =]0; \frac{1}{6}\pi[$

G.6. Kurvendiskussion

Zur genaueren Untersuchung („Diskussion") einer Funktion f und ihres Graphen G_f fragt man üblicherweise nach folgenden Punkten:

1. Definitionsmenge D_f (häufig ist hier die maximale Definitionsmenge, d. h. die Definitionsmenge $D_{f(x)}$ des Terms f (x), zu bestimmen)
2. Leicht erkennbare Symmetrieeigenschaften des Graphen G_f: Achsensymmetrie zur y-Achse, Punktsymmetrie zum Ursprung
3. Nullstellen, Unendlichkeitsstellen (bei Definitionslücken), Vorzeichen von f (x)
4. Verhalten von f (x) für $x \to +\infty$ und $x \to -\infty$ (evtl. Asymptoten) bzw. Verhalten am Rand der Definitionsmenge
5. f′(x), Nullstellen von f′(x) (waagrechte Tangenten)
6. f″(x), Nullstellen von f″(x)
7. Steigen und Fallen von G_f; Extremwerte von f bzw. Extrempunkte von G_f
8. Krümmungsverhalten des Graphen; Wendepunkte
9. Wertemenge W_f; Graph G_f

Ist die betrachtete Funktion zweimal differenzierbar, so können wir die Extrema der Funktion mit Hilfe des folgenden Satzes ermitteln:

Satz G.5:

Ist $f'(x_0) = 0$, $f''(x_0) < 0$ und f'' stetig an der Stelle x_0, dann hat f an der Stelle x_0 ein (lokales) Maximum, der Graph G_f einen (lokalen) Hochpunkt.

Ist $f'(x_0) = 0$, $f''(x_0) > 0$ und f'' stetig an der Stelle x_0, dann hat f an der Stelle x_0 ein (lokales) Minimum, der Graph G_f einen (lokalen) Tiefpunkt.

Ist die betrachtete Funktion dreimal differenzierbar, so bestimmt man Wendepunkte bzw. Terrassenpunkte des Graphen mit

Satz G.6:

Ist $f''(x_0) = 0$ und $f'''(x_0) \neq 0$, dann hat G_f an der Stelle x_0 einen Wendepunkt.

Ist außerdem $f'(x_0) = 0$ (waagrechte Tangente), so ist dieser Punkt ein Terrassenpunkt.

In vielen Fällen sind Vorzeichentabellen für die Funktionen f, f' und f'' geeignet, um die Extrempunkte und Wendepunkte des Graphen G_f zu bestimmen.

Die folgende Tabelle dient der anschaulichen Deutung der jeweiligen Vorzeichen bzw. eines Vorzeichenwechsels an der Stelle x_0. Da die Begriffe Steigen, Fallen, Linkskrümmung, Rechtskrümmung und Vorzeichenwechsel (VZW) nicht für Punkte, sondern nur in Intervallen sinnvoll sind, müssen die Funktionen f, f' und f'' jeweils in einem Intervall $J = [x_0 - h; x_0 + h]$ definiert und stetig sein. Außerdem soll f keine konstante Funktion sein.

	negativer Wert	Nullstelle		positiver Wert
		mit VZW	ohne VZW	
$f(x_0)$	G_f unterhalb der x-Achse	G_f hat einen gemeinsamen Punkt mit der x-Achse		G_f oberhalb der x-Achse
		G_f schneidet die x-Achse	G_f berührt die x-Achse	
$f'(x_0)$	G_f fällt in J	G_f hat eine waagrechte Tangente		G_f steigt in J
		G_f hat einen Extrempunkt	G_f hat einen Terassenpunkt	
$f''(x_0)$	G_f ist in J rechtsgekrümmt	G_f hat einen Wendepunkt		G_f ist in J linksgekrümmt

Beispiel:

Diskussion der Funktion

f: $x \mapsto f(x) = \frac{1}{10} \cdot (x^4 - 8x^2 - 9)$; $D_f = D_{f(x)}$

1. Die Definitionsmenge von f ist $\mathbb{R}$.

2. G_f ist achsensymmetrisch zur y-Achse, weil zu $x \in D_f$ auch $-x \in D_f$ und f (x) nur gerade Potenzen von x enthält.

3. Nullstellen: Mit $z := x^2$ folgt aus $z^2 - 8z - 9 = 0$: $z_1 = -1$; $z_2 = 9$ und damit $x_1 = -3$; $x_2 = +3$. Einfache Nullstellen, also jeweils Vorzeichenwechsel für f (x).

4. $\lim\limits_{|x| \to \infty} f(x) = \lim\limits_{|x| \to \infty} [\frac{1}{10}x^4 \cdot (1 - \frac{8}{x^2} - \frac{9}{x^4})] =$
$= \lim\limits_{|x| \to \infty} (\frac{1}{10}x^4)$, somit $f(x) \to +\infty$ für $|x| \to \infty$.

5. $f'(x) = \frac{2}{5}x \cdot (x^2 - 4)$ hat die einfachen Nullstellen $x_3 = 0$, $x_4 = -2$, $x_5 = +2$. f'(x) ändert dort jeweils sein Vorzeichen, G_f hat jeweils waagrechte Tangenten.

6. $f''(x) = \frac{2}{5} \cdot (3x^2 - 4)$ hat die einfachen Nullstellen $x_6 = -\frac{2}{3}\sqrt{3}$, $x_7 = +\frac{2}{3}\sqrt{3}$.

7.

x		−2		0		+2	
f'(x)	−		+		−		+
G_f	↘		↗		↘		↗

G_f fällt für $x < -2$ und für $0 < x < 2$;
G_f steigt für $-2 < x < 0$ und für $x > 2$.
$f(0) = -0{,}9$; $f(\pm 2) = -2{,}5$.
Tiefpunkte: $T_1(-2; -2{,}5)$, $T_2(2; -2{,}5)$.
Hochpunkt: $H(0; -0{,}9)$.

8. Wegen der Einfachheit der Nullstellen in 6. wechselt f''(x) dort jeweils das Vorzeichen. G_f ist linksgekrümmt für $x < -\frac{2}{3}\sqrt{3}$ und für $x > +\frac{2}{3}\sqrt{3}$; G_f ist rechtsgekrümmt für $-\frac{2}{3}\sqrt{3} < x < +\frac{2}{3}\sqrt{3}$. Die Nullstellen von f''(x) sind daher die Abszissen der Wendepunkte $W_1(-\frac{2}{3}\sqrt{3}; -\frac{161}{90})$ und $W_2(\frac{2}{3}\sqrt{3}; -\frac{161}{90})$.

9. Aus 4. und 7. ergibt sich mit der Stetigkeit die Wertemenge $W_f = [-2{,}5; +\infty[$.

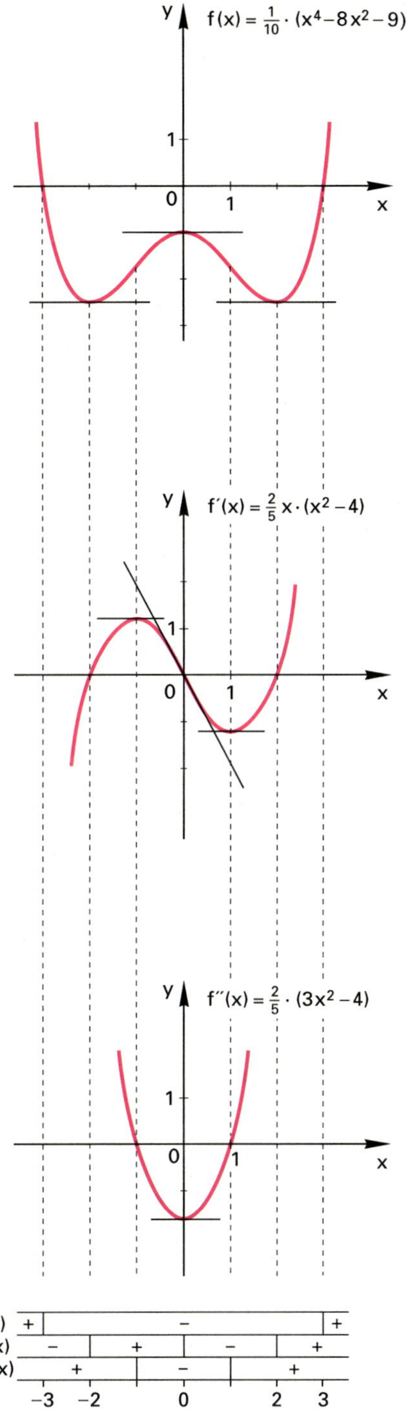

Aufgaben

1. Diskutiere folgende Funktionen $f\colon x \mapsto f(x)$ im jeweils maximalen Definitionsbereich:

   a) $f(x) = x^3 - 3x$ b) $f(x) = x^3 + 3x$ c) $f(x) = \frac{1}{6}(x^4 - 9x^2)$

   d) $f(x) = x^3 - 6x^2 + 9x$ e) $f(x) = \frac{1}{4}x^4 - \frac{4}{3}x^3 + 2x^2 + 2$ f) $f(x) = \dfrac{x^2+1}{x}$

   g) $f(x) = \dfrac{x^2-1}{x}$ h) $f(x) = \dfrac{1}{x^2+1}$ i) $f(x) = \dfrac{1}{x^2-1}$

2. a) Zeige, dass $f''(x) = 0$ bei ganzrationalen Funktionen 3. Grades immer den x-Wert des Wendepunkts liefert.

   b) Bestätige, dass der Ansatz $f''(x) = 0$ bei ganzrationalen Funktionen 4. Grades mit $f(x) = ax^4 + bx^3 + cx^2 + dx + e$ nur dann die x-Werte von Wendepunkten liefert, wenn die Koeffizienten die Bedingung $3b^2 - 8ac > 0$ erfüllen.

3. a) Wie viele Wendepunkte kann der Graph einer ganzrationalen Funktion 6. Grades höchstens haben?

   b) Wie viele Terrassenpunkte kann ein solcher Graph höchstens haben?

4. Welche Funktionen 3. Grades haben als Graph ihrer 1. Ableitung eine Parabel, die

   a) die x-Achse berührt b) symmetrisch zur y-Achse ist?

5. $f\colon x \mapsto f(x) = -\frac{1}{8} \cdot (x^4 + 4x^3 + 6x^2 + 4x - 15)$; $x \in \mathbb{R}$.

   a) Zeige, dass f nur die Nullstellen -3 und 1 hat.

   b) Bestätige: $f'(x) = -\frac{1}{8} \cdot (x+1)^3$.

   c) Bestimme nur unter Verwendung der 1. Ableitung die Art des Punktes mit waagrechter Tangente.

   d) Zeige, dass G_f keinen Wendepunkt besitzt.

   e) Weise nach, dass $f(-1+x) = f(-1-x)$ für alle $x \in \mathbb{R}$ gilt.
   Hinweis: Betrachte G_h mit $h(x) = f(x-1)$.
   Weshalb ist dies der Beweis dafür, dass G_f die Gerade mit der Gleichung $x = -1$ als Symmetrieachse besitzt?

   f) Zeichne G_f in einem Koordinatensystem und senkrecht darunter die Graphen der 1. Ableitung und der 2. Ableitung.

6. Durch $f(x) = \frac{1}{36}x^4 - \frac{8}{27}x^3 + cx^2 + 4$, $x \in \mathbb{R}$, $c \in \mathbb{R}$ ist eine Funktionenschar f_c gegeben.

   a) Zeige, dass alle Graphen der Schar durch den Punkt $P(0|4)$ verlaufen und dort eine waagrechte Tangente haben.

   b) Untersuche in Abhängigkeit von c, welcher Art dieser Punkt jeweils ist.

   c) Zeige, dass die folgenden vier Forderungen jede für sich den Parameterwert $c = \frac{2}{3}$ liefern.
   (1) G_f soll bei $x = 6$ einen gemeinsamen Punkt mit der x-Achse haben.
   (2) G_f soll bei $x = 6$ eine waagrechte Tangente haben.
   (3) G_f soll bei $x = 2$ eine waagrechte Tangente haben.
   (4) G_f soll bei $x = 3$ die Steigung 1 haben.

   d) Gib die Koordinaten aller Punkte mit waagrechten Tangenten für den Graphen zum Parameterwert $c = \frac{2}{3}$ an und bestimme ihre Art mit Hilfe der 2. Ableitung.

   e) Zeichne G_f in ein Koordinatensystem.

7. Einführung in die Integralrechnung

7.1. Das bestimmte Integral

7.1.1. Die Inhaltsbestimmung als Grundproblem der Integralrechnung

Aus dem Geometrieunterricht der Unter- und Mittelstufe sind die einfachen Flächenberechnungen von Dreiecken und speziellen Vierecken bekannt. Sie beruhen auf der lückenlosen Überdeckung mit Einheitsquadraten oder auf dem Vergleich mit zerlegungs- bzw. ergänzungsgleichen Flächen. Die Bestimmung des Kreisflächeninhalts erfordert allerdings schon gewisse Grenzbetrachtungen im Sinne der Infinitesimalrechnung.

Nunmehr wollen wir die Flächeninhaltsbestimmung auf allgemeinere krummlinig begrenzte ebene Flächen, wie sie z. B. zwischen einem Funktionsgraph und der x-Achse oder zwischen verschiedenen Funktionsgraphen auftreten, ausdehnen. Dazu erscheint es sinnvoll den Begriff „Flächeninhalt" durch seine charakteristischen Eigenschaften zu präzisieren. Sie lassen sich anschaulich motivieren und dienen zur Beschreibung (Definition) der Inhalte ebener Flächenstücke:

Unter dem Inhalt eines ebenen Flächenstücks versteht man eine geometrische Größe mit den folgenden Eigenschaften:

(1) Die Maßzahl des Flächeninhalts ist stets *nichtnegativ*.

(2) Die Maßeinheit 1 cm^2 ist der Flächeninhalt eines Quadrats mit 1 cm Seitenlänge (*Normierung*).

(3) Der Inhalt eines Flächenstücks ist gleich der Inhaltssumme der Teilflächen, in die das Flächenstück zerlegt werden kann *(Additivität)*.

(4) Der Inhalt eines Flächenstücks bleibt bei einer Kongruenzabbildung ungeändert *(Bewegungs- und Spiegelungsinvarianz)*.

Bemerkungen:

Flächen unterhalb der x-Achse werden, wie wir bald sehen werden, negative Flächeninhalte zugeordnet. Man spricht in diesem Fall von einem *gerichteten Flächeninhalt* (vgl. 7.1.3.).
Die Eigenschaft (2) besagt allgemein, dass ein Quadrat mit der Seitenlänge 1 LE (Längeneinheit) den Inhalt 1 FE (Flächeneinheit) hat. Dabei handelt es sich stets um *entsprechende* Einheiten, z. B. 1 mm und 1 mm^2 bzw. 1 m und 1 m^2.
Was die Eigenschaften (1) mit (3) betrifft, ist es bemerkenswert, dass auch vom Wahrscheinlichkeitsmaß in der Stochastik auf Grund der Axiome von *Kolmogorow* Nichtnegativität, Normierung und Additivität gefordert werden.
Schließlich sichert die Eigenschaft (4) die Eindeutigkeit des Flächeninhalts. Man kann also nicht durch verschiedene zulässige Messverfahren oder durch Verschiebung, Drehung oder Achsenspiegelung zu verschiedenen Messergebnissen gelangen. Dagegen kann das Wahrscheinlichkeitsmaß nicht eindeutig festgelegt werden. Die Axiome (1) mit (3) stellen nur Rahmenbedingungen dar, die bei jedem Wahrscheinlichkeitsmaß erfüllt sein müssen. Die Wahl der geeigneten Wahrscheinlichkeitsfunktion hängt jedoch von der jeweiligen Problemstellung ab.

Auch viele physikalische Problemstellungen lassen sich auf Inhaltsbestimmungen zurückführen. Dies wurde bereits am Anfang des ersten Teils der Infinitesimalrechnung am Beispiel einer Energiebetrachtung aus dem Gebiet der Raumfahrt deutlich (vgl. das 3. Beispiel zu 0.1.). Wir wollen im Folgenden noch ein weiteres einschlägiges Beispiel in Betracht ziehen.

7.1.2. Flächeninhalte im Zeit-Geschwindigkeits-Diagramm

In einem Diagramm ist, wie bei einem Fahrtenschreiber, über der Zeitachse die jeweilige Momentangeschwindigkeit eines Körpers aufgetragen. Ist es möglich, aus dieser Darstellung den Bewegungsablauf zu erkennen, also den Standort zu einem bestimmten Zeitpunkt zu ermitteln? Man könnte auch sagen: Ist es möglich, aus der „Zeit-Geschwindigkeits-Funktion" die „Zeit-Weg-Funktion" zu ermitteln?

A. Einfach ist diese Frage zu beantworten, wenn zwischen zwei Zeitpunkten t_1 und t_2 die Geschwindigkeit konstant gleich v_0 geblieben ist.
Die Veränderung $x_2 - x_1$ der Ortskoordinate (der Körper bewege sich auf einer x-Achse) ergibt sich dann als das Produkt aus Geschwindigkeit und Zeitspanne:

$$x_2 - x_1 = s = v_0 \cdot (t_2 - t_1)$$

An Fig. 7.1 erkennt man:
Ist v_0 *positiv*, dann ist die Ortsveränderung $x_2 - x_1$ gleich dem Flächeninhalt des Rechtecks, das im Intervall $[t_1; t_2]$ zwischen der t-Achse und dem Graphen liegt (Fig. 7.1a). Die Bewegung erfolgt in Richtung größerer x-Werte *(Vorwärtsfahrt)*.
Ist v_0 *negativ*, dann ist die Ortsveränderung gleich dem mit -1 multiplizierten Flächeninhalt des entsprechenden Rechtecks (Fig. 7. 1 b). Der Körper bewegt sich in Richtung kleinerer x-Werte (*Rückwärtsfahrt*).

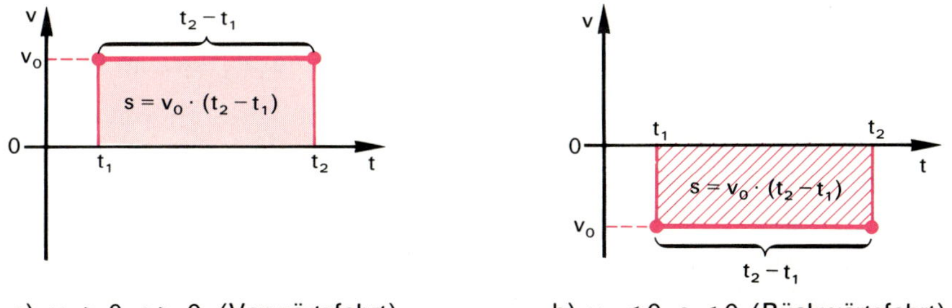

Fig. 7.1 a) $v_0 > 0$, $s > 0$ (Vorwärtsfahrt) b) $v_0 < 0$, $s < 0$ (Rückwärtsfahrt)

Bemerkung:
Wird künftig von Größen gesprochen (insbesondere von Flächeninhalten, Breiten ...), so ist deren Maßzahl in Verbindung mit der jeweiligen Maßeinheit gemeint. Bei gerichteten Größen, z. B. bei Geschwindigkeiten, werden entgegengesetzte Richtungen durch das Vorzeichen gekennzeichnet, falls Missverständnisse auftreten können.

Beispiel: Ein Massenpunkt P befindet sich am Skalenpunkt O einer Geraden, d. h. im Ursprung der t-Achse. Bei Beginn der Zeitmessung ($t_1 = 0$ s) setzt er sich mit der konstanten Geschwindigkeit $v_1 = +5$ cm/s in Bewegung. Nach $t_2 = 6$ s hält er an, kehrt sofort mit der konstanten Geschwindigkeit $v_2 = -3$ cm/s um und hält endgültig nach $t_3 = 8$ s. Wo befindet sich der Massenpunkt jetzt?

Lösung: $\overline{OP} = 5\,\frac{cm}{s} \cdot (6s - 0s) - 3\,\frac{cm}{s} \cdot (8s - 6s) = 24$ cm, das heißt:
Der Massenpunkt ist 24 cm vom Ausgangspunkt O entfernt.

B. Variiert die Geschwindigkeit jedoch zwischen den Zeitpunkten t_1 und t_2, so ist der Graph der Zeit-Geschwindigkeits-Funktion keine Parallele zur t-Achse, wie in Abschnitt A, sondern irgendeine Kurve (vgl. Fig. 7.2). Es besteht zunächst keine Möglichkeit zur Bestimmung der auf der x-Achse zurückgelegten Strecke, d. h. der Ortsveränderung $x_2 - x_1$ im Zeitintervall $[t_1; t_2]$. Geben wir uns aber vorerst mit einer Näherung für den gesuchten Wert zufrieden, können wir die oben gestellte Frage auf folgende Weise beantworten:

Für die folgenden Betrachtungen denken wir uns die sich *stetig* ändernde Geschwindigkeit durch einen treppenartigen Verlauf angenähert, sodass sich die Geschwindigkeit jeweils sprunghaft ändert und über kurze Zeitintervalle konstant ist. Die in diesen Zeitintervallen zurückgelegten Streckenteile ergeben sich gemäß Abschnitt A als Produkte aus Intervall-Länge und Geschwindigkeit zu Beginn jedes Intervalls – sie entsprechen also den Flächeninhalten der rechteckigen Streifen, die in der grafischen Darstellung jeweils zu den Intervallen gehören (Fig. 7.2a). Die gesamte zwischen t_1 und t_2 zurückgelegte Strecke ergibt sich als Summe der einzelnen Streckenteile, sie entspricht also der Summe der Inhalte der einzelnen Rechtecke.

Wir können die Näherung offenbar dadurch beliebig verbessern, dass wir den Zeitabschnitt $[t_1; t_2]$ in immer mehr und immer kürzere Teilintervalle zerlegen (Fig. 7.2b). Damit nähert sich aber auch der Flächeninhalt der gesamten „Treppenfigur" dem Inhalt A_1 der Fläche zwischen Zeitachse und Graph im Bereich $[t_1; t_2]$ (Fig. 7.2c). A_1 entspricht dann der Ortsveränderung $x_2 - x_1$ im Intervall $[t_1; t_2]$. Es gilt: $x_2 - x_1 = A_1$.

Entsprechendes gilt für $[t_2; t_3]$. Zu beachten ist, dass hier wegen $v(t) < 0$ der Flächeninhalt A_2 (immer positiv!) mit -1 multipliziert werden muss, um die Ortsveränderung zu erhalten (Rückwärtsfahrt!). Folglich gilt jetzt: $x_3 - x_2 = -A_2$.

Wir stellen nun fest: Die Ortsveränderung im Zeitraum von t_1 bis t_3 ergibt sich als Differenz der Flächeninhalte der Flächenstücke zwischen Graph und Zeitachse in den Intervallen $[t_1; t_2]$ bzw. $[t_2; t_3]$ (Fig. 7.2c). Also: $x_3 - x_1 = A_1 - A_2$ (Fig. 7.2d).

Ergebnis:

Kennen wir die Inhalte der Teilflächen über bzw. unter der Zeitachse, so können wir durch Addition bzw. Subtraktion derselben die gesamte Ortsveränderung ermitteln. Damit wird die physikalische Fragestellung auf die mathematische nach Summen und Differenzen von Flächeninhalten zurückgeführt.

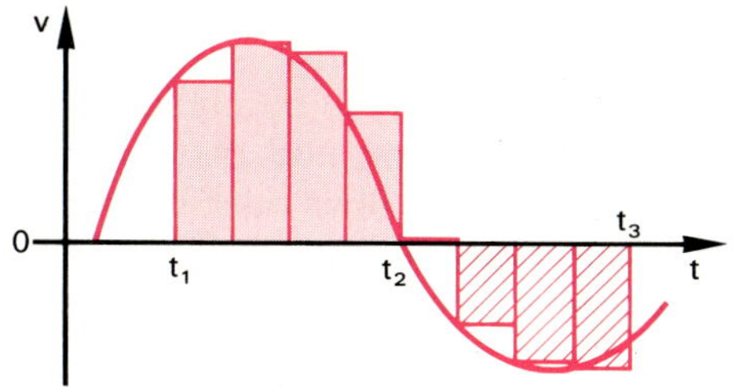

Fig. 7.2 a

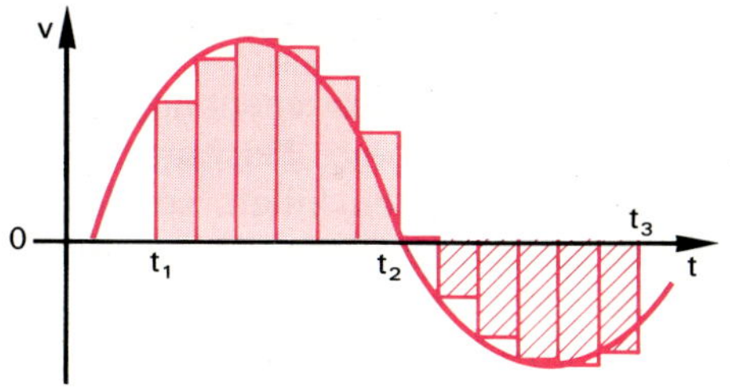

Fig. 7.2 b

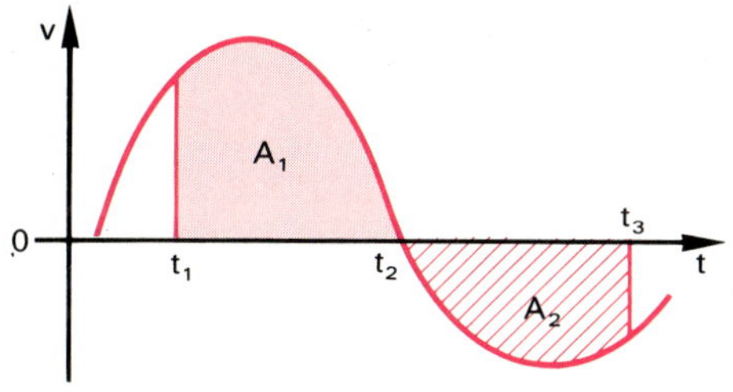

Fig. 7.2 c

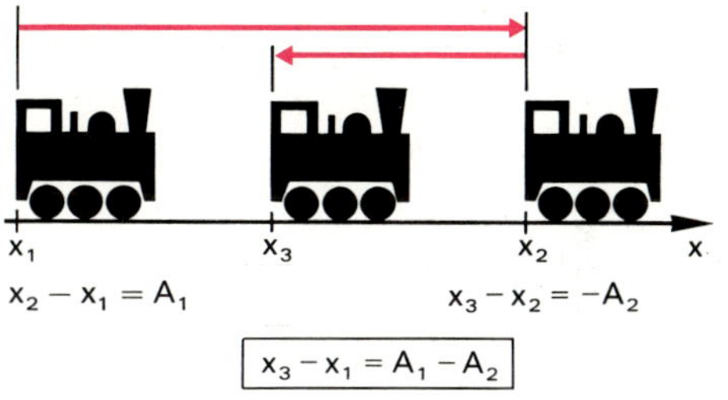

Fig. 7.2 d

Diese Fragestellung ist Sache der Integralrechnung.

Zur Erinnerung: In Abschnitt 3.1.1. haben wir ganz unterschiedliche Fragen aus Physik und Wirtschaft auf die eine Frage nach der Steigung des den Zusammenhang beschreibenden Graphen zurückgeführt. Von hier ausgehend haben wir die Differenzialrechnung entwickelt.

Aufgaben

Fig. 7.3 zeigt den Graphen einer Funktion f. A_1 bzw. A_2 sind die Flächeninhalte des rot gerasterten bzw. des rot schraffierten Dreiecks. Gib jeweils eine Interpretation des Terms $A_1 - A_2$ für folgende Fälle, in denen x bzw. y die jeweils angegebenen Größen repräsentieren:

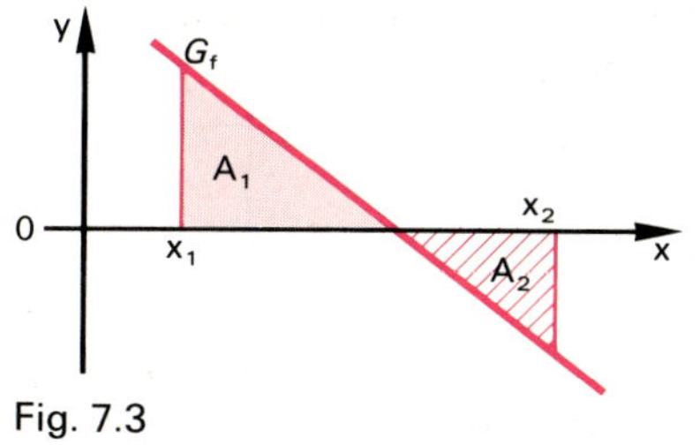

Fig. 7.3

a) x: Zeit y: Geschwindigkeit
b) x: Federlänge y: Federkraft
c) x: Zeit y: Beschleunigung
d) x: Zeit y: Änderung einer Größe bezogen auf die Zeiteinheit

7.1.3. Definition des bestimmten Integrals

Um physikalische Zusammenhänge wie in 7.1.2. mathematisch zu beschreiben, ist es offenbar notwendig, Flächenstücke zwischen dem Graphen und der x-Achse nicht nur durch ihren Inhalt, sondern auch durch ihre Lage über oder unter der x-Achse zu kennzeichnen. Dazu führen wir den Begriff des *gerichteten Inhalts* ein. Er ist bei Flächenstücken über der x-Achse gleich dem Inhalt, bei Flächenstücken unter der x-Achse gleich dem negativen Inhalt.
Zur Ermittlung der gesamten Ortsänderung im Beispiel von 7.1.2. sind also entweder die Inhalte der unter der Achse liegenden Flächenstücke von denen der darüber liegenden zu subtrahieren oder, gleichbedeutend damit, *die gerichteten Inhalte der Flächenstücke zu addieren*.
Für die *Summe* solcher gerichteter Flächeninhalte am Funktionsgraphen wird der Begriff des bestimmten Integrals eingeführt.

Definition 7.1:

Es sei f eine stetige Funktion in einem Teilintervall [a; b] von D_f.
f habe in [a; b] nur endlich viele Nullstellen.
Die Summe der gerichteten Inhalte aller Flächenstücke, die der Graph G_f zwischen a und b mit der x-Achse einschließt, heißt *bestimmtes Integral* über f von a bis b, in Zeichen:

$$\int_a^b f(x)\,dx$$

gelesen: Integral f(x) dx von a bis b.

Die Schreibweise werden wir später begründen.

Die Berechnung des bestimmten Integrals heißt Integration.

Das bestimmte Integral kann auch folgendermaßen definiert werden:
Das bestimmte Integral über f von a bis b ist *die Summe* der Inhalte jener Flächenstücke zwischen G_f und x-Achse, die *über* der x-Achse liegen, *abzüglich der Summe* der Inhalte aller Flächenstücke, die *unter* der x-Achse liegen.

Beispiel:

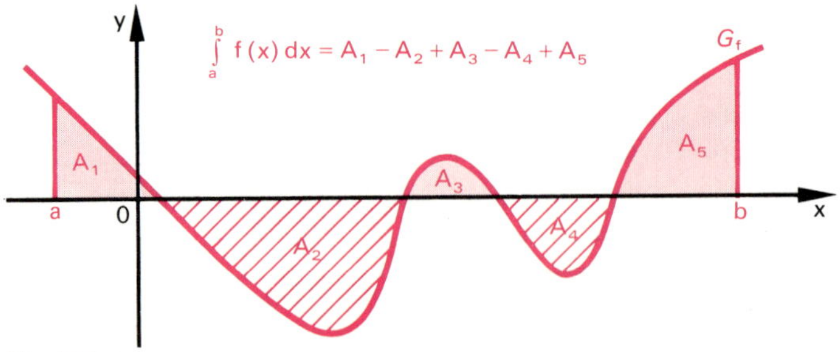

Fig. 7.4

Der Graph von f ist in Fig. 7.4 dargestellt.
A_1 bis A_5 seien die Inhalte der jeweiligen Flächenstücke. Dann ist

$$\int_a^b f(x)\,dx = A_1 - A_2 + A_3 - A_4 + A_5 .$$

Bezeichnen wir mit A_1^* bis A_5^* die entsprechenden *gerichteten Inhalte,* so ist

$A_1^* = A_1,\ A_2^* = -A_2,\ A_3^* = A_3,\ A_4^* = -A_4,\ A_5^* = A_5$ und

$$\int_a^b f(x)\,dx = A_1^* + A_2^* + A_3^* + A_4^* + A_5^* .$$

Bemerkungen:

1. Die Beschränkung auf endlich viele Nullstellen ist vorerst notwendig, um „Summen" von unendlich vielen Zahlen zu vermeiden.
2. Der Begriff des Flächeninhalts wird später noch durch Entwicklung einer Berechnungsmethode präzisiert.

Aufgabe

Berechne jeweils das bestimmte Integral $\int_a^b f(x)\,dx$ zu den Funktionen mit den folgenden Graphen (Fig. 7.5 a–d):

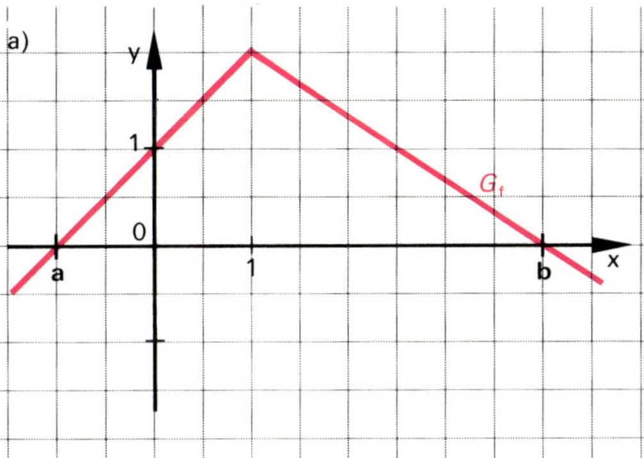

Fig. 7.5 a

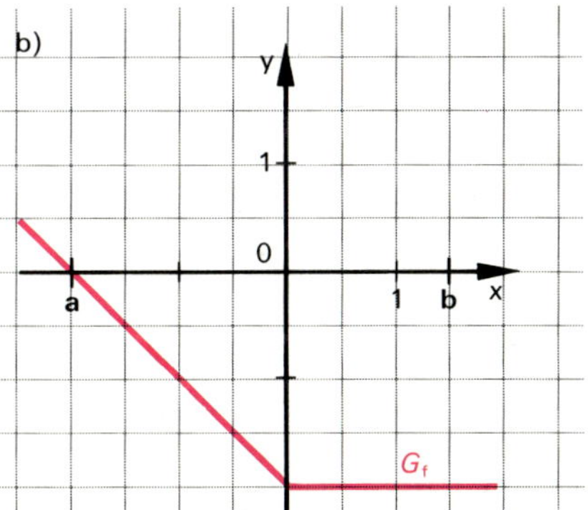

Fig. 7.5 b

Fig. 7.5 c

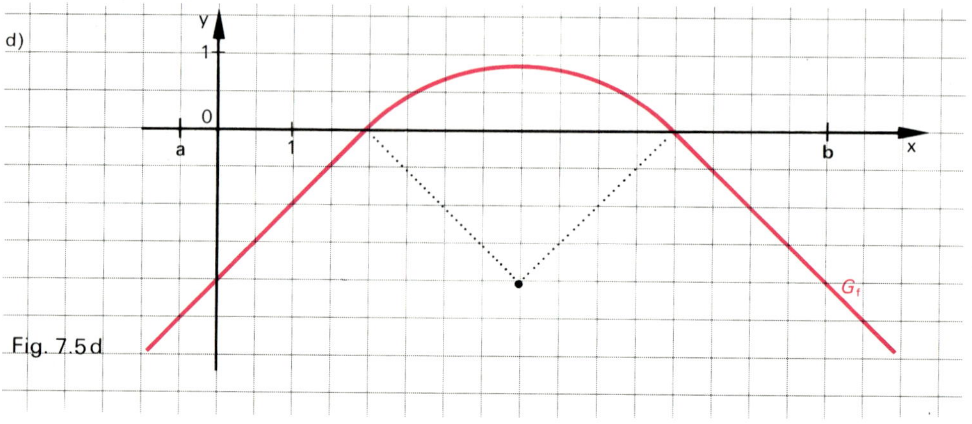

Fig. 7.5d

7.2. Berechnung bestimmter Integrale

Zur Berechnung eines bestimmten Integrals müssen wir die Inhalte $[J]_\alpha^\beta$ von Flächenstücken bestimmen, die vom Graphen G_f, der x-Achse und zwei Ordinaten begrenzt werden, kurz: von Flächenstücken zwischen Graph und x-Achse über Teilintervallen $[\alpha;\ \beta]$ von $[a;\ b]$.

Wir machen zunächst einschränkende Voraussetzungen: Die Funktion f sei in $[a;\ b]$ definiert, stetig, nichtnegativ und monoton zunehmend. In diesem Fall ist

$$\int_a^b f(x)\,dx = [J]_a^b.$$

Wir werden also ein Verfahren zur Berechnung des Flächeninhalts $[J]_a^b$ entsprechend Fig. 7.6 entwickeln. Dabei gehen wir davon aus, dass auf beiden Koordinatenachsen dieselbe Einheitsstrecke als Längeneinheit 1 LE verwendet wird. Dann stellen die x- und y-Werte direkt die Maßzahlen zu dieser Längeneinheit dar, $[J]_a^b$ die Maßzahl zur entsprechenden Flächeneinheit 1 FE.

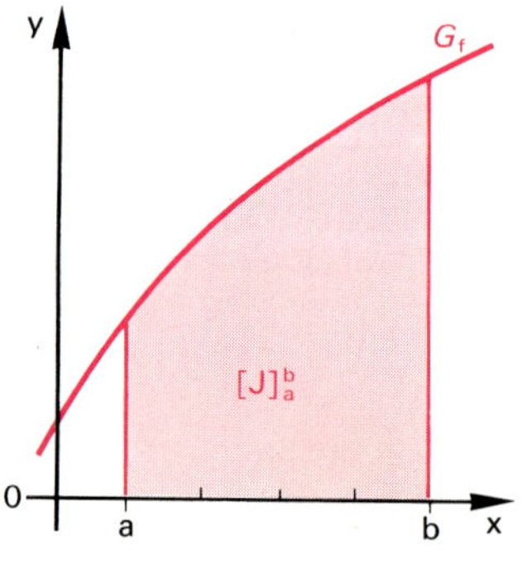

Fig. 7.6

7.2.1. Die Streifenmethode

A. Das Verfahren der fortgesetzten Intervallhalbierung

Wir halbieren zunächst das Intervall $[a;\ b]$, bauen, wie Fig. 7.7a zeigt, in das Flächenstück eine untere, zweistufige Treppe ein und grenzen es nach oben hin durch eine ebenfalls zweistufige Treppe ab. Dann liegt $[J]_a^b$ zwischen dem Inhalt $\underline{J}_2$ der unteren (blau schraffiert) und dem Inhalt $\overline{J}_2$ der oberen Treppe (blau gerastert). Es gilt:

$$\underline{J}_2 \leqq [J]_a^b \leqq \overline{J}_2$$

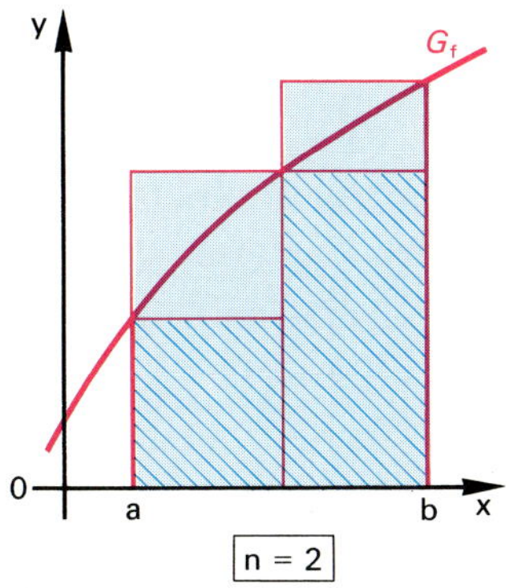

Fig. 7.7 a

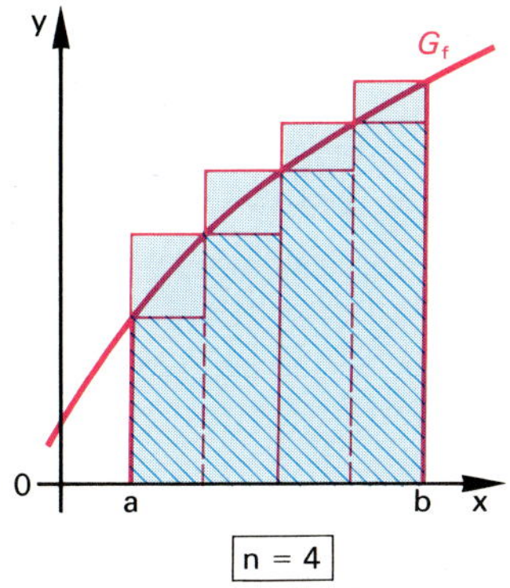

Fig. 7.7 b

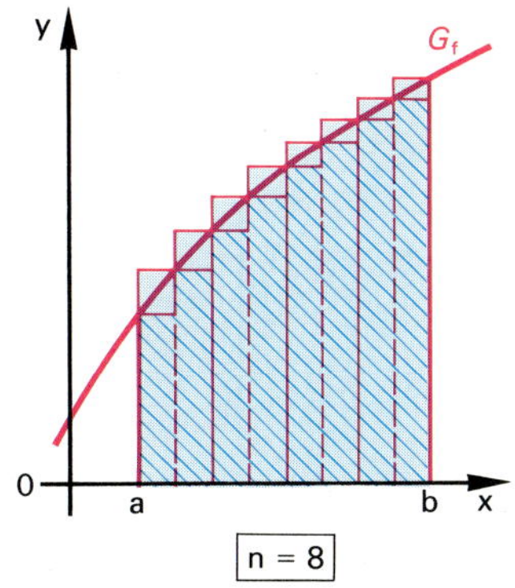

Fig. 7.7 c

Nun halbieren wir jedes der beiden Teilintervalle. Wie Fig. 7.7 b zu entnehmen ist, können wir auf diese Weise das zu berechnende Flächenstück zwischen eine untere vierstufige und eine obere, ebenfalls vierstufige Treppe eingrenzen. Es ist:

$$\underline{J}_4 \leqq [J]_a^b \leqq \overline{J}_4$$

Durch erneute Halbierung der Teilintervalle lässt sich, wie aus Fig. 7.7c zu ersehen ist, das Flächenstück zwischen eine untere und eine obere achtstufige Treppe einschließen, sodass gilt:

$$\underline{J}_8 \leqq [J]_a^b \leqq \overline{J}_8$$

Setzen wir dieses Verfahren der fortgesetzten Intervallhalbierung fort, so ist stets für jedes $n = 2^k$ mit $k \in \mathbb{N}$ (Zweierpotenzen):

$$\underline{J}_n \leqq [J]_a^b \leqq \overline{J}_n$$

Alle $\underline{J}_n$ (die sogenannten Untersummen) und alle $\overline{J}_n$ (die sog. Obersummen) sind elementar als Summen von Rechteckinhalten berechenbar. Offensichtlich nähert sich $\underline{J}_n$ von unten her und $\overline{J}_n$ von oben her dem gesuchten Flächeninhalt $[J]_a^b$ immer mehr. Dies untersuchen wir nun genauer.

B. Eigenschaften der Unter- und Obersummen

Beim Übergang von der n-stufigen zur 2n-stufigen Treppe werden die Ordinaten der alten Teilung stets wieder Ordinaten der neuen. Außerdem treten n neue Mittelordinaten (gestrichelt eingezeichnet) hinzu.
Wie Fig. 7.8 a zeigt, ist $\underline{J}_{2n} \geqq \underline{J}_n$. Denn es kommt bei der Halbierung jedes Teilintervalls das graue Flächenstück hinzu.
Wie Fig. 7.8 b zeigt, ist $\overline{J}_{2n} \leqq \overline{J}_n$. Denn es fällt bei der Halbierung jedes Teilintervalls das graue Flächenstück weg.

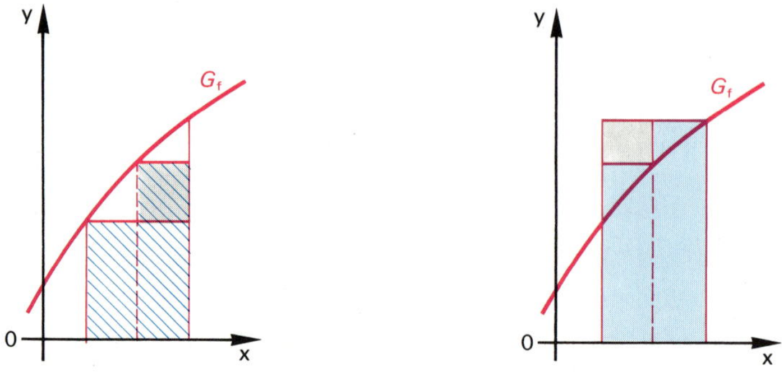

Fig. 7.8 a) b)

Weiter ist $\overline{J}_n \geqq \underline{J}_n$, und, wie man aus Fig. 7.9 sieht, ist die Differenz $\overline{J}_n - \underline{J}_n$ gleich dem Flächeninhalt des Rechtecks mit der Grundlinie $\frac{b-a}{n}$ und der Höhe $[f(b) - f(a)]$. Also ist

$$\overline{J}_n - \underline{J}_n = [f(b) - f(a)] \cdot \frac{b-a}{n}.$$

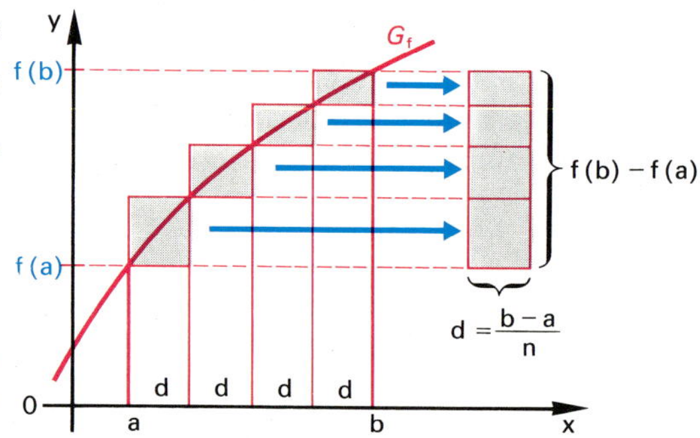

Fig. 7.9

Dieser Term geht mit $n \to \infty$ gegen null, da die in der eckigen Klammer stehende Differenz und der Zähler des Bruches konstant sind.
Damit steht fest:

(1) Die Untersummen $\underline{J}_n$ bilden eine monoton zunehmende Folge.

(2) Die Obersummen $\overline{J}_n$ bilden eine monoton abnehmende Folge.

(3) Die Differenzen $\overline{J}_n - \underline{J}_n$ bilden eine Folge mit dem Grenzwert 0.

Mithin sind die Merkmale einer Intervallschachtelung (s. Abschnitt 2.3.2.) erfüllt:

$$\underline{J}_2 \leqq \underline{J}_4 \leqq \underline{J}_8 \leqq \ldots \leqq \underline{J}_n \leqq \ldots \leqq [J]_a^b \leqq \ldots \leqq \overline{J}_n \leqq \ldots \leqq \overline{J}_8 \leqq \overline{J}_4 \leqq \overline{J}_2$$

$(n = 2^k \quad \text{mit} \quad k \in \mathbb{N})$

Durch sie ist $[J]_a^b$ als gemeinsamer Grenzwert der Folge der Untersummen und Obersummen festgelegt.

Damit haben wir auch das bestimmte Integral $\int_a^b f(x)\,dx = [J]_a^b$ ermittelt.[1]

[1] Das Wort *Integral* kommt von lat. integer, ganz, denn es werden hier unendlich viele Streifenflächen zu einem neuen Ganzen zusammengefasst. Man vergleiche die Bedeutung des Wortes *integrieren* im normalen Sprachgebrauch: „zusammenfassen zu einem größeren Ganzen".

7.2.2. Die Anwendung der Streifenmethode am Beispiel der Tabellenkalkulation

Die praktische Durchführung der Flächenberechnung mittels Unter- und Obersumme ist eine sehr mühsame und eintönige Rechenaufgabe. Für solche Aufgaben ist ein Computer sehr gut geeignet. Statt ein Programm zur Berechnung in einer Programmiersprache zu schreiben, ist es hier auch möglich, ein sogenanntes *Tabellenkalkulationsprogramm* einzusetzen. Das Programm gibt die Tabellenform vor, die Anzahl der Zeilen und Spalten kann man wählen. In die Felder können Werte eingegeben oder nach Rechenvorschriften aus anderen Feldern berechnet werden. Auch Überschriften und andere Texte kann man einfügen. In der folgenden Tabelle wird die Flächenberechnung für die monoton zunehmende positive Funktion f: $x \mapsto f(x) = \sqrt{x}$ mit dem Intervall $1 \leqq x \leqq 2$, also $a = 1$, $b = 2$, mit $n = 16$ Streifen durchgeführt.

Funktion Wurzel (x)	Teilpunkt	x-Wert	Funktion	Unter-streifen	Unter-summe	Ober-Streifen	Ober-summe
	0	1,0000	1,00000				
	1	1,0625	1,03078	0,06350	0,06250	0,06442	0,06442
a =	2	1,1250	1,06066	0,06442	0,12692	0,06629	0,13071
1,0	3	1,1875	1,08972	0,06629	0,19321	0,06811	0,19882
	4	1,2500	1,11803	0,06811	0,26132	0,06988	0,26870
b =	5	1,3125	1,14564	0,06988	0,33120	0,07160	0,34030
2,0	6	1,3750	1,17260	0,07160	0,40280	0,07329	0,41359
	7	1,4375	1,19896	0,07329	0,47609	0,07493	0,48853
n =	8	1,5000	1,22474	0,07493	0,55103	0,07655	0,56507
16	9	1,5625	1,25000	0,07655	0,62757	0,07813	0,64320
	10	1,6250	1,27475	0,07813	0,70570	0,07967	0,72287
dx =	11	1,6875	1,29904	0,07967	0,78537	0,08119	0,80406
0,0625	12	1,7500	1,32288	0,08119	0,86656	0,08268	0,88674
	13	1,8125	1,34629	0,08268	0,94924	0,08414	0,97088
	14	1,8750	1,36931	0,08414	1,03338	0,08558	1,05646
	15	1,9375	1,39194	0,08558	1,11896	0,08700	1,14346
	16	2,0000	1,41421	0,08700	1,20596	0,08839	1,23185
	Mittelwert:		(Obersumme	+	Untersumme)/2		1,21890

Zum Verständnis muss man sich mit der Benützung eines Tabellenkalkulationsprogramms vertraut machen. Die Berechnung der Felder sei kurz angedeutet:

S(−1) bedeutet den Wert im Feld eine Spalte links (gleiche Zeile)
Z(−1) bedeutet den Wert im Feld eine Zeile darüber (gleiche Spalte)
Z(−1) S(−1) bedeutet den Wert im Feld eine Zeile darüber, eine Spalte links

1. Spalte:	Intervallgrenzen, Zahl der Teilintervalle, Streifenbreite	
2. Spalte:	Nummer des Teilungspunktes	Z(−1) +1
3. Spalte:	Teilungspunkt, x-Wert	((b−a)/n) ∗ S(−1) +1
4. Spalte:	Funktionswert zum Teilungspunkt	Wurzel (S(−1))
5. Spalte:	Streifen der unteren Treppe	((b−a)/n) ∗ (Z(−1) S(−1))
6. Spalte:	Untersumme	Z(−1) + S(−1)

7. Spalte: Streifen der oberen Treppe $((b-a)/n) * S(-3)$
8. Spalte: Obersumme $Z(-1) + S(-1)$

In der letzten Zeile wurde der Mittelwert von Untersumme 1,20596 und Obersumme 1,23185 als Näherungswert des Integrals $\int_1^2 \sqrt{x}\,dx$ berechnet.

Wir wenden dasselbe Verfahren noch auf die Sinusfunktion an.
Die Funktion $f\colon x \mapsto \sin x$ mit $0 \leqq x \leqq \pi$ ist nicht monoton.

Funktion sin(x)	Teilpunkt	x-Wert	Funktion	Unter-streifen	Unter-summe	Ober-streifen	Ober-summe	Trapez-streifen	Trapez-summe
	0	0,000000	0,000000						
	1	0,196350	0,195091	0,000000	0,000000	0,038306	0,038306	0,019153	0,019153
a =	2	0,392699	0,382683	0,038306	0,038306	0,075140	0,113446	0,056723	0,075876
0,0	3	0,589049	0,555571	0,075140	0,113446	0,109086	0,222532	0,092113	0,167989
	4	0,785398	0,707107	0,109086	0,222532	0,138840	0,361372	0,123963	0,291952
b =	5	0,981748	0,831470	0,138840	0,361372	0,163259	0,524631	0,151049	0,443001
3,141593	6	1,178097	0,923879	0,163259	0,524631	0,181403	0,706034	0,172331	0,615332
	7	1,374447	0,980785	0,181403	0,706034	0,192577	0,898611	0,186990	0,802322
n =	8	1,570797	1,000000	0,192577	0,898611	0,196350	1,094961	0,194463	0,996785
16	9	1,767146	0,980785	0,192577	1,091188	0,196350	1,291311	0,194463	1,191248
	10	1,963496	0,923879	0,181403	1,272591	0,192577	1,483888	0,186990	1,378238
dx=	11	2,159845	0,831470	0,163259	1,435850	0,181403	1,665291	0,172331	1,550569
0,1963496	12	2,356195	0,707106	0,138840	1,574690	0,163259	1,828550	0,151049	1,701618
	13	2,552544	0,555570	0,109086	1,683776	0,138840	1,967390	0,123963	1,825581
	14	2,748894	0,382683	0,075140	1,758916	0,109086	2,076476	0,092113	1,917694
	15	2,945243	0,195090	0,038306	1,797222	0,075140	2,151616	0,056723	1,974417
	16	3,141593	0,000000	0,000000	1,797222	0,038306	2,189922	0,019153	1,993570
	Mittelwert:	(Obersumme + Untersumme) / 2					1,993572		

In Spalte 5 muss die Streifenbreite mit dem *kleineren* der beiden Funktionswerte am Rand des Streifens multipliziert werden. Der Funktionswert des linken Randes steht im Feld $Z(-1)\ S(-1)$, der des rechten Randes in $S(-1)$ d. h. in der gleichen Zeile eine Spalte links.
Das Minimum der beiden Werte erhält man mit: $\mathrm{MIN}\,(Z(-1)\ S(-1);\ S(-1))$.
Entsprechend braucht man in Spalte 7 den *größeren* der beiden Randwerte:
Das Maximum der beiden Werte erhält man mit: $\mathrm{MAX}\,(Z(-1)\ S(-3);\ S(-3))$.
Also heißen die Formeln jetzt:

Spalte 5: $((b-a)/n) * \mathrm{MIN}\ (Z(-1)\ S(-1);\ S(-1))$
Spalte 7: $((b-a)/n) * \mathrm{MAX}\,(Z(-1)\ S(-3);\ S(-3))$

In den Spalten 9 und 10 wurde ein anderes Verfahren, die Sehnen-Trapez-Methode, verwendet. In den Ergänzungen zu 7.3. wird in der Aufgabe darauf eingegangen. Es wurden alle Zwischenergebnisse wie die Teilungspunkte, die Funktionswerte, die einzelnen Streifenflächen und die Zwischensumme vom Computer ausgegeben, um die ganze Berechnung zu überblicken. Ändert man die Intervallgrenzen a, b oder die Zahl der Teilintervalle n, so erscheinen am Bildschirm in kurzer Zeit die neuen Werte. Auch eine andere Funktion lässt sich einfach eingeben.

7.2.3. Integration bei einfachen Funktionen

Wir wollen unsere Überlegungen und Erkenntnisse auf einige einfache Funktionen anwenden, die in einem Intervall [a; b] stetig, nichtnegativ und monoton zunehmend sind.
Zur Berechnung des bestimmten Integrals müssen wir die Flächeninhalte der Stufen jeder Treppenfigur anschreiben und aufaddieren. Wir führen dazu eine abkürzende Schreibweise ein:

$$a_1 + a_2 + a_3 + \ldots + a_n = \sum_{\nu=1}^{n} a_\nu$$

gelesen: Summe aller a_ν für $\nu = 1$ bis n.[1]

Beispiele: a) $1 + 2 + 3 + \ldots + n = \sum_{\nu=1}^{n} \nu$, denn $a_\nu = \nu$, $\nu = 1, 2, 3, \ldots, n$

b) $1^2 + 2^2 + 3^2 + \ldots + n^2 = \sum_{\nu=1}^{n} \nu^2$, denn $a_\nu = \nu^2$, $\nu = 1, 2, 3, \ldots, n$

c) $1^3 + 2^3 + 3^3 + \ldots + n^3 = \sum_{\nu=1}^{n} \nu^3$, denn $a_\nu = \nu^3$, $\nu = 1, 2, 3, \ldots, n$.

A. Integration der Funktion $f\colon x \mapsto x;\ x \in \mathbb{R}_0^+$

Der Graph dieser Funktion ist die Winkelhalbierende des I. Quadranten mit der Gleichung $y = x$. Wir berechnen $\int_a^b f(x)\,dx = \int_a^b x\,dx$, $0 \leqq a < b$. Da $f(x) \geqq 0$ für $x \geqq 0$, müssen wir dazu den Flächeninhalt des Flächenstücks zwischen G_f und der x-Achse über [a; b] bestimmen. Wir gehen dabei in zwei Schritten vor.

1. Schritt: Der Ursprung ist Randpunkt des Flächenstücks ($a = 0$); Fig. 7.10.

Wir zerlegen das Intervall [0; b] in n gleich breite Abschnitte, wobei $n = 2^k$ (als Folge der fortgesetzten Intervallhalbierung). Dann ist die Breite eines solchen Abschnitts $\frac{b}{n}$ und es gehören zu den Rändern dieser Abschnitte die Abszissen:

$$0,\ \frac{b}{n},\ 2\cdot\frac{b}{n},\ 3\cdot\frac{b}{n},\ \ldots,\ (n-1)\cdot\frac{b}{n},\ n\cdot\frac{b}{n}$$

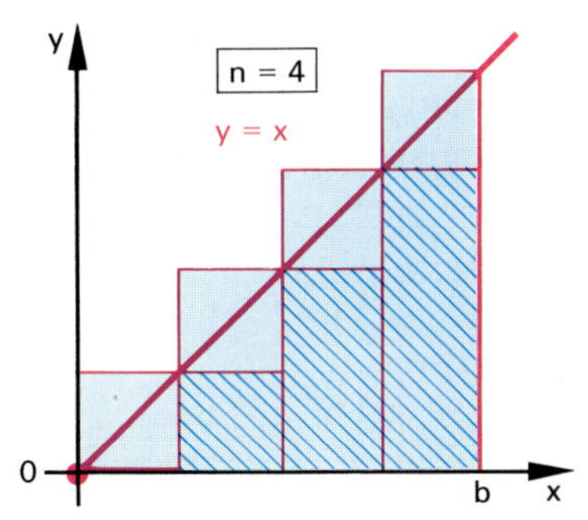

Fig. 7.10

[1] Das Zeichen $\sum$ ist der griechische Großbuchstabe Sigma (für „Summe").

Die Ordinaten an den Rändern dieser Abschnitte sind:

$$0,\ \frac{b}{n},\quad 2\cdot\frac{b}{n},\quad 3\cdot\frac{b}{n},\quad \ldots,\quad (n-1)\cdot\frac{b}{n},\quad n\cdot\frac{b}{n}$$

Folglich gilt für die Obersumme:

$$\overline{J}_n = \frac{b}{n}\cdot\frac{b}{n}+\frac{b}{n}\cdot\left(2\cdot\frac{b}{n}\right)+\frac{b}{n}\cdot\left(3\cdot\frac{b}{n}\right)+\ldots+\frac{b}{n}\cdot\left(n\cdot\frac{b}{n}\right)=$$

$$=\frac{b^2}{n^2}(1+2+3+\ldots+n)=\frac{b^2}{n^2}\cdot\sum_{\nu=1}^{n}\nu=\frac{b^2}{n^2}\cdot\frac{n(n+1)}{2}$$

Hier wurde die Formel $1+2+3+\ldots+n=\sum_{\nu=1}^{n}\nu=\frac{n(n+1)}{2}$ benutzt.[1]

Nach einfacher Umformung erhält man

$$\overline{J}_n=\frac{b^2}{2}\left(1+\frac{1}{n}\right).$$

Aus 7.2.1. wissen wir, dass die Folge der Obersummen und die Folge der Untersummen eine Intervallschachtelung bilden, das heißt:

$$\lim_{n\to\infty}\overline{J}_n=\lim_{n\to\infty}\underline{J}_n\,.$$

Wir können uns also allgemein die Berechnung einer der beiden Summen (hier $\underline{J}_n$) sparen. Wir erhalten als Ergebnis der Intervallschachtelung:

$$[J]_0^b=\lim_{n\to\infty}\overline{J}_n=\lim_{n\to\infty}\frac{b^2}{2}\left(1+\frac{1}{n}\right)=\frac{b^2}{2}\,.$$

Das Ergebnis stimmt mit dem Flächeninhalt des gleichschenklig-rechtwinkligen Dreiecks mit der Kathete b überein.
Die Intervallschachtelung durch die Unter- und Obersummen ist in der nachstehenden Tabelle deutlich zu erkennen:

n	2	4	8	16	32	...	1024	...	$\to\infty$
$\underline{J}_n$	$\frac{1}{4}b^2$	$\frac{3}{8}b^2$	$\frac{7}{16}b^2$	$\frac{15}{32}b^2$	$\frac{31}{64}b^2$	...	$\frac{1023}{2048}b^2$	...	$\to\frac{1}{2}b^2$
$\overline{J}_n$	$\frac{3}{4}b^2$	$\frac{5}{8}b^2$	$\frac{9}{16}b^2$	$\frac{17}{32}b^2$	$\frac{33}{64}b^2$	...	$\frac{1025}{2048}b^2$	...	$\to\frac{1}{2}b^2$
$\overline{J}_n-\underline{J}_n$	$\frac{1}{2}b^2$	$\frac{1}{4}b^2$	$\frac{1}{8}b^2$	$\frac{1}{16}b^2$	$\frac{1}{32}b^2$	...	$\frac{1}{1024}b^2$	...	$\to 0$

[1] Siehe Infinitesimalrechnung 1, Abschnitt 1.8 („Ergänzungen und Ausblicke").

2. Schritt: Der Ursprung liegt außerhalb des Flächenstücks $(0 < a < b)$; Fig. 7.11.

Dann lässt sich die zwischen ‚der x-Achse und dem Graphen über [a; b] liegende Fläche als Differenz zweier Flächeninhalte der obigen Form darstellen:

$$[J]_a^b = [J]_0^b - [J]_0^a$$

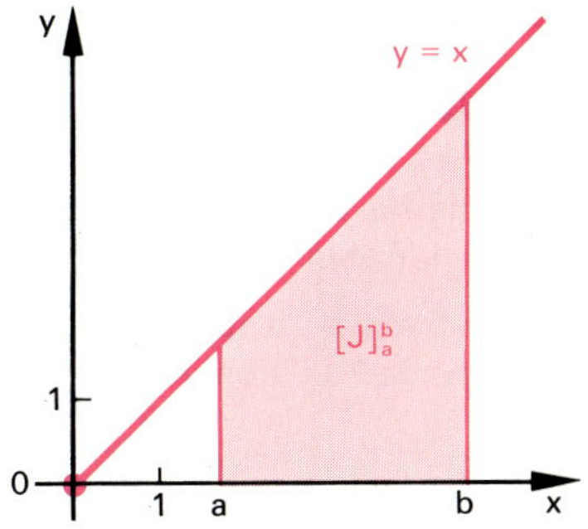

Fig. 7.11

und somit

$$[J]_a^b = \frac{b^2}{2} - \frac{a^2}{2}$$

Das Resultat lässt sich mit der Flächenformel für das Trapez überprüfen.

Ergebnis:

$$\boxed{\int_a^b x\,dx = \frac{b^2}{2} - \frac{a^2}{2}} \qquad \text{für } 0 \leqq a < b$$

Aufgaben

1. und 2.: Zur Einübung des Summenzeichens

1. Schreibe ohne $\sum$-Zeichen:

a) $\sum_{\nu=1}^{5} \nu$ b) $\sum_{\nu=1}^{6} (2\nu - 1)$ c) $\sum_{\nu=1}^{8} (-1)^{\nu}$ d) $\sum_{\nu=1}^{6} (-1)^{\nu+1}$

e) $\sum_{\nu=3}^{6} 3^{\nu}$ f) $\sum_{\nu=1}^{5} (-1)^{\nu} \frac{\nu}{\nu+1}$ g) $\sum_{\nu=2}^{6} \frac{\nu}{\nu-1}$ h) $\sum_{\nu=0}^{n} f(x_{\nu} + \nu)$

2. Schreibe mit dem $\sum$-Zeichen:

a) $1 + 2 + 3 + 4 + 5 + 6 + 7 + 8$ b) $3^2 + 4^2 + 5^2 + 6^2 + 7^2 + 8^2 + 9^2$

c) $2^1 + 2^2 + 2^3 + 2^4 + 2^5$ d) $1^4 + 2^4 + 3^4 + 4^4 + 5^4 + 6^4$

e) $4^0 - 4^1 + 4^2 - 4^3 + 4^4$ f) $\frac{1}{1 \cdot 2} - \frac{1}{2 \cdot 3} + \frac{1}{3 \cdot 4} - \frac{1}{4 \cdot 5} + \frac{1}{5 \cdot 6}$

g) $f(a+h) \cdot h + f(a+2h) \cdot h + f(a+3h) \cdot h + f(a+4h) \cdot h + \ldots + f(a+nh) \cdot h$.

3. – 6.: Zur Integration linearer Funktionen.

3. Berechne:

a) $\int_0^4 x\,dx$ b) $\int_0^6 x\,dx$ c) $\int_4^6 x\,dx$ d) $\int_1^7 x\,dx$

Bestätige das Ergebnis jeweils an Hand einer elementargeometrischen Flächenberechnung!

4. Für welche Werte $b > 0$ bzw. $a > 0$ gilt:

a) $\int_0^b x\,dx = 8$ b) $\int_1^b x\,dx = 1{,}5$ c) $\int_a^4 x\,dx = 6$ d) $\int_a^{2a} x\,dx = 24$

5. Berechne für die Funktion $f\colon x \mapsto x;\ x \in \mathbb{R}_0^+$ den Wert $[J]_a^b$ auch mit Hilfe der Untersummen! Was ändert sich in der Herleitung?

6. Berechne mittels eines Grenzprozesses die bestimmten Integrale $\int_a^b f(x)\,dx$ für folgende Funktionen ($a < b$, $a, b \in D_f$):

a) $f\colon x \mapsto 2x;\ x \in \mathbb{R}_0^+$ b) $f\colon x \mapsto x+1;\ x \in [-1; \infty[$ c) $f\colon x \mapsto \frac{1}{2}x+3;\ x \in [-6; \infty[$

B. Integration der Funktion $f\colon x \mapsto x^2;\ x \in \mathbb{R}_0^+$

Der Graph von f ist der rechte Zweig der Normalparabel mit der Gleichung $y = x^2$.

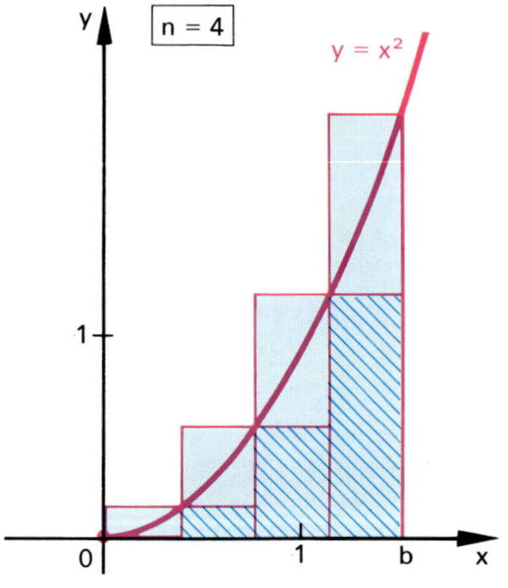

Fig. 7.12

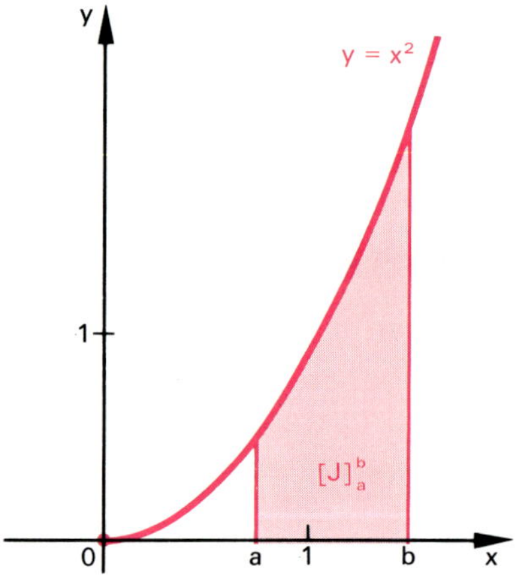

Fig. 7.13

1. Schritt: $a = 0$; Fig. 7.12.
Wird das Intervall $[0; b]$ wieder in $n = 2^k$ Teilabschnitte der Breite $\frac{b}{n}$ zerlegt, so gehören zu den Rändern dieser Teilbaschnitte

die Abszissen: $0,\quad \frac{b}{n},\quad 2\cdot\frac{b}{n},\quad 3\cdot\frac{b}{n},\quad \ldots,\quad (n-1)\cdot\frac{b}{n},\quad n\cdot\frac{b}{n}$

die Ordinaten: $0,\quad \left(\frac{b}{n}\right)^2,\quad \left(2\cdot\frac{b}{n}\right)^2,\quad \left(3\cdot\frac{b}{n}\right)^2,\quad \ldots,\quad \left[(n-1)\cdot\frac{b}{n}\right]^2,\quad \left(n\cdot\frac{b}{n}\right)^2$

Für die Obersumme erhalten wir jetzt

$$\overline{J}_n = \frac{b}{n}\cdot\left(\frac{b}{n}\right)^2 + \frac{b}{n}\cdot\left(2\cdot\frac{b}{n}\right)^2 + \frac{b}{n}\cdot\left(3\cdot\frac{b}{n}\right)^2 + \ldots + \frac{b}{n}\cdot\left(n\cdot\frac{b}{n}\right)^2 =$$

$$= \left(\frac{b}{n}\right)^3\cdot(1^2+2^2+3^2+\ldots+n^2) = \frac{b^3}{n^3}\cdot\sum_{\nu=1}^{n}\nu^2 = \frac{b^3}{n^3}\cdot\frac{n(n+1)(2n+1)}{6}$$

Hier wurde die Formel verwendet.[1] $$1^2+2^2+3^2+\ldots+n^2 = \sum_{\nu=1}^{n} \nu^2 = \frac{n(n+1)(2n+1)}{6}$$

Nach leichter Umformung ergibt sich

$$\bar{J}_n = \frac{b^3}{6}\left(1+\frac{1}{n}\right)\left(2+\frac{1}{n}\right).$$

Die Folgen der Ober- und Untersummen bestimmen, wie wir aus 7.2.1. wissen, eine Intervallschachtelung. Die durch die Intervallschachtelung festgelegte Zahl ist

$$\lim_{n\to\infty} \bar{J}_n = \lim_{n\to\infty} \frac{b^3}{6}\left(1+\frac{1}{n}\right)\left(2+\frac{1}{n}\right) = \frac{b^3}{3}.$$

Das Flächenstück zwischen x-Achse und Parabel hat daher über dem Intervall $[0;\, b]$ den Inhalt

$$[J]_0^b = \frac{b^3}{3}.$$

2. Schritt: $0 < a < b$; Fig. 7.13.

Ähnlich wie in A. folgt für den Inhalt des zwischen x-Achse und Parabel über $[a;\, b]$ liegenden Flächenstücks

$$[J]_a^b = \frac{b^3}{3} - \frac{a^3}{3}.$$

Ergebnis:

$$\boxed{\int_a^b x^2\,dx = \frac{b^3}{3} - \frac{a^3}{3}} \qquad \text{für } 0 \leqq a < b$$

Aufgaben

1. Berechne:

   a) $\int_0^2 x^2\,dx$ b) $\int_0^4 x^2\,dx$ c) $\int_3^6 x^2\,dx$ d) $\int_{0,2}^{0,6} x^2\,dx$

2. Gibt es Zahlen $b > 0$ bzw. $a > 1$, für die gilt

   a) $\int_0^b x^2\,dx = 9$ b) $\int_2^{2a} x^2\,dx = 69\tfrac{1}{3}$?

3. Zeige: Die Parabel mit der Gleichung $y = x^2$ teilt die Fläche des Rechtecks OAB P mit O (0; 0), A (2; 0), P (2; 4), B (0; 4) im Verhältnis 1 : 2.

[1] Siehe Abschnitt 15.4.C., 2. Beispiel.

4. Berechne für $f\colon x \mapsto x^2;\ x \in \mathbb{R}_0^+$ den Wert $[J]_a^b$ auch mit Hilfe der Untersummen!

5. Berechne mittels Grenzprozess $\int_0^b f(x)\,dx$ und $\int_a^b f(x)\,dx$ für die Graphen folgender Funktionen $f\colon x \mapsto f(x)$, wobei $0 \leqq a < b$ und $x \in \mathbb{R}_0^+$ ist:

a) $f(x) = 2x^2$ b) $f(x) = x^2 + 1$ c) $f(x) = \frac{1}{2}x^2 + 3$

6. Wie viele fortgesetzte Halbierungen des Intervalls [0; 4] sind bei der Berechnung von $[J]_0^4$ für die Parabel mit der Gleichung $y = x^2$ notwendig, damit $\overline{J}_n - \underline{J}_n < 0{,}1$ wird?

C. Integration der Funktion $f\colon x \mapsto x^3;\ x \in \mathbb{R}_0^+$

G_f ist der im I. Quadranten verlaufende Zweig der kubischen Parabel mit der Gleichung $y = x^3$.

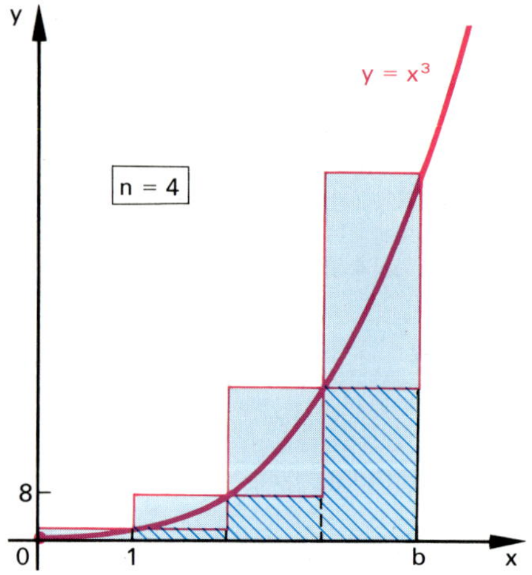

Fig. 7.14

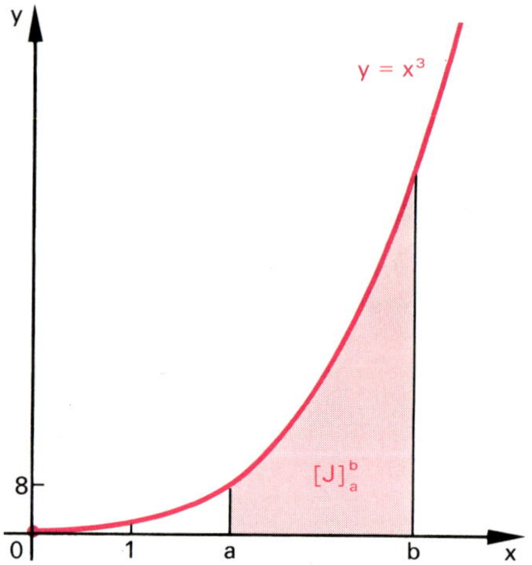

Fig. 7.15

1. Schritt: $a = 0$; Fig. 7.14.

Eine ähnliche Rechnung wie in A. und B. ergibt:

$$\overline{J}_n = \frac{b^4}{n^4}(1^3 + 2^3 + 3^3 + \ldots + n^3) = \frac{b^4}{n^4}\sum_{\nu=1}^{n} \nu^3 = \frac{b^4}{n^4} \cdot \frac{n^2(n+1)^2}{4} = \frac{b^4}{4}\,\frac{(n+1)^2}{n^2},$$

also

$$\overline{J}_n = \frac{b^4}{4}\left(1 + \frac{1}{n}\right)^2.$$

Verwendete Formel[1]: $1^3 + 2^3 + 3^3 + \ldots + n^3 = \sum_{\nu=1}^{n} \nu^3 = \dfrac{n^2(n+1)^2}{4}$

[1] Siehe Abschnitt 15.4.C., 1. Beispiel.

Es liegt eine Intervallschachtelung vor mit

$$\lim_{n \to \infty} \underline{J}_n = \lim_{n \to \infty} \overline{J}_n = \frac{b^4}{4}.$$

Dieser gemeinsame Grenzwert der Ober- und Untersumme ist der Inhalt des Flächenstücks zwischen der x-Achse, der kubischen Parabel und der Geraden zu $x = b$:

$$[J]_0^b = \frac{b^4}{4}$$

2. Schritt: $0 < a < b$; Fig. 7.15.

Als Inhalt des Flächenstücks zwischen der x-Achse und der kubischen Parabel im Intervall $[a; b]$ erhalten wir

$$[J]_a^b = \frac{b^4}{4} - \frac{a^4}{4}.$$

Ergebnis:

$$\boxed{\int_a^b x^3\,dx = \frac{b^4}{4} - \frac{a^4}{4}} \qquad \text{für } 0 \leqq a < b$$

Aufgaben

1. Berechne:

   a) $\int_0^2 x^3\,dx$ b) $\int_3^4 x^3\,dx$ c) $\int_0^1 x^3\,dx + \int_1^2 x^3\,dx$

2. Bestimme $b > 2$ bzw. $a > 0$ so, dass gilt:

   a) $\int_2^b x^3\,dx = 60$ b) $\int_{3a}^{4a} x^3\,dx = 43\frac{3}{4}$

3. Auf dem Graphen G_f der Funktion $f\colon x \mapsto x^3;\ x \in \mathbb{R}$ liegt der Punkt $P(1; ?)$. Er wird mit dem Ursprung O verbunden. Berechne den Inhalt des zwischen der Strecke [OP] und G_f liegenden Flächenstücks!

4. Berechne mittels eines Grenzprozesses die bestimmten Integrale:

   a) $\int_a^b (x^3 + 2)\,dx$ b) $\int_a^b 2 \cdot x^3\,dx$ $(0 \leqq a < b)$

5. Bestimme mittels Grenzprozess zur Funktion $\varphi\colon x \mapsto Ax^3 + B$ mit $A > 0$, $B > 0$, $0 \leqq a < b$ das bestimmte Integral $\int_a^b \varphi(x)\,dx$.

6. Gegeben sind die Funktion $f\colon x \mapsto x^3;\ x \in \mathbb{R}$ und die Gerade g mit der Gleichung $7x - y - 6 = 0$.

   a) Berechne die Schnittpunkte von g mit dem Graphen G_f![1]

   b) Welchen Inhalt hat das im I. Quadranten gelegene, von g und G_f begrenzte Kurvensegment?

[1] Hinweis: Es ergibt sich eine Gleichung 3. Grades, von der sich eine Lösung erraten lässt.

7.2.4. Die Summengrenzwertformel

A. Stetige, nichtnegative, monoton zunehmende Funktionen

Das Integrationsverfahren, das wir in 7.2.3. auf einige spezielle Funktionen angewandt haben, formulieren wir jetzt allgemeiner:

Die Funktion f sei im Intervall [a; b] stetig, monoton zunehmend und nicht negativ. Dann besteht die Fläche zwischen dem Graphen von f und der x-Achse im Bereich [a; b] nur aus einem Stück über der x-Achse. Das bestimmte Integral von a bis b über f ist also gleich dem Inhalt dieses Flächenstücks:

$$\int_a^b f(x)\,dx = [J]_a^b$$

Zur Bestimmung von $[J]_a^b$ zerlegen wir das Intervall [a; b] in $n = 2^k$ Abschnitte, deren Breite wir mit Δx bezeichnen[1]. Es ist dann

$$\Delta x = \frac{b-a}{n}.$$

k durchläuft die Folge der natürlichen Zahlen, n die Zweierpotenzen. Bezeichnen wir die einzelnen Summanden der Unter- und Obersummen als *Flächenelemente*, so erhalten wir (Fig. 7.16):

Abszisse des ν-ten Teilpunktes:
$x_\nu = a + \nu \cdot \Delta x$, mit $\nu = 1, 2, \ldots, (n-1)$;
$x_0 = a, \quad x_n = b$.

Funktionswert an der Stelle x_ν:
$f(a + \nu \cdot \Delta x)$, mit $\nu = 0, 1, 2, \ldots, n$.

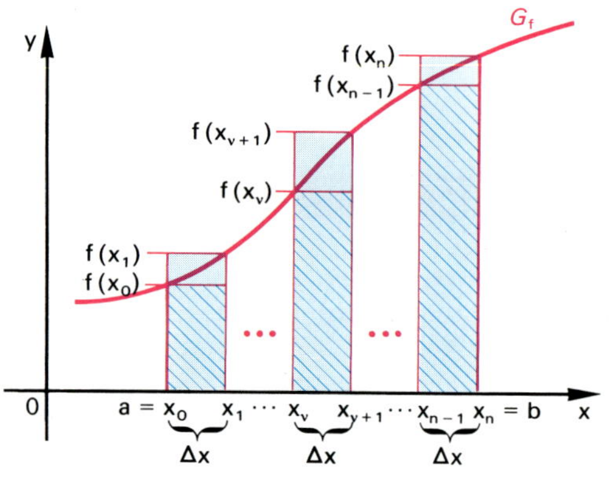

Fig. 7.16

ν-tes Flächenelement der unteren Treppe: $f[a + (\nu-1)\Delta x] \cdot \Delta x$, mit $\nu = 1, 2, \ldots, n$

Untersumme:

$$\underline{J}_n = f(a) \cdot \Delta x + f(a + \Delta x) \cdot \Delta x + f(a + 2 \cdot \Delta x) \cdot \Delta x + \ldots + f[a + (n-1) \cdot \Delta x] \cdot \Delta x =$$
$$= \sum_{\nu=0}^{n-1} f(a + \nu \cdot \Delta x) \cdot \Delta x$$

ν-tes Flächenelement der oberen Treppe: $f(a + \nu \cdot \Delta x) \cdot \Delta x$, wobei $\nu = 1, 2, \ldots, n$

Obersumme:

$$\overline{J}_n = f(a + \Delta x) \cdot \Delta x + f(a + 2 \cdot \Delta x) \cdot \Delta x + f(a + 3 \cdot \Delta x) \cdot \Delta x + \ldots + f(a + n \cdot \Delta x) \cdot \Delta x =$$
$$= \sum_{\nu=1}^{n} f(a + \nu \cdot \Delta x) \cdot \Delta x$$

---

[1] Lies: „Delta x". Mit dem Δ-Zeichen, dem griechischen Großbuchstaben für D, werden häufig Differenzen bezeichnet.

Nach den Ergebnissen von 7.2.1. bilden die Folgen der Unter- und Obersummen eine die Zahl $[J]_a^b$ definierende Intervallschachtelung, wenn n alle Zweierpotenzen durchläuft ($n = 2^k$, $k \in \mathbb{N}$). Es ist

$$\sum_{\nu=0}^{n-1} f(a+\nu\Delta x)\,\Delta x \leqq [J]_a^b \leqq \sum_{\nu=1}^{n} f(a+\nu\Delta x)\,\Delta x$$

und $$\lim_{n\to\infty} \sum_{\nu=0}^{n-1} f(a+\nu\Delta x)\,\Delta x = [J]_a^b = \lim_{n\to\infty} \sum_{\nu=1}^{n} f(a+\nu\Delta x)\,\Delta x.$$

Für in [a; b] stetige, nichtnegative, monoton zunehmende Funktionen gilt also die *Summengrenzwertformel:*

$$\lim_{n\to\infty} \sum_{\nu=0}^{n-1} f(a+\nu\Delta x)\cdot\Delta x = \int_a^b f(x)\,dx = \lim_{n\to\infty} \sum_{\nu=1}^{n} f(a+\nu\Delta x)\cdot\Delta x$$

$$\Delta x = \frac{b-a}{n}, \quad n = 2^k,\ k \in \mathbb{N}.$$

Dieses Ergebnis erklärt die Schreibform des bestimmten Integrals:

Die Zahl $\int_a^b f(x)\,dx$ ist durch zwei Rechenprozesse entstanden, nämlich durch eine *Summation* und einen anschließenden *Grenzprozess*. Nach dem Vorschlag von Leibniz wird dies dadurch zum Ausdruck gebracht, dass an Stelle des $\sum$-Zeichens das stilisierte, langgezogene S ($\int$), statt des Differenzzeichens Δx das Zeichen dx geschrieben wird. f (x) heißt *Integrand*, [a; b] *Integrationsbereich* oder *Integrationsintervall*. f ist die *Integrandenfunktion*.

B. Stetige, nichtnegative, monoton abnehmende Funktionen

f wurde bisher als monoton zunehmend vorausgesetzt. Die Überlegungen in 7.2.1. und in A. lassen sich jedoch direkt auf monoton abnehmende Funktionen übertragen. Das Flächenstück soll weiterhin zwischen dem Funktionsgraphen und der x-Achse im Bereich [a; b] über der x-Achse liegen. Dann ist das bestimmte Integral von a bis b über f gleich dem Inhalt dieses Flächenstücks.

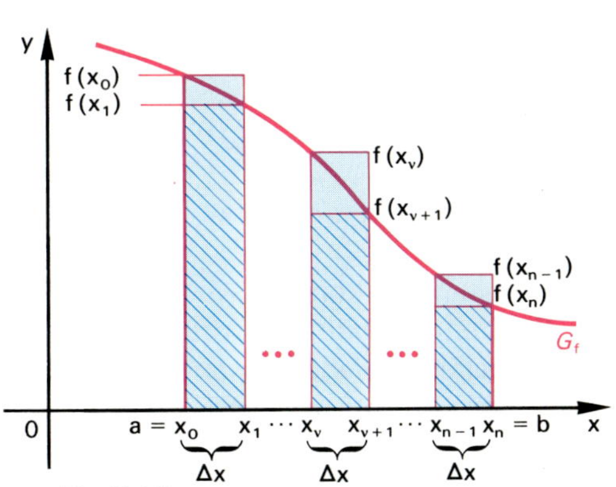

Fig. 7.17

Gehen wir analog vor wie in A. (Fig. 7.17), erhalten wir für die

Obersummen: $\bar{J}_n = \sum_{\nu=0}^{n-1} f(a+\nu\Delta x)\,\Delta x$ und für die

Untersummen: $\underline{J}_n = \sum_{\nu=1}^{n} f(a+\nu\Delta x)\,\Delta x$

Mit zu 7.2.1. analogen Überlegungen stellt man auch hier fest, dass die Folgen der Unter- und Obersummen eine die Zahl $[J]_a^b$ definierende Intervallschachtelung bilden. Es ist

$$\sum_{\nu=1}^{n} f(a+\nu\cdot\Delta x)\,\Delta x \leqq [J]_a^b \leqq \sum_{\nu=0}^{n-1} f(a+\nu\Delta x)\,\Delta x$$

und

$$\lim_{n\to\infty} \sum_{\nu=1}^{n} f(a+\nu\Delta x)\,\Delta x = [J]_a^b = \lim_{n\to\infty} \sum_{\nu=0}^{n-1} f(a+\nu\Delta x)\,\Delta x\,.$$

Die *Summengrenzwertformel* gilt also auch für stetige, nichtnegative, monoton abnehmende Funktionen.

Aufgaben

1. Berechne $\int_r^0 x^2 dx$ und $\int_r^s x^2 dx$ für $r < s \leqq 0$ durch Grenzübergang der Unter- oder der Obersumme bei fortgesetzter Intervallhalbierung! (Vgl. 7.2.2. B.).

2. Berechne $\int_a^b x^2 dx$ für $a < 0 < b$ aus den bisherigen Ergebnissen!

C. Stetige, nichtpositive, monotone Funktionen

Aus der Definition des bestimmten Integrals ergibt sich als Wert des Integrals über einer im Intervall [a; b] stetigen, nichtpositiven Funktion f der negative Wert des entsprechenden Flächeninhalts (Fig. 7.18):

(1) $$\int_a^b f(x)\,dx = -[J]_a^b$$

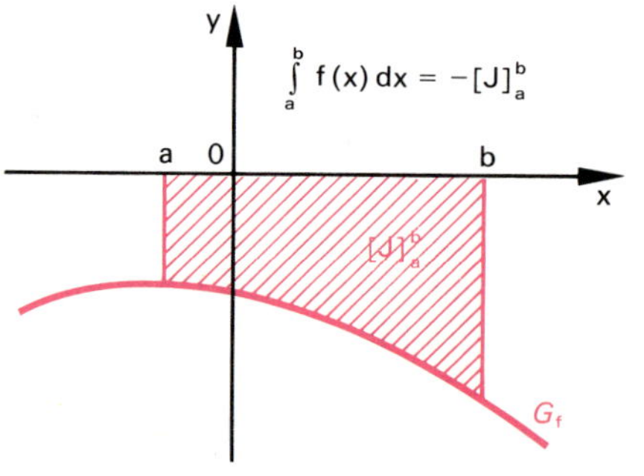

Fig. 7.18

Zur Berechnung können wir nach Spiegelung des Graphen an der x-Achse auf die Streifenmethode mit fortgesetzter Intervallhalbierung nach 7.2.3. und 7.2.4. zurückgreifen. Spiegelung an der x-Achse bedeutet Multiplikation des Funktionsterms mit -1. Entsprechend A. und B. erhalten wir das Ergebnis

$$[J]_a^b = \lim_{n\to\infty} \sum_{\nu=0}^{n-1} (-f(a+\nu\Delta x))\,\Delta x = \lim_{n\to\infty} \sum_{\nu=1}^{n} (-f(a+\nu\Delta x))\,\Delta x\,.$$

Das Minuszeichen vor f(...) kann man vor das Summenzeichen (Ausklammern) und schließlich auch vor das lim-Zeichen ziehen (Rechenregeln für Grenzwerte). Mit (1) ergibt sich nun auch für den Fall einer in [a; b] stetigen, nichtpositiven, monotonen Funktion die *Summengrenzwertformel*:

$$\int_a^b f(x)\,dx = \lim_{n\to\infty} \sum_{\nu=0}^{n-1} f(a+\nu\Delta x)\,\Delta x = \lim_{n\to\infty} \sum_{\nu=1}^{n} f(a+\nu\Delta x)\,\Delta x$$

$$\Delta x = \frac{b-a}{n}, \quad n = 2^k,\ k \in \mathbb{N}$$

Aufgaben

1. Berechne $\int_a^b x\,dx$ für $a < b \leqq 0$ durch direkte Anwendung der Summengrenzwertformel!
2. Berechne das bestimmte Integral $\int_a^b x^3\,dx$ für $a < b \leqq 0$.
   a) unter Ausnutzung der Punktsymmetrie des Graphen und der Ergebnisse von 7.2.3.C.;
   b) durch direkte Anwendung der Summengrenzwertformel!

D. Abschnittsweise Integration

In 7.1.3. haben wir das bestimmte Integral als Summe gerichteter Flächeninhalte definiert. Zur Berechnung haben wir nun die Gültigkeit der Summengrenzwertformel für stetige, monotone Funktionen ohne Vorzeichenwechsel im Integrationsintervall festgestellt.
Lässt sich das Integrationsintervall so in Teilintervalle zerlegen, dass f auf jedem dieser Teilintervalle monoton ist und das Vorzeichen nicht wechselt, so gilt für je zwei benachbarte Teilintervalle [a; b] und [b; c]:

$$\int_a^c f(x)\,dx = \int_a^b f(x)\,dx + \int_b^c f(x)\,dx \qquad \text{für } b \in \,]a; c[$$

Beispiel: Für f mit dem in Fig. 7.19 dargestellten Graphen gilt nach Definition 7.1:

$$\int_a^d f(x)\,dx = A_1 - A_4 = A_1 - A_2 - A_3$$

Die drei Teilintegrale sind jeweils mit der Summengrenzwertformel berechenbar:

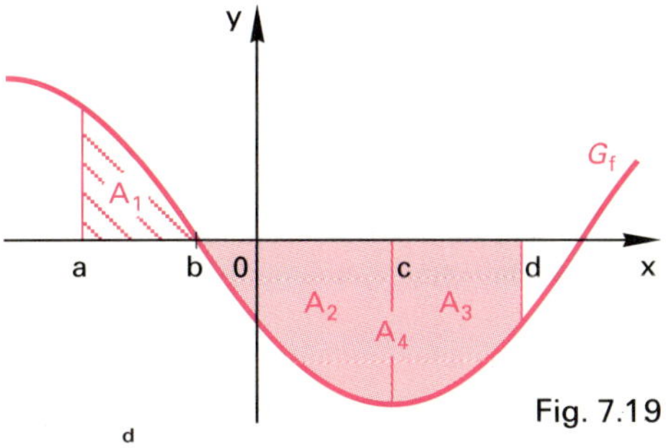

Fig. 7.19

$$A_1 = \int_a^b f(x)\,dx; \quad -A_2 = \int_b^c f(x)\,dx; \quad -A_3 = \int_c^d f(x)\,dx$$

Wir fordern jetzt nur noch, dass das Integrationsintervall sich in endlich viele Teilintervalle zerlegen lässt, auf denen f jeweils monoton ist und das Vorzeichen nicht wechselt.

Das bestimmte Integral über f von a bis b errechnet sich dann als die Summe der Integrale über f auf diesen Teilintervallen. Die Teilintegrale erhält man nach der Summengrenzwertformel. (Abschnittsweise Integration)

Beispiel: $\int_{-1}^{2} x^2 dx = \int_{-1}^{0} x^2 dx + \int_{0}^{2} x^2 dx = \left(\frac{0^3}{3} - \frac{(-1)^3}{3}\right) + \left(\frac{2^3}{3} - \frac{0^3}{3}\right) = \frac{1}{3} + \frac{8}{3} = 3$

Kontrolle: $\int_{-1}^{2} x^2 dx = \frac{2^3}{3} - \frac{(-1)^3}{3} = \frac{9}{3} = 3$ nach Aufgabe 2. in 7.2.4.

Aufgaben

1. Berechne $\int_a^b x\,dx$ für $a, b \in \mathbb{R}$, $a < b$ aus den bisherigen Ergebnissen!

2. Berechne $\int_a^b x^3 dx$ für $a, b \in \mathbb{R}$, $a < b$ aus den bisherigen Ergebnissen!

3. a) Für das zur konstanten Funktion $f: x \mapsto 1;\ x \in \mathbb{R}$ gehörige bestimmte Integral $\int_a^b 1\,dx$ schreibt man kurz $\int_a^b dx$. (Fig. 7.20)

   Zeige: $\int_a^b dx = b - a$

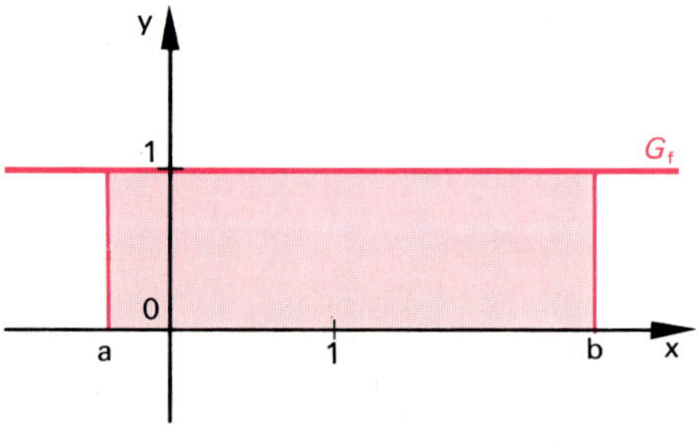

Fig. 7.20

   b) Stelle die bisher gefundenen Integrationsregeln für die Funktionen f mit $f(x) = 1$, $f(x) = x$, $f(x) = x^2$ und $f(x) = x^3$ zusammen!
   Welche Regel ist für Exponenten größer als 3 zu vermuten?
   Beachte, dass die Zahl 1 durch die Potenz x^0 ersetzt werden kann!

4. Für welchen Wert von b gilt:

   a) $\int_{-3}^{b} x^2 dx = 8\frac{2}{3}$ b) $\int_{-4}^{b} x^3 dx = -60$

   c) $\int_{b}^{5} x\,dx = 8$ d) $\int_{b}^{3} dx = 8$

   (Teilweise zwei Lösungen – geometrische Deutung?)

E. Der allgemeine Fall

In den vorausgegangenen Kapiteln haben wir das bestimmte Integral über stetigen, monotonen Funktionen ohne Vorzeichenwechsel als Summengrenzwert erhalten. Dabei ergab sich in allen Fällen die gleiche Summengrenzwertformel. Trafen die Eigenschaften *Monotonie* und *kein Vorzeichenwechsel* nur auf endlich viele Teilintervalle zu, deren Vereinigung das Integrationsintervall ergab, mussten wir das bestimmte Integral als Summe solcher Teilintegrale berechnen. Mit diesen Einschränkungen konnten wir die Existenz des Integrals mit Hilfe der fortgesetzten Intervallhalbierung beweisen.
Es lässt sich zeigen, dass die Summengrenzwertformel, über das ganze Integrationsintervall genommen, das gleiche Ergebnis liefert wie die Summe der Integrale über den Teilintervallen. Außerdem erhält man auch dann das gleiche Ergebnis, wenn man n die Folge aller natürlichen Zahlen durchlaufen lässt. Die Beweise würden jedoch den Rahmen dieses Kurses übersteigen.

Satz 7.1:

Für eine auf dem Intervall [a; b] stetige Funktion f existieren die Grenzwerte

$$\lim_{n \to \infty} \sum_{\nu=0}^{n-1} f(a + \nu \cdot \Delta x)\,\Delta x \qquad \text{und} \qquad \lim_{n \to \infty} \sum_{\nu=1}^{n} f(a + \nu \cdot \Delta x)\,\Delta x$$

$$\text{mit} \quad \Delta x = \frac{b-a}{n}, \quad n \in \mathbb{N},$$

und sie haben den gleichen Wert.

Für das bestimmte Integral gilt daher allgemein:

Ist f eine auf dem Intervall [a; b] stetige Funktion, dann ist

$$\int_a^b f(x)\,dx = \lim_{n \to \infty} \sum_{\nu=0}^{n-1} f(a + \nu \cdot \Delta x)\,\Delta x = \lim_{n \to \infty} \sum_{\nu=1}^{n} f(a + \nu \cdot \Delta x)\,\Delta x$$

$$\text{mit} \quad \Delta x = \frac{b-a}{n}, \quad n \in \mathbb{N}.$$

(Summengrenzwertformel für das bestimmte Integral)

Wir stellen also nur noch die Forderung nach der Stetigkeit der Integrandenfunktion; Nullstellen und Stellen mit Wechsel des Monotonieverhaltens werden bei der Anwendung der Summenformel nicht mehr beachtet.
n darf die Folge aller natürlichen Zahlen, nicht nur der Zweierpotenzen, durchlaufen. (Fig. 7.21)

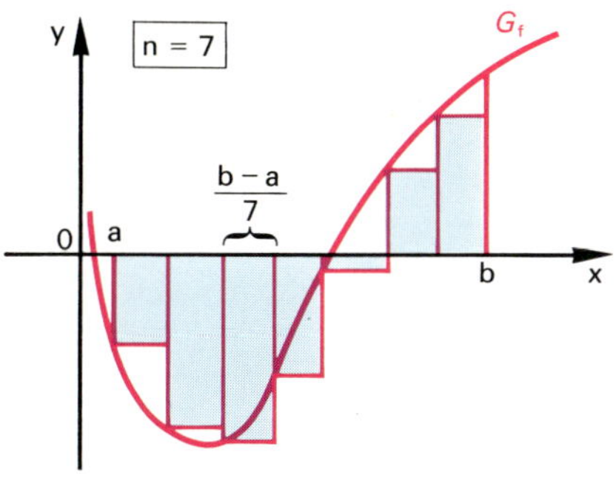

Fig. 7.21

Bemerkungen:

Den Nachweis der Gültigkeit der Summengrenzwertformel konnten wir nur unter gewissen Bedingungen mit Hilfe der fortgesetzten Intervallhalbierung erbringen. Durchläuft n die Folge der natürlichen Zahlen (Teilung des Integrationsintervalls in n gleich breite Abschnitte), so ist ein Beweis mit den uns zur Verfügung stehenden Hilfsmitteln nicht möglich.

Beispiel:

In Fig. 7.22 a ist der Graph einer monoton zunehmenden, positiven und stetigen Funktion gezeichnet. n soll die Folge der natürlichen Zahlen durchlaufen. Dann ist beim Übergang von der Teilung in n = 2 Abschnitte zur Teilung in n = 3 Abschnitte überraschenderweise $\underline{J}_3 < \underline{J}_2$. Die Voraussetzung für das Vorliegen einer Intervallschachtelung (Monotonie der Folgen $\underline{J}_n$ und $\overline{J}_n$) ist nicht mehr gegeben.

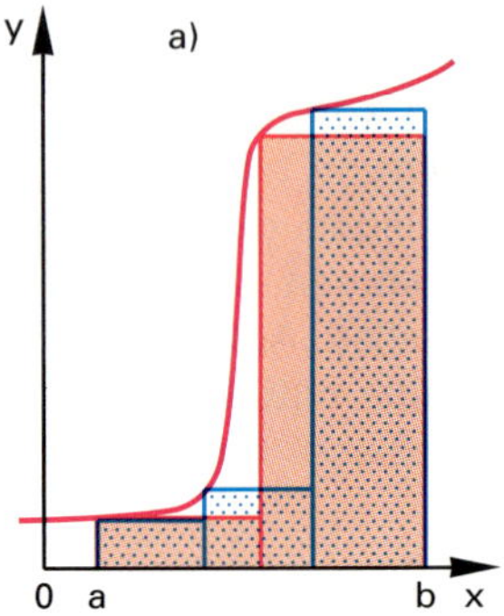

Fig. 7.22 a

Es lässt sich weiter zeigen, daß die Erstellung entsprechender Summengrenzwertformeln auch bei Teilungen des Integrationsintervalls in ungleich breite Abschnitte gelingt – es muss lediglich gefordert werden, dass die Breite des breitesten Teilintervalls für $n \to \infty$ gegen null geht.

Auch muss man nicht den Funktionswert am linken oder rechten Rand eines jeden Streifens der „Treppenfigur" als Höhe dieses Streifens wählen; die Höhe muss nur irgendeinem Funktionswert entsprechen, der im zugehörigen Teilintervall angenommen wird. (Fig. 7.22 b)

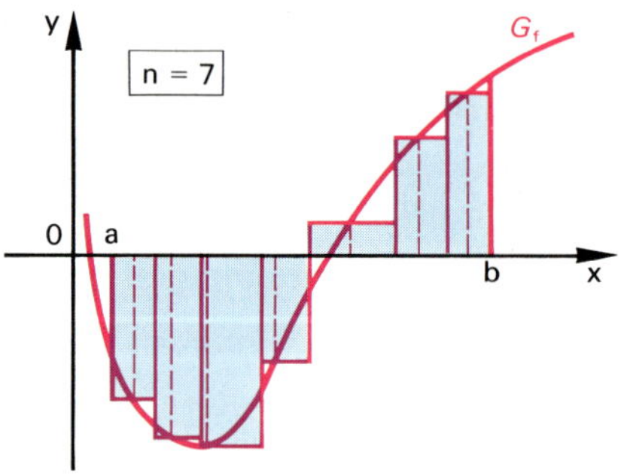

Fig. 7.22 b

Die diesen Verallgemeinerungen entsprechenden Summengrenzwertformeln liefern die gleichen Ergebnisse wie die Formel in Satz 7.1.

Aufgaben

1. Formuliere Satz 7.1 für folgende Integranden und Integrationsgrenzen (keine Berechnung):
   a) $f(x) = x^2 + 1;$ $\quad a = 3,\ b = 7{,}5$
   b) $f(x) = \sqrt{|x|};$ $\quad a = -2,\ b = 2$
   c) $f(x) = \sin x;$ $\quad a = -\pi,\ b = -\frac{\pi}{2}.$
2. Berechne mit Hilfe von Satz 7.1 und den in 7.2.3.A und B verwendeten Formeln, nur unter der Voraussetzung $a < b$, das bestimmte Integral
   $$\int_a^b x^2\,dx\,.$$
3. Zeige unter Verwendung einer Summengrenzwertformel:
   a) $\int_a^b 3x^2\,dx = 3\int_a^b x^2\,dx$ b) $\int_a^b (x^2 + x)\,dx = \int_a^b x^2\,dx + \int_a^b x\,dx$
4. Berechne auf Grund geometrischer Überlegungen des bestimmte Integral
   $$\int_{-2}^{4} (|2 - x| - |x|)\,dx\,.$$

Ergänzungen und Ausblicke

A. Integration der Sinusfunktion durch Summation

Das folgende Beispiel soll vor allem zeigen, wie mühsam die Integration konkreter Funktionen unter Verwendung der Summengrenzwertformel sein kann. Wir werden in Kürze Zusammenhänge entdecken, mit denen sich die im folgenden dargestellte Aufgabe überraschend einfach lösen lässt.

Zu berechnen ist das bestimmte Integral $\int_a^b \sin x\,dx$, wobei $a < b$.

Da die Funktion sin die Voraussetzungen erfüllt, berechnen wir nach Satz 7.1 (Fig. 7.23a)

$$\int_a^b \sin x\,dx = \lim_{n\to\infty} \sum_{\nu=1}^{n} \sin(a + \nu\cdot\Delta x)\cdot\Delta x \qquad \text{mit} \qquad \Delta x = \frac{b-a}{n}. \tag{1}$$

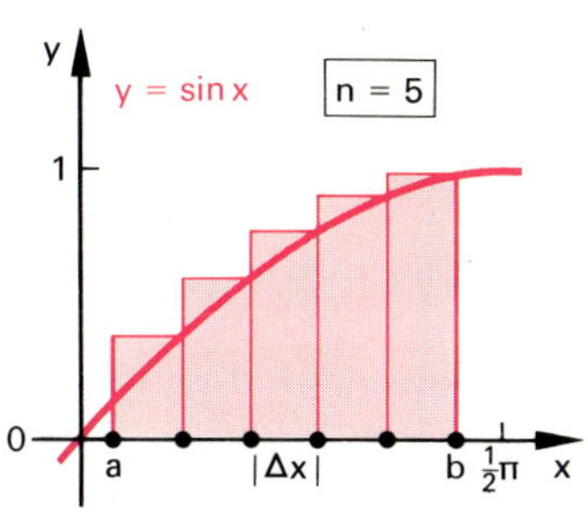

Fig. 7.23 a

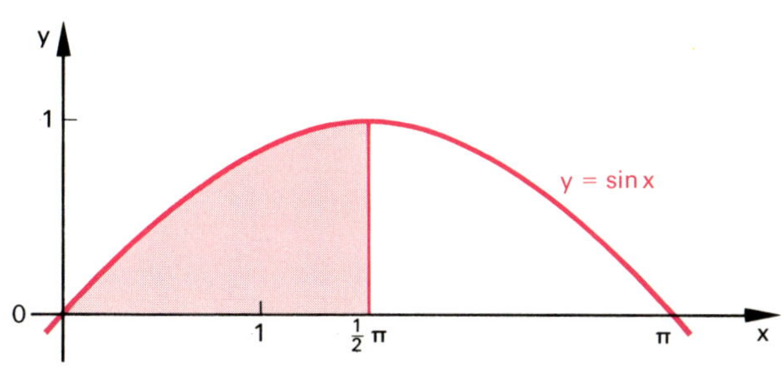

Fig. 7.23 b

Ausführliche Schreibweise der Summe:

$$S_n = \Delta x \sin(a + \Delta x) + \Delta x \sin(a + 2\Delta x) + \ldots + \Delta x \sin(a + n\Delta x)$$
$$= \Delta x\,[\sin(a + \Delta x) + \sin(a + 2\Delta x) + \ldots + \sin(a + n\Delta x)] \qquad (2)$$

Nebenrechnung:

Um die in der eckigen Klammer von (2) stehende Summe zu berechnen, gehen wir von der goniometrischen Formel

$$\cos\alpha - \cos\beta = -2\sin\tfrac{1}{2}(\alpha + \beta) \cdot \sin\tfrac{1}{2}(\alpha - \beta) \qquad (3)$$

aus und formen diese Beziehung etwas um. Dazu setzen wir

$$\left.\begin{aligned}\tfrac{1}{2}(\alpha + \beta) &= x\\ \tfrac{1}{2}(\alpha - \beta) &= y\end{aligned}\right\} \Longrightarrow \left.\begin{aligned}\alpha + \beta &= 2x\\ \alpha - \beta &= 2y\end{aligned}\right\} \underset{1}{\Longrightarrow} \begin{aligned}\alpha &= x + y\\ \beta &= x - y\,.\end{aligned}$$

(3) geht dann über in

$$\cos(x + y) - \cos(x - y) = -2\sin x \sin y. \quad \text{Daraus folgt:}$$
$$2\sin x \sin y = \cos(x - y) - \cos(x + y) \qquad (4)$$

Nun setzen wir in (2) für den Term in der eckigen Klammer T:

$$T = \sin(a + \Delta x) + \sin(a + 2\Delta x) + \ldots + \sin(a + n\Delta x) \qquad (5)$$

Beidseitige Multiplikation von (5) mit $2\sin\frac{\Delta x}{2}$ liefert:

$$2T\sin\frac{\Delta x}{2} = 2\sin(a + \Delta x)\sin\frac{\Delta x}{2} + 2\sin(a + 2\Delta x)\sin\frac{\Delta x}{2} + \ldots$$
$$+ 2\sin(a + n\Delta x)\sin\frac{\Delta x}{2}. \qquad (6)$$

Auf der rechten Seite von (6) können wir nun die doppelten Produkte zweier Sinuswerte mit Hilfe von (4) jeweils ersetzen durch die Differenz zweier Kosinuswerte. Wir erhalten dann:

$$\begin{aligned}2T\sin\frac{\Delta x}{2} = \cos\left(a + \frac{\Delta x}{2}\right) &- \cos\left(a + 3\frac{\Delta x}{2}\right) + \cos\left(a + 3\frac{\Delta x}{2}\right)\\ &- \cos\left(a + 5\frac{\Delta x}{2}\right) + \cos\left(a + 5\frac{\Delta x}{2}\right)\\ &- \cos\left(a + 7\frac{\Delta x}{2}\right) + \cos\left(a + 7\frac{\Delta x}{2}\right)\\ &+ \ldots\\ &- \cos\left[a + (2n + 1)\frac{\Delta x}{2}\right].\end{aligned}$$

---

[1] Addition bzw. Subtraktion der vorausgehenden Gleichungen!

Bei der Summation heben sich alle Glieder bis auf das erste und letzte heraus; es bleibt:

$$2T\sin\frac{\Delta x}{2} = \cos\left(a+\frac{\Delta x}{2}\right) - \cos\left[a+(2n+1)\frac{\Delta x}{2}\right].$$ Daraus folgt:

$$T = \frac{\cos\left(a+\frac{\Delta x}{2}\right) - \cos\left[a+(2n+1)\frac{\Delta x}{2}\right]}{2\sin\frac{\Delta x}{2}}$$

Soweit die Nebenrechnung.

Setzen wir im Anschluss an (2) die Hauptrechnung fort, so können wir jetzt schreiben:

$$S_n = \Delta x \cdot T = \frac{\Delta x}{2\sin\frac{\Delta x}{2}}\left[\cos\left(a+\frac{\Delta x}{2}\right) - \cos\left(a+(2n+1)\frac{\Delta x}{2}\right)\right] \tag{7}$$

Nun folgt aus (1) $n = \frac{b-a}{\Delta x}$, womit (7) bei leichter Umformung des Faktors vor der eckigen Klammer übergeht in

$$S_n = \frac{\frac{\Delta x}{2}}{\sin\frac{\Delta x}{2}}\left[\cos\left(a+\frac{\Delta x}{2}\right) - \cos\left(b+\frac{\Delta x}{2}\right)\right]. \tag{8}$$

Für den Grenzübergang $\lim\limits_{n\to\infty} S_n$ ist zu beachten: Geht n gegen ∞, so strebt Δx und daher auch $\frac{\Delta x}{2}$ gegen null. Der Faktor vor der eckigen Klammer geht wegen $\lim\limits_{h\to 0}\frac{\sin h}{h} = 1$ (vgl. 3.3.2.) gegen 1 und wir erhalten:

$$\lim_{n\to\infty} S_n = \lim_{\Delta x\to 0} S_n = \cos a - \cos b$$

Demnach ist

$$\boxed{\int_a^b \sin x\,dx = \cos a - \cos b}$$

Beispiele: a) Für das rot gerasterte Flächenstück in Fig. 7.23b errechnet sich:

$$A = \int_0^{\pi/2} \sin x\,dx = \cos 0 - \cos\frac{\pi}{2} = 1$$

b) $\int_{\pi/2}^{\pi} \sin x\,dx = \cos\frac{\pi}{2} - \cos\pi = 0-(-1) = 1$

c) $\int_0^{\pi} \sin x\,dx = \cos 0 - \cos\pi = 1-(-1) = 2$

d) $\int_0^{2\pi} \sin x\,dx = \cos 0 - \cos 2\pi = 1-1 = 0$

B. Integration der Sinusfunktion mit dem Computer

Das folgende BASIC-Programm ist eine direkte Anwendung der Summengrenzwertformel zur Berechnung des bestimmten Integrals $\int_0^{\pi/2} \sin x \, dx$.

In der Praxis benutzt man erheblich verfeinerte numerische Verfahren, bei denen der Fehler zur exakten Lösung sehr viel schneller gegen null strebt (z. B. die später behandelte Simpson-Regel).

```
100 REM Numerische Integration
110 REM monoton zunehmender Funktionen
120 REM Unter- und Obersumme
130 DEF FNF(X)=SIN(X)
140 LET A=0: B=1.5707963267949
150 INPUT"Zahl der Teilintervalle";M
160 PRINT"n    Obersumme    Untersumme"
170 PRINT
200 REM Berechnung, Ausdruck
210 FOR K=1 TO M
220   LET DX=(B-A)/K
230   LET SO=0: SU=0
240   FOR L=0 TO K-1
250     SU=SU+FNF(A+L*DX)*DX
260     SO=SO+FNF(A+(L+1)*DX)*DX
270   NEXT L
280   PRINT K;TAB(5)SO;TAB(22)SU
290 NEXT K
300 PRINT"Obersumme minus Untersumme:"
310 PRINT SO-SU
500 END


 n    Obersumme          Untersumme

 1    1.5707963267949    0
 2    1.3407585306673    .5553603672698
 3    1.238848004456     .71524922885772
 4    1.1834653418222    .79076626012347
 5    1.1488414014342    .83468213607525
Obersumme minus Untersumme:
 .31415926535895
```

Aufgabe

Das folgende Programmstück berechnet einen Näherungswert des Integrals $\int_a^b f(x)\,dx$ nach einem besseren Verfahren. Rechne das Programmstück für $f(x) = x^2$, $a = 0$, $b = 4$, $n = 4$ „von Hand" durch!
Warum spricht man von Sehnen-Trapez-Methode? (Beachte Zeile 540!)

```
10  REM Programmstück Trapezintegration
500 REM Berechnung und Ausgabe
510 LET D=(B-A)/N
520 LET X=A: LET S=0
530 FOR I=1 TO N
540 LET S=S+D*(FNF(X)+FNF(X+D))/2
550 LET X=X+D
560 NEXT I
600 PRINT N"Teilintervalle: s="S
```

7.3. Eigenschaften des bestimmten Integrals

7.3.1. Umkehrung der Integrationsrichtung

Vertauschen wir in der Summengrenzwertformel von Satz 7.1 die Grenzen b und a, dann erhalten wir z. B.

$$\lim_{n \to \infty} \sum_{\nu=0}^{n-1} f\left(b + \nu \cdot \frac{a-b}{n}\right) \cdot \frac{a-b}{n}.$$

Dies bedeutet, dass bei der Summation die Streifen nun von rechts nach links, statt wie bisher umgekehrt durchlaufen werden und dass der zweite Faktor jedes einzelnen Produkts wegen $a < b$ negativ wird. Die Summen und damit ihr Grenzwert wechseln also das Vorzeichen, die Beträge bleiben jedoch gleich. Folgende Definition für $a < b$ ist somit mathematisch sinnvoll:

$$\int_b^a f(x)\,dx = -\int_a^b f(x)\,dx$$

Damit darf die untere Integrationsgrenze größer sein als die obere.
Anschaulich beschreibt ein Integral mit größerer unterer Grenze, z. B. Bezug nehmend auf das Einführungsbeispiel in 7.1.2., wie der Standort zu einem früheren Zeitpunkt ermittelt, also der Bewegungsvorgang *zurückverfolgt* werden kann.
Satz 7.1 lässt sich auf den Fall $b = a$ ausdehnen. Es ergibt sich:

$$\int_a^a f(x)\,dx = 0$$

7.3.2. Linearitätseigenschaften

A. Konstanter Faktor im Integranden

Wenden wir die Summengrenzwertformel auf die Funktion $x \mapsto c \cdot f(x)$ an, wobei f eine in $[a; b]$ stetige Funktion und $c \in \mathbb{R}$ ist, können wir zunächst den konstanten Faktor c durch Ausklammern vor das Summenzeichen und unter Anwendung der Grenzwertregeln auch vor das Limeszeichen ziehen (vgl. Aufgabe 3a in 7.3.). Daraus folgt:

$$\int_a^b c \cdot f(x)\,dx = c \cdot \int_a^b f(x)\,dx$$

Beispiel: $\int_3^0 5x^2\,dx = 5 \cdot \int_3^0 x^2\,dx = 5 \cdot \left(\frac{0^3}{3} - \frac{3^3}{3}\right) = 5 \cdot \left(-\frac{3^3}{3}\right) = -45$

B. Summe im Integranden

Wenden wir die Summengrenzwertformel auf die Funktion $x \mapsto f(x) + g(x)$ an, wobei f und g in [a; b] stetige Funktionen sind, können wir zunächst die Produkte hinter dem Summenzeichen ausmultiplizieren, die Summanden mit den Faktoren f(...) und g(...) unter zwei getrennten Summenzeichen zusammenfassen und schließlich nach den Grenzwertregeln aus dem Grenzwert der Summe eine Summe zweier Grenzwerte machen. Wir erhalten (vgl. Aufgabe 3b in 7.2.4.E.):

$$\int_a^b (f(x) + g(x))\,dx = \int_a^b f(x)\,dx + \int_a^b g(x)\,dx$$

Diese Formel kann auch von rechts nach links gelesen werden:

Beispiel: $\int_{-1}^{-2} \sin^2 x\,dx + \int_{-1}^{-2} \cos^2 x\,dx = \int_{-1}^{-2} (\sin^2 x + \cos^2 x)\,dx =$

$$= \int_{-1}^{-2} 1 \cdot dx = (-2) - (-1) = -1$$

C. Zusammenfassung

Die Formeln in A. und B. nennt man die Linearitätseigenschaften[1] des bestimmten Integrals. Durch Anwendung der Ergebnisse von A. und B. erhält man für auf [a; b] stetigen Funktionen f und g sowie $c, d \in \mathbb{R}$:

$$\int_a^b (c \cdot f(x) + d \cdot g(x))\,dx = c \cdot \int_a^b f(x)\,dx + d \cdot \int_a^b g(x)\,dx$$

Diese Aussage lässt sich sofort auf mehrgliedrige entsprechende Summen übertragen, die man als Linearkombinationen stetiger Funktionen bezeichnet, sodass wir sagen können:

Eine Linearkombination stetiger Funktionen darf gliedweise integriert werden.

Beispiele: a) $\int_0^2 (3x^2 - 5x + 8)\,dx = 3\int_0^2 x^2\,dx - 5\int_0^2 x\,dx + 8\int_0^2 dx =$

$$= 3\left(\frac{2^3}{3} - \frac{0^3}{3}\right) - 5\left(\frac{2^2}{2} - \frac{0^2}{2}\right) + 8(2-0) =$$

$$= 8 - 10 + 16 = 14$$

b) $\int_2^4 \left(2x - \frac{1}{2}\right)^2 dx = \int_2^4 \left(4x^2 - 2x + \frac{1}{4}\right) dx = 4\int_2^4 x^2\,dx - 2\int_2^4 x\,dx + \frac{1}{4}\int_2^4 dx =$

$$= 4\left(\frac{4^3}{3} - \frac{2^3}{3}\right) - 2\left(\frac{4^2}{2} - \frac{2^2}{2}\right) + \frac{1}{4}(4-2) = 63\tfrac{1}{6}$$

---

[1] Der Name erinnert an die entsprechenden Eigenschaften der linearen Funktion $f: x \mapsto mx;\ x \in \mathbb{R},\ m \neq 0$. Hier gilt $f(c \cdot u) = c \cdot f(u)$ sowie $f(u + v) = f(u) + f(v)$.

7.3.3. Monotonieeigenschaft

Unmittelbar aus Satz 7.1 folgt

Satz 7.2:

Für auf [a; b] stetige Funktionen f und g mit $f(x) < g(x)$ für $x \in [a; b]$ gilt:

$$\int_a^b f(x)\,dx < \int_a^b g(x)\,dx$$

Dies ist die sogenannte Monotonieeigenschaft des bestimmten Integrals.

Nach dem Extremwertsatz (S. 14) hat eine in [a; b] stetige Funktion dort ein Minimum m und ein Maximum M mit $m \leqq M$, so dass gilt:

$$m \leqq f(x) \leqq M$$

Durch Integration zwischen den Grenzen a und b folgt hieraus nach Satz 7.2 (Fig. 7.24):

$$m(b-a) \leqq \int_a^b f(x)\,dx \leqq M(b-a)$$

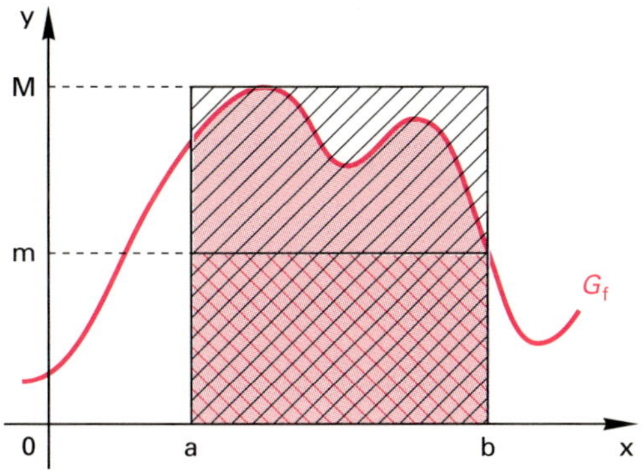

Fig. 7.24

Diese Beziehung ist eine vereinfachte Form des sogenannten Mittelwertsatzes der Integralrechnung.

7.3.4. Additivitätseigenschaft

Diese Eigenschaft des bestimmten Integrals ist bereits in der Definition 7.1 enthalten.

Satz 7.3:

Ist die Funktion f im Intervall J stetig und sind $a, b, c \in J$, so gilt:

$$\int_a^b f(x)\,dx + \int_b^c f(x)\,dx = \int_a^c f(x)\,dx$$

Sei z. B. $b < c < a$, so gilt nach 7.2.4.D.:

$$\int_b^a f(x)\,dx = \int_b^c f(x)\,dx + \int_c^a f(x)\,dx,$$

$$\text{also} \quad -\int_a^b f(x)\,dx = \int_b^c f(x)\,dx - \int_a^c f(x)\,dx,$$

woraus die Aussage in Satz 7.3 folgt.

Entsprechend verläuft der Beweis in den anderen Fällen.

7.4. Flächenberechnungen an Graphen

7.4.1. Die Fläche zwischen dem Graphen einer Funktion und der x-Achse

Wie wir wissen, ist das bestimmte Integral über eine stetige Funktion f von a bis b für $a < b$ gleich der Summe der Inhalte der Flächenstücke zwischen G_f und x-Achse, die über der x-Achse liegen, abzüglich solcher unter der x-Achse. Zur Berechnung des Inhalts A der gesamten Fläche, die G_f und die x-Achse zwischen $x = a$ und $x = b$ einschließen, sind die unteren Flächenstücke an der x-Achse zu spiegeln, d. h. in den entsprechenden Teilintervallen $f(x) \leqq 0$ durch $-f(x) \leqq 0$ ersetzen und über die so entstandene neue Funktion $|f|$ integrieren (Fig. 7.25):

Für den Inhalt A der gesamten Fläche, die G_f und die x-Achse zwischen $x = a$ und $x = b$ $(b > a)$ einschließen, gilt:

$$A = \int_a^b |f(x)|\,dx$$

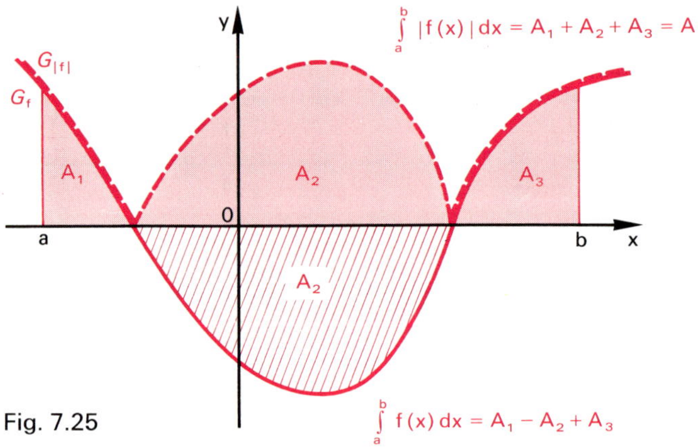

Fig. 7.25

Beispiel: Welchen Inhalt A hat das vom Graphen von $f: x \mapsto x^3$, der x-Achse und den Geraden zu $x = -1$ und zu $x = 1{,}5$ begrenzte Flächenstück? Fig. 7.26

Lösung:

$$A = \int_{-1}^{1,5} |x^3|\,dx = \int_{-1}^{0} (-x^3)\,dx + \int_{0}^{1,5} x^3\,dx$$

$$= -\left(\frac{0^4}{4} - \frac{(-1)^4}{4}\right) + \left(\frac{1{,}5^4}{4} - \frac{0^4}{4}\right) =$$

$\approx 1{,}52$ (cm^2 in Fig. 7.25)

Dagegen liefert

$$\int_{-1}^{1,5} x^3\,dx = \frac{1{,}5^4}{4} - \frac{(-1)^4}{4} \approx 1{,}02$$

nicht die gesuchte Fläche.

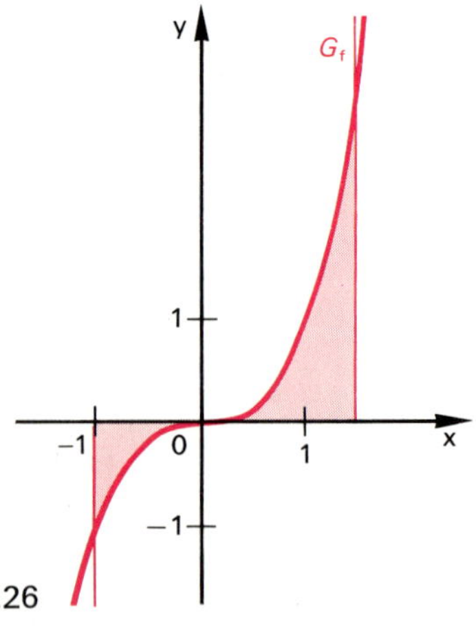

Fig. 7.26

7.4.2. Die Fläche zwischen den Graphen zweier Funktionen

Die Fläche zwischen den Graphen von f und g im Bereich von [a; b] ergibt sich offensichtlich im Falle $0 \leqq g(x) \leqq f(x)$ aus der Differenz der Flächeninhalte zwischen der Achse und den Graphen (Fig. 7.27):

$$A = \int_a^b f(x)\,dx - \int_a^b g(x)\,dx =$$

$$= \int_a^b [f(x) - g(x)]\,dx$$

Das zweite Gleichheitszeichen folgt nach 7.3.2.C.

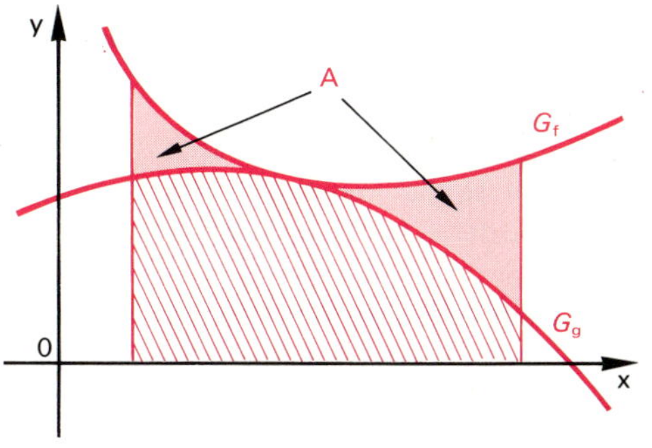

Fig. 7.27

Man kann zeigen, dass diese Beziehung auch gilt, wenn $g(x) \leqq f(x) \leqq 0$ für $x \in [a; b]$ und schließlich auch, wenn nur noch $g(x) \leqq f(x)$ in [a; b] gefordert wird (vgl. Aufgabe 5). Ohne solche Voraussetzungen gilt:

> Für den Inhalt A der Fläche, die G_f und G_h zwischen $x = a$ und $x = b$ $(b > a)$ einschließen, gilt:
>
> $$A = \int_a^b |f(x) - g(x)|\,dx$$

Beispiel: Berechne den Inhalt A des Flächenstücks, das begrenzt wird vom Graphen der Funktion $f\colon x \mapsto x^2 + 2x + 2$, vom Graphen der Funktion $g\colon x \mapsto -x^2 - 2x$ und der Geraden mit der Gleichung $x - 0{,}5 = 0$! Fig. 7.28

Lösung: (1) $f(x) = g(x) \Rightarrow x_{1/2} = -1$

(2) $|f(x) - g(x)| = |x^2 + 2x + 2 + x^2 + 2x|$
$= 2\,|x^2 + 2x + 1|$.

(3) $A = \int_{-1}^{0,5} |f(x) - g(x)|\,dx =$

$\overset{1}{=} \int_{-1}^{0,5} 2(x^2 + 2x + 1)\,dx =$

$= 2 \cdot \left[\left(\frac{0{,}5^3}{3} - \frac{(-1)^3}{3}\right) + 2\left(\frac{0{,}5^2}{2} - \frac{(-1)^2}{2}\right) + (0{,}5 - (-1))\right] = 2{,}25$

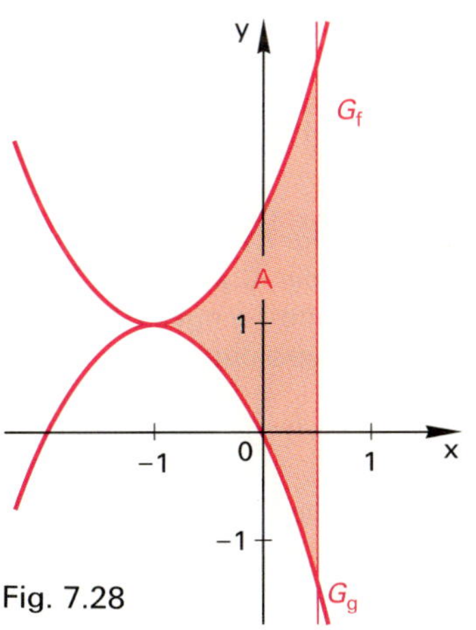

Fig. 7.28

Ergebnis: A = 2,25

[1] Die Absolutstriche können durch Klammern ersetzt werden, weil $x^2 + 2x + 1 = (x + 1)^2 \geqq 0$ für alle $x \in \mathbb{R}$.

Aufgaben

1. Berechne folgende Integrale und erläutere ihre geometrische Bedeutung:

   a) $\int_4^2 x\,dx$ b) $\int_{3a}^{2a} x\,dx \quad (a > 0)$ c) $\int_2^0 x^2\,dx$ d) $\int_a^{-2a} x^3\,dx \quad (a > 0)$

2. Gegeben ist die Funktion $f: x \mapsto x^2;\ x \in \mathbb{R}$. Berechne den Inhalt der zwischen dem Graphen, der x-Achse und den Geraden zu $x = -2$ und $x = 1$ liegenden Fläche auf zwei Arten:

   (1) Durch Zerlegung des Bereichs in zwei geeignete Teilbereiche,

   (2) mittels „durchgehender" Integration von $x = -2$ bis $x = 1$.

   Zeichnung mit 1 LE = 1 cm auf beiden Achsen.[1]

3. Berechne folgende Integrale:

   a) $\int_1^4 3x\,dx$ b) $\int_0^3 4x^2\,dx$ c) $\int_0^{\sqrt{a}} ax^3\,dx \quad (a > 0)$

   d) $\int_0^{\sqrt{c}} \frac{x^2}{c}\,dx \quad (c > 0)$ e) $\int_0^2 (1 + x + x^2)\,dx$ f) $\int_{-1}^2 (3 - 2x + 3x^2)\,dx$

   g) $\int_0^{-1} (2 + x)(2 - x)\,dx$ h) $\int_{-1}^2 (3x - 2)^2\,dx$ i) $\int_{-2}^2 (\frac{1}{8}x^3 - \frac{1}{6}x^2 - \frac{1}{4}x + 2)\,dx$

   k) $\int_{-a}^a (Ax + Bx^3)\,dx$ l) $\int_{-1}^1 (t + 1)(t^2 - t + 1)\,dt$ m) $\int_0^4 (2 - u)(4 + 2u + u^2)\,du$

4. Vereinfache zunächst den Term und berechne sodann seinen Wert:

   a) $\int_0^2 x^2\,dx + \int_2^3 x^2\,dx$

   b) $\int_2^4 (2x + 1)\,dx - \int_5^4 (2x + 1)\,dx + \int_5^6 (2x + 1)\,dx$

5. Zeige zu Fig. 7.29: Für den Inhalt A des von den Graphen der Funktionen g und f eingeschlossenen Flächenstücks gilt:

   $$A = \int_a^d [f(x) - g(x)]\,dx$$

   Gib dazu die Teilinhalte A_1 bis A_4 mit Hilfe von Integralen an und fasse diese nach den Regeln von 7.3. zusammen!

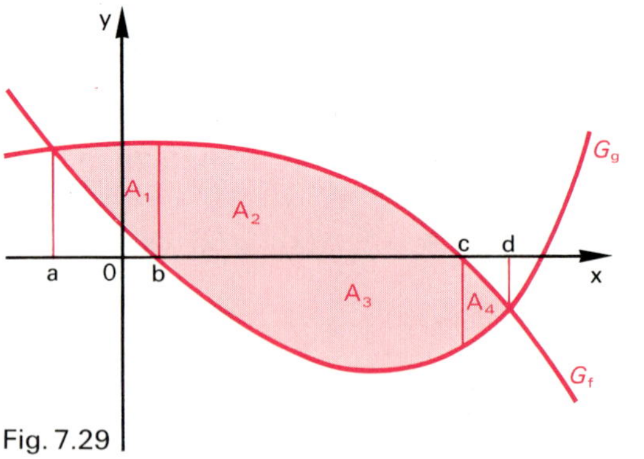

Fig. 7.29

[1] Dieser Maßstab ist von jetzt ab, falls nichts anderes vermerkt, bei allen Aufgaben zu Grunde zu legen.

6. Berechne den Inhalt des Segments, das die Gerade mit der Gleichung $y - 4 = 0$ und der Graph der Funktion $f\colon x \mapsto \frac{1}{4}x^2;\ x \in \mathbb{R}$ begrenzen!

7. Welchen Inhalt hat das von der Geraden mit der Gleichung $3x - 2y = 0$ und dem Graphen der Funktion $f\colon x \mapsto \frac{1}{2}x^2;\ x \in \mathbb{R}$ begrenzte Flächenstück?

8. Die Parabeln mit den Gleichungen

   a) $x^2 = 6y$ bzw. $y^2 = 6x$ b) $x^2 = ay$ bzw. $y^2 = ax$

   umschließen ein Flächenstück, dessen Inhalt berechnet werden soll. Hinweis: Aus Symmetriegründen wird das Flächenstück von der Winkelhalbierenden des I. Quadranten halbiert.

9. Die Punkte $P_1(4; ?)$ und $P_2(-2; ?)$ liegen auf dem Graphen von $f\colon x \mapsto \frac{1}{4}x^2 + 1$. Berechne den Inhalt des von der Geraden P_1P_2 und G_f begrenzten Segments!

10. Wie groß ist die Fläche, die vom Graphen G_φ der Funktion $\varphi\colon x \mapsto -\frac{1}{3}x^2 + 2x + 1$, dem Lot von seinem höchsten Punkt auf die x-Achse, der x-Achse und der y-Achse eingeschlossen wird?

11. Für welche Werte von a gilt:

    a) $\int_0^a (x+1)\,dx = 12$ b) $\int_0^{\sqrt{a}} (x^3 - x)\,dx = 6$

12. Gegeben ist $f\colon x \mapsto \frac{1}{2}x^2$. G_f soll parallel zur y-Achse in die Lage $\overline{G}_f$ so verschoben werden, dass der Inhalt der Fläche, die $\overline{G}_f$ mit der x-Achse zwischen $x = 0$ und $x = 3$ einschließt, 10,5 beträgt. Berechne die Verschiebungsstrecke c!

13. Die Gleichung $y = -kx^2 + 3$ mit $k > 0$ als Parameter beschreibt eine Kurvenschar. Welche Kurve der Schar begrenzt mit der x-Achse ein Flächenstück vom Inhalt 4?

14. Die Graphen von $f\colon x \mapsto f(x)$ und $g\colon x \mapsto g(x)$ schließen im jeweils angegebenen Intervall ein Flächenstück ein. Welchen Inhalt hat es?

    a) $f(x) = 2 + \sin x$; $g(x) = -2 + \sin x$; $[0; 2\pi]$

    b) $f(x) = x + \sin x$; $g(x) = -x + \sin x$; $[0; 2\pi]$

    c) $f(x) = x + \sqrt{x}$; $g(x) = -x + \sqrt{x}$; $[0; 4]$

15. Begründe geometrisch für $a > 0$:

    a) $\int_{-a}^{a} f(x)\,dx = 0$, wenn G_f punktsymmetrisch ist zum Ursprung.

    b) $\int_{-a}^{+a} f(x)\,dx = 2\int_0^{+a} f(x)\,dx$, wenn G_f achsensymmetrisch ist zur y-Achse.

16. Untersuche den Graphen der Integrandenfunktion jeweils auf Punktsymmetrie zum Ursprung und gib sodann den Integralwert an!

    a) $\int_{-\pi/2}^{\pi/2} \sin x\,dx$ b) $\int_{-\pi}^{\pi} x^2 \sin x\,dx$ c) $\int_{-0,5}^{0,5} \frac{x}{\cos x}\,dx$ d) $\int_{-1}^{1} x\sqrt{1 - x^2}\,dx$

17. Für den Term $f(x)$ einer in $\mathbb{R}$ definierten und in $[0; 0,5]$ stetigen Funktion $f\colon x \mapsto f(x)$ gelte die Ungleichung:

    $$x - x^2 \leqq f(x) \leqq x + x^2$$

    Es soll für das Integral $\int_0^{0,5} f(x)\,dx$ eine möglichst kleine obere Schranke S und eine möglichst große untere Schranke s bestimmt werden, sodass die Abschätzung gilt:

    $$s \leqq \int_0^{0,5} f(x)\,dx \leqq S$$

18. Es wird die Funktion $f\colon x \mapsto f(x) = \dfrac{1}{\sqrt{10-\cos^2 x}}$; $x \in D_{max}$ betrachtet.

a) Welches ist das Minimum m und das Maximum M von f in $[0; \frac{1}{2}\pi]$?

b) Gib für das zwischen den Grenzen 0 und $\frac{1}{2}\pi$ genommene Integral über f eine möglichst große untere und eine möglichst kleine obere Schranke an!

c) Welchen prozentualen Fehler macht man höchstens, wenn man den Integralwert durch den Mittelwert aus unterer und oberer Schranke ersetzt?

19. Durch $f_k\colon x \mapsto kx^2$; $x \in \mathbb{R}$ mit $k \in \mathbb{R}^+$ ist eine Funktionenschar festgelegt. Der zu f_k gehörige Graph werde mit G_{f_k} bezeichnet.

a) Bestimme die Schnittpunkte von G_{f_k} mit der Geraden $g\colon 2x - y = 0$ in Abhängigkeit vom Parameter k!

b) Zeichne g und $G_{f_{0,5}}$ im Bereich $[-2; 5]$!

c) Berechne den Inhalt A_k des Flächenstücks, das von G_{f_k} und g begrenzt wird! Wie groß ist speziell $A_{0,5}$?

20. Gegeben ist die abschnittsweise definierte Funktion $f\colon x \mapsto f(x)$ mit

$$f(x) = \begin{cases} 1{,}5x & \text{für } -2 \leqq x \leqq 4 \\ 0{,}5x^2 - x + 2 & \text{für } 4 < x \leqq 6. \end{cases}$$

a) Untersuche f auf Stetigkeit an der Stelle $x = 4$!

b) Warum existiert das Integral $\int_{-2}^{6} f(x)\,dx$ und welchen Wert hat es?

Ergänzungen und Ausblicke

Die Simpson-Regel[1]

Bei der Sehnen-Trapez-Methode wird der Graph der Funktion f durch einen Streckenzug, also stückweise durch lineare Funktionen angenähert (Aufgabe S. 56).
Bei gleicher Unterteilung des Integrationsintervalls erhält man im Allgemeinen einen besseren Wert, wenn man quadratische Näherungsfunktionen verwendet. Dazu teilen wir das Intervall $[a; b]$ in n gleiche Teilintervalle mit der Breite $h = \dfrac{b-a}{n}$, wobei diesmal n eine gerade Zahl sein soll (Fig. 7.30). Durch jeweils drei aufeinander folgende Punkte, also durch P_0, P_1, P_2, dann durch P_2, P_3, P_4 usw. bis P_{n-2}, P_{n-1}, P_n ist jeweils ein Parabelstück bestimmt.
Wir zerlegen jetzt das Integral gemäß 7.3.4. in eine Summe von Teilintegralen:

$$\int_a^b f(x)\,dx = \int_a^{x_2} f(x)\,dx + \int_{x_2}^{x_4} f(x)\,dx + \ldots + \int_{x_{n-2}}^{b} f(x)\,dx$$

Die Teilintegrale über f ersetzen wir durch Integrale über die für das jeweilige Teilintervall gültige quadratische Näherungsfunktion.
Wir bestimmen nun die quadratische Näherungsfunktion für das Teilintervall $[x_0; x_2]$ und berechnen das entsprechende bestimmte Integral:

[1] Thomas Simpson (1710–1761), englischer Mathematiker.

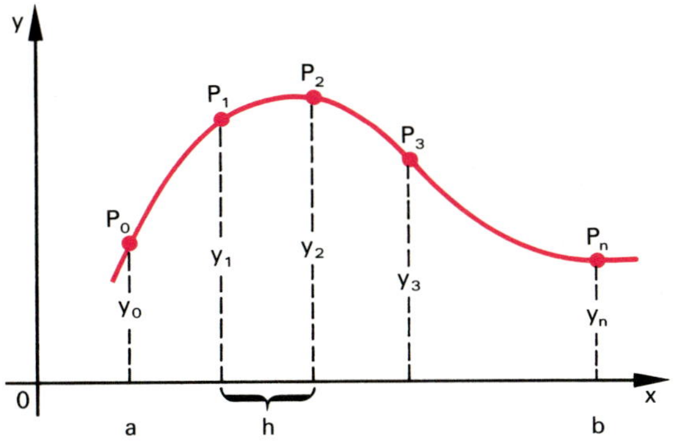

Fig. 7.30

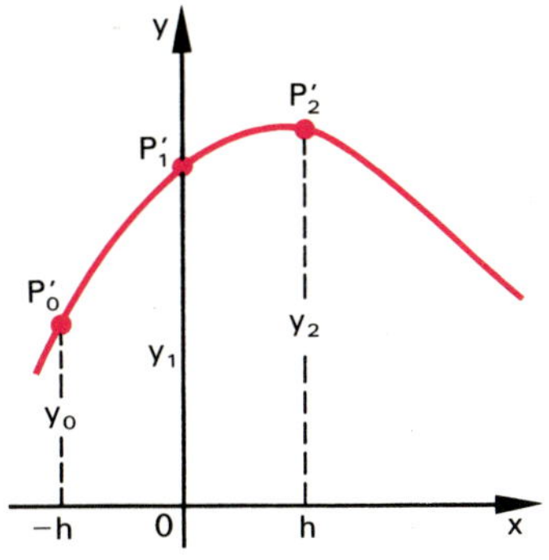

Fig. 7.31

Zur Vereinfachung der Rechnung legen wir durch eine Verschiebung parallel zur x-Achse den mittleren der drei Teilpunkte auf die y-Achse. Die Fläche zwischen Graph und x-Achse bleibt bei dieser Translation unverändert. (Fig. 7.31)

Der Graph der ersten gesuchten quadratischen Funktion soll also durch die Punkte $P_0'(-h;\ y_0)$, $P_1'(0;\ y_1)$ und $P_2'(h;\ y_2)$ verlaufen. Dann gelten bei Zugrundelegung der Funktionsgleichung

$$g(x) = qx^2 + rx + s$$

die folgenden Gleichungen:

(1) $y_0 = q(-h)^2 + r(-h) + s$
(2) $y_1 = s$
(3) $y_2 = qh^2 + rh + s$

(2) in (1) und (3) ergibt:
(4) $y_0 = qh^2 - rh + y_1$
(5) $y_2 = qh^2 + rh + y_1$

Durch Addition und Subtraktion von (5) und (4) erhält man:

$$q = \frac{y_0 - 2y_1 + y_2}{2h^2} \quad \text{und} \quad r = \frac{y_2 - y_0}{2h}$$

Die Gleichung der quadratischen Näherungsfunktion für den ersten Streifen lautet daher:

$$g(x) = \frac{y_0 - 2y_1 + y_2}{2h^2} \cdot x^2 + \frac{y_2 - y_0}{2h} \cdot x + y_1$$

Integriert man $g(x)$ von $-h$ bis $+h$, so folgt für den Inhalt des ersten Streifens:

$$A_1 \approx \int_{-h}^{h} g(x)\,dx = \int_{-h}^{h} \left(\frac{y_0 - 2y_1 + y_2}{2h^2} \cdot x^2 + \frac{y_2 - y_0}{2h} \cdot x + y_1 \right) dx =$$

$$= \frac{y_0 - 2y_1 + y_2}{2h^2} \cdot \int_{-h}^{h} x^2\,dx + \frac{y_2 - y_0}{2h} \cdot \int_{-h}^{h} x\,dx + y_1 \cdot \int_{-h}^{h} 1\,dx =$$

$$= \frac{y_0 - 2y_1 + y_2}{2h^2} \cdot \frac{2h^3}{3} + 0 + y_1 \cdot 2h = \frac{y_0 + 4y_1 + y_2}{3} \cdot h$$

Entsprechend lauten die Ergebnisse für die anderen Streifen.

Als Näherungswert S für das gesuchte Integral erhalten wir schließlich die Summe der Integrale über die jeweiligen quadratischen Näherungsfunktionen:

$$S = \frac{h}{3}(y_0 + 4y_1 + y_2) + \frac{h}{3}(y_2 + 4y_3 + y_4) + \ldots + \frac{h}{3}(y_{n-2} + 4y_{n-1} + y_n)$$

$$= \frac{h}{3}(y_0 + 4y_1 + 2y_2 + 4y_3 + 2y_4 + 4y_5 + \ldots + 2y_{n-2} + 4y_{n-1} + y_n)$$

Setzen wir noch $h = \frac{b-a}{n}$, so folgt die

Simpson-Regel:

$$\int_a^b f(x)\,dx \approx \frac{b-a}{3n}(y_0 + 4y_1 + 2y_2 + 4y_3 + 2y_4 + \ldots + 2y_{n-2} + 4y_{n-1} + y_n)$$

Das folgende BASIC-Programm zeigt die Anwendung der Simpson-Regel.

```
10  REM Simpson-Integration
20  DEF FNF(X)=X*X :  F$="x*x"
30  REM A,B Intervallgrenzen
40  REM N   gerade Zahl der Teilintervalle
50  REM D   Länge der Teilintervalle
60  PRINT"Integral der Funktion f(x)=";F$
70  PRINT"Für eine andere Funktion die"
80  PRINT"Zeile 20 an 2 Stellen ändern"
90  PRINT
100 INPUT"Soll die Funktion so bleiben j/n ";W$
110 IF W$="n"
      THEN PRINT"Zeile 20 ändern":GOTO 1000
190 :
200 REM Eingaben
210 INPUT"linke Intervallgrenze";A
220 INPUT"rechte Intervallgrenze";B
230 INPUT"gerade Zahl der Teilintervalle";N
240 IF INT(N/2)<>N/2 THEN N=N+1
290 :
300 REM Berechnung und Ausgabe
310 D=(B-A)/N
320 X=A+D: S1=0: S2=0
330 FOR K=1 TO N/2-1
340 :  S1=S1+FNF(X): S2=S2+FNF(X+D)
350 :  X=X+2*D
360 NEXT K
370 S1=S1+FNF(X)
380 S=(FNF(A)+4*S1+2*S2+FNF(B))*D/3
400 PRINT"Simpson-Summe =";S
1000 END
```

Aufgaben

Vergleiche die Simpson'sche Regel mit dem Programm. In Zeile 380 wird der Wert s berechnet. Welche Bedeutung müssen s_1 und s_2 haben?

Rechne das Programm von Zeile 310 bis 380 mit n = 8, a = 0, b = 8 und der in Zeile 20 definierten Funktion $f(x) = x^2$ durch.

Was bedeuten die Zeilen 230/240?

Bemerkung:

Man muss sich im Klaren sein, dass im Computer nicht jede reelle Zahl dargestellt wird. Die verwendeten Zahlen sind stets rationale Zahlen mit einer bestimmten Stellenzahl, die in der Regel noch in Dualzahlen umgewandelt werden. Es muss ständig auf solche „Maschinenzahlen" gerundet werden. Die Rundungsfehler pflanzen sich fort. Man kann also im Allgemeinen nicht erwarten, eine beliebige Genauigkeit erreichen zu können. Wird n zu groß gewählt, kann das Ergebnis sogar schlechter werden.

8. Ausbau der Integralrechnung

8.1. Integralfunktion und Stammfunktion

8.1.1. Das Integral als Funktion der oberen Grenze

Der Zahlenwert des bestimmten Integrals einer im Intervall J stetigen Funktion f hängt von der Wahl der Integrationsgrenzen ab. Diese müssen zu J gehören. Wir betrachten nun Integrale mit der festen unteren Grenze a und einer variablen oberen Grenze, die wir mit x bezeichnen wollen. Um Verwechslungen mit der meist üblichen Variablenbezeichnung x im Integranden f(x) auszuschließen – man nennt diese Variable die *Integrationsvariable* –, wählen wir hierfür einen anderen Buchstaben, z. B. t. Denn der Wert des Integrals ist natürlich von der Bezeichnung der Integrationsvariablen völlig unabhängig. Wir erhalten damit den Term

$$\int_a^x f(t)\,dt.$$

Da zu jeder oberen Grenze $x \in J$ ein eindeutiger Integralwert gehört, kann dieser Term als Funktionsterm F(x) einer im Integrationsintervall J definierten Funktion F aufgefasst werden. Man nennt sie eine *Integralfunktion* von f oder zu f.

Definition 8.1:

f sei im Intervall J stetig. Jede in J definierte Funktion der Form

$$F\colon x \mapsto F(x) = \int_a^x f(t)\,dt \quad \text{mit} \quad a \in J$$

heißt eine Integralfunktion von f in J.

Beispiel: Für die Funktion $f\colon x \mapsto \frac{x}{2}$; $D = \mathbb{R}$ führt

$$F_2(x) = \int_2^x \frac{t}{2}\,dt$$

auf die Integralfunktion $F_2\colon x \mapsto \frac{x^2}{4} - 1$, während

$$F_0(x) = \int_0^x \frac{t}{2}\,dt$$

die Integralfunktion $F_0\colon x \mapsto \frac{x^2}{4}$ ergibt.

Nach 7.3.1. gilt stets:

$$F(a) = \int_a^a f(t)\,dt = 0$$

Das heißt:

Für jede Integralfunktion F von f ist die untere Integrationsgrenze eine Nullstelle.

8.1.2. Begriff der Stammfunktion

Wir haben bei unseren bisherigen Betrachtungen zur Integralrechnung die Differenzialrechnung völlig außer Acht gelassen. Verschiedenen Stellen in Kapitel 7 konnte man jedoch schon Andeutungen entnehmen, die auf einen tiefgreifenden Zusammenhang zwischen den beiden Disziplinen hinweisen:
Im Einführungsbeispiel etwa ergab sich durch Integration (wenn wir den Begriff auch erst später einführten) aus der Zeit-Geschwindigkeits-Funktion eine Aussage über den Weg. Wählt man den Zeitpunkt t_1 fest und interpretiert man t_2 als Variable, erhält man durch Integration für jedes Intervall $[t_1; t_2]$ den Weg, der seit t_1 zurückgelegt wurde – also eine Zeit-Weg-Funktion. Aus der Differenzialrechnung wissen wir wiederum, dass wir durch Differenziation einer Zeit-Weg-Funktion die zugehörige Zeit-Geschwindigkeits-Funktion erhalten. Es ergibt sich die Vermutung, dass die Integration so etwas wie die Umkehrung der Differenziation sein könnte.
Wir wollen das an einem weiteren Beispiel überprüfen:
Betrachten wir die beiden Integralfunktionen F_2 und F_0 zu $f\colon x \mapsto \frac{x}{2}$ im letzten Beispiel, so erkennen wir sofort, dass beide Funktionen die gleiche Ableitungsfunktion haben und dass diese Ableitungsfunktion mit der Integrandenfunktion übereinstimmt. Ist dies nur zufällig so oder steht dahinter eine fundamentale mathematische Gesetzmäßigkeit?

Bevor wir diese Frage klären, wollen wir zur Kennzeichnung von Funktionen, die in der ersten Ableitung übereinstimmen, einen neuen Begriff einführen.

Definition 8.2:

> Eine differenzierbare Funktion F heißt *Stammfunktion* zu einer Funktion f im gemeinsamen Definitionsbereich *D*, wenn dort $F' = f$ gilt.

1. Beispiel: F_2 und F_0 im letzten Beispiel sind Stammfunktionen zu $f\colon x \mapsto \frac{x}{2}$.

Offensichtlich sind sämtliche Integralfunktionen zu f, wenn die untere Integrationsgrenze alle reellen Zahlen durchläuft, auch Stammfunktionen zu f, weil sie sich nur durch eine additive Konstante voneinander unterscheiden:

$$F_a(x) = \int_a^x \frac{t}{2}\,dt = \frac{x^2}{4} - \frac{a^2}{4} \quad \Longrightarrow \quad F_a'(x) = \frac{x}{2} = f(x)\,; \qquad (a \in \mathbb{R})$$

2. Beispiel: Die Funktion $F\colon x \mapsto -\cos x;\ x \in \mathbb{R}$ ist eine Stammfunktion zu $\sin\colon x \mapsto \sin x;\ x \in \mathbb{R}$. Natürlich ist auch die Funktion $H\colon x \mapsto -\cos x + 3;\ x \in \mathbb{R}$ eine Stammfunktion zu $\sin\colon x \mapsto \sin x;\ x \in \mathbb{R}$, denn es ist $H' = \sin$.
Dies stützt, zusammen mit dem in 7.2. „Ergänzungen und Ausblicke" gewonnenen Ergebnis $\int_a^x \sin t\,dt = \cos a - \cos x$ für $x, a \in [0; \pi]$, ebenfalls die oben geäußerte Vermutung.

Die folgende Tabelle führt Stammfunktionen zu einigen besonders wichtigen Funktionen auf. Die additive Konstante $C \in \mathbb{R}$ soll zum Ausdruck bringen, dass man eine ganze Schar von Stammfunktionen zu einer Funktion f erhält.

Funktion $f: x \mapsto f(x)$	Stammfunktion $F: x \mapsto F(x)$ zu f	Begründung
$f(x) = x^n; \quad (n \in \mathbb{Z} \setminus \{-1\})$	$F(x) = \dfrac{x^{n+1}}{n+1} + C$	$F'(x) = x^n = f(x)$
$f(x) = \sin x$	$F(x) = -\cos x + C$	$F'(x) = \sin x = f(x)$
$f(x) = \cos x$	$F(x) = \sin x + C$	$F'(x) = \cos x = f(x)$

In diesem Zusammenhang stellt sich die Frage, ob die Tabelle jeweils *alle* Stammfunktionen zu einer Funktion f liefert, wenn die Konstante C als Parameter einer Funktionenschar alle reellen Zahlen durchläuft, oder ob es z. B. zu $f: x \mapsto \sin x$ vielleicht eine Stammfunktion F gibt, die *nicht* auf die Form: $x \mapsto -\cos x + C$ gebracht werden kann. Hierüber gibt der folgende Satz Auskunft.

Satz 8.1:

> Die Differenz $F_1 - F_2$ zweier Stammfunktionen zur Funktion f ist eine in jedem Intervall $J \subset D$ konstante Funktion.

Beweis:

Sind F_1 und F_2 zwei verschiedene Stammfunktionen von f, so gilt:

$$F_1' = f,\ F_2' = f \quad \Longrightarrow \quad F_1' - F_2' = 0 \quad \Longrightarrow \quad (F_1 - F_2)' = 0.$$

Das heißt: Die Differenz zweier Stammfunktionen ist eine Funktion, deren Ableitung überall den Wert 0 hat. Wir entnehmen der Anschauung für $]a; b[\subset D$:

$$F'(x) = 0 \quad \text{für alle} \quad x \in]a; b[\quad \Longrightarrow \quad F(x) = C \quad \text{für alle } x \in [a; b]$$

Daraus folgt: $F_1(x) - F_2(x) = C$ für alle $x \in [a; b]$, was zu beweisen war.

3. Beispiel: Die Funktionen der Schar $F_c: x \mapsto \frac{1}{4} \sin 2x + C;\ x \in \mathbb{R}$ mit $C \in \mathbb{R}$ als Scharparameter bilden die Menge *aller* Stammfunktionen von

$$f: x \mapsto \tfrac{1}{2} \cos 2x; \quad x \in \mathbb{R} \qquad \text{(vgl. Fig. 8.1).}$$

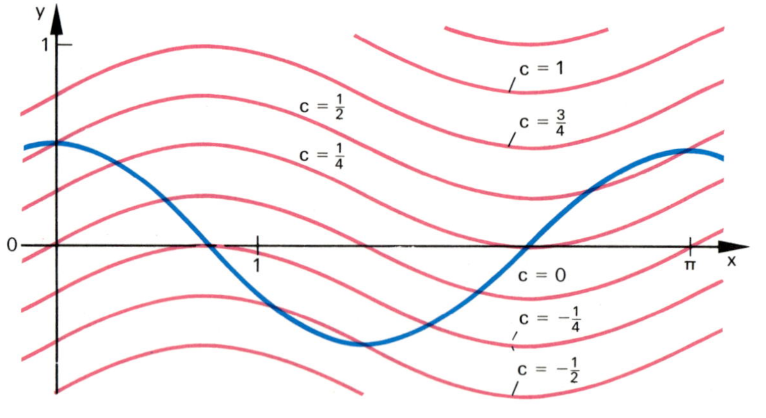

Fig. 8.1

Aufgaben

1. a) Schreibe die folgenden in $\mathbb{R}$ definierten Funktionen ohne Integralzeichen:

$$F_1\colon x \mapsto \int_{-1}^{x} t^2 dt \qquad F_2\colon x \mapsto \int_{0}^{x} t^2 dt \qquad F_3\colon x \mapsto \int_{1}^{x} t^2 dt \qquad F_4\colon x \mapsto \int_{2}^{x} t^2 dt$$

Erläutere an einer Skizze, wie die Graphen der vier Integralfunktionen auseinander hervorgehen!

b) Bilde die Ableitungen von F_1 bis F_4 unter Verwendung der gefundenen Darstellung ohne Integralzeichen!

2. Bei den folgenden in $\mathbb{R}$ definierten Integralfunktionen ist die untere Integrationsgrenze a so zu bestimmten, dass der Graph G_F den jeweils angegebenen Punkt enthält:

a) $F\colon x \mapsto \int_a^x dt$, P(−3; 0)

b) $F\colon x \mapsto \int_a^x t\,dt$, Q(0; −2)

c) $F\colon x \mapsto \int_a^x t^2 dt$, R(3; $6\frac{1}{3}$)

Differenziere jeweils!

3. Gegeben ist eine Funktionenschar f_p mit dem Scharparameter p:

$$f_p\colon x \mapsto 3x^2 - px + 1; \qquad D = \mathbb{R}, \quad p \in \mathbb{R}$$

a) Bestimme p so, dass die zugehörige Integralfunktion mit der unteren Grenze 2 bei $x = 3$ eine Nullstelle hat! Wie lauten die weiteren Nullstellen dieser Integralfunktion?

b) Warum gibt es in der Schar der Integralfunktionen mit der unteren Grenze 2, wenn der Scharparameter p alle reellen Zahlen durchläuft, keine Funktion, deren Graph den Punkt R (−2; 0) enthält?

c) Beweise, dass die Graphen aus der Schar der Integralfunktionen mit der unteren Grenze 2 stets zwei Punkte gemeinsam haben!

4. Berechne für folgende Integralfunktionen F mit $x \in \mathbb{R}$, $a \in \mathbb{R}$ die Ableitungsfunktion F′ und vergleiche sie jeweils mit der Integrandenfunktion:

a) $F\colon x \mapsto \int_a^x (t^2 - 2t - 3)\,dt$

b) $F\colon x \mapsto \int_a^x (2 - 3t)(2 + 3t)\,dt$

c) $F\colon x \mapsto \int_b^x (\sqrt{2}y + 5)^2 dy$

5. Warum ist $F\colon x \mapsto \frac{1}{4}x^2 + 5$; $x \in \mathbb{R}$ zwar eine Stammfunktion, aber keine Integralfunktion zu $f\colon x \mapsto \frac{1}{2}x$; $x \in \mathbb{R}$?

6. Bestimme durch Probieren eine Stammfunktion zu $f\colon x \mapsto \sin 2x - \cos x$!

7. Die Integralfunktion

$$F\colon x \mapsto F(x) = \int_1^x (2t - t^2)\,dt$$

hat drei Nullstellen. Ermittle sie!

8.2. Der Hauptsatz der Differenzial- und Integralrechnung

8.2.1. Hinführung und Beweis

In 8.1. haben wir für einzelne Beispiele zeigen können, dass die Ableitung der Integralfunktion zu einer Funktion f mit f übereinstimmt. In derartigen Fällen ist also die Integralfunktion zugleich eine Stammfunktion von f. Wir wollen nun untersuchen, ob dies immer, d. h. für jede Integralfunktion zu einer stetigen Funktion f gilt. Es sei

$$F\colon\ x \mapsto \int_c^x f(t)\,dt; \quad x \in [a;\, b]$$

eine Integralfunktion zu einer im Intervall $[a;\, b]$ stetigen Funktion f mit $c \in [a;\, b]$. Wir bilden zunächst den Zähler des Differenzenquotienten:

$$F(x_0 + h) - F(x_0) = \int_c^{x_0+h} f(t)\,dt - \int_c^{x_0} f(t)\,dt$$

mit $x_0,\ x_0 + h \in [a;\, b]$. Durch abschnittsweise Integration (vgl. 7.2.4.) erhalten wir:

$$F(x_0 + h) - F(x_0) = \int_c^{x_0} f(t)\,dt + \int_{x_0}^{x_0+h} f(t)\,dt - \int_c^{x_0} f(t)\,dt = \int_{x_0}^{x_0+h} f(t)\,dt \qquad (1)$$

Dabei wird zunächst $c < x_0 < x_0 + h$ vorausgesetzt, doch gilt die Umformung ganz allgemein für $c,\ x_0,\ x_0 + h \in [a;\, b]$.

Das Integral in (1) können wir nach 7.3.3. abschätzen. Denn f nimmt wegen der vorausgesetzten Stetigkeit in $[x_0;\, x_0 + h]$ einen kleinsten Wert $f(x_m)$ und einen größten Wert $f(x_M)$ an (Extremwertsatz 4.1. im Band Infinitesimalrechnung 1). Es gilt demnach (Fig. 8.2):

$$h \cdot f(x_m) \leqq \int_{x_0}^{x_0+h} f(t)\,dt \leqq h \cdot f(x_M) \qquad (2)$$

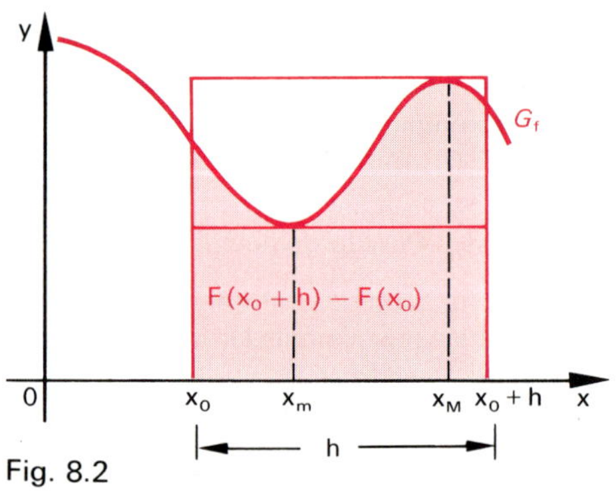

Fig. 8.2

Dividieren wir die Ungleichungskette (2) durch $h > 0$, so erhalten wir wegen (1):

$$f(x_m) \leqq \frac{1}{h} \int_{x_0}^{x_0+h} f(t)\,dt = \frac{F(x_0 + h) - F(x_0)}{h} \leqq f(x_M) \qquad (3)$$

Im Falle $h < 0$ ergibt sich

$$-h \cdot f(x_m) \leqq \int_{x_0+h}^{x_0} f(t)\,dt \leqq -h \cdot f(x_M) \qquad (2)$$

und nach Division durch $-h > 0$, wegen $\int_{x_0+h}^{x_0} f(t)\,dt = -\int_{x_0}^{x_0+h} f(t)\,dt$, wieder (3).

Mit $h \to 0$ gilt in beiden Fällen $x_m \to x_0$ und $x_M \to x_0$.
Aus der Stetigkeit von f ergibt sich:

$$\lim_{x_m \to x_0} f(x_m) = \lim_{x_M \to x_0} f(x_M) = f(x_0)$$

Damit ergibt sich aus (3):

$$F'(x_0) = \lim_{h \to 0} \frac{F(x_0+h) - F(x_0)}{h} = \lim_{h \to 0} \frac{1}{h} \int_{x_0}^{x_0+h} f(t)\,dt = f(x_0) \qquad (4)$$

Da diese Überlegung von der Wahl der Stelle x_0 in [a; b] unabhängig ist, erhalten wir allgemein:

$$F'(x) = f(x)$$

Daraus folgt die wichtige Erkenntnis:

Jede Integralfunktion F einer stetigen Funktion f ist eine Stammfunktion zu f.

Umgekehrt braucht aber nicht jede Stammfunktion zu einer stetigen Funktion f eine Integralfunktion von f zu sein. Denn wir wissen ja aus 8.1.1., dass jede Integralfunktion F von f an der unteren Integrationsgrenze eine Nullstelle hat, während es auch Stammfunktionen zu f geben kann, die nirgends den Wert null annehmen.

Beispiel: F: $x \mapsto x^2+1$ ist eine Stammfunktion zu f: $x \mapsto 2x$, aber sicher keine Integralfunktion von f, weil F keine Nullstelle hat.

Man beachte in diesem Zusammenhang auch Fig. 8.1.

Unsere soeben gewonnene Erkenntnis, dass die Integralfunktion F einer stetigen Funktion f eine Stammfunktion zu f ist und daher $F'(x) = f(x)$ gilt, zeigt einen einfachen Zusammenhang zwischen Integration und Differenziation:

Satz 8.2: Hauptsatz der Differenzial- und Integralrechnung (HDI):

Jede Integralfunktion einer stetigen Funktion ist differenzierbar. Ihre Ableitung ist die Integrandenfunktion.

Kurzschreibweise: $F(x) = \int_a^x f(t)\,dt \implies F'(x) = f(x)$

oder $\left(\int_a^x f(t)\,dt\right)' = f(x)$

Dieser Sachverhalt ist gemeint, wenn man vereinfacht sagt:

Die Differenziation ist die Umkehrung der Integration.

1. Beispiel: Ist $F(x) = \int_2^x (t^3 - 2t^2 + t)\,dt$, so folgt ohne weitere Rechnung:

$$F'(x) = x^3 - 2x^2 + x$$

2. Beispiel: Es soll die Steigung m_p und der Neigungswinkel α der Tangente des Graphen der Funktion $F: x \mapsto \int_0^x \frac{\sin t}{1-t}\,dt$ im Punkt $P\left(\frac{\pi}{6}; ?\right)$ berechnet werden.

Lösung: Es gilt:

$$F': x \mapsto F'(x) = \frac{\sin x}{1-x} \implies F'\left(\tfrac{\pi}{6}\right) = \frac{0{,}5}{1-\frac{\pi}{6}} = \frac{3}{6-\pi} \approx 1{,}0495 = \tan\alpha$$

Der Neigungswinkel α der Tangente in P an G_F beträgt daher 46,38°.

8.2.2. Berechnung bestimmter Integrale mit Hilfe einer Stammfunktion

Der HDI eröffnet für die Berechnung bestimmter Integrale einen neuen Weg. Dieser ist wesentlich bequemer und liefert vor allem bei sehr viel mehr Funktionen explizit den Term der Integralfunktion als die Auswertung der Summengrenzwertformel.

1. Beispiel: Es soll das bestimmte Integral $\int_0^\pi \sin x\,dx$ berechnet werden.

Lösung: Nach dem HDI ist die Integralfunktion

$$F_0: x \mapsto F_0(x) = \int_0^x \sin t\,dt$$

eine Stammfunktion zur Integrandenfunktion $f: x \mapsto \sin x$. Der Tabelle in 8.1.2. entnehmen wir:

$$F(x) = -\cos x \implies F'(x) = \sin x$$

Damit kennen wir bereits eine Stammfunktion F zu $f: x \mapsto \sin x$.
Nun ist nach dem Satz 8.1. die Differenz zweier Stammfunktionen immer eine konstante Funktion. Es gilt somit:

$F_0(x) - F(x) = C$, das heißt:

$$\int_0^x \sin t\,dt - (-\cos x) = C \implies \int_0^x \sin t\,dt = -\cos x + C$$

Die Konstante C bestimmen wir durch Einsetzen eines speziellen Wertes für x. Wählen wir $x = 0$ und beachten 7.3.1., so folgt:

$$0 = -\cos 0 + C \implies C = 1$$

Somit können wir den Term $F_0(x)$ integralfrei schreiben. Wir erhalten:

$$\int_0^x \sin t\,dt = -\cos x + 1$$

Durch Einsetzen von $x = \pi$ folgt beispielsweise:

$$\int_0^\pi \sin t\,dt = -\cos\pi + 1 = 2$$

Dieses Ergebnis erhielten wir bereits im Beispiel c) Seite 55 nach umständlicher Rechnung mit Hilfe der Summengrenzwertformel.

Das im 1. Beispiel gezeigte Integrationsverfahren lässt sich in folgender Weise verallgemeinern:

Ist f eine in [a; b] stetige Funktion und F *irgendeine* Stammfunktion zu f, so gilt für eine geeignet gewählte reelle Zahl C die folgende Gleichung:

$$\int_a^x f(t)\,dt - F(x) = C \qquad \text{für alle } x \in [a;\, b]$$

Daraus folgt für x = b: $\int_a^b f(t)\,dt = F(b) + C\,,$

für x = a: $0 = F(a) + C$

und damit: $\int_a^b f(t)\,dt = F(b) - F(a)$

Bezeichnen wir die Integrationsvariable wieder mit x, so erhalten wir

Satz 8.3:

Man findet das bestimmte Integral einer stetigen Funktion f zwischen der unteren Grenze a und der oberen Grenze b, indem man sich irgend einen Stammfunktionsterm F(x) von f(x) verschafft und die Differenz F(b) − F(a) bildet:

$$\int_a^b f(x)\,dx = F(b) - F(a)$$

Abkürzend schreiben wir

$$F(b) - F(a) = [F(x)]_a^b\,,$$

also

$$\int_a^b f(x)\,dx = [F(x)]_a^b\,.$$

Wir betrachten noch ein

2. Beispiel: Man berechne

$$\int_a^b x^2 dx\,.$$

Lösung: Mit der Tabelle in 8.1.2. finden wir als eine Stammfunktion $F\colon x \mapsto \frac{x^3}{3}$ und erhalten damit:

$$\int_a^b x^2 dx = \left[\frac{x^3}{3}\right]_a^b = \frac{b^3}{3} - \frac{a^3}{3}$$

in Übereinstimmung mit den Ergebnissen in Abschnitt 7.2.3.B.

8.2.3. Integrationsregeln für einige wichtige Funktionen – Das unbestimmte Integral

A. Mit Hilfe des HDI können wir aus der Tabelle in 8.1.2. folgende Integrationsregeln ablesen:

$$\int_a^b x^n dx = \left[\frac{x^{n+1}}{n+1}\right]_a^b = \frac{b^{n+1}}{n+1} - \frac{a^{n+1}}{n+1} \qquad \text{mit } n \in \mathbb{Z}\setminus\{-1\}$$

Damit erscheinen die Formeln von Kapitel 7., die wir durch einen Summations- und Grenzprozess fanden, als Spezialfälle eines allgemeineren Gesetzes.

$$\int_a^b \sin x\, dx = [-\cos x]_a^b = -\cos b + \cos a$$

Die Integralformel von S. 55 die wir mit Hilfe eines dort angegebenen Kunstgriffs nach mühsamer Rechnung fanden, ist damit bestätigt. Analog findet man:

$$\int_a^b \cos x\, dx = [\sin x]_a^b = \sin b - \sin a$$

B. Ist F_s eine spezielle Stammfunktion von f auf einem Intervall J, so erhält man jede weitere Stammfunktion durch Addition einer geeigneten Konstanten C. Führt man das sogenannte *unbestimmte Integral*

$$\int f(x)\, dx$$

als Symbol für den Term einer beliebigen Stammfunktion ein, dann gilt:

$$\int f(x)\, dx = F_s(x) + C \qquad (1)$$

Mit dieser Schreibweise[1] wird zum Ausdruck gebracht, dass

$$(F_s(x) + C)' = f(x)$$

ist. Damit erhalten wir z. B. folgende Integralformeln (s.o.):

$$\int x^n dx = \frac{x^{n+1}}{n+1} + C \qquad (n \in \mathbb{Z}\setminus\{-1\})$$
$$\int \sin x\, dx = -\cos x + C$$
$$\int \cos x\, dx = \sin x + C$$

1. Beispiel: $\int x^4 dx = \frac{x^5}{5} + C$, denn $\left(\frac{x^5}{5} + C\right)' = x^4$. Also gilt z. B.:

$$\int_1^2 x^4 dx = \left[\frac{x^5}{5} + C\right]_1^2 = \left(\frac{2^5}{5} + C\right) - \left(\frac{1^5}{5} + C\right) = 6\frac{1}{5}$$

Die Größe der Integrationskonstanten C spielt, wie man sieht keine Rolle. Man kann daher $C = 0$ wählen.

[1] gelesen: „Integral f(x) dx ist gleich …"

2. Beispiel: $\int \frac{dx}{x^2} = \int x^{-2} dx = \frac{x^{-2+1}}{-2+1} + C = \frac{x^{-1}}{-1} + C = -\frac{1}{x} + C,$

denn $\left(-\frac{1}{x} + C\right)' = \frac{1}{x^2}.$

Also ist z. B. (C = 0 gesetzt):

$$\int_2^3 \frac{dx}{x^2} = \left[-\frac{1}{x}\right]_2^3 = \left(-\frac{1}{3}\right) - \left(-\frac{1}{2}\right) = \frac{1}{6}$$

Formel (1) ist auf jedes Intervall anwendbar, in dem f stetig ist.

3. Beispiel: Man beweise die Integralformel

$$\int \frac{1}{\sqrt{x}} dx = 2\sqrt{x} + C,$$

gebe ihren Geltungsbereich an und berechne den Wert des dazugehörigen bestimmten Integrals zwischen den Grenzen 4 und 9!

Lösung: Nach G.4.2. und G.5.1. gilt:

$$(2\sqrt{x} + C)' = 2 \cdot \frac{1}{2\sqrt{x}} + 0 = \frac{1}{\sqrt{x}} \quad \text{für } x \in \mathbb{R}^+.$$

f mit $f(x) = \frac{1}{\sqrt{x}}$ ist in $\mathbb{R}^+$ stetig, die Formel gilt also in $\mathbb{R}^+$.

Mit C = 0 gilt somit:

$$\int_4^9 \frac{1}{\sqrt{x}} dx = [2\sqrt{x}]_4^9 = 2\sqrt{9} - 2\sqrt{4} = 2$$

4. Beispiel: $\int_0^{2\pi} (2\sin x - 3\cos x)\, dx = [-2\cos x - 3\sin x]_0^{2\pi} =$

$= (-2\cos 2\pi - 3\sin 2\pi) - (-2\cos 0 - 3\sin 0) = 0$

Aufgaben

1. Gib F′(x) bzw. F′ an:

   a) $F(x) = \int_{-1}^{x} (3t^2 - 5t + 8)\, dt$

   b) $F(x) = \int_0^x (2\sin 2u + \cos^2 u - u)\, du$

   c) $F\colon x \mapsto \int_a^x (|t-3| - t^4)\, dt$

   d) $F\colon x \mapsto \int_1^x \frac{dt}{t}, \quad (t > 0)$

2. Gegeben ist die Funktion $F\colon x \mapsto \int_1^x \frac{t^3}{3} dt$

   a) Berechne den Winkel, den die Tangente des Graphen G_F im Punkt P $(\sqrt{3};\ F(\sqrt{3}))$ mit der x-Achse einschließt!

   b) An welcher Stelle hat der Graph die Steigung $\frac{4}{3}$?

3. Schreibe als Integralfunktionen mit geeigneter unterer Integrationsgrenze a:

a) φ: $x \mapsto (2x-3)^2$ b) ψ: $x \mapsto \frac{3}{2}\pi + x \cdot \sin x$

4. Berechne:

a) $\int_0^{\sqrt{3}} x^3 dx$ b) $\int_{-a}^{a} 6x^5 dx$ c) $\int_2^4 \frac{4}{x^2} dx$ d) $\int_1^3 x^{-3} dx$

e) $\int_{-1}^{-2} \frac{dx}{x^5}$ f) $\int_a^{-a} x^{2n-1} dx,\ n \in \mathbb{N}$ g) $\int_1^2 \frac{1-x^3}{x^6} dx$ h) $\int_1^2 \frac{x^3+x^2+2}{x^2} dx$

i) $\int_{-\pi/2}^{\pi/2} \sin x\, dx$ k) $\int_{-\pi/4}^{\pi/4} \cos x\, dx$ l) $\int_0^{\pi/2} (\sin x + \cos x)\, dx$ m) $\int_0^{\pi/6} \sin \frac{x}{2} \cdot \cos \frac{x}{2}\, dx$

5. Berechne auf 4 Dezimalen genau:

a) $\int_0^{-1} \sin x\, dx$ b) $\int_0^{-2,5} \cos x\, dx$ c) $\int_0^1 (1+2\cos x)\, dx$ d) $\int_{0,5}^{1,5} (2x + \sin x - \cos x)\, dx$

6. Gib auf 4 Dezimalen genau an:

a) $\int_0^1 \frac{1}{\cos^2 x} dx$ b) $\int_1^{0,5} \frac{1}{\sin^2 x} dx$

7. Welchen Wert haben die folgenden Summen:

a) $\int_0^{\pi/2} (1 + x - \sin^2 x)\, dx + \int_0^{\pi/2} (\sin x - \cos^2 x)\, dx$ b) $\int_0^{\pi} \cos^2 \frac{x}{2} dx + \int_{\pi}^{0} \sin^2 \frac{x}{2} dx$

c) $\int_0^{\pi/6} \cos^4 \frac{x}{2} dx + \int_{\pi/6}^{0} \sin^4 \frac{x}{2} dx$

8. Für welche x hat die Funktion

$$F:\ x \mapsto \int_0^x (\sin t - \cos t)\, dt$$

in $[0;\ 2\pi[$ Extremwerte? Wie lautet der Funktionsterm $F(x)$ ohne Integralzeichen?

9. Bestimme jeweils zur Funktion f diejenige Stammfunktion F, deren Graph durch den angegebenen Punkt P geht, für

a) $f(x) = 1 - \sin x$; $P(0;\ 2)$

b) $f(x) = \sin x + \cos x$; $P(\pi;\ -3)$

c) $f(x) = x + \sin x$; $P(0;\ -1)$

d) $f(x) = 2x - \cos x$; $P(\pi;\ \pi^2)$.

10. Fig. 8.3 zeigt den Graphen der Funktion

$$f:\ x \mapsto x - \frac{1}{x^2} \quad (x > 0)$$

und den einer Stammfunktion F zu f.

a) Wie kann man aus dieser Figur den Inhalt der schraffierten Fläche bestimmen?

b) Überprüfe das Ergebnis durch Rechnung!

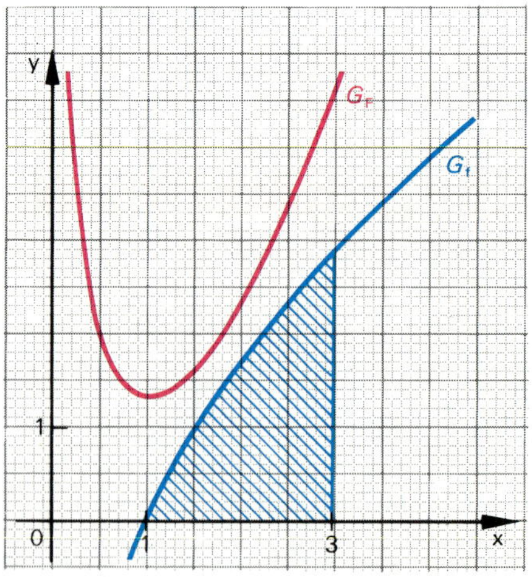

Fig. 8.3

11. Aus einer Formelsammlung:

a) $\int \sin^2 x\,dx = \frac{1}{2}(x - \sin x \cdot \cos x) + C$

b) $\int \cos^2 x\,dx = \frac{1}{2}(x + \sin x \cdot \cos x) + C$

c) $\int \frac{x}{\sqrt{a^2 - x^2}}\,dx = -\sqrt{a^2 - x^2} + C$

Bestätige diese Integrationsformeln!

12. Weise die Richtigkeit des Rechengangs nach und bestätige das Ergebnis:

$$\int_1^2 \left[4x^3 - \frac{1}{x^2} - \frac{x}{\sqrt{x^2+1}} + \frac{\pi}{2}\sin\left(\frac{\pi}{2}x\right)\right] dx = \left[x^4 + \frac{1}{x} - \sqrt{x^2+1} - \cos\left(\frac{\pi}{2}x\right)\right]_1^2 = 14{,}678$$

13. Berechne die Ableitung von $f(x) = x \cdot \sin x$ und mit Benutzung des Ergebnisses:

a) $\int_0^{\pi/2} (1 - \sin x - x \cos x)\,dx$ b) $\int_0^{\pi/2} x \cos x\,dx$

14. Ermittle folgende Grenzwerte:

a) $\lim_{a \to \infty} \int_1^a \frac{2}{x^2}\,dx$ b) $\lim_{b \to -\infty} \int_b^{-1} \frac{5}{x^2}\,dx$

Zeichne jeweils den Graphen der Integrandenfunktion und deute das Ergebnis geometrisch!

15. Zwei weitere trigonometrische Integralformeln

a) f und φ seien differenzierbar, f' und φ' stetig. Zeige zuerst:

(1) $\int f'(x) \cdot \sin f(x)\,dx = -\cos f(x) + C$

(2) $\int \varphi'(x) \cdot \cos \varphi(x)\,dx = \sin \varphi(x) + C$

b) Berechne die folgenden Integrale, bei denen vor dem Sinus bzw. Kosinus unmittelbar die Ableitung des Arguments als Faktor steht, gegebenenfalls auf 4 Dezimalen genau:

(1) $\int_0^{0,5} 3 \cdot \sin 3x\,dx$ (2) $\int_1^{\sqrt{\pi}} 2t \cdot \cos(t^2)\,dt$ (3) $\int_0^1 (2z+3)\cos(z^2+3z+1)\,dz$

c) Die folgenden Integrale lassen sich durch eine kleine Umformung so schreiben, dass die Formeln a) anwendbar sind.

(1) $\int_0^{\pi/\omega} \sin \omega t\,dt$; (2) $\int_0^{2/\pi} x \cdot \cos(\pi x)^2\,dx$ (3) $\int_0^1 \sin x \cdot \sin(\cos x)\,dx$

Muster: $\int \cos \pi x\,dx = \frac{1}{\pi} \cdot \int \pi \cos \pi x\,dx = \frac{1}{\pi} \cdot \sin \pi x + C$

16. Gegeben ist die Funktion $f\colon x \mapsto \frac{2x - x^2}{(x-1)^2}$.

a) Gib den maximalen Definitionsbereich von f an!

b) Zeige, dass die Funktion F mit $F(x) = \frac{x^2}{1-x}$ eine Stammfunktion zu f ist!

c) Vom Graphen G_f und den drei Geraden mit den Gleichungen $y + 1 = 0$, $x - 2 = 0$ und $x - k = 0$, $(k > 2)$, wird ein Flächenstück mit dem Inhalt $J(k)$ eingeschlossen. Berechne $J(k)$!

d) Ermittle $\lim_{k \to \infty} J(k)$!

8.3. Rückblick und Vorschau

Wir haben in den vorausgehenden Abschnitten die Bedeutung der Stammfunktion für die Berechnung eines Integrals kennen gelernt. Damit sind wir an einer Stelle angelangt, an der ein Rückblick auf das bisher Erreichte angebracht ist.
Wir gingen in 7.1.2. von einem physikalischen Beispiel aus, das uns zur Einführung des bestimmten Integrals als Summe und Differenz der Maßzahlen von Flächenstücken veranlasste (7.1.3.).
Wir mussten also zunächst das Problem der Inhaltsberechnung bei einem krummlinig begrenzten Flächenstück lösen (7.2.1.). Dazu zerlegten wir das Flächenstück in Streifen, summierten die Inhalte dieser Streifen, ließen die Streifenbreite gegen null gehen und führten so einen Grenzprozess durch. Die dabei gewonnene Summengrenzwertformel konnten wir dann zur Berechnung von Integralen über stetigen, monotonen und nullstellenfreien Funktionsstücken verallgemeinern (7.2.4.).
Schließlich wurde die Gültigkeit der Summengrenzwertformel auch über lokale Extremstellen und Nullstellen hinweg erwähnt.
Wir haben die Summengrenzwertformel zur Berechnung bestimmter Integrale auf einige Grundfunktionen angewendet. Dabei sahen wir, dass schon bei den einfachsten Funktionen der Summationsprozess mit zum Teil erheblichen Schwierigkeiten verbunden war und meist nur durch Anwendung eines „Kunstgriffs" bewältigt werden konnte.
Allgemein lässt sich sagen, dass man bei der Mehrzahl der Funktionen mit dem geschilderten Verfahren auf unüberwindliche Hindernisse stößt.
Hier kommt uns nun der HDI als „deux ex machina" zu Hilfe. Mit ihm erscheint das Problem der Flächenberechnung in einem völlig neuen Licht. Die Ermittlung der Stammfunktion und damit die Umkehrung der Differenziation ersetzt gleichzeitig die Summation und den anschließenden Grenzübergang. Ein überraschendes Ergebnis von größter Tragweite für die gesamte Infinitesimalrechnung!
Mit dieser Erkenntnis ist auch schon der weitere Weg, den wir zu beschreiten haben, angedeutet: Wir werden uns in erster Linie mit den Stammfunktionen befassen und systematisch Regeln und Methoden zu ihrer Auffindung entwickeln. Allerdings werden wir uns auch da auf bestimmte Arten von Funktionen beschränken müssen. So können wir beispielsweise den Wert eines so einfach erscheinenden Integrals wie

$$\int_1^2 \frac{\sin x}{x}\,dx\,,$$

obwohl es existiert, nicht angeben, weil sich kein Funktionsterm finden lässt, dessen Ableitung $\frac{\sin x}{x}$ ist.

In solchen in der Praxis gar nicht seltenen Fällen muss man z. B. auf die Definition des bestimmten Integrals als Summengrenzwert zurückgehen. Der damit verbundene Rechenaufwand lässt sich heute durch den Einsatz von Computern bequem bewältigen.

Bemerkung:

Die Integralrechnung und die Differenzialrechnung werden unter dem Begriff *Infinitesimalrechnung* zusammengefasst. Dieser Name kommt vom lateinischen *infinitus*, unbegrenzt (klein), und deutet den Umgang mit unbegrenzt kleiner werdenden Teilen an. Statt Infinitesimalrechnung ist auch die Bezeichnung *Analysis* gebräuchlich.

► Ergänzungen und Ausblicke

Integration von $\frac{\sin x}{x}$ mit der Simpson-Regel

Das folgende PASCAL-Programm berechnet Werte für den sogenannten Integralsinus

$$f(x) = \int_0^x \frac{\sin t}{t}\, dt.$$

Vergleiche das Programm mit dem zur Simpson-Regel in Kapitel 7!

```
PROGRAM Integralsinus;
VAR k: Integer;
       x, y, b, s1, s2, h: Real;
CONST n=2Ø; L=7; { L: letzter Tabellenwert }
FUNCTION f(x:Real): Real; BEGIN f:=sin(x)/x; END;
BEGIN
  b:=Ø.1; { obere Integralgrenze }
  Writeln('  x          sin x / x ');
  REPEAT { Wertetabelle }
    h:=b/n; x:=h; s1:=Ø; s2:=Ø;
    FOR k:=1 TO trunc(n/2)-1 DO
      BEGIN
        s1:=s1+f(x); s2:=s2+f(x+h);
        x:=x+2*h;
      END;
    s1:=s1+f(x);
    y:=(1+4*s1+2*s2+f(b))*h/3;
    Writeln(b:6:2,y:15:5);
    b:=b+Ø.1;
  UNTIL b>L;  Readln;
END.
```

8.4. Das Integral in der Physik

8.4.1. Lineare Bewegungsabläufe

Schon in 3.1.4. haben wir die zu einem geradlinigen Bewegungsablauf gehörende Zeit-Weg-Funktion $s\colon t \mapsto s(t)$ betrachtet. Deren Ableitung haben wir als Zeit-Geschwindigkeits-Funktion $v\colon t \mapsto v(t)$ erkannt:

$$\dot{s}(t) = v(t)$$

Wir können daher kurz sagen:

Die Geschwindigkeit ist die Ableitung des Weges nach der Zeit, also:
Der Weg ist eine Stammfunktion der Geschwindigkeit.

Die Zeit-Beschleunigungs-Funktion a: $t \mapsto a(t)$ ist die Ableitung der Zeit-Geschwindigkeits-Funktion (vgl. 4.3.1.):

$$\dot{v}(t) = a(t)$$

Man sagt entsprechend:

Die Beschleunigung ist die Ableitung der Geschwindigkeit nach der Zeit, also:
Die Geschwindigkeit ist eine Stammfunktion der Beschleunigung.

Für Geschwindigkeit $v(t)$ und Weg $s(t)$ können wir schreiben:

$$v(t) = \int a(t)\,dt$$
$$s(t) = \int v(t)\,dt$$

Dabei ergeben sich die Integrationskonstanten im Allgemeinen aus den Anfangsbedingungen des betrachteten Vorgangs.

Beispiel Ein Stein wird aus der Höhe h_0 über dem Erdboden mit der Anfangsgeschwindigkeit v_0 senkrecht nach oben geworfen. Die Bewegung beginnt im Zeitpunkt $t = 0$.

(1) Bestimme Geschwindigkeit und Höhe h zu jedem Zeitpunkt $t > 0$!

(2) Zu welchem Zeitpunkt T kehrt der Stein um, welche Höhe H erreicht er, nach welcher Zeit τ schlägt er auf dem Erdboden auf und mit welcher Geschwindigkeit geschieht dies?

Lösung: (1) Die Beschleunigung ist bei diesem Bewegungsvorgang konstant, und zwar entgegengesetzt gleich der Fallbeschleunigung g. Dann gilt:

$a(t) = -g$, und folglich $v(t) = \int(-g)\,dt$, also $v(t) = -gt + C_1$

Zum Zeitpunkt $t = 0$ ist $v(0) = v_0$, und wir erhalten durch Einsetzen in obige Gleichung:

$v_0 = 0 + C_1 \Rightarrow C_1 = v_0$

Für den Term $v(t)$ der Geschwindigkeit gilt daher

$$\boxed{v(t) = -gt + v_0} \qquad \text{(I)}$$

Die Höhe gewinnen wir durch nochmalige Integration:

$h(t) = \int(-gt + v_0)\,dt$, also

$h(t) = -\frac{1}{2}gt^2 + v_0 t + C_2$

Zu Beginn der Bewegung ist $t = 0$ und $h(0) = h_0$, somit $C_2 = h_0$ und wir erhalten:

$$\boxed{h(t) = -\frac{1}{2}gt^2 + v_0 t + h_0} \qquad \text{(II)}$$

(2) Im Umkehrpunkt zur Zeit T ist die Geschwindigkeit null.
Durch Einsetzen in (I) folgt:

$0 = -gT + v_0$ und hieraus

$$\boxed{T = \frac{v_0}{g}}$$

Die Wurfhöhe H erhalten wir durch Einsetzen von T in (II):

$$H = h(T) = -\frac{1}{2}\frac{v_0^2}{g} + \frac{v_0^2}{g} + h_0, \quad \text{also}$$

$$\boxed{H = \frac{1}{2}\frac{v_0^2}{g} + h_0}$$

τ ergibt sich, indem wir h (t) gleich null setzen:

$$0 = -\tfrac{1}{2}g\tau^2 + v_0\tau + h_0$$

Von den beiden Lösungen dieser quadratischen Gleichung ist nur die positive brauchbar. Es ergibt sich

$$\boxed{\tau = \frac{v_0 + \sqrt{v_0^2 + 2gh_0}}{g}}$$

Die Geschwindigkeit im Zeitpunkt τ ist

$$\boxed{v(\tau) = -\sqrt{v_0^2 + 2gh_0}}$$

Sie ist negativ, da der Stein im Fallen ist.

Speziell: Wählt man $h_0 = 10$ m und $v_0 = 5\,\text{ms}^{-1}$, so ergeben sich mit $g \approx 10\,\text{ms}^{-2}$ die in Fig. 8.4 dargestellten Graphen der Funktionen v und s. Man erhält: $T = 0{,}5$ s, $H = 11{,}25$ m, $\tau = 2$s, $|v(2\text{s})| = 15\,\text{ms}^{-1}$.

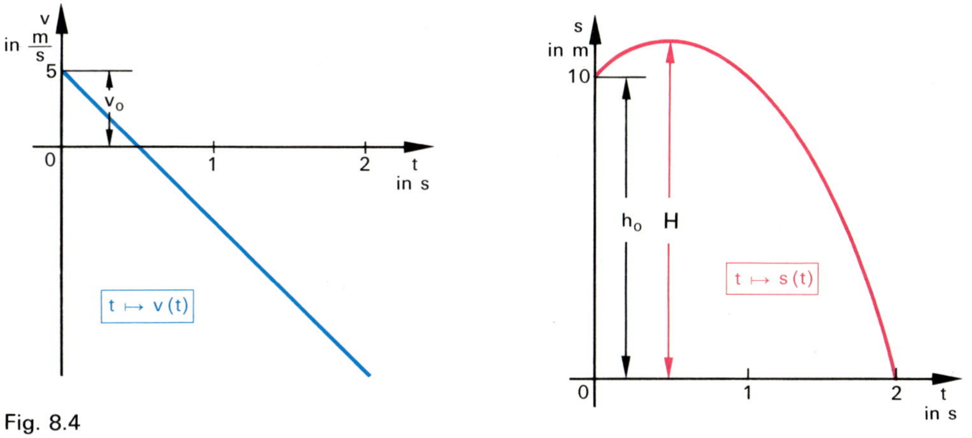

Fig. 8.4

Bemerkung:

Moderne Verkehrsflugzeuge benutzen zur Navigation das sogenannte Trägheits-Navigations-System (INS, Inertial Navigation System). Es enthält als wesentlichen Bestandteil Sensoren, die die Beschleunigung in allen Richtungen des Raumes messen. Welcher Rechenvorgang muss im Rechner des Systems zur Positionsbestimmung ablaufen?

8.4.2. Das Arbeitsintegral

A. Allgemeine Überlegungen

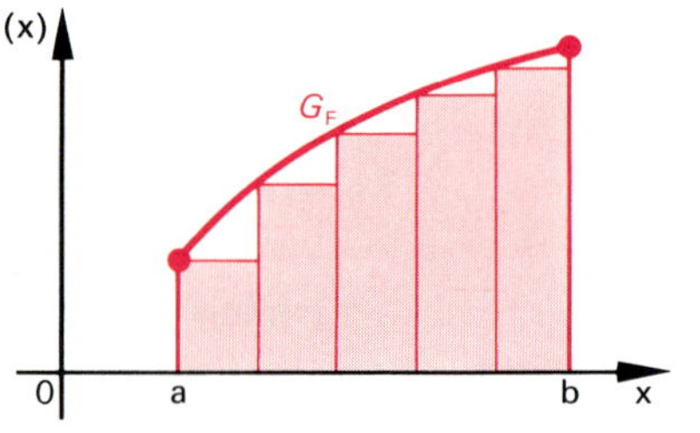

Fig. 8.5

Wirkt eine konstante Kraft $F = c$ in Richtung eines Wegstücks der Länge Δx, so errechnet sich die verrichtete Arbeit zu $W = c \cdot \Delta x$.

Bei den meisten Arbeitsvorgängen in der Physik wirkt aber nicht an jeder Stelle des zurückgelegten Weges die gleiche Kraft, d. h. die Weg-Kraft-Funktion

$$F\colon\ x \mapsto F(x); \quad x \in [a; b]$$

ist nicht konstant (Fig. 8.5.). In diesem Fall unterteilen wir den Weg [a; b] in n gleiche Stücke der Länge $\Delta x = \frac{b-a}{n}$ und nehmen an, dass F in diesen Teilintervallen den jeweiligen Anfangswert beibehält. Dann lässt sich die gesamte in [a; b] verrichtete Arbeit annähern durch die Summe der nun leicht berechenbaren Teilbeträge in den Teilintervallen. Für W ergibt sich der Näherungswert

$$\begin{aligned} W_n &= F(a) \cdot \Delta x + F(a + \Delta x) \cdot \Delta x + F(a + 2\Delta x) \cdot \Delta x + \\ &\quad + \ldots + F(a + (n-1)\Delta x) \cdot \Delta x = \\ &= \sum_{\nu=0}^{n-1} F(a + \nu\Delta x) \cdot \Delta x \end{aligned}$$

Ist F eine in [a; b] stetige Funktion, so ergibt sich als Definition der Arbeit bei veränderlicher Kraft $F\colon x \mapsto F(x)$ längs des Wegintervalls [a; b]:

$$\boxed{W = \int_a^b F(x)\,dx} \qquad \text{(Arbeitsintegral der Physik)}$$

B. Energie einer gespannten Feder

Für eine Schraubenfeder gilt innerhalb der Elastizitätsgrenze das Hooke'sche Gesetz: Die zur Dehnung nötige Kraft ist der Dehnung x proportional.

$$F(x) = D \cdot x, \qquad D \text{ konstant}$$

D heißt die Federkonstante. Sie hängt von der Form und vom Material der Feder ab. Soll die Feder von der Marke $x = a$ bis zur Marke $x = b$ gedehnt werden, ist dazu die Arbeit

$$\begin{aligned} W &= \int_a^b F(x)\,dx = \int_a^b D \cdot x\,dx = D \cdot \int_a^b x\,dx = \\ &= \tfrac{1}{2} D\,(b^2 - a^2) \end{aligned}$$

nötig. Die aufgewendete Arbeit steckt als Energie in der Feder.

Wird die Feder insbesondere aus der Ruhelage $x = 0$ um s gedehnt, ist $a = 0$ und $b = s$, und wir erhalten als Energie der gespannten Feder

$$\boxed{W = \frac{1}{2} D s^2}$$

Beispiel: Um eine entspannte Feder mit der Federkonstanten $D = 800\ \text{N m}^{-1}$ um 10 cm zu spannen, ist die Arbeit $W = 400\ \text{N m}^{-1} \cdot (0{,}1\ \text{m})^2 = 4\ \text{N m} = 4\ \text{J}$ nötig.

Aufgaben

1. Die Bewegung auf einer schiefen Ebene erfolgt in der Fall-Linie mit konstanter Beschleunigung $b = g \sin\alpha$, wobei α der Neigungswinkel der Ebene gegen die Horizontale und g die Fallbeschleunigung ist. Die Bewegung beginne zum Zeitpunkt $t = 0$ aus der Ruhelage heraus. Die Reibung sei zunächst vernachlässigbar.
   a) Bestimme die Terme für Geschwindigkeit und Weg für $t \geqq 0$!
   b) Wie lange braucht ein Körper, bis er über eine 2 m lange, in der Fall-Linie liegende Strecke geglitten ist, wenn $\alpha = 30°$ und $g = 10\ \text{m s}^{-2}$ angenommen werden?
   c) Mit welcher Geschwindigkeit kommt der Körper am Ende der Strecke an?
   d) Untersuche den Vorgang unter Berücksichtigung der Reibung! (Gleitreibungszahl μ; Neigung der Ebene beachten!)

2. Beim Anfahren eines Autos kann man kurzzeitig die Beschleunigung a als proportional zur Zeit t annehmen. Bestimme den Term $v(t)$ der Geschwindigkeit! Der Proportionalitätsfaktor sei k, die Bewegung beginne mit $t = 0$ aus der Ruhelage heraus.

3. Bei der Bewegung eines Massenpunktes längs einer Geraden gelte für die Maßzahlen der Geschwindigkeit: $v(t) = 2t + 1$ für $t \in [0; 10]$, für $t \in [10; 15]$ sei v konstant, für $t > 15$ gelte $v(t) = 21 - 0{,}5 \cdot (t - 15)^2$. (Zeit in Sekunden, Längen in Metern)
   a) Die Bewegung sei zum Zeitpunkt t_0 mit $v(t_0) = 0$ beendet. Schreibe die Funktion $t \mapsto v(t);\ t \in [0; t_0]$ übersichtlich auf!
   b) Zum Zeitpunkt $t = 0$ befindet sich der Massenpunkt an der Stelle $s = 0$. Bestimme den Weg $s(t)$ für den ganzen Bewegungsablauf!
   c) Stelle Geschwindigkeit und Weg für jedes der drei Zeitintervalle nach geeigneter Wahl der Einheiten auf den Koordinatenachsen grafisch dar!

4. Bei einer längs einer Geraden verlaufenden Bewegung im Zeitintervall $[0; T]$ ergibt sich für die Momentanbeschleunigung a:

$$a(t) = k \sin\left(\frac{2\pi}{T} \cdot t\right) \qquad (k < 0)$$

   a) Bestimme die Geschwindigkeit für $t \in [0; T]$! In welchem Zeitpunkt ist der Betrag der Geschwindigkeit am größten? (für $v(0) = 0$)
   b) Wie lautet der Term für den Weg $s(t)$, wenn $s(T) = 0$ gelten soll?

5. Auf eine Feder lässt man die Kraft 5 N wirken. Sie dehnt sich um 2 cm. Dann dehnt man die Feder um weitere 8 cm. Welche Energie hat sie jetzt? Fertige ein Kraft-Weg-Diagramm an mit $1\ \text{N} \mathrel{\hat{=}} 0{,}5\ \text{cm}$, und erläutere die geometrische Deutung der berechneten Energie!

6. Angenommen, die Erde wäre eine massive Kugel mit überall gleicher Dichte ρ, und man würde ein Loch durch die Erde bohren (siehe Fig. 8.6).
Ein Körper der Masse m wird an der Erdoberfläche in dieses Loch fallen gelassen (die Erde werde als ruhend angenommen).

Für die den Körper beschleunigende Kraft F (x) gilt im Erdinneren $F(x) = G \cdot \frac{m \cdot M(x)}{x^2}$, wobei G die Gravitationskonstante ist, M (x) die Masse der gestrichelt skizzierten Kugel mit Radius x.

a) Zeige, daß $F(x) = G \cdot \frac{m \cdot M}{R^3} \cdot x$ gilt, wobei M die gesamte Erdmasse und R der Erdradius sind.

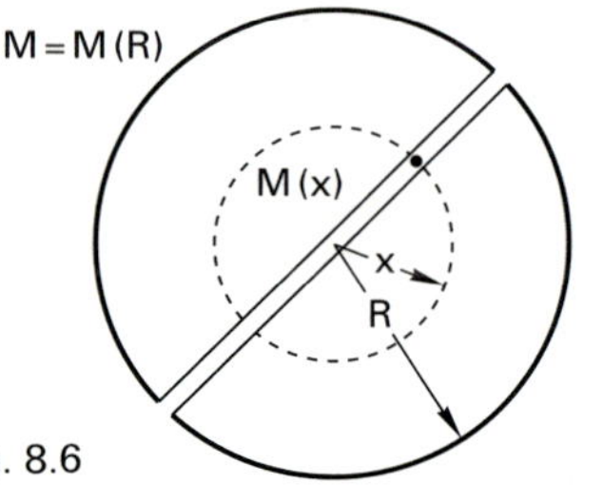

Fig. 8.6

b) Ermittle, welche Arbeit verrichtet werden müsste, um den Körper vom Erdmittelpunkt aus $(x = 0)$ an eine Stelle $x = r$ zu bewegen $(r < R)$.

Ergebnis: $W = G \cdot \frac{m \cdot M}{2R^3} \cdot r^2$

c) Auf Grund des Energieerhaltungssatzes wird die Arbeit, die man bis zum Anheben an die Erdoberfläche aufwenden müsste, nach dem freien Fall bis zum Erdmittelpunkt dort in Form von kinetischer Energie $W = \frac{1}{2} mv^2$ vorliegen. Berechne damit, welche Geschwindigkeit der Körper dann im Erdmittelpunkt hätte. Verwende folgende Daten:

$G = 6{,}67 \cdot 10^{-11} \frac{m^3}{kg \cdot s^2}$; $M = 5{,}98 \cdot 10^{24}$ kg; $R = 6{,}37 \cdot 10^6$ m

8.4.3. Der Schuss ins Weltall

In 8.4.2. lernten wir das Arbeitsintegral $W = \int_a^b F(x)\,dx$ für die Arbeit W bei veränderlicher Kraft längs des Weges [a; b] kennen. Wird ein Körper vertikal abgeschossen, so muss die Gravitationskraft

$$F(x) = -G \frac{mM}{x^2}$$

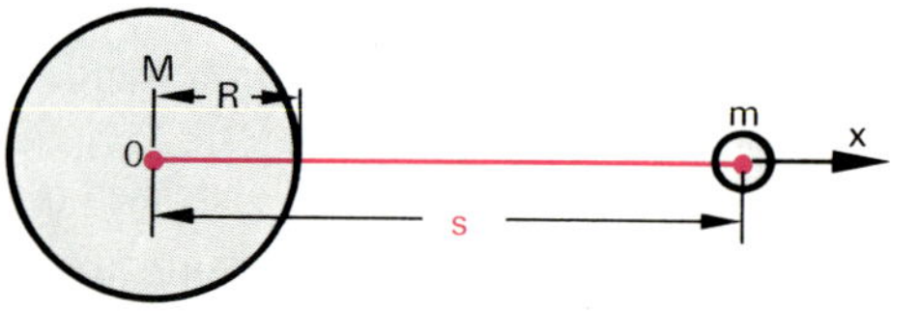

Fig. 8.7

überwunden werden. Dabei ist G die Gravitationskonstante, m die Masse des Körpers, M die Masse der Erde, x die Entfernung des abgeschossenen Körpers vom Erdmittelpunkt (Fig. 8.6.).
Da die Kraft entgegen der x-Achsen-Richtung zur Erde hin gerichtet ist, hat sie ein negatives Vorzeichen.
Soll ein Punkt in der Entfernung $x = s$ erreicht werden und ist der Erdradius R, so ist mit einer der Gravitationskraft entgegengerichteten, betragsgleichen Kraft folgende Arbeit aufzuwenden:

$$W_s = \int_R^s \left(+\frac{GmM}{x^2}\right) dx = GmM \int_R^s \frac{dx}{x^2} = GmM \left[-\frac{1}{x}\right]_R^s = GmM \left(\frac{1}{R} - \frac{1}{s}\right)$$

Soll der Körper nicht mehr zur Erde zurückkehren, so ist die Arbeit $\lim\limits_{s \to \infty} W_s = W_\infty$ aufzubringen:

$$W_\infty = \lim_{s \to \infty} W_s = GmM \cdot \lim_{s \to \infty} \left(\frac{1}{R} - \frac{1}{s}\right) = \frac{GmM}{R}.$$

Für die Abschussgeschwindigkeit v muss also gelten:

$$\frac{1}{2} mv^2 = \frac{GmM}{R}, \quad \text{d.f.} \quad v = \sqrt{\frac{2GM}{R}}$$

Beachten wir, dass die auf den Körper an der Erdoberfläche ausgeübte Kraft gleich seinem Gewicht mg ist, so gilt außerdem:

$$mg = \frac{GmM}{R^2}, \quad \text{und damit} \quad \frac{GM}{R} = gR.$$

Setzt man dies in den Ausdruck für v ein, so ergibt sich

$$\boxed{v = \sqrt{2gR}}$$

Für $g = 9{,}81\ \text{ms}^{-2}$ und $R = 6\,370\ \text{km}$ erhält man $v = 11{,}18\ \text{km}\,\text{s}^{-1}$. Dies ist die sogenannte *Fluchtgeschwindigkeit*, bei der unabhängig von der Abschussrichtung die Energie des abgeschossenen Körpers ausreichen würde, das Schwerefeld der Erde zu verlassen (ohne Berücksichtigung der Lufthülle).
Raketen erreichen ihre Höchstgeschwindigkeit nach dem beschleunigenden Abbrand des Treibsatzes erst in einer gewissen Höhe über der Erde. Daher ist wegen des geringeren Wertes der Fallbeschleunigung in dieser Höhe auch die Fluchtgeschwindigkeit geringer. Für $h = 800\ \text{km}$ würde sie etwa $10{,}5\ \text{km}\,\text{s}^{-1}$ betragen.
Damit haben wir die im dritten Beispiel des Abschnitts 0.1. angeschnittene Frage beantwortet.

8.4.4. Mittlere Leistung eines Wechselstroms an einem ohmschen Widerstand

Aufgabe

Ein ohmscher Widerstand R wird von einem sinusförmigen Wechselstrom der Stärke $J(t) = J_0 \cdot \sin \omega t$ durchflossen. Nach dem Ohm'schen Gesetz beträgt der Spannungsabfall an diesem Widerstand $U(t) = R \cdot J(t)$. Die Leistung P errechnet sich als Produkt von Spannung und Stromstärke: $P(t) = U(t) \cdot J(t)$

a) Gib $P(t)$ in Abhängigkeit von R und $J(t)$ an!

b) Die in einem Zeitintervall der Länge t abgegebene Stromarbeit W errechnet sich bei zeitlich konstanter Leistung aus der Formel $W = P \cdot t$.
Begründe: Bei zeitabhängiger Leistung $P(t)$ wird im Zeitintervall $[0; t]$ die Stromarbeit
$W = \int\limits_0^t P(u)\,du$ abgegeben.

c) Berechne die während einer Schwingungsperiode (z. B. im Intervall [0; T] mit $T = \frac{2\pi}{\omega}$) abgegebene Stromarbeit!

Beachte die Formel $\sin^2\alpha = \frac{1}{2}(1 - \cos 2\alpha)$ und Aufgabe 15c) in 8.2.3.!

d) Welche durchschnittliche Leistung $\overline{P}$ wurde während des Intervalls [0; T] abgegeben? Warum entspricht diese Durchschnittsleistung auch der mittleren Leistung in gegenüber T sehr langen Zeitintervallen?

e) Der Effektivwert der Wechselstromstärke entspricht in unserem Beispiel der Stärke eines konstanten Gleichstroms, der eine der Durchschnittsleistung gleiche Leistung erbringt. Gib diese Größe J_{eff} an!

f) Der effektiven Stromstärke J_{eff} entspricht die effektive Spannung U_{eff}, der Scheitelstromstärke J_0 die Scheitelspannung U_0. Wie groß ist U_0 bei $U_{eff} = 220$ V?

Das in dieser Aufgabe behandelte Beispiel zeigt, wie das bestimmte Integral zur *Definition und Berechnung von Durchschnitts- bzw. Mittelwerten* verwendet werden kann: Wir wählen als Durchschnittswert für die Leistung im Zeitintervall $[t_1; t_2]$ den Wert

$$\overline{P} = \frac{1}{t_2 - t_1} \cdot \int_{t_1}^{t_2} P(t)\,dt\,.$$

Schreiben wir allgemeiner

$$\overline{y} = \frac{1}{b-a} \cdot \int_a^b f(x)\,dx\,,$$

so kann z. B. $\overline{y}$ als mittlere Geschwindigkeit gedeutet werden, wenn f(x) der Term der Zeit-Geschwindigkeits-Funktion ist, oder $\overline{y}$ ergibt die Breite eines Rechtecks, das die gleiche Länge und den gleichen Flächeninhalt wie in Fig. 8.8 das von G_f und der x-Achse über [a; b] begrenzte Flächenstück hat.

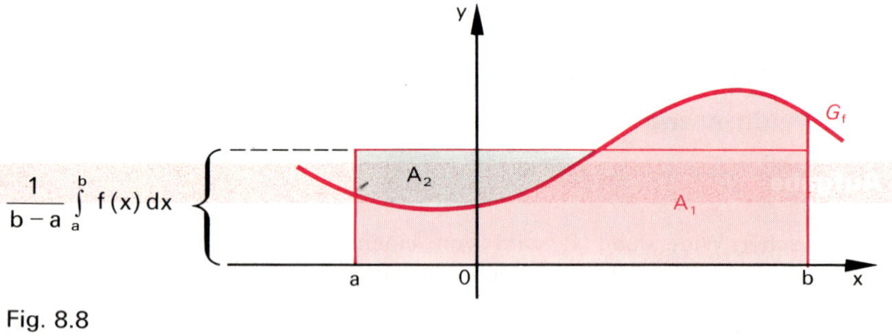

Fig. 8.8

Eine solche Definition des Mittelwertes ist jedoch nicht immer der Fragestellung angemessen. Im Falle des sinusförmigen Wechselstromes würde man z. B. mit der entsprechenden Integralformel als mittlere Stromstärke 0 erhalten, ein Ergebnis, das z. B. für Energiebetrachtungen keinen Wert hat. Hier ist die in der Aufgabe errechnete Größe der effektiven Stromstärke aussagekräftiger.

8.5. Vermischte Aufgaben zur Infinitesimalrechnung

A. Ganzrationale Funktionen (Term gegeben)

1. Für die Funktion $f\colon x \mapsto \frac{1}{4}x(x-6)^2$ soll der Graph G_f im Bereich $[-1; 8]$ gezeichnet und der Inhalt des Flächenstücks berechnet werden, das von G_f und der x-Achse begrenzt wird.[1]

2. Gegeben ist die ganzrationale Funktion 3. Grades $f\colon x \mapsto \frac{1}{27}x^3 - \frac{2}{3}x^2 + 3x$. Zeige, dass der Graph G_f die x-Achse berührt, und berechne den Inhalt des von ihm und der x-Achse eingeschlossenen Flächenstücks! Zeichnung im Bereich $[-1; 10]$.

3. Im Schnittpunkt des Graphen G_f von $f\colon x \mapsto -\frac{1}{2}x^2 + \frac{3}{2}x + 5$ mit der y-Achse wird die Tangente gezeichnet. In welchem Verhältnis wird das von ihr und den Achsen gebildete Dreieck durch G_f geteilt?

4. Berechne den Inhalt des von der x-Achse und dem Graphen der Funktion $f\colon x \mapsto 3x^2 - \frac{1}{4}x^4$ begrenzten Flächenstücks. Zeichnung mit 1 LE = 5 mm (im Bereich $[-4; 4]$)!

5. Gegeben ist die Funktion $f\colon x \mapsto \frac{1}{20}x^3(x-5)^2 + 2$.
   a) Berechne die Koordinaten der Extrempunkte und der Wendepunkte!
   b) Welchen Inhalt hat das Flächenstück zwischen G_f, den beiden Koordinatenachsen und der Geraden zu $x = 3$?

6. Der Graph der Funktion $f\colon x \mapsto x^3 - 6x^2 + 9x - 2$ hat den Tiefpunkt T und den Wendepunkt W. Berechne den Inhalt der Fläche zwischen der Sehne [TW] und G_f!

7. Der Graph G_f von $f\colon x \mapsto x^2 + 2x - 3$ schneidet aus der Geraden $g\colon x - y + 3 = 0$ die Sehne [AB] aus. Gib den Inhalt des Flächenstücks an, das von der Sehne und G_f begrenzt wird!

8. Gegeben ist die Funktion $f\colon x \mapsto -\frac{1}{6}x^3 + 2x + 1$.
   Die Gerade $g\colon y - 1 = 0$ schneidet G_f in den Punkten A, B und C (es ist $x_C < x_A < x_B$). In A wird die Kurvennormale n gezeichnet. Der Schnittpunkt von n mit der x-Achse sei D. E ist die senkrechte Projektion von B auf die x-Achse. Welchen Inhalt hat die Fläche, die von den Strecken [AD], [DE], [EB] und dem zwischen A und B liegenden Kurvenbogen begrenzt wird?

9. Betrachtet wird die Funktion $f\colon x \mapsto \frac{1}{8}(x^3 - 6x^2 + 32)$.
   a) Zeige: Die Gerade $g\colon x - 2y + 2 = 0$ geht durch den Wendepunkt von G_f.
   b) Welches sind die Koordinaten der anderen beiden Schnittpunkte von g und G_f?
   c) Beweise: Die beiden endlichen Flächenstücke, die von g und G_f begrenzt werden, sind flächengleich.

10. Gegeben sind die beiden Funktionen $f\colon x \mapsto \frac{1}{8}x^3$ und $\varphi\colon x \mapsto \frac{1}{4}x^2 + x$. Berechne die Inhalte der im I. und III. Quadranten liegenden, von G_f und G_φ eingeschlossenen Flächenstücke!

11. Die Graphen G_f und G_φ der Funktionen $f\colon x \mapsto -\frac{1}{4}x^2 + \frac{3}{2}$ und $\varphi\colon x \mapsto (-\frac{1}{4}x^2 + \frac{3}{2})^2$ schließen drei Flächenstücke ein. Welchen Inhalt hat das größte dieser Flächenstücke in der Zeichnung mit 1 LE = 2 cm (im Bereich $[-4; 4]$)?

---

[1] Fehlt bei einer Funktion der Definitionsbereich, so ist grundsätzlich der maximal mögliche anzunehmen. Für die Zeichnung und die Flächenberechnung ist, falls nichts anderes vermerkt, 1 LE = 1 cm zugrunde zu legen.

B. Ganzrationale Funktionen (Term gesucht)

12. Für den Term $f(x) = ax^2 + bx$ der Funktion f sind die Koeffizienten a und b so zu bestimmen, dass $A(2; 3) \in G_f$ und die Tangente in diesem Punkt die Steigung 2 hat. Wie groß ist der Inhalt des Flächenstücks, das von G_f und der negativen x-Achse begrenzt wird?

13. Gegeben ist die Funktion $f\colon x \mapsto \frac{1}{20}x^4 - \frac{6}{5}x^2 + 4$.
    a) Bestimme die Koordinaten der Extrempunkte und Wendepunkte!
    b) Zeichne G_f im Bereich $[-5; 5]$!
    c) Eine ganzrationale Funktion φ zweiten Grades hat die Eigenschaft, dass ihr Graph G_φ den Graphen G_f in dessen Wendepunkten berührt. Bestimme die Funktionsgleichung von φ.
    d) Berechne den Inhalt des von G_f und G_φ über $[-2; 2]$ begrenzten Flächenstücks!

14. $f\colon x \mapsto f(x)$ ist eine ganzrationale Funktion dritten Grades. Ihr Graph G_f hat in $A(3; 6)$ die Gerade $t\colon 11x - y - 27 = 0$ als Tangente und in $W(1; 0)$ einen Wendepunkt.
    a) Bestimme den Term $f(x)$!
    b) Berechne den Inhalt des Flächenstücks, das zwischen G_f und der x-Achse liegt!

15. Für den Funktionsterm $f(x) = x^3 + ax^2 - 4x + b$ sollen die Formvariablen a und b so bestimmt werden, dass der Graph G_f der Funktion $f\colon x \mapsto f(x)$ die x-Achse im Punkt $A(-3; 0)$ schneidet und an der Stelle $x = -2$ ein lokales Maximum hat.
    a) Berechne die übrigen Schnittpunkte von G_f mit der x-Achse sowie die Lage der Extrempunkte und die Wendestelle!
    b) Welchen Inhalt hat die Fläche, die von G_f und den Geraden zu $g_1\colon x - y + 3 = 0$, $g_2\colon x + 3 = 0$ und $g_3\colon x + 1 = 0$ begrenzt wird?
    c) Die Tangente an G_f in seinem Schnittpunkt mit der y-Achse schneidet G_f in seinem Hochpunkt. Welchen Inhalt hat das Flächenstück, das sie mit G_f einschließt?

C. Sinus- und Kosinusfunktion

16. Die Sinuslinie: $y = \sin x$ und die Kosinuslinie: $y = \cos x$ begrenzen im Intervall $[0; \frac{\pi}{2}]$ mit der x-Achse ein Spitzbogendreieck. Wie groß sind die Winkel dieses Dreiecks und welchen Inhalt hat es? Für die Zeichnung im Bereich $[0; \frac{1}{2}\pi]$ soll als Längeneinheit 2 cm gewählt werden.

17. In welchen Punkten schneidet die Gerade: $2y - 1 = 0$ die Sinuslinie: $y = \sin x$? Wie viele cm^2 Inhalt hat die von ihr abgeschnittene Kuppe in der Zeichnung im Bereich $[0; \pi]$, wenn als Längeneinheit 2 cm gewählt wird? (2 Dez.)

18. Gegeben ist die Funktion $f\colon x \mapsto 1 - \cos x$.
    a) Bestimme Nullstellen, Extremwerte und Wendestellen des Graphen im Bereich $[0; 2\pi]$!
    b) Zeichne den Graphen im angegebenen Bereich! 1 LE = 2 cm
    c) Welchen Inhalt hat das Flächenstück, das von G_f und der x-Achse begrenzt wird?

19. Es wird die Funktion $f\colon x \mapsto x + \sin x$ betrachtet.
    a) Untersuche den Graphen G_f in $[-\frac{1}{2}\pi; \frac{3}{2}\pi]$ auf eventuelle Extrem- und Wendepunkte und zeichne ihn mit 1 LE = 2 cm!
    b) In welchen Kurvenpunkten bildet die Tangente mit der x-Achse den Winkel 56,31°?
    c) Welchen Inhalt hat die Fläche, die von der Sinuslinie, dem Graphen G_f und der Geraden zu $x - \pi = 0$ begrenzt wird?

20. Vorgelegt sind die beiden Funktionen $g: x \mapsto -\frac{1}{2}x$ und $f: x \mapsto \cos x$.
   a) Zeichne den Graphen G_φ der Funktion $\varphi = g + f$ mit $1\,\text{LE} = 2\,\text{cm}$ im Bereich $[-\frac{1}{2}\pi; \frac{3}{2}\pi]$.
   b) Welchen Inhalt hat jedes der beiden Flächenstücke, die zwischen G_φ und G_g liegen?

21. Bestimme den Inhalt der Flächen, deren Punkte $P(x; y)$ folgende Bedingungen erfüllen:
   a) $\{P(x; y) \mid x \leqq y \leqq x + \sin x \text{ und } 0 \leqq x \leqq \pi\}$
   b) $\{P(x; y) \mid y \geqq \sin x\} \cap \{P(x; y) \mid y \leqq x + \pi\} \cap \{P(x; y) \mid y \leqq -x + \pi\}$

22. a) Zeige, dass $-\pi$, $-\frac{1}{2}\pi$, $\frac{1}{2}\pi$ und π Lösungen der transzendenten Gleichung $\cos x = -\frac{4}{3\pi^2}x^2 + \frac{1}{3}$ sind.
   b) Berechne unter der Voraussetzung, dass die Gleichung keine weiteren Lösungen hat, den Inhalt der nicht zusammenhängenden Fläche

$$M = \{P(x; y) \mid \cos x \leqq y \leqq -\frac{4}{3\pi^2}x^2 + \frac{1}{3}\}?$$

23. a) Bestätige mit dem HDI folgende, für $n \in \mathbb{N}$ gültige Integrationsregel:

$$\int \sin^n dx = -\frac{1}{n}\sin^{n-1} x \cos x + \frac{n-1}{n}\int \sin^{n-2} x\, dx$$

   Bemerkung: Das Integral wird hier auf eines vom gleichen Typ zurückgeführt, wobei sich der Exponent um 2 reduziert. In der Integralrechnung gibt es viele derartige *Reduktionsformeln*.

   b) Zeige: $\int\limits_0^{\pi/2} \sin^5 x\, dx = \frac{8}{15}$

D. Vorgegebene Flächeninhalte

24. Welche Funktion der Schar f_p (Scharparameter $p \in \mathbb{R}$) hat die Eigenschaft, dass ihr Graph mit den positiven Koordinatenachsen ein Flächenstück vom Inhalt A begrenzt?
   a) $f_p: x \mapsto px^2 + 2$; $A = 2\frac{2}{3}$ b) $f_p: x \mapsto -\frac{1}{4}x^2 + p$; $A = 10\frac{2}{3}$

25. Das zwischen der Parabel: $y = \frac{1}{10}x^2$, der x-Achse und der Geraden $g: x - 6 = 0$ liegende Flächenstück soll durch eine Parallele zur y-Achse
   a) halbiert, b) im Verhältnis 8 : 19 (kleineres Teilstück am Ursprung) geteilt werden.

26. Gegeben ist die Funktion $f: x \mapsto f(x)$. Es soll jeweils ein $x_0 > 0$ so bestimmt werden, dass das zwischen der y-Achse und der Geraden zu $x = x_0$ vom Graphen G_f und der x-Achse begrenzte Flächenstück den Inhalt A besitzt.
   a) $f(x) = \frac{1}{2}x + 1$; $A = 3$ b) $f(x) = \frac{1}{2}x^2$; $A = 1\frac{1}{3}$
   c) $f(x) = \frac{1}{10}x^3$; $A = 6{,}4$ d) $f(x) = \frac{1}{10}x^4$; $A = \frac{1}{2}\sqrt{5}$
   e) $f(x) = 3x^2 - 12x + 12$; $A = 8$ f) $f(x) = 3x^2 + 1$; $A = 10$

27. Im Funktionsterm $f(x) = ax^2 - bx^4$ seien die Koeffizienten a und b positiv. Sie sollen so bestimmt werden, dass der Graph der Funktion $f: x \mapsto f(x)$ die x-Achse im Punkt $P(4; 0)$ schneidet und die im I. Quadranten liegende, von G_f und der x-Achse begrenzte Fläche den Inhalt $8\frac{8}{15}$ erhält. Wo hat G_f seine Extrempunkte und Wendepunkte, welche Symmetrieeigenschaften besitzt er? Zeichnung im Bereich $[-4{,}5; 4{,}5]$.

28. φ_k: $x \mapsto 1 - kx^2$ mit $k > 0$ als Parameter stellt eine Funktionenschar dar. Aus der Schar der Graphen soll jene Kurve ausgewählt werden, die mit der Normalparabel: $y = x^2$ ein Flächenstück vom Inhalt $\frac{2}{3}$ begrenzt.

29. Ein Funktionsterm hat die Form $f(x) = kx^3 + ax^2 + bx$. Der Graph G_f der Funktion $f: x \mapsto f(x)$ soll an der Stelle $x = 1$ den Hochpunkt und an der Stelle $x = 2$ den Wendepunkt haben. $(k \neq 0)$

(1) Drücke a und b durch k aus!

(2) Wähle nun k so, dass G_f mit der x-Achse ein Flächenstück vom Inhalt 9 einschließt. Gib die entsprechende Funktion f an!

E. Flächenextrema

30. Gegeben sind die beiden in $\mathbb{R}$ definierten Scharen von Funktionen g_k: $x \mapsto k - \frac{x^2}{k}$ und h_k: $x \mapsto k^3 - kx^2$ mit dem Parameter $k \in \mathbb{R}^+ \setminus \{1\}$. Die dazugehörige Schar der Graphen werde mit G_k und H_k bezeichnet.

a) Zeichne G_2 und H_2!

b) Welchen Inhalt A_k hat das oberhalb der x-Achse gelegene, von G_k und H_k begrenzte Flächenstück?

c) Für welchen Wert von k hat dieser Flächeninhalt ein lokales Maximum und wie groß ist der maximale Inhalt?

31. Gegeben ist die Schar der Funktionen f_p: $x \mapsto 3 - \frac{1}{2}p^3x - \frac{1}{4}x^2 + \frac{1}{3}px^3$ mit $p > 0$ als Scharparameter. Jeder Graph begrenzt mit den beiden Koordinatenachsen und der Geraden g: $x - 3 = 0$ ein Flächenstück. Für welchen Wert von p hat dieses Flächenstück den größtmöglichen Inhalt und wie groß ist dieser? Zeichne für diesen Fall den Graphen im Bereich $[-2; 3]$!

F. Integralfunktionen

32. Bestimme die Wendestelle für den Graphen der Funktion F: $x \mapsto \int_1^x (t^4 - 8t - 7)\,dt$!

33. Die Funktion F: $x \mapsto F(x) = \int_0^x f(t)\,dt$ hat an der Stelle $x = 5$ ein Extremum und an der Stelle $x = 3$ eine Nullstelle. $f(t)$ ist ein ganzrationaler Term von der Form

$$f(t) = at^2 + bt + c\,,$$

der für $t = 1$ den Wert $\frac{4}{7}$ annimmt. Bestimme die Formvariablen a, b und c und damit $f(t)$ und $F(x)$!

34. Welche ganzrationalen Funktionen 3. Grades der Form $f: x \mapsto f(x) = x^3 + ax^2 + bx + c$ haben die folgenden Eigenschaften:

(1) $\int_{-1}^{+1} f(x)\,dx = 0$

(2) $F(1) = 1$ mit $F(x) = \int_0^x f(t)\,dt$

(3) Die Graphen aller Stammfunktionen zu f haben bei $x = 1$ einen Wendepunkt.

35. a) Berechne $\int_{-4}^{2} (x^2+2x-3)\,dx$ und $\int_{-4}^{2} |x^2+2x-3|\,dx$!

b) Welche reellen Zahlen sind für a einzusetzen, damit die Funktion

$$F\colon z \mapsto F(z) = \int_{a}^{z} (x^2+2x-3)\,dx$$

an der Stelle $z = 0$ eine Nullstelle hat? (3 Lösungen!)

c) Man beschreibe die in $\mathbb{R}$ definierte Funktion

$$F\colon z \mapsto \int_{0}^{z} (|x^2+2x-3|)\,dx$$

durch eine Zuordnungsvorschrift ohne Verwendung des Integralzeichens.

36. Die Funktion $f\colon x \mapsto f(x)$ ist im Intervall $J = [-\frac{1}{2}\pi; \frac{1}{2}\pi]$ durch folgende Bedingungen definiert:

(1) $-1 \leqq f(x) \leqq 0$;

(2) f ist in J differenzierbar mit $f'(x) \geqq 0$;

(3) $f'(x) = \sin x$ für $x > 0$.

a) Bestimme die Funktion und zeichne ihren Graphen! (1 LE = 2 cm)

b) Untersuche, ob für $x = 0$ die 2. Ableitung existiert!

c) Bestimme den Inhalt der Fläche zwischen dem Graphen und der x-Achse in J!

d) Gib die Schar der linearen Funktionen $g_a\colon x \mapsto g_a(x)$ an, für die gilt:

$$\int_{-\pi/2}^{\pi/2} [f(x) - g_a(x)]\,dx = 0$$

e) Gib eine quadratische Funktion $q\colon x \mapsto q(x)$ an, die die Bedingung

$$\int_{-\pi/2}^{\pi/2} [f(x) - q(x)]\,dx = 0$$

erfüllt und deren Funktionswerte an den Rändern von J mit denen von f übereinstimmen!

G. Abschnittsweise definierte Funktionen

37. Die Funktion $f\colon x \mapsto f(x)$ ist folgendermaßen definiert:

$$f(x) = \begin{cases} x+5 & \text{für } x \in [-5; -2] \\ ax^2+bx+c & \text{für } x \in]-2; 2[\\ -x+5 & \text{für } x \in [2; 5] \end{cases}$$

Bestimme die Koeffizienten a, b, c so, dass f in $[-5; 5]$ differenzierbar ist, und berechne die vom Graphen und von der x-Achse eingeschlossene Fläche!

38. Die Funktion $f\colon x \mapsto f(x)$ ist folgendermaßen definiert:

$$f(x) = \begin{cases} -0{,}5x^2-4x-8 & \text{für } x \in [-4; -2] \\ ax^2+bx+c & \text{für } x \in]-2; 2] \\ -0{,}5x^2+4x-8 & \text{für } x \in]2; 4] \end{cases}$$

Bestimme die Koeffizienten a, b, c so, dass f in $[-4; 4]$ differenzierbar ist, und berechne die Seitenlänge eines Quadrats, das den gleichen Flächeninhalt hat wie die zwischen der x-Achse und dem Graphen liegende Fläche.

39. Man bestimme a und b so, dass die Funktion

$$f\colon x \mapsto f(x) = \begin{cases} \frac{1}{8}x^3 - 2 & \text{für } x \in [-4;\ 2] \\ a \cdot x - \dfrac{1}{x^2} & \text{für } x \in\ ]2;\ 4[\\ -(x-b)^2 & \text{für } x \in [4;\ 6] \end{cases}$$

überall in $[-4;\ 6]$ stetig ist. Berechne für diesen Fall:

$$S = \int_{-4}^{6} f(x)\,dx$$

40. a) $\int_{1}^{2} |x|\,dx$ b) $\int_{-1}^{2} |x|\,dx$ c) $\int_{-2}^{-1} \sqrt{x^2}\,dx$

d) $\int_{-2}^{+2} (1+|x|)\,dx$ e) $\int_{-1}^{+1} (1-|x|)\,dx$ f) $\int_{-3}^{2} (2+0{,}5|x|)\,dx$

g) $\int_{-3}^{2} (x+|x|)\,dx$ h) $\int_{-2}^{3} (x-|x|)\,dx$ i) $\int_{-1}^{2} (2+x+|x|)\,dx$

k) $\int_{-1}^{+1} (2-x+|x|)\,dx$ l) $\int_{-0{,}2}^{1} (2x-3|x|+1)\,dx$ m) $\int_{-2}^{2} (x^2-|x|+2)\,dx$

n) $\int_{-2}^{0} |x+1|\,dx$ o) $\int_{0}^{3} \sqrt{(x-1)^2}\,dx$ p) $\int_{0}^{2} |2x-3|\,dx$

q) $\int_{-2}^{5} |0{,}5(x^2-3x-4)|\,dx$ r) $\int_{-2}^{+2} \big||x|-1\big|\,dx$ s) $\int_{-4}^{+4} \big|x^2-2|x|-3\big|\,dx$

41. Berechne den Inhalt des Flächenstücks zwischen dem Graphen der Funktion $f\colon x \mapsto \frac{1}{10}|x^3-9x|$ und der Geraden $g\colon y-8=0$!

42. Gegeben sind die beiden Funktionen

$f\colon x \mapsto |x-3|+|x-1|;\ x \in \mathbb{R}$ und $\varphi\colon x \mapsto 8-(x-2)^2;\ x \in \mathbb{R}$.

Welchen Inhalt hat das von G_f und G_φ begrenzte Flächenstück?

43. Betrachtet wird die Funktion $f\colon x \mapsto x \cdot |x|$ mit $D_f = \mathbb{R}$.

a) Schreibe die Funktion f ohne Verwendung von Absolutstrichen und untersuche sie auf Stetigkeit und Differenzierbarkeit in D_f!

b) Berechne $\int_{-1}^{2} x|x|\,dx$!

c) Beweise: Für alle $a, b \in \mathbb{R}$ gilt:

$$\int_{a}^{b} x|x|\,dx = \frac{1}{3}|b|^3 - \frac{1}{3}|a|^3$$

44. Gegeben ist die Funktion $f\colon x \mapsto f(x) = 2-|x-1|;\ x \in \mathbb{R}$

a) Zeichne den Graphen G_f im Bereich $[-4;\ 6]$!

b) Was lässt sich ohne Ausführung der Integration über die Funktion

$F\colon x \mapsto F(x) = \int_{-2}^{x} f(t)\,dt;\ x \in \mathbb{R}$ und ihren Graphen G_F aussagen?

(Lage und Art von Extremstellen, Krümmungsverhalten, besondere Funktionswerte)

c) Skizziere G_F im bereits gezeichneten Koordinatensystem!

d) Ist F an der Stelle $x_0 = 1$ differenzierbar? Gegebenenfalls wie oft? (Begründung der Antworten!)

e) Ermittle durch Integration (abschnittsweise) eine Funktionsgleichung für F!

f) Bestimme die Nullstellen von F! (Begründung oder Rechnung!)

Ergänzungen und Ausblicke

A. Rauminhalt eines Rotationskörpers

Dreht man das zwischen dem Graphen der stetigen, positiven Funktion f, der x-Achse und den beiden Geraden zu $x = a$ und $x = b$ liegende Flächenstück um die x-Achse, entsteht ein von zwei parallelen Kreisflächen begrenzter Rotationskörper (Fig. 8.9).

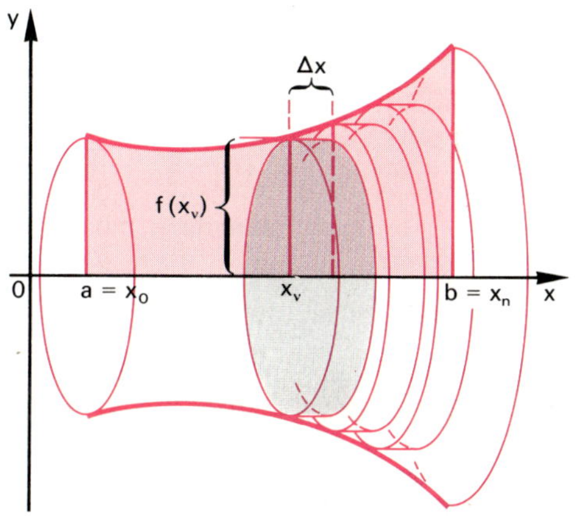

Fig. 8.9

Zur Berechnung seines Volumens V denken wir uns den Körper senkrecht zur x-Achse in Scheiben der Dicke $\Delta x = \frac{b-a}{n}$ zerschnitten. Das Körpervolumen ist gleich der Summe der Volumina aller Scheiben. Das Volumen ΔV_ν der ν-ten Scheibe kann angenähert mit der Volumenformel für den Zylinder berechnet werden; die Ungenauigkeit geht gegen null, wenn Δx gegen null bzw. n gegen ∞ geht. Die Höhe der ν-ten Scheibe ist Δx, die linke begrenzende Kreisfläche hat den Radius $r = f(x_\nu)$, also den Flächeninhalt $A(x_\nu) = \pi \cdot (f(x_\nu))^2$; damit ist das Volumen $\Delta V_\nu = A(x_\nu) \cdot \Delta x = \pi \cdot (f(x_\nu))^2 \cdot \Delta x$ mit $x_\nu = a + \nu\Delta x$.

Durch Summation über alle Scheiben erhalten wir die Näherung für das Gesamtvolumen:

$$V \approx \sum_{\nu=0}^{n-1} A(a+\nu\Delta x)\,\Delta x = \sum_{\nu=0}^{n-1} \pi \cdot (f(a+\nu\Delta x))^2 \cdot \Delta x$$

Beim Grenzübergang $n \to \infty$ geht der Näherungswert in die Maßzahl des Volumens über; nach Satz 7.1 ist also

$$V = \lim_{n\to\infty} \sum_{\nu=0}^{n-1} A(a+\nu\Delta x)\,\Delta x = \lim_{n\to\infty} \sum_{\nu=0}^{n-1} \pi \cdot (f(a+\nu\Delta x))^2 \cdot \Delta x = \int_a^b A(x)\,dx$$

mit $A(x) = \pi(f(x))^2$. Folglich gilt:

$$\boxed{V = \pi \cdot \int_a^b (f(x))^2\,dx}$$

Beispiel: Das im I. und II. Quadranten liegende Bogenstück des Kreises um den Ursprung mit dem Radius r rotiert um die x-Achse und erzeugt so eine Kugel mit dem Radius r. Welchen Rauminhalt hat sie?

Lösung: Wir fassen das Kreisbogenstück als Graph der Funktion

$f\colon x \mapsto \sqrt{r^2 - x^2}; \quad x \in [-r; r]$

auf (denn nach dem Satz von Pythagoras ist $y^2 + x^2 = r^2$ bzw. $y = \pm\sqrt{r^2 - x^2}$; vgl. Fig. 8.10).

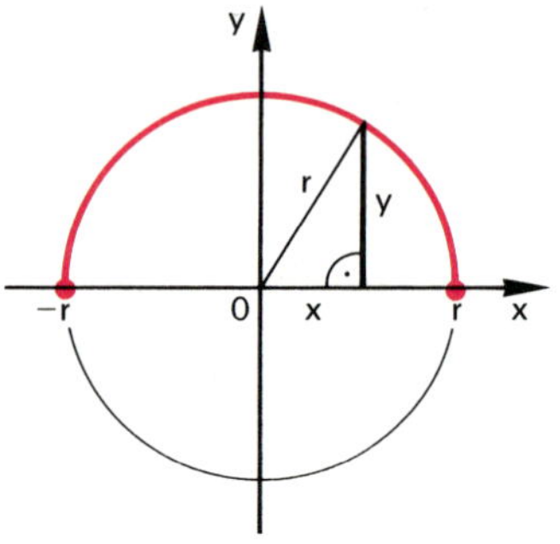

Fig. 8.10

f ist stetig, also gilt mit $f(x) = \sqrt{r^2 - x^2}$:

$$V_{Kugel} = \pi \cdot \int_{-r}^{r} \sqrt{r^2 - x^2}^{\,2}\,dx =$$

$$= \pi \cdot \int_{-r}^{r} (r^2 - x^2)\,dx =$$

$$= \pi \cdot [r^2 x - \tfrac{1}{3} x^3]_{-r}^{r} =$$

$$= \pi \cdot ((r^3 - \tfrac{1}{3} r^3) - (-r^3 + \tfrac{1}{3} r^3)) = \tfrac{4}{3} r^3 \pi$$

in Übereinstimmung mit der entsprechenden Formel aus der Raumgeometrie.

Aufgaben

1. Bekannte Rotationskörper
Das zwischen dem Graphen der Funktion f und der x-Achse über [a; b] liegende Flächenstück rotiere um die x-Achse. Berechne das Volumen des entstehenden Rotationskörpers und vergleiche das Ergebnis mit eventuell bekannten Volumenformeln der Raumgeometrie!

a) $f(x) = r;\ a = 0;\ b = h$ b) $f(x) = x;\ a = 0;\ b = 3$

c) $f(x) = x;\ a = 1;\ b = 6$ d) $f(x) = \dfrac{R - r}{h} \cdot x + r;\ a = 0;\ b = h$

2. Weitere Rotationskörper
a) Durch Drehung des Parabelbogens mit der Gleichung $y = \sqrt{x}$ um die x-Achse entsteht ein *Rotationsparaboloid*.
Zeige: Das Volumen eines durch einen Kreis vom Radius r abgeschlossenen Rotationsparaboloids ist halb so groß wie das Volumen des ihm umbeschriebenen Zylinders.
b) Durch Rotation der Halbellipse mit der Gleichung
$$y = \tfrac{1}{2}\sqrt{16 - x^2}$$
um die x-Achse entsteht ein *Rotationsellipsoid*. Berechne sein Volumen!
c) Die Kurve mit der Gleichung $y = \sqrt{x^2 - 1}$ rotiert zwischen $x = 1$ und $x = 4$ um die x-Achse. Es entsteht eine *kelchförmige Schale*. Welchen Inhalt hat sie?
d) Der Graph der Funktion $f\colon x \mapsto \frac{1}{5} x \sqrt{x - 4}$ rotiert zwischen $x = 4$ und $x = 8$ um die x-Achse. Es entsteht ein *glockenförmiger Hohlkörper*. Welches Fassungsvermögen hat er?

3. Ein Extremalproblem
   Die vom Graphen der Funktion f mit

$$f(x) = \frac{a}{(a+2)^2} \cdot x(2-x) \qquad \text{mit } a \in \mathbb{R}^+ \text{ als Parameter}$$

   und der x-Achse begrenzte Fläche rotiert um die x-Achse. Für welchen Wert von a nimmt das Volumen dieses Körpers einen größten Wert an? Wie groß ist V_{max}? Welche Gleichung hat in diesem Fall die Funktion? Skizziere ihren Graphen mit 1 LE = 2 cm!

4. Das Volumen eines Fahrradschlauchs (eines Torus)[1]
   Betrachtet man den (kreisförmigen) Querschnitt eines Fahrradschlauchs und lässt man ihn einmal um die Radachse umlaufen, erfasst er das gesamte Volumen des Schlauchs. Fig. 8.11

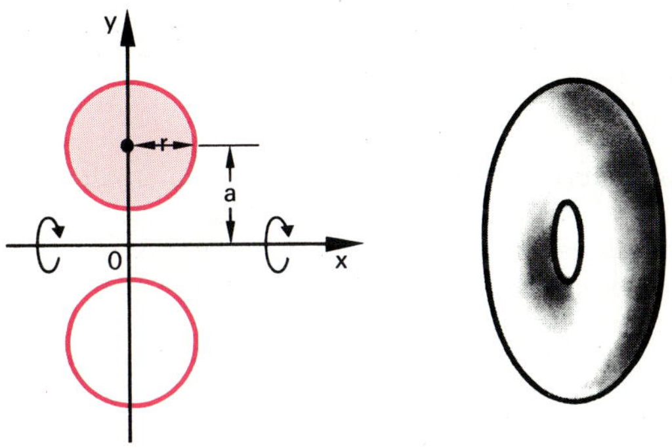

Fig. 8.11

a) Der Radius des Kreises sei r, der Abstand des Kreismittelpunktes von der Drehachse sei a mit $a > r$. Bestätige folgende Berechnungsformel für das Volumen des Torus:

$$V = 2\pi^2 r^2 a$$

Hinweise:

1. Die Punkte P (x; y) auf dem oberen Kreis genügen der Gleichung $x^2 + (y-a)^2 = r^2$. Leite daraus die Gleichungen der Funktionen ab, deren Graph der obere bzw. untere Halbkreis ist!
2. Stelle die vollständige Integralformel für das Torusvolumen auf und vereinfache sie so weit wie möglich. Der Wert des verbleibenden Integrals kann durch geometrische Überlegungen bestimmt werden!

b) Zeige: Das Volumen des Torus ist gleich dem Produkt aus dem Inhalt der Kreisfläche und dem Weg des Mittelpunktes.

[1] torus (lat.), der Wulst.

B. Die Länge eines Kurvenbogens

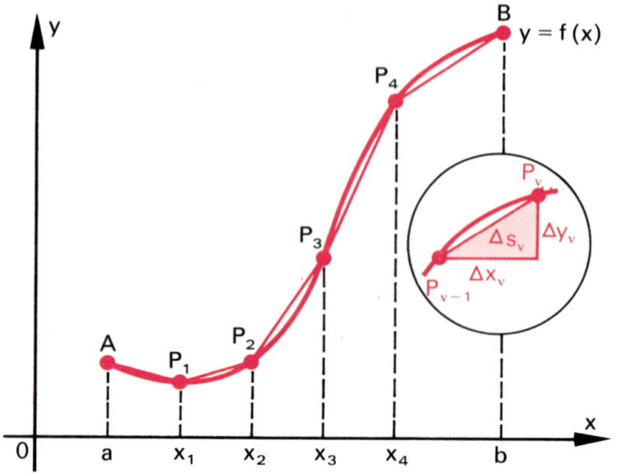

Fig. 8.11

Um die Länge s eines Kurvenbogens AB (Fig. 8.11) zu erhalten, teilen wir das Intervall [a, b] durch die Punkte $x_1, x_2, \ldots, x_{n-1}$ in n nicht notwendig gleiche Teile. Die zu diesen Abszissen gehörigen, auf dem Kurvenbogen liegenden Punkte seien $P_1, P_2, \ldots, P_{n-1}$. Verbinden wir sie geradlinig, erhalten wir einen Sehnenzug. Setzen wir

$$x_\nu - x_{\nu-1} = \Delta x_\nu \quad \text{und} \quad y_\nu - y_{\nu-1} = \Delta y_\nu\,,$$

dann ist nach dem pythagoreischen Lehrsatz die Länge Δs_ν der Sehne $[P_{\nu-1} P_\nu]$:

$$\Delta s_\nu = \sqrt{(\Delta x_\nu)^2 + (\Delta y_\nu)^2}.$$

Für die Länge s_n des Sehnenzuges gilt:

$$s_n = \sum_{\nu=1}^{n} \sqrt{(\Delta x_\nu)^2 + (\Delta y_\nu)^2} = \sum_{\nu=1}^{n} \sqrt{1 + \left(\frac{\Delta y_\nu}{\Delta x_\nu}\right)^2}\, \Delta x_\nu \qquad (x_0 = a;\ x_n = b)$$

Machen wir nun die Teilung immer feiner und lassen n gegen ∞ streben, wobei die Länge des längsten Teilintervalls Δx_ν gegen 0 geht, dann kann s_n unter gewissen Bedingungen einem Grenzwert zustreben. Ist dies der Fall, so definieren wir in Übereinstimmung mit der Anschauung den Grenzwert als die Länge des Bogens AB.
Setzen wir voraus, dass f (x) im Intervall [a; b] stetig differenzierbar ist, so gibt es nach dem Mittelwertsatz der Differenzialrechnung (4.2.6. Aufg. 10) für jedes Teilintervall $[x_{\nu-1}, x_\nu]$ ein z_ν, das so beschaffen ist, dass gilt:

$$f'(z_\nu) = \frac{\Delta y_\nu}{\Delta x_\nu} \qquad \text{mit} \qquad x_{\nu-1} \leqq z_\nu \leqq x_\nu$$

Strebt n gegen ∞, dann ist, unabhängig wie die Teilung gewählt wurde, gemäß 7.3.

$$\lim_{n \to \infty} s_n = \lim_{n \to \infty} \sum_{\nu=1}^{n} \sqrt{1 + [f'(z_\nu)]^2}\, \Delta x_\nu = \int_a^b \sqrt{1 + [f'(x)]^2}\, dx$$

Für die Maßzahl s des Bogens AB gilt also:

$$\boxed{s = \int_a^b \sqrt{1 + [f'(x)]^2}\, dx}$$

Beispiel: Im trivialen Fall $f(x) = x$, $f'(x) = 1$, $a = 0$ erhält man:

$$s = \int_0^b \sqrt{(1 + 1^2)}\,dx = \int_0^b \sqrt{2}\,dx = b\sqrt{2}$$

Man bestätigt das Ergebnis leicht mit dem Lehrsatz des Pythagoras.

Aufgaben

1. Berechne mit Hilfe obiger Formel die Länge des Graphen der Funktion $f: x \mapsto mx$ mit $a \leqq x \leqq b$! Bestätige das Ergebnis an Hand einer Skizze und des pythagoreischen Lehrsatzes.

2. Berechne die Länge des Kurvenbogens für $f: \mapsto x^{\frac{3}{2}}$ mit $0 \leqq x \leqq 2$.

   Hinweis: Versuche eine Stammfunktion der Form $c\,(1 + \frac{9}{4}x)^{\frac{3}{2}}$ mit einer geeigneten Konstanten c zu bestimmen.

Das Integral für die Länge des Kurvenbogens ist in den meisten Fällen mit unseren bisherigen Kenntnissen, sehr oft sogar überhaupt nicht exakt berechenbar. Man muss dann auf ein Näherungsverfahren zurückgreifen, für das man in unserer Zeit in der Regel einen Computer einsetzt.

```
PROGRAM Bogenlaenge;
VAR n: Integer;
   x, x1, a, b, d, Laenge: Real;
FUNCTION f(x:Real): Real; BEGIN f:=SQRT(1-x*x); END;          {a}
BEGIN
  Writeln('Funktion f(x)=√(1-x²)');                            {b}
  REPEAT
    Write('Anfangs- und Endwert (Betrag≤1): '); Readln(a, b);
  UNTIL (a*a<=1) AND (b*b<=1);
  Write('Unterteilungen: '); Readln(n);
  d:=(b-a)/n; Laenge:=0; y:=a;
  REPEAT {Berechnung und Ausgabe}
    x1:=x+d;
    IF x1>1 THEN BEGIN x1:=1; d:=1-x; END;                    {c}
    Laenge:=Laenge+SQRT((f(x1)-f(x))*(f(x1))-f(x))+d*d);     {d}
    x:=x1;
  UNTIL x>=b;
  Write('Bogenlänge: ',Laenge); Readln;
END.
```

Wenn du mit einem Computer arbeiten kannst, so berechne selbst die Näherungswerte für $n = 2, 4, 8, 16, 32, \ldots$ und vergleiche mit dem aus der Geometrie bekannten Ergebnis!

Ein Programm, das selbst nacheinander $n = 2, 4, 8, \ldots, 524288$ wählt, lieferte folgende Tabelle:

Teilungen	Näherung
2	2.82842791
4	3.03527681
8	3.10449649
16	3.12854453
32	3.13698980
64	3.13996702
128	3.14101819
256	3.14138960
512	3.14152088
1024	3.14156728
2048	3.14158368
4096	3.14158948
8192	3.14159153
16384	3.14159226
32768	3.14159251
65536	3.14159260
131072	3.14159264
262144	3.14159265
524288	3.14159265

Geht man noch weiter, so kommt man zu einem n-Wert, bei dem die Ergebnisse wieder schlechter werden. Der Computer rechnet mit Zahlen einer bestimmten Genauigkeit. Es kann passieren, dass schließlich die Rundungsfehler das Ergebnis verschlechtern. Du kannst es selbst ausprobieren. Man darf den Ergebnissen dieser Rechenmaschine also nicht blind trauen.

Bei großem n werden aber auch für einen Computer die Arbeitszeiten lang. Überlege dir, warum für große n beim nächsten Wert die Zeit etwa so groß ist wie bei allen bisherigen Werten der Tabelle zusammen.

Wir haben bei der Bestimmung der Näherung die Länge des Sehnenzugs berechnet, die uns auf die Integralformel führte. Man könnte das Integral auch direkt nach der Simpsonformel (7.5.2. Ergänzungen) berechnen. Für die Funktionsgleichung $f(x) = \sqrt{1 - x^2}$ ist $f'(x) = -x/\sqrt{1 - x^2}$, der Integrand des Integrals der Kurvenlänge lautet dann $\sqrt{1 + (f'(x))^2} = \sqrt{1/(1 - x^2)}$. Man kann also nicht von -1 bis $+1$ integrieren, da an den Grenzen der Integrand nicht definiert ist. In Kap. 12 wird auf dieses Problem eingegangen. Vielleicht findest du einen Weg, wie man über ein geeignetes kleineres Integrationsintervall doch die ganze Kurvenlänge von -1 bis 1 findet. Die Berechnung ist dann bei einem bestimmten n schneller und genauer als beim obigen Verfahren.

9. Die Umkehrfunktion

9.1. Wiederholung und Begriffsvertiefung

9.1.1. Hinführung und Beispiele

A. Umkehrung einer Größenbeziehung

Das Ohm'sche Gesetz besagt, dass in einem Leiterkreis die Stromstärke J bei gleichbleibender Temperatur der angelegten Spannung U proportional ist:

$$J = c \cdot U = f(U) .$$

Dabei ist f die den Zusammenhang zwischen U und J beschreibende Funktion, c eine Materialkonstante. Fig. 9.1 a zeigt den Graphen G_f, wobei angenommen ist, dass sich bei 100 V eine Stromstärke von 8 A ergibt. Wir können dann [0; 100] als den Definitionsbereich D_f der Funktion f ansehen. [0; 8] stellt den Wertebereich W_f dar. So ergibt sich die Zuordnung

$$f\colon U \mapsto J = c \cdot U \quad \text{mit} \quad U \in D_f = [0; 100] \quad \text{und} \quad J \in W_f = [0; 8]$$

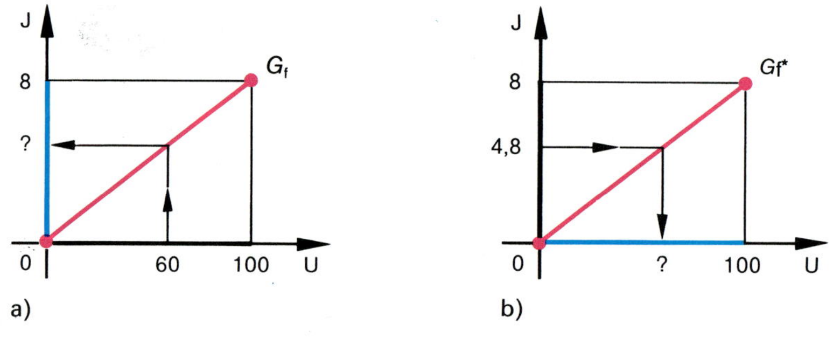

Fig. 9.1

Fig. 9.1 a deutet die graphische Lösung folgender Frage an: „Welche Stromstärke J ergibt sich bei einer bestimmten Spannung U, z. B. 60 V?"
Diese Frage lässt sich auch umkehren: „Welche Spannung U ist nötig, um eine bestimmte Stromstärke J, z. B. 4,8 A, zu erzeugen?" (Fig. 9.1 b)
Eine allgemeine Antwort hierauf erhalten wir durch *Auflösen der Gleichung* J = c · U *nach* U:

$$U = \frac{1}{c} \cdot J = f^*(J)$$

Den Zusammenhang zwischen J und U beschreibt die Funktion f*. Sie heißt *Umkehrfunktion* von f. Jetzt ist [0; 8] der Definitionsbereich und [0; 100] der Wertebereich von f*:

$$f^*\colon J \mapsto U = \frac{1}{c} \cdot J \quad \text{mit} \quad J \in D_{f^*} = [0; 8] \quad \text{und} \quad U \in W_{f^*} = [0; 100]$$

Fig. 9.1 b zeigt den Graphen G_{f*} in einer Darstellung, bei der die Definitionsmenge D_{f*} auf der vertikalen, die Wertemenge W_{f*} auf der horizontalen Achse liegt. Bis auf die Bezeichnungen ist Fig. 9.1 b mit Fig. 9.1a geometrisch identisch, nur die Zuordnungspfeile verlaufen umgekehrt.
Diese zueinander umgekehrten Betrachtungsweisen (einmal: Stromstärke wird aus der Spannung, und zum anderen: Spannung wird aus der Stromstärke ermittelt) sind deshalb möglich, weil zu jeder Spannung genau eine Stromstärke und zu jeder Stromstärke genau eine Spannung gehört. Anders ausgedrückt: Unterschiedlichen Spannungen sind unterschiedliche Stromstärken zugeordnet und umgekehrt.

B. Umkehrung einer Funktion

Das physikalische Beispiel in Abschnitt A veranschaulicht den Begriff der *Umkehrfunktion*. Als Beispiel, bei dem die Umkehrung nicht gelingt, betrachten wir zunächst die Funktion $x \mapsto y = x^2$ mit der Definitionsmenge $\mathbb{R}$. Sie hat die Wertemenge $\mathbb{R}_0^+$. Hier gilt, wie man sieht, etwa $2 \mapsto 4$, aber auch $-2 \mapsto 4$. Unterschiedlichen x-Werten sind hier also *nicht* immer unterschiedliche y-Werte zugeordnet; umgekehrt läßt sich daher dem y-Wert 4 nicht eindeutig ein x-Wert zuordnen. Es gibt keine Umkehrfunktion. Man erkennt dies auch daran, dass es Parallelen zur x-Achse gibt, die den Graphen (Skizze!) in zwei Punkten schneiden. Schränkt man aber die Definitionsmenge der Funktion ein, z. B. auf [1; 3], so hat die neue Funktion

$$f\colon x \mapsto y \quad \text{mit} \quad y = x^2, \quad x \in [1;3]$$

die Eigenschaft, dass zu verschiedenen x-Werten stets verschiedene y-Werte gehören. Man sieht dies auch am Graphen: Er wird von jeder Parallelen zur x-Achse in höchstens einem Punkt geschnitten (Fig. 9.2a). f ist also *umkehrbar*.
Die Funktionsgleichung der Umkehrfunktion von f, die üblicherweise mit f^{-1} (gelesen „f oben -1") bezeichnet wird, gewinnen wir durch *Auflösen der Gleichung* $y = x^2$ *nach* x. Wegen $x > 0$ erhalten wir $x = \sqrt{y}$. Die Definitionsmenge von f^{-1}

Fig. 9.2 a)

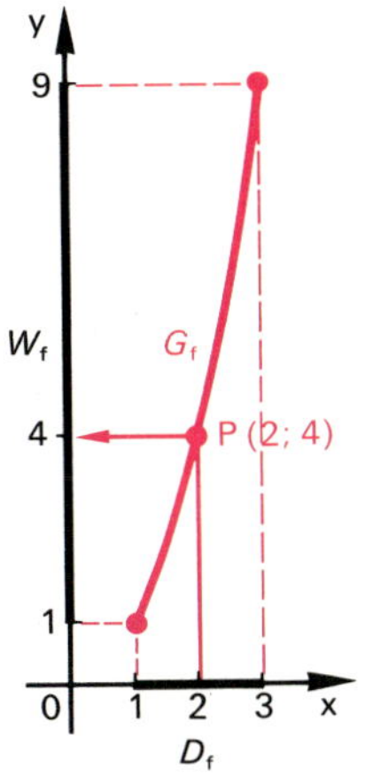

b)

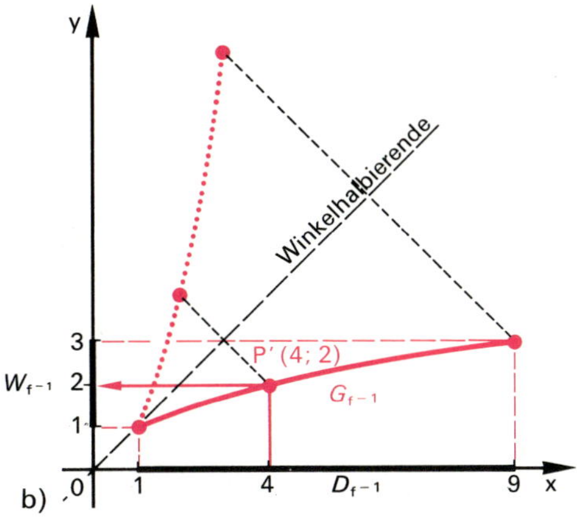

ist die Wertemenge von f, nämlich [1; 9]. Also lautet die Umkehrfunktion:

$$f^{-1}: y \mapsto x \quad \text{mit} \quad x = \sqrt{y}, \quad y \in [1; 9]$$

Damit die Variablenbezeichnungen für Elemente der Definitionsmengen von f und f^{-1} und ebenso diejenigen für die Elemente der Wertemengen wieder übereinstimmen, vertauschen wir x und y in der Darstellung von f^{-1} und erhalten in der gewohnten Schreibweise:

$$f^{-1}: x \mapsto y \quad \text{mit} \quad y = \sqrt{x}, \quad x \in [1; 9] \qquad \text{(Fig. 9.2b)}$$

Die Umbenennung der Variablen ändert die Funktion nicht.

Im Graphen G_f entspricht der Punkt P(2; 4) beispielsweise dem Punkt P′(4; 2) des Graphen $G_{f^{-1}}$. Jeder Punkt von G_f wird durch Vertauschen der Koordinaten zum entsprechenden Punkt von $G_{f^{-1}}$. Bei Eintrag in das gleiche Koordinatensystem ist $G_{f^{-1}}$ somit das Spiegelbild von G_f bei Spiegelung an der Winkelhalbierenden des I. und III. Quadranten (gleiche Einheiten auf den Achsen vorausgesetzt; vgl. Aufgabe 6)

Stellen wir an Hand des Beispiels nochmals die Schritte zusammen, die wir tun müssen, um von der Funktion $f: x \mapsto y$ mit $y = x^2$; $D_f = [1; 3]$ zur Umkehrfunktion f^{-1} und ihrem Graphen $G_{f^{-1}}$ zu gelangen:

(1) Wir bestimmen die Wertemenge $W_f = [1; 9]$ und beachten, dass $D_{f^{-1}} = W_f$.
(2) Wir lösen die Funktionsgleichung $y = x^2$ nach x auf und erhalten $x = \sqrt{y}$ wegen $x > 0$. Damit gilt:
(3) $f^{-1}: y \mapsto x$ mit $x = \sqrt{y}$; $y \in [1; 9]$
(Umkehrfunktion mit y als „Funktionsvariable")
(4) Vertauschung von x und y liefert
$f^{-1}: x \mapsto y$ mit $y = \sqrt{x}$; $x \in [1; 9]$
(Umkehrfunktion mit x als „Funktionsvariable")
(5) Eventuelle Verkürzung der Schreibweise auf
$f^{-1}: x \mapsto \sqrt{x}$; $x \in [1; 9]$
(6) Spiegelung von G_f an der Winkelhalbierenden des I. und III. Quadranten ergibt $G_{f^{-1}}$ (gleiche Einheiten auf den Achsen vorausgesetzt).

Bemerkungen:

1. Man kann bei der Bildung der Umkehrfunktion die Schritte (2) und (4) vertauschen, also auch erst die Variablen tauschen und dann nach y anstatt nach x auflösen:

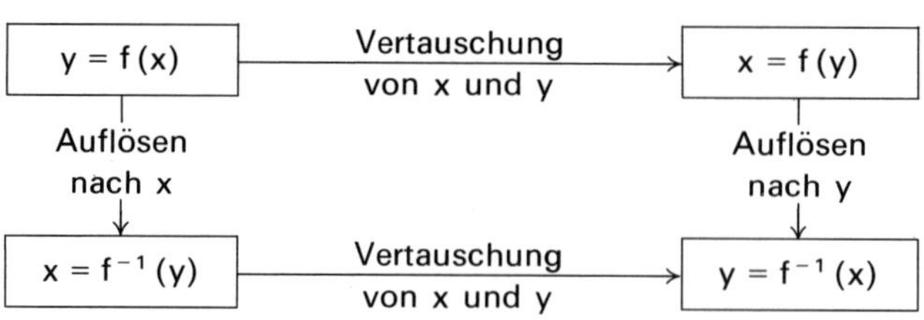

2. Würden wir den Definitionsbereich der Funktion $x \mapsto y = x^2$ auf $\mathbb{R}_0^+$ beschränken, so wäre ebenfalls eine Umkehrung dieser Funktion möglich. Es ergäbe sich dann die Quadratwurzelfunktion $x \mapsto \sqrt{x}$; $x \in \mathbb{R}_0^+$.

C. Beispiele

Wir wollen die in B. gewonnenen Erkenntnisse in drei Beispielen anwenden. Wir folgen dabei dem oben skizzierten Lösungsweg, wobei wir uns am Graphen jeder Funktion f zuerst überzeugen, dass er von keiner Parallelen zur x-Achse in mehr als einem Punkt geschnitten wird, dass f also umkehrbar ist.

1. Beispiel: Die Funktion $f\colon x \mapsto 2x - 3$; $D_f = \mathbb{R}_0^+$ ist, wie wir dem Graphen entnehmen, umkehrbar. Wie lautet die Umkehrfunktion f^{-1}? Fig. 9.3

Lösung:
(1) Es ist $W_f = [-3; \infty[= D_{f^{-1}}$

(2) Die Funktionsgleichung $y = 2x - 3$ ergibt, nach x aufgelöst:
$x = \frac{1}{2}(y+3)$

(3) Umkehrfunktion mit y als „Funktionsvariable":
$f^{-1}\colon y \mapsto x$ mit
$x = \frac{1}{2}(y+3)$; $y \in [-3; \infty[$

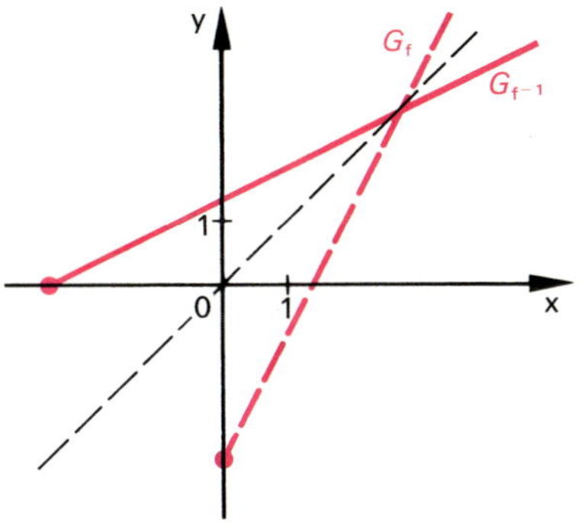

Fig. 9.3

(4) Umkehrfunktion mit x als „Funktionsvariable" („Variablentausch"):
$f^{-1}\colon x \mapsto y$ mit $y = \frac{1}{2}(x+3)$; $x \in [-3; \infty[$

(5) Verkürzte Schreibweise:
$f^{-1}\colon x \mapsto \frac{1}{2}(x+3)$; $x \in [-3; \infty[$

(6) siehe Fig. 9.3.

Beim Auflösen der Funktionsgleichung nach x ist gelegentlich Vorsicht geboten:

2. Beispiel: $f\colon x \mapsto x^3$; $D_f = \mathbb{R}$. Fig. 9.4

(1) $W_f = \mathbb{R} = D_{f^{-1}}$

(2) $y = x^3$

$$\Rightarrow \quad x = \begin{cases} \sqrt[3]{y} & \text{für } y \geqq 0 \\ -\sqrt[3]{-y} & \text{für } y < 0 \end{cases}$$

(3) $f^{-1}\colon y \mapsto x$

$$\text{mit } x = \begin{cases} \sqrt[3]{y}; & y \in \mathbb{R}_0^+ \\ -\sqrt[3]{-y}; & y \in \mathbb{R}^- \end{cases}$$

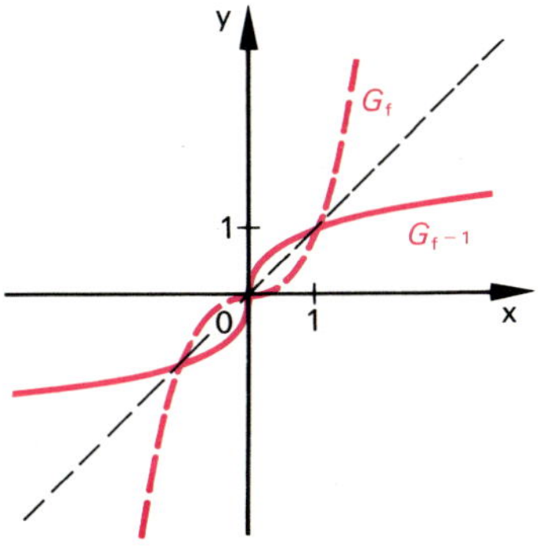

Fig. 9.4

(4) $f^{-1}\colon x \mapsto y$ mit $y = \begin{cases} \sqrt[3]{x}; & x \in \mathbb{R}_0^+ \\ -\sqrt[3]{-x}; & x \in \mathbb{R}^- \end{cases}$

(5) $f^{-1}\colon x \mapsto \begin{cases} \sqrt[3]{x}; & x \in \mathbb{R}_0^+ \\ -\sqrt[3]{-x}; & x \in \mathbb{R}^- \end{cases}$

(6) siehe Fig. 9.4

Manchmal ist eine Auflösung der Funktionsgleichung nach x nicht möglich, obwohl die Umkehrfunktion existiert. Sie kann dann nur als Paarmenge im Sinne der Definition 1.1. angegeben werden.

3. Beispiel: $f\colon x \mapsto x^3 - 3x + 2;\quad D_f = [1; \infty[$.
Fig. 9.5

(1) $W_f = \mathbb{R}_0^+ = D_{f^{-1}}$

(2) $y = x^3 - 3x + 2$
(für uns nicht nach x auflösbar)

(4) $x = y^3 - 3y + 2$
(Vertauschung von x und y)

(5) $f^{-1} = \{(x; y) \mid x \in \mathbb{R}_0^+$ und $x - y^3 + 3y - 2 = 0\}$.

Die Umkehrfunktion ist damit eindeutig festgelegt. Unter anderem ergibt sich aus Gleichung (4):

$(0; 1) \in f^{-1}$, $(4; 2) \in f^{-1}$, $(54; 4) \in f^{-1}$.

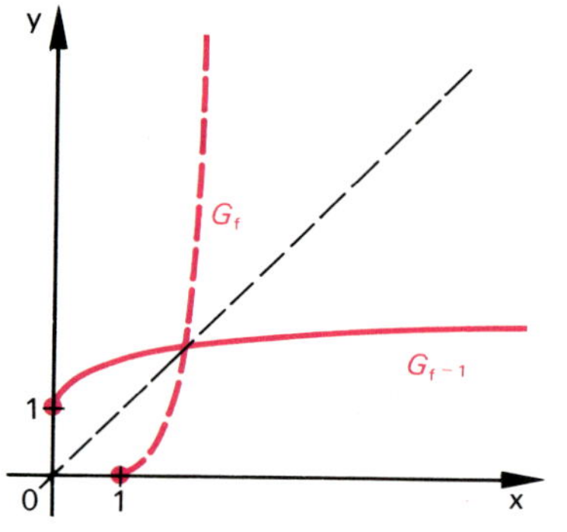

Fig. 9.5

Aufgaben

1. Man überzeuge sich am Graphen der Funktion f, dass sie umkehrbar ist. Gib f^{-1} an und skizziere G_f und $G_{f^{-1}}$!

a) $f\colon x \mapsto \frac{1}{2}x + 3;\quad D_f = [-5; 5]$

b) $f\colon x \mapsto x^2;\quad D_f = \mathbb{R}_0^-$

c) $f\colon x \mapsto 4x^2 + 1;\quad D_f = [0; \infty[$

d) $f\colon x \mapsto |x - 2|;\quad D_f = [-2; 1{,}5]$

e) $f\colon x \mapsto \sqrt{x} + 1;\quad D_f = \mathbb{R}^+$

f) $f\colon x \mapsto \sqrt{x^2 - 1};\quad D_f =]-\infty; -1]$

2. Die folgenden Funktionen sind, wie der Graph zeigt, umkehrbar. Die Umkehrfunktion ist jedoch nur als Paarmenge angebbar. Wie lautet sie?

a) $f\colon x \mapsto 0{,}1x^3 + x;\quad D_f = \mathbb{R}$

b) $f\colon x \mapsto \sin x;\quad x \in [-\frac{1}{2}\pi; \frac{1}{2}\pi]$

c) $f\colon x \mapsto \cos x;\quad D_f = [0; \pi]$

d) $f\colon x \mapsto \tan x;\quad x \in]-\frac{1}{2}\pi; \frac{1}{2}\pi[$

3. a) Gib die Umkehrfunktion zu $f\colon x \mapsto -x + 2;\ x \in \mathbb{R}$ an! Welche Besonderheit ist festzustellen?

b) Was lässt sich allgemein in Bezug auf die Umkehrbarkeit der Funktionen der Schar $f_c\colon x \mapsto -x + c$ mit $c \in \mathbb{R}$ als Scharparameter sagen?

c) Gibt es eine lineare Funktion f, die der Schar in 3b) *nicht* angehört und für die $f^{-1} = f$ gilt?

d) Ist $\varphi\colon x \mapsto \sqrt{16 - x^2};\ D_\varphi = [0; 4]$ umkehrbar? Wie lautet ggf. die Umkehrfunktion?

4. Zeichne die Graphen der folgenden Funktionen $f: x \mapsto f(x)$, und gib auf Grund der grafischen Darstellung eine geeignete Einschränkung φ der Funktion an, die umkehrbar ist. $D_f = \mathbb{R}$.

   a) $f(x) = x^2 - 6x + 5$ b) $f(x) = \frac{1}{2}x^3 - 2x$

   c) $f(x) = \sin x$ d) $f(x) = \sqrt{25 + x^2}$

   Zeichne jeweils für die gewählte Einschränkung φ den Graphen von φ^{-1}! Bestimme auch W_φ!

5. Gegeben ist die Funktion $\varphi: x \mapsto \frac{1}{9}(x^2 - 8x - 20)$; $x \in \mathbb{R}$. Zeichne G_φ und erläutere, warum φ nicht umkehrbar ist! Gib sodann die maximal mögliche Teilmenge $[a; \infty[$ des Definitionsbereichs an, sodass die neue Funktion $f: x \mapsto \frac{1}{9}(x^2 - 8x - 20)$; $x \in [a; \infty[$ umkehrbar ist! Wie lautet die Umkehrfunktion f^{-1}? Skizziere G_f und $G_{f^{-1}}$ und berechne die Koordinaten des Schnittpunktes beider Kurven auf 2 Dezimalen genau! 1 LE = 5 mm.

6. Zeige die Symmetrie der Graphen einer Funktion f und ihrer Umkehrfunktion f^{-1} bezüglich der Winkelhalbierenden des I. und III. Quadranten geometrisch! Hinweis: Ist $P(a; b) \in G_f$, dann ist $P'(b; a) \in G_{f^{-1}}$ und umgekehrt.

7. f hat die Umkehrfunktion f^{-1}. Welches ist die Umkehrfunktion von f^{-1}?

8. Wurzelfunktionen
   Zeige: Die Funktion $f: x \mapsto x^n$; $x \in \mathbb{R}_0^+$ mit $n \in \mathbb{N} \setminus \{1\}$ ist umkehrbar.
   Die Umkehrfunktion heißt Wurzelfunktion.

9.1.2. Kriterien und Eigenschaften

A. Bedingungen für die Umkehrbarkeit einer Funktion

Schon in 9.1.1. haben wir gesehen, dass eine Funktion umkehrbar ist, wenn zu zwei verschiedenen x-Werten stets auch verschiedene y-Werte gehören. Diese Bedingung ist *notwendig und hinreichend* für die Umkehrbarkeit einer Funktion. Wir wollen sie hier als Satz formulieren:

Satz 9.1:

Eine Funktion f ist genau dann umkehrbar, wenn für alle $x_1, x_2 \in D_f$ gilt:
Aus $x_1 \neq x_2$ folgt $f(x_1) \neq f(x_2)$

Dagegen bedeutet $y_0 = f(x_1) = f(x_2)$ für $x_1 \neq x_2$ anschaulich, dass die Parallele zur x-Achse im Abstand y_0 den Graphen von f mindestens zweimal schneidet. Dann ist f nicht umkehrbar. Hat dagegen jede Parallele zur x-Achse höchstens einen Punkt mit dem Graphen gemein, dann ist Satz 9.1 erfüllt, das heißt, f ist umkehrbar.

Aus Satz 9.1 ergibt sich sofort, dass streng monotone Funktionen umkehrbar sind. Denn streng monotones Zunehmen bedeutet beispielsweise, dass mit $x_1 \neq x_2$, also *entweder* $x_1 < x_2$ *oder* $x_1 > x_2$, auch *entweder* $f(x_1) < f(x_2)$ *oder* $f(x_1) > f(x_2)$, und demnach $f(x_1) \neq f(x_2)$ gilt. Strenge Monotonie ist also eine hinreichende Bedingung für die Umkehrbarkeit einer Funktion.

Satz 9.2:

Streng monotone Funktionen sind umkehrbar.

In Verbindung mit Satz 4.5 erhalten wir folgende Regel, mit der wir oft sehr schnell entscheiden können, ob eine Funktion umkehrbar ist:

Regel:

D_f sei ein Intervall.

$$\left.\begin{array}{l}\text{Ist } f'(x) > 0 \text{ für alle } x \in D_f \\ \text{oder } f'(x) < 0 \text{ für alle } x \in D_f\end{array}\right\} \text{ so ist die Funktion f umkehrbar}$$

Die Funktion $f: x \mapsto x^3 + x;\ x \in \mathbb{R}$ ist umkehrbar, weil $f'(x) = 3x^2 + 1 > 0$ für alle $x \in \mathbb{R}$.

Bemerkung:

Die in Satz 9.2 angesprochene Bedingung ist nicht notwendig für die Existenz der Umkehrfunktion. Es gibt auch umkehrbare, nicht monotone Funktionen wie beispielsweise

$$f: x \mapsto 2 \cdot [x] - x = \begin{cases} -x-2 & \text{für } -1 \leqq x < 0 \\ -x & \text{für } 0 \leqq x < 1 \\ -x+2 & \text{für } 1 \leqq x < 2 \\ -x+4 & \text{für } 2 \leqq x < 3 \end{cases}$$

Diese Funktion ist in $D_f = [-1; 3]$, wie man am Graphen (Fig. 9.6) erkennt, umkehrbar, aber nicht streng monoton. Man kann jedoch zeigen, dass eine *stetige* umkehrbare Funktion auch streng monoton sein muss, wenn D_f ein Intervall ist. Auf den Beweis wollen wir hier verzichten.

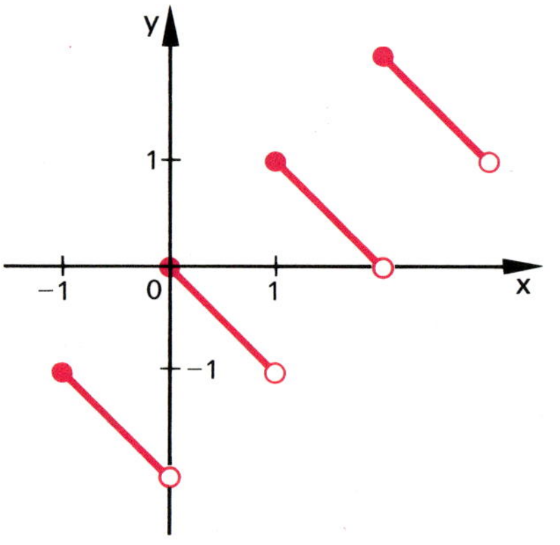

Fig. 9.6

B. Monotonieverhalten der Umkehrfunktion

An den Figuren 9.2 bis 9.5 fällt auf, dass dort zu einer streng monoton zunehmenden Funktion f eine Umkehrfunktion f^{-1} gehört, die ebenfalls streng monton zunimmt. Dass dies auch allgemein zutrifft, zeigt folgende Überlegung:
Nimmt f in D_f streng monoton zu, so gilt für beliebige $x_1, x_2 \in D_f$:

$$x_1 < x_2 \implies f(x_1) < f(x_2) \qquad (1)$$

Aus $y_1 = f(x_1)$ und $y_2 = f(x_2)$ ergibt sich $x_1 = f^{-1}(y_1)$ und $x_2 = f^{-1}(y_2)$. Wäre nun f^{-1} nicht streng monoton zunehmend, so gäbe es mindestens zwei Zahlen $y_1, y_2 \in W_f$ mit der Eigenschaft

$$y_1 < y_2 \quad \text{und} \quad f^{-1}(y_1) \geqq f^{-1}(y_2), \qquad \text{oder kürzer:}$$

$$y_1 < y_2 \quad \text{und} \quad x_1 \geqq x_2\,. \qquad (2)$$

Zusammen mit (1) ergibt sich daraus ein Widerspruch, weil nach (1) $x_1 \geqq x_2$ zwangsläufig $y_1 \geqq y_2$ zur Folge hat.

Da man für eine streng monoton abnehmende Funktion f ganz entsprechend argumentieren kann, erhalten wir den folgenden

Satz 9.3:

> Die Umkehrfunktion einer streng monoton zunehmenden (bzw. abnehmenden) Funktion ist selbst wieder streng monoton zunehmend (bzw. abnehmend).

C. Beziehungen zwischen Funktion und Umkehrfunktion

a) Bildet man die Umkehrfunktion zu f^{-1}, also $(f^{-1})^{-1}$, so erhält man die ursprüngliche Funktion f. Es gilt also

$$(f^{-1})^{-1} = f\,.$$

Diese Beziehung ist eine Erklärung für die Schreibweise f^{-1} der Umkehrfunktion von f. Es besteht eine gewisse, freilich mit Vorsicht zu wertende Analogie zu einer Potenzregel der Algebra.

b) Zwischen f und f^{-1} bestehen folgende, in Fig. 9.7 durch Mengendiagramme veranschaulichte Beziehungen:

$$f^{-1}(f(x)) = x \text{ für } x \in D_f \quad \text{und} \quad f(f^{-1}(x)) = x \text{ für } x \in D_{f^{-1}}$$

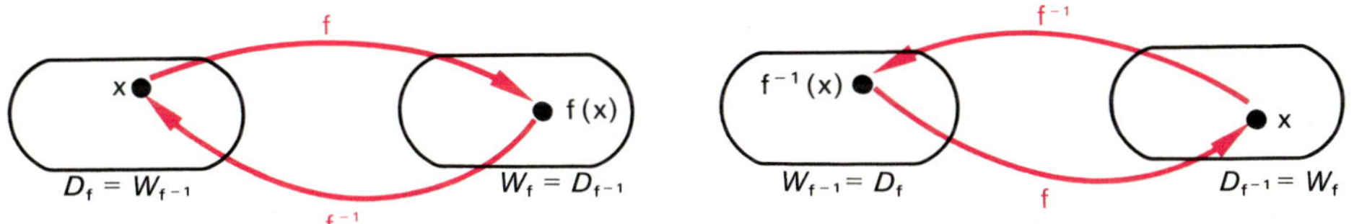

Fig. 9.7

Beispiel: $f(x) = x^2$; $f^{-1}(x) = \sqrt{x}$ für $x > 0$

$f(f^{-1}(x)) = (\sqrt{x})^2 = x$ und $f^{-1}(f(x)) = \sqrt{x^2} = x$ für $x > 0$

Aufgaben

1. Beweise mit Hilfe der Regel in 9.1.2. für folgende Funktionen f die Existenz der Umkehrfunktion! Gib f^{-1} an und zeichne G_f und $G_{f^{-1}}$!

   a) $f\colon x \mapsto -x^3 + 1$; $D_f = \mathbb{R}$

   b) $f\colon x \mapsto \dfrac{x}{\sqrt{1+x^2}}$; $D_f = \mathbb{R}$

   c) $f\colon x \mapsto \dfrac{1-x}{x-2}$; $D_f = \mathbb{R}\setminus\{2\}$

   d) $f\colon x \mapsto 1 + \sqrt{x^2+1}$; $D_f = \mathbb{R}^-$

2. Beweise – ohne Berufung auf den Graphen – die Existenz der Umkehrfunktion h^{-1} zu h und gib h^{-1} als Paarmenge an! (keine Zeichnung)

   a) $h\colon x \mapsto x^3 - 3x + 2$; $D_h = [1; \infty[$

   b) $h\colon x \mapsto \sin x + \cos x$; $D_h = [-\frac{1}{4}\pi; \frac{1}{4}\pi]$

3. Für die Funktion φ mit $\varphi(x) = -\frac{1}{2}x^2 + 7x + 6$ und $D_\varphi = \mathbb{R}$ soll mit Benutzung von Satz 9.2 die Definitionsmenge so in zwei Teilmengen D_{φ_1} und D_{φ_2} zerlegt werden, dass $D_{\varphi_1} \cup D_{\varphi_2} = D_\varphi$ gilt, die Funktionen φ_1 und φ_2 umkehrbar sind, erstere monoton zu- und letztere monoton abnimmt. Bestimme $\varphi_1(x)$ und $\varphi_2(x)$? (keine Zeichnung)

4. Gegeben ist die Funktion

$$f\colon x \mapsto \begin{cases} 1 + 2x - \frac{1}{2}x^2; & x \in]-\infty; 1] \\ \frac{1}{2}x + 2; & x \in]1; \infty[. \end{cases}$$

Zeige, dass f in $\mathbb{R}$ stetig und umkehrbar ist! Berechne f^{-1} und zeichne die Graphen G_f und $G_{f^{-1}}$!

5. Vorgegeben ist die Funktion $f\colon x \mapsto 1 - \sqrt{2-x};\ D_f = [-2; 2]$.
   a) Zeige, dass f umkehrbar ist, bestimme f^{-1} und zeichne die Graphen G_f und $G_{f^{-1}}$ (1 LE = 2 cm)!
   Berechne die Koordinaten des Schnittpunkts dieser Graphen auf zwei Dezimalen genau!
   b) Begründe, warum f streng monoton zunimmt!

6. Wie lautet die Funktion f mit der Umkehrfunktion

$$f^{-1}\colon x \mapsto \frac{1-x^2}{x}; \quad x \in \mathbb{R}^+?$$

7. Bestätige die Beziehungen in Abschnitt 9.1.2.C.b) für
   a) $f(x) = 3x + 2; \quad x \in \mathbb{R}$ b) $f(x) = x^{-2}; \quad x \in \mathbb{R}^+$

9.2. Differenziation der Umkehrfunktion

A. Geometrisch-anschauliche Ermittlung der Ableitung

Wir wollen nun untersuchen, welcher Zusammenhang im Fall der Differenzierbarkeit zwischen der Ableitung einer umkehrbaren Funktion f und der Ableitung der Umkehrfunktion f^{-1} besteht.

Fig. 9.8 zeigt: Hat der streng monoton steigende Graph G_f im Punkt $P(x_0; y_0)$ die Tangentensteigung $\tan\alpha = f'(x_0) \neq 0$, so hat $G_{f^{-1}}$ als Spiegelbild von G_f bezüglich der Winkelhalbierenden des I. und III. Quadranten im Punkt $P'(y_0; x_0)$ die Tangentensteigung $\tan\beta$, wobei aus ΔOAB $\beta = 90° - \alpha$ zu entnehmen ist. Somit gilt:

$$\tan\beta = \tan(90° - \alpha) = \cot\alpha = \frac{1}{\tan\alpha}$$

Es ergibt sich also:

$$(f^{-1})'(y_0) = \frac{1}{f'(x_0)}$$

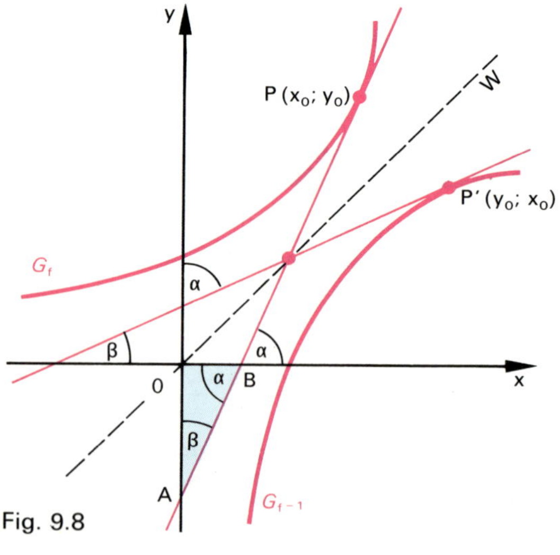

Fig. 9.8

Aus dieser „lokalen" Formel gewinnen wir durch Vertauschen der Koordinaten und Ersatz von x_0 durch x und y_0 durch y den

Satz 9.4:

Ist die umkehrbare Funktion f in einem Intervall J differenzierbar, so ist die Umkehrfunktion f^{-1} an der Stelle $x = f(y)$ ebenfalls differenzierbar, und es gilt

$$(f^{-1})'(x) = \frac{1}{f'(y)} \qquad \text{mit } y = f^{-1}(x),$$

wobei $y \in J$ und $f'(y) \neq 0$ vorausgesetzt ist.

B. Rechnerische Bestimmung der Ableitung

Wir bilden, Differenzierbarkeit von f und f^{-1} vorausgesetzt, die Ableitung des Terms $f(f^{-1}(x))$. Nach der Kettenregel erhalten wir

$$[f(f^{-1}(x))]' = f'(f^{-1}(x)) \cdot (f^{-1})'(x)$$

Nun ist nach 9.1.2.C. $f(f^{-1}(x)) = x$. Die Ableitung dieses Terms ist gleich 1. Also folgt:

$$1 = f'(f^{-1}(x)) \cdot (f^{-1})'(x)$$

Hieraus:

$$(f^{-1})'(x) = \frac{1}{f'(f^{-1}(x))} = \frac{1}{f'(y)},$$

was zu beweisen war.

1. Beispiel: Die Funktion $f: x \mapsto x^2;\ x \in \mathbb{R}_0^+$ ist umkehrbar. Der Term der Umkehrfunktion lautet:

$f^{-1}(x) = \sqrt{x};\quad x \in \mathbb{R}_0^+$

Mit $f(x) = x^2$ ist $f'(x) = 2x$ bzw. (Umbenennung der Variablen) $f'(y) = 2y$. Also gilt nach Satz 9.4:

$$(f^{-1})'(x) = \frac{1}{2y}$$

Für $y \neq 0$ folgt hieraus mit $y = f^{-1}(x) = \sqrt{x}$

$$(f^{-1})'(x) = \frac{1}{2\sqrt{x}}$$

in Übereinstimmung mit der Differenziationsformel in G.4.2. Die Funktion f^{-1} ist also nur in $\mathbb{R}^+$ differenzierbar.

2. Beispiel: Für die Funktion $f: x \mapsto 1 + \frac{1}{x};\ x \in \mathbb{R}^-$ lautet, wie man leicht nachrechnet, die Gleichung der Umkehrfunktion:

$$y = f^{-1}(x) = \frac{1}{x-1};\quad x \in\ ]-\infty; 1[\qquad (*)$$

Wegen $f(x) = 1 + \frac{1}{x}$ ist $f'(x) = -\frac{1}{x^2}$ bzw. $f'(y) = -\frac{1}{y^2}$.

Nach Satz 9.4 gilt demnach für alle $y \in \mathbb{R}^-$, $x \in]-\infty; 1[$:

$$(f^{-1})'(x) = \frac{1}{-\frac{1}{y^2}} = -y^2$$

Mit Beachtung von (*) ist also

$$(f^{-1})'(x) = -\left(\frac{1}{x-1}\right)^2 = -\frac{1}{(x-1)^2}$$

Kontrolle mit der Quotientenregel:

$$(f^{-1})'(x) = \frac{0 \cdot (x-1) - 1 \cdot 1}{(x-1)^2} = -\frac{1}{(x-1)^2}$$

Aufgaben

1. Bestimme die Umkehrfunktion f^{-1} und ermittle deren Ableitung mit Hilfe von Satz 9.4! Kontrolliere das Ergebnis, wenn möglich, durch unmittelbares Differenzieren!

   a) $f\colon x \mapsto 3x + 5$; $D_f = \mathbb{R}$

   b) $f\colon x \mapsto \frac{1}{2}x - 3$; $D_f = [2; 6]$

   c) $f\colon x \mapsto \frac{1-x}{x}$; $D_f = \mathbb{R}\setminus\{0\}$

   d) $f\colon x \mapsto \frac{1}{2}(x+1)^2 - 3$; $D_f = [-1; 3]$

   e) $f\colon x \mapsto x^2 - 2x + 4$; $D_f = [-1; 1]$

   f) $f\colon x \mapsto x^3$; $D_f = \mathbb{R}$

2. Zeige, dass $f\colon x \mapsto \frac{1}{4}x^4 - 2x^3 + 5x^2 - 5$; $x \in \mathbb{R}^+$ umkehrbar ist!

   Der Punkt P' liegt spiegelbildlich zum Punkt $P(2; f(2))$ bezüglich der Winkelhalbierenden des 1. und 3. Quadranten. Gib die Koordinaten von P' und die Steigung des Graphen $G_{f^{-1}}$ im Punkt P' an!

3. Der Graph einer umkehrbaren Funktion habe an einer Stelle eine waagrechte Tangente. Was folgt daraus für den Graphen der Umkehrfunktion? Gib Beispiele an! Kann die Umkehrfunktion zu einer ganzrationalen Funktion einen Graphen mit waagrechten Tangenten haben?

4. Zeige, dass $f\colon x \mapsto x^3 + 3x^2 + 5x - 1$; $D_f = \mathbb{R}$ umkehrbar ist!
   Wo hat der Graph $G_{f^{-1}}$ eine steilste oder flachste Stelle?

5. Gegeben ist die Funktion $f\colon x \mapsto \sqrt{9 - x^2}$; $x \in [0; 3]$.

   a) Zeige, dass f umkehrbar ist und dass $f = f^{-1}$ gilt!

   b) Zeichne den Graphen G_f! Wie äußert sich hier die Identität von f und f^{-1}?

   c) Bilde die Ableitungsfunktion f' und gib deren Definitionsbereich $D_{f'}$ an!

   d) Überprüfe die Gültigkeit der Beziehung:

   $$(f^{-1})'(x) = \frac{1}{f'(f^{-1}(x))}.$$

   Für welche $x \in \mathbb{R}$ gilt sie?

6. Gegeben ist die Funktion f: $x \mapsto y = 2x - \frac{1}{4}x^2$; $D_f =]-\infty; 4]$.
   a) Zeige, dass f umkehrbar ist und zeichne den Graphen G_f im Bereich $[-1; 4]$!
   b) Bestimme f^{-1} und zeichne $G_{f^{-1}}$ in das bereits vorliegende Koordinatensystem ein! (Teilergebnis: $f^{-1}(x) = 4 - 2\sqrt{4 - x}$)
   c) Ermittle auf zwei verschiedene Arten die Ableitung von f^{-1}!
   d) Welchen Inhalt hat das Flächenstück, das G_f und $G_{f^{-1}}$ im I. Quadranten miteinander einschließen?

7. Ableitung der Wurzelfunktionen
   a) Bestimme die Ableitung der Wurzelfunktionen f: $x \mapsto x^{\frac{1}{n}} = \sqrt[n]{x}$; $x \in \mathbb{R}^+$ mit $n \in \mathbb{Z} \setminus \{0\}$ als Umkehrungen der Potenzfunktionen $x \mapsto x^n$; $x \in \mathbb{R}^+$!
   b) Gib entsprechende Integralformeln an!

9.3. Integration mit Hilfe der Umkehrfunktion

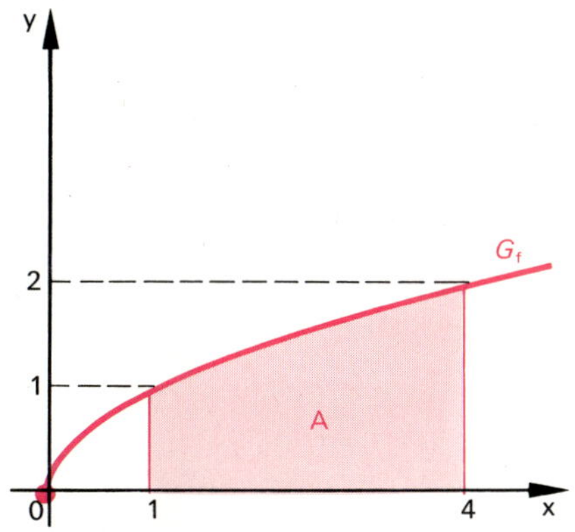

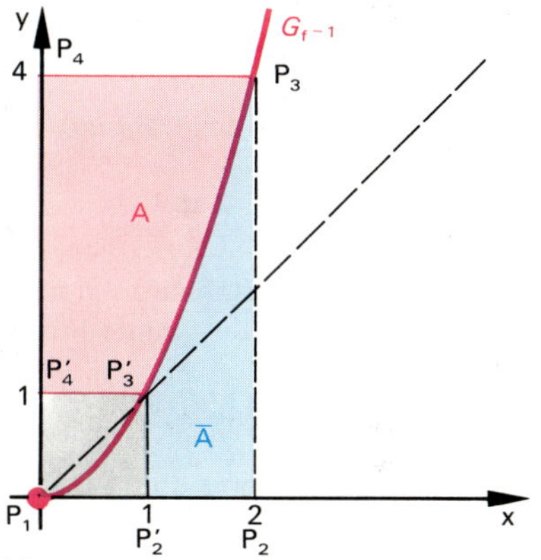

Fig. 9.9 a) b)

Es soll das bestimmte Integral $\int\limits_1^4 \sqrt{x}\,dx$ berechnet werden. (Fig. 9.9a)

Da wir noch keine Stammfunktion von f: $x \mapsto \sqrt{x}$; $x \in \mathbb{R}_0^+$ kennen, suchen wir einen anderen Lösungsweg:

Wir können den Integralwert nach 7.1.3 auch über eine Flächenberechnung gewinnen. Dazu spiegeln wir G_f an der Winkelhalbierenden des I. Quadranten und erhalten so den Graphen der Umkehrfunktion f^{-1}: $x \mapsto x^2$; $x \in \mathbb{R}_0^+$, die wir schon integrieren können (Fig. 9.9b). Dann ist

$$A = 2 \cdot 4 - 1 \cdot 1 - \bar{A}.$$

$2 \cdot 4$ ergibt den Inhalt des großen Rechtecks $P_1P_2P_3P_4$, das Produkt $1 \cdot 1$ den des Quadrats $P_1P'_2P'_3P'_4$ und $\bar{A}$ jenen des Flächenstücks zwischen $G_{f^{-1}}$ und der x-Achse im Bereich $[1; 2]$.

Wegen $f^{-1}(x) > 0$ für $x \in [1; 2]$ ist

$$\bar{A} = \int_1^2 f^{-1}(x)\,dx = \int_1^2 x^2\,dx = \left[\frac{x^3}{3}\right]_1^2 = 2\tfrac{1}{3}.$$

Also folgt:

$$A = 8 - 1 - 2\tfrac{1}{3} = 4\tfrac{2}{3}$$

Somit gilt:

$$\int_1^4 \sqrt{x}\,dx = 4\tfrac{2}{3}$$

Aufgaben

1. Berechne den Inhalt des Flächenstücks, das begrenzt wird vom Graphen der Funktion

$$f\colon x \mapsto y = \sqrt[3]{x}; \quad x \in \mathbb{R}_0^+,$$

der x-Achse und den Ordinaten zu $x = 1$ und $x = 8$!

2. Berechne den Wert des Integrals

$$\int_1^{10} \sqrt{x-1}\,dx!$$

3. Gib die Schar der Stammfunktionen von $f\colon x \mapsto \sqrt[n]{x};\ x \in \mathbb{R}_0^+$ an!
Berechne dazu das bestimmte Integral

$$\int_0^x \sqrt[n]{t}\,dt, \quad x \in \mathbb{R}_0^+.$$

Überprüfe das Ergebnis durch Differenzieren!
Vergleiche mit der Differenziationsregel für die Funktion $x \mapsto x^m$, $m \in \mathbb{N}$!

10. Logarithmus- und Exponentialfunktion

10.1. Die Integralfunktion $L: x \mapsto \int_1^x \frac{dt}{t}$; $x \in \mathbb{R}^+$

In Abschnitt 8.1.2. haben wir eine Integralfunktion F der Form

$$F: x \mapsto \int_a^x t^n dt \qquad n \in \mathbb{Z}, \text{ aber } n \neq -1, \quad a \in \mathbb{R}$$

als Stammfunktion F mit $F'(x) = x^n$ explizit angeben können. Es gilt:

$$F(x) = \frac{x^{n+1}}{n+1} + C \qquad (n \neq -1)$$

Für $n = -1$ und z. B. $a = 1$, also für die Funktion

$$L: x \mapsto L(x) = \int_1^x \frac{dt}{t}$$

ist dagegen jeder Versuch, unter dem bisher bekannten Funktionsvorrat eine Funktion

$$L: x \mapsto L(x) \quad \text{mit} \quad L'(x) = \frac{1}{x}$$

zu finden, zum Scheitern verurteilt. Zur Identifizierung dieser für die Anwendungen der Infinitesimalrechnung besonders wichtigen Funktion L müssen wir daher einen neuen Weg beschreiten. Er wird uns über charakteristische Eigenschaften von L und über die zu L existierende Umkehrfunktion L^{-1} zum Ziel führen.

10.1.1. Charakteristische Eigenschaften der Integralfunktion L

A. Definitionsmenge, Monotonie, Nullstellen

Wegen der Stetigkeit der Integrandenfunktion $f: x \mapsto 1/x$ für $x > 0$ ist f in jedem Intervall aus $\mathbb{R}^+$ integrierbar. Daraus folgt als *Definitionsmenge* $D_L = \mathbb{R}^+$. Nach dem HDI ist L differenzierbar und

$$\boxed{L'(x) = \frac{1}{x}}$$

Wegen $x > 0$ ist $L'(x) > 0$. Mit Satz 4.5 folgt: Die Funktion L ist in D_L *streng monoton zunehmend und überall stetig*, weil L sogar überall differenzierbar ist. Für $x = 1$ gilt:

$$\int_1^1 \frac{dt}{t} = 0, \quad \text{also} \quad \boxed{L(1) = 0}$$

Wegen der strengen Monotonie von L ist $x = 1$ *einzige Nullstelle*. Außerdem gilt:

$$L(x) < 0 \text{ für } 0 < x < 1 \qquad \text{sowie} \qquad L(x) > 0 \text{ für } x > 1$$

Da der Integrand in D_L überall positiv ist, kann $L(x_0)$ als Flächeninhalt zwischen dem Graphen der Integrandenfunktion $f: x \mapsto 1/x$ und der x-Achse im Intervall $[1; x_0]$ interpretiert werden (Fig. 10.1).

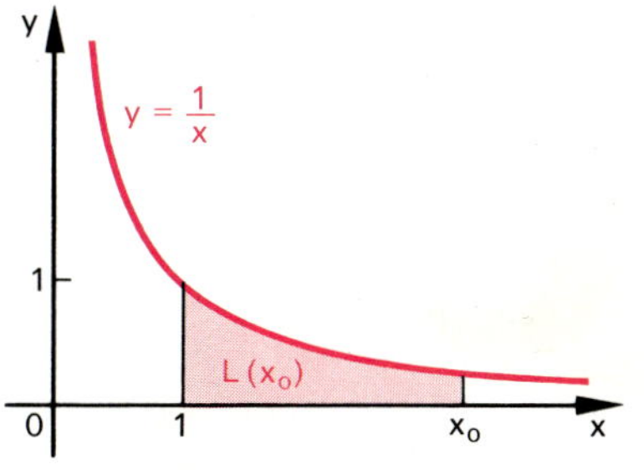

Fig. 10.1

B. Graph

Mit Hilfe des Graphen G_f der Integrandenfunktion f kann bereits der Verlauf des Graphen G_L angenähert erschlossen werden. Denn $L'(x) = f(x) = 1/x$ besagt, dass G_L an der Stelle x_0 gerade die Steigung $f(x_0) = 1/x_0$ hat. Insbesondere folgt aus $f(1) = 1$ und $L(1) = 0$, dass G_L die x-Achse an der Stelle $x = 1$ unter 45° schneidet.

Allgemein gilt: Alle Graphen G_{L_c} von Stammfunktionen L_c mit $L_c(x) = L(x) + c$ haben an der Stelle x_0 die Steigung $f(x_0) = 1/x_0$. Wir können also für jeden Punkt des I. und IV. Quadranten die Steigung angeben, die ein Graph G_{L_c} hat, der durch diesen Punkt läuft. Es ergibt sich so ein durch kurze Tangentenstücke darstellbares *Richtungsfeld*, in das G_L angenähert eingezeichnet werden kann. Zur Fahndung nach der Funktion L steht uns nun bereits ein „Phantombild" des Graphen von L zur Verfügung. (Fig. 10.2)

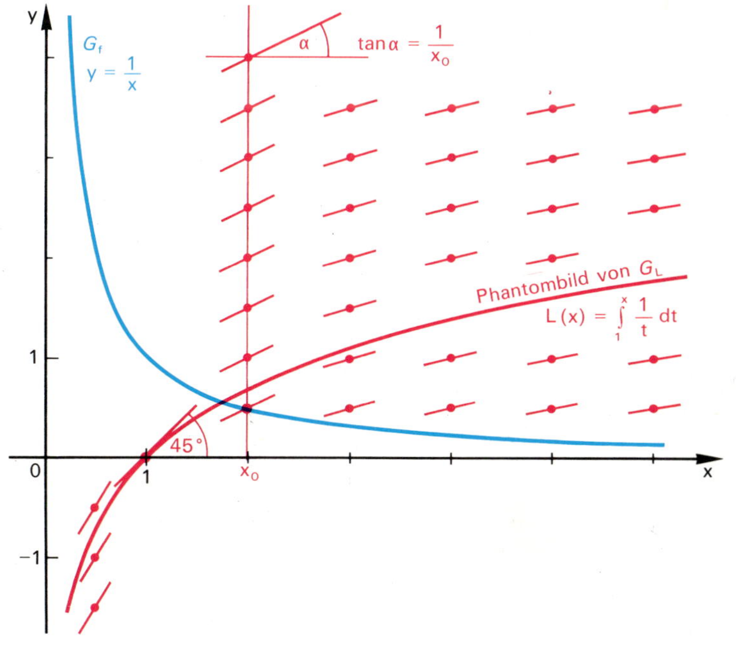

Fig. 10.2

C. Funktionalgleichungen

a) Wir betrachten nun den Term $L(ax)$ mit $a \in \mathbb{R}^+$. Nach der Kettenregel ist

$$[L(ax)]' = \frac{1}{ax} \cdot a = \frac{1}{x}.$$

Wegen $L'(x) = \frac{1}{x}$ folgt hieraus:

$$[L(ax)]' = L'(x)$$

Aus der Gleichheit der Ableitungen folgt, dass die Terme $L(ax)$ und $L(x)$ sich nur um eine Konstante unterscheiden können, dass also gilt:

$$L(ax) = L(x) + C$$

C finden wir durch Einsetzen von $x = 1$ unter Beachtung von $L(1) = 0$:

$$L(a) = 0 + C$$

Hieraus folgt $C = L(a)$ und schließlich

$$L(ax) = L(a) + L(x).$$

Setzen wir $x = b$, so erhalten wir die bemerkenswerte Funktionalgleichung

$$\boxed{L(ab) = L(a) + L(b)} \qquad \text{mit } a > 0 \text{ und } b > 0. \qquad (1)$$

b) Ersetzt man in (1) a durch $\frac{c}{d}$ und b durch d, so erhält man

$$L(c) = L(\tfrac{c}{d}) + L(d).$$

Hieraus folgt als weitere Funktionalgleichung:

$$\boxed{L(\tfrac{c}{d}) = L(c) - L(d)} \qquad \text{mit } c > 0 \text{ und } d > 0. \qquad (2)$$

c) Aus (1) folgt weiter:

$$L(a_1 \cdot a_2 \cdot a_3 \cdot \ldots \cdot a_n) = L(a_1) + L(a_2) + L(a_3) + \ldots + L(a_n), \qquad (a_\nu > 0)$$

und $\quad L(a^n) = n \cdot L(a), \quad (n \in \mathbb{N}).$ (*)

Diese wichtige Eigenschaft von $L(x)$ gilt, wie wir gleich zeigen werden, auch für negative und rationale Exponenten. Ist nämlich $n = -m \ (m > 0)$, dann ist nach (1)

$$L(a^m) + L(a^{-m}) = L(a^m a^{-m}) = L(1) = 0.$$

Also ist mit (*)

$$L(a^{-m}) = -L(a^m) = -m \cdot L(a)$$

Für den Fall, dass der Exponent gleich $\frac{p}{q}$ ist, wobei $p, q \in \mathbb{Z}, q \neq 0$, folgt aus (*):

$$q \cdot L(a^{\frac{p}{q}}) = L[(a^{\frac{p}{q}})^q] = L(a^p) = p \cdot L(a), \quad \text{also}$$

$$L(a^{\frac{p}{q}}) = \frac{p}{q} L(a).$$

Weil jede irrationale Zahl durch eine Intervallschachtelung mit rationalen Intervallgrenzen dargestellt werden kann und L als monoton und stetig erkannt wurde, ergibt sich auch für irrationale Exponenten r:

$$\boxed{L(a^r) = r \cdot L(a)} \qquad \text{für } r \in \mathbb{R} \text{ und } a \in \mathbb{R}^+ \qquad (3)$$

D. Wertemenge von L

Mit $a = 2$ lautet (3)

$$L(2^r) = r \cdot L(2)\,.$$

Dabei ist $L(2) > L(1) = 0$ wegen der unter A. gezeigten Monotonie. Für jede beliebige reelle Zahl s hat somit die Gleichung

$$L(2^r) = s$$

eine Lösung, nämlich $r = \frac{s}{L(2)}$. Damit ergibt sich die Wertemenge $W_L = \mathbb{R}$.

Aufgaben

1. Zeichne nach demselben Verfahren, wie es Fig. 10.2 darstellt, ein „Phantombild" der folgenden Integralfunktionen:

   a) $f: x \mapsto \int_0^x t\,dt;\quad D_f = [0; 3]$ b) $g: x \mapsto \int_{0,5}^x \sqrt{t}\,dt;\quad D_g = [0{,}5; 4]$

2. Aus dem „Phantombild" von L entnimmt man die angenäherten Funktionswerte $L(2) = 0{,}7$ und $L(3) = 1{,}1$. Überprüfe dies und *berechne* sodann mit Hilfe der Funktionalgleichungen in 10.1.1.C.:

   a) $L(6)$ b) $L(1{,}5)$ c) $L(4)$ d) $L(\frac{4}{3})$ e) $L(2{,}25)$ f) $L(\sqrt{2})$

3. Nach welchem Satz über stetige Funktionen folgt, dass L sicher den Funktionswert 1 annimmt, wenn wir mit $L(2) = 0{,}7$ und $L(3) = 1{,}1$ in Aufgabe 2 rechnen?

4. Näherungsweise Berechnung von $L(x)$

   a) Für die x-Werte $x_1, x_2, x_3 \ldots$ gelte $x_{i+1} - x_i = h,\ x_i > 0$ für alle i. Als Näherungswerte für die Funktionswerte $L(x_1), L(x_2), L(x_3), \ldots$ können die Werte $y_1, y_2, y_3, \ldots$ betrachtet werden, die aus der folgenden Rekursionsformel entstehen.

   $$y_{i+1} = y_i + h \cdot \frac{1}{x_i}, \qquad i = 0, 1, 2, 3, \ldots;\ x_0 = 1;\ y_0 = 0\,.$$

   Begründe diese Formel!

   b) Berechne durch wiederholte Anwendung der Näherungsformel unter a) mit der Schrittweite $h = \pm 0{,}1$ Näherungswerte für $L(2)$ und $L(0{,}5)$! Gib die Rekursionsformel an!

GYMNASIUM SONTHOFEN

c) Erkläre auch die Rekursionsformel

$$y_{\nu+1} = y_\nu + h \cdot \frac{1}{x_0 + \nu \cdot h + h/2}, \quad x_\nu = x_0 + \nu \cdot h; \qquad x_0 = 1;\ y_0 = 0\ !$$

d) Ist ein Computer oder ein programmierbarer Taschenrechner verfügbar, dann berechne nach c) eine Wertetabelle (Näherung) für L! ($x = 0{,}5$ bis $x = 4$ in Schritten von 0,1)

e) Ermittle $\bar{x}$ mit $L(\bar{x}) = 1$ möglichst genau!

f) Verwende zur Aufstellung der Wertetabelle und zur Bestimmung von x mit $L(x) = 1$ auch ein Verfahren nach 7.3. „Ergänzungen und Ausblicke", 2. Abschnitt! Vergleiche!

10.1.2. Identifizierung der Funktion L über ihre Umkehrfunktion

Wir kommen noch einmal auf die wichtige Funktionalgleichung (3) in 10.1.1. zurück und setzen $r = x$:

$$L(a^x) = x \cdot L(a) \qquad \text{für alle } x \in \mathbb{R} \tag{1}$$

Wählen wir für a diejenige Zahl e, für die $L(e) = 1$ gilt, so geht (1) über in

$$L(e^x) = x\,. \tag{2}$$

Die Existenz von e folgt aus $W_L = \mathbb{R}$,[1] die Eindeutigkeit aus der strengen Monotonie von L. Für die Zahl e, auch *Euler'sche Zahl*[2] genannt, ergibt sich aus dem Phantombild in Fig. 10.2 ein grober Näherungswert, nämlich $e \approx 2{,}7$.

Nun gilt nach 9.1.2. für Funktion und Umkehrfunktion die Beziehung

$$x = L(L^{-1}(x)),$$

zusammen mit (2) also

$$L(e^x) = L(L^{-1}(x)).$$

Wegen der strengen Monotonie von L müssen die Argumente bei gleichen Funktionswerten ebenfalls gleich sein, d. h.:

$$\boxed{L^{-1}(x) = e^x}$$

Bezeichnen wir die Exponentialfunktion zur Basis e mit E, so steht fest: Die Umkehrfunktion der Integralfunktion L ist die Exponentialfunktion E. Also gilt: $L^{-1} = E$. Umgekehrt ist dann $(L^{-1})^{-1} = E^{-1}$ und nach 9.1.2.C.a): $L = E^{-1}$. Somit folgt

Satz 10.1:

Die Integralfunktion $L\colon x \mapsto \int\limits_1^x \frac{dt}{t}$ ist die Umkehrfunktion der Exponentialfunktion $E\colon x \mapsto e^x$, wobei die Basis e durch die Gleichung $L(e) = 1$ definiert ist.

---

[1] Vergleiche Aufgabe 3 in 10.1.1.!

[2] Leonhard Euler (1707–1783), Schweizer Mathematiker mit bedeutenden Leistungen, insbesondere auf den Gebieten der Analysis, der Zahlentheorie, der Topologie und der Mechanik.

Man nennt die Umkehrfunktion einer Exponentialfunktion eine Logarithmusfunktion[1]. Die Umkehrfunktion zur Exponentialfunktion E: $x \mapsto e^x$ bezeichnet man als die *Logarithmusfunktion zur Basis e* und schreibt:

$$L: x \mapsto \ln x = \int_1^x \frac{dt}{t}$$

Das Symbol „ln" ist die Abkürzung von „logarithmus naturalis"; L heißt *natürliche Logarithmusfunktion*, weil die Basis e, wie wir noch sehen werden, bei der mathematischen Beschreibung vieler Naturvorgänge eine wichtige Rolle spielt.

Da die natürliche Logarithmusfunktion L die Umkehrfunktion der natürlichen Exponentialfunktion E und E die Umkehrfunktion zu L ist, kann man auf beide Funktionen das Verfahren in 9.1.1. anwenden:

$$y = e^x \xrightarrow[\text{nach } x]{\text{Auflösen}} x = \ln y$$

Aus $y = e^x \Rightarrow x = \ln y$ ergibt sich: $\boxed{x = \ln e^x}$ $x \in \mathbb{R}$

$$y = \ln x \xrightarrow[\text{nach } x]{\text{Auflösen}} x = e^y$$

Aus $y = \ln x \Rightarrow x = e^y$ ergibt sich: $\boxed{x = e^{\ln x}}$ $x \in \mathbb{R}^+$

Wir erhalten damit folgende integralfreie Definition des natürlichen Logarithmus:

Definition 10.1:

Unter $\ln x$ versteht man diejenige reelle Zahl, mit der man e potenzieren muss, um x zu erhalten.

Beachte insbesondere:

$\boxed{\ln e = 1}$ und $\boxed{\ln 1 = 0}$ (weil $e^1 = e$ und $e^0 = 1$)

Beispiele: Mit dem Näherungswert $e \approx 2{,}7$ gilt:

a) $\ln 7{,}3 \approx 2$, weil $2{,}7^2 \approx 7{,}3$

b) $\ln 0{,}37 \approx -1$, weil $2{,}7^{-1} \approx 0{,}37$

[1] Von den griechischen Wörtern logos (hier: Verhältnis) und arithmos (Zahl). Die hier über den allgemein bekannten Begriff der Exponentialfunktion eingeführte Logarithmusfunktion ist schon aus dem Algebraunterricht bekannt, freilich nicht zur Basis e.

Aufgaben

1. Erläutere die aus $\ln e = 1$ sich ergebende Integralschreibweise

$$\int_1^e \frac{1}{x}\,dx = 1$$

an Fig. 10.3! Zeichne sie auf Millimeterpapier und bestätige durch probierendes Auszählen der mm-Quadrate den Näherungswert $e \approx 2{,}7$!

2. Schreibe die Funktionalgleichung (3) in 10.1.1. C mit dem neuen Zeichen „ln"! Vereinfache und berechne sodann die folgenden Termwerte! Beachte dabei, dass aus Aufgabe 2 in 10.1.1. bereits $\ln 2 \approx 0{,}7$, $\ln 3 \approx 1{,}1$ und $\ln 6 \approx 1{,}8$ bekannt sind!

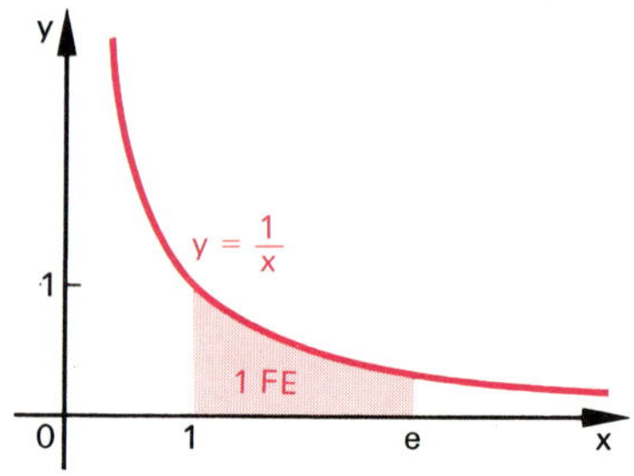

Fig. 10.3

a) $\ln e^2$ b) $\ln \frac{1}{e}$ c) $\ln \sqrt[3]{e}$ d) $\ln \frac{1}{\sqrt{e}}$

e) $\ln 2^3$ f) $\ln \sqrt{3}$ g) $\ln \sqrt[3]{6}$ h) $\ln (e^{\ln 2})$

10.1.3. Grenzwertdarstellung der Zahl e

A. Wir wollen nun einen wesentlich genaueren Zahlenwert für e erarbeiten. Dazu gehen wir aus von der Ableitungsregel $L'(x) = \frac{1}{x}$, die wir jetzt in der Form

$$y = \ln x \implies y' = \frac{1}{x} \tag{1}$$

schreiben können.

Andererseits liefert die Grenzwertdefinition der Ableitung:

$$y' = \lim_{h \to 0} \frac{\ln(x+h) - \ln x}{h} \underset{1}{=} \lim_{h \to 0} \left[\frac{1}{h} \cdot \ln\left(\frac{x+h}{x}\right)\right] =$$

$$= \lim_{h \to 0} \left[\frac{1}{h} \cdot \ln\left(1 + \frac{h}{x}\right)\right] \tag{2}$$

Setzen wir $h = \frac{x}{n}$ mit $n \in \mathbb{N}$, so ist der Grenzübergang $h \to 0$ gleichbedeutend mit $n \to \infty$. Damit erhält (2) die Form:

$$y' = \lim_{n \to \infty} \left[\frac{n}{x} \cdot \ln\left(1 + \frac{1}{n}\right)\right] = \lim_{n \to \infty} \left[\frac{1}{x} \cdot \left(n \cdot \ln\left(1 + \frac{1}{n}\right)\right)\right] \underset{2}{=}$$

$$= \lim_{n \to \infty} \left[\frac{1}{x} \cdot \ln\left(1 + \frac{1}{n}\right)^n\right] \tag{3}$$

[1] Umkehrung der Funktionalgleichung (2) in 10.1.1. und Ersatz von L durch ln.

[2] Umkehrung der Funktionalgleichung (3) in 10.1.1. und Ersatz von L durch ln.

Der Vergleich von (1) und (3) ergibt:

$$\frac{1}{x} = \lim_{n\to\infty} \left[\frac{1}{x} \cdot \ln\left(1 + \frac{1}{n}\right)^n\right] \overset{1}{=} \frac{1}{x} \cdot \lim_{n\to\infty} \ln\left(1 + \frac{1}{n}\right)^n, \quad \text{also}$$

$$\lim_{n\to\infty} \ln\left(1 + \frac{1}{n}\right)^n = 1 \qquad (4)$$

Wegen der Stetigkeit von ln gilt für (4):

$$\lim_{n\to\infty} \ln\left(1 + \frac{1}{n}\right)^n = \ln\left[\lim_{n\to\infty}\left(1 + \frac{1}{n}\right)^n\right] = 1$$

e ist durch die Gleichung $\ln e = 1$ definiert, d. h.:

$$\ln e = \ln\left[\lim_{n\to\infty}\left(1 + \frac{1}{n}\right)^n\right]$$

Da ln streng monoton ist, müssen die beiden Argumente gleich sein; wir erhalten

Satz 10.2:

Für die Basis e der natürlichen Logarithmusfunktion gilt:

$$e = \lim_{n\to\infty}\left(1 + \frac{1}{n}\right)^n$$

Die Berechnung der Zahl e mit dieser Grenzwertdarstellung führt erst für sehr große Werte von n auf mehrere gültige Dezimalen. Mit einem der üblichen Taschenrechner erhält man (s. Aufgabe 1):

$$e = 2{,}7182818\ldots.$$

Unmittelbar mit dem Taschenrechner erhält man $e = e^1$ mit Hilfe der Tasten

[e^x] bzw. [INV] [ln x] oder [SHIFT] [ln x]

B. Eine besser konvergierende Grenzwertdarstellung, die wir hier nur erwähnen können (siehe hierzu „Ergänzungen und Ausblicke" in Abschnitt 13), ist

$$e = \lim_{n\to\infty}\left(1 + \frac{1}{1!} + \frac{1}{2!} + \frac{1}{3!} + \ldots + \frac{1}{n!}\right).$$ [2]

Sie liefert bereits für $n = 12$ ohne Benutzung eines Taschenrechners die Euler'sche Zahl auf sieben Dezimalen genau (s. Aufgabe 2).

---

[1] Der Faktor $\frac{1}{x}$ ist von n unabhängig und kann daher vor das Limeszeichen gezogen werden.

[2] Die Schreibweise n! (lies: „n Fakultät") für natürliche Zahlen n bezeichnet das Produkt aller natürlichen Zahlen von 1 bis n, also $n! = 1 \cdot 2 \cdot 3 \cdot \ldots \cdot (n-1) \cdot n$.

Bemerkung:

Die Zahl e ist ein unendlicher, aber kein periodischer Dezimalbruch. Sie gehört daher nicht der Menge $\mathbb{Q}$ der rationalen Zahlen an, sie ist eine irrationale Zahl. Unter diesen gibt es solche, die sich mit Hilfe von Wurzeln darstellen lassen. Für e ist dies nicht möglich. e ist (wie π) eine sogenannte *transzendente* Zahl.

Aufgaben

1. Ergänze mit Hilfe des Taschenrechners folgende Tabelle:

n	1	2	10	100	1000	10000	100000
$\left(1+\frac{1}{n}\right)^n$	2	2,25	....	....	....	....	....

2. Ermittle für die Folge (a_ν) mit $a_\nu = \frac{1}{\nu!}$ die Teilsummenfolge

$$s_1, s_2, s_3, s_4, \ldots\ldots\ldots, s_{12} \qquad (\text{z. B. } s_3 = a_1 + a_2 + a_3)$$

ohne Taschenrechner und stelle die Ergebnisse in einer Tabelle zusammen!

10.2. Die natürliche Logarithmusfunktion

10.2.1. Eigenschaften und Graph

A. Nach den Ergebnissen in 10.1. ist die Funktion $L\colon x \mapsto \ln x$ in $\mathbb{R}^+$ definiert, streng monoton zunehmend und überall stetig. Ihre Wertemenge ist $\mathbb{R}$. Das „Phantombild" von Fig. 10.2 hat bereits wichtige Anhaltspunkte für den Verlauf des Graphen G_L gegeben.

Nunmehr wollen wir über eine Wertetabelle mit Hilfe des Taschenrechners den genaueren Kurvenverlauf ermitteln.
Zur Berechnung von $\ln a$ verwendet man, je nach Rechnertyp, die Tasten

[ln x] bzw. [INV] [e^x] oder [SHIFT] [e^x]

Wertetabelle der Funktion $x \mapsto \ln x$ (Funktionswerte auf 2 Dez. gerundet):

x	1	0,5	2	10	10^2	10^3	10^4	10^5	10^6	10^7
ln x	0	−0,69	0,69	2,30	4,61	6,91	9,21	11,51	13,82	16,12

Wir erkennen, dass mit zunehmenden x-Werten die Funktionswerte immer langsamer anwachsen. Dies ist verständlich, weil die Steigung $1/x$ mit wachsendem x ständig abnimmt. Dennoch streben die Funktionswerte von $x \mapsto \ln x$ über alle Grenzen und es gilt $\ln x \to \infty$ mit $x \to \infty$. (Fig. 10.4)

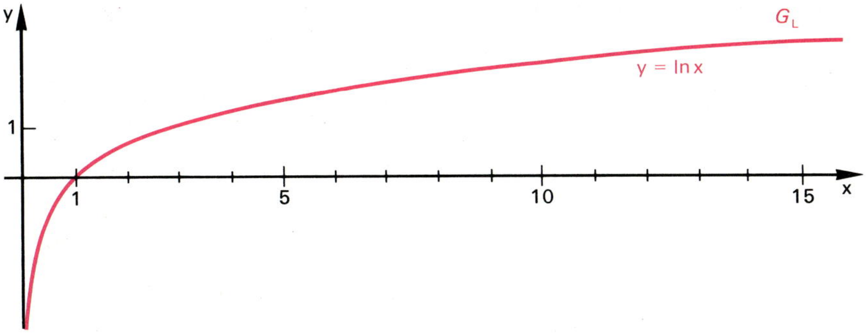

Fig. 10.4

Das unvorstellbar langsame Ansteigen des Graphen G_L der natürlichen Logarithmusfunktion veranschaulicht die folgende Überlegung: Bei einer Längeneinheit von 1 cm auf beiden Achsen hat der Graph in einer Entfernung von $4 \cdot 10^9$ cm vom Ursprung – das entspricht dem Erdumfang – erst eine Höhe von 22,1 cm über der x-Achse erreicht. Denkt man sich das Zeichenpapier als Zylindermantel um die Erdkugel gelegt, so würde der Graph eine Spirale beschreiben, die beim ersten Umlauf etwa 22 cm ansteigt. Bei einem weiteren Zylinderumlauf würde sich die Höhe nur noch um 6,9 mm vergrößern. Erst bei 10^6 Umläufen hätte der Graph eine Höhe von etwa 36 cm erreicht. Dennoch wird die Spirale jede noch so große Höhe übersteigen, denn die Gleichung $\ln x = r$ hat für jede reelle Zahl r die Lösung $x = e^r$, d.h.: $W = \mathbb{R}$. (Siehe auch Aufgabe 4.)

B. Aus den Funktionalgleichungen in 10.1.1C ergeben sich die sogenannten logarithmischen Rechengesetze, die die Berechnung von Funktionswerten erleichtern können:

$\ln(ab) = \ln a + \ln b$	$\ln \frac{a}{b} = \ln a - \ln b$	$\ln a^r = r \cdot \ln a$

$a > 0,\ b > 0,\ r \in \mathbb{R}$

Beispiele: a) $\ln \frac{123}{17} = \ln 123 - \ln 17 = 1{,}978971\ldots$

b) $\ln \sqrt[3]{13{,}56} = \ln 13{,}56^{\frac{1}{3}} = \frac{1}{3} \ln 13{,}56 = 0{,}8690414\ldots$

Aufgaben

1. Ermittle mit dem Taschenrechner auf vier Dezimalen genau:

a) $\ln 9$ b) $\ln 10$ c) $\ln 90$ d) $\ln 433$ e) $\ln 43{,}3$

f) $\ln 0{,}1$ g) $\ln 0{,}01$ h) $\ln 0{,}0001$ i) $\ln 10^{-6}$ k) $\ln 0{,}219$

2. Vereinfache:

a) $\ln 2^x$ b) $\ln a^3$ c) $\ln 10^{\frac{1}{3}}$ d) $\ln \sqrt{a}$

e) $\ln \frac{1}{x}$ (zwei Wege!) f) $\ln \frac{1}{\sqrt{e}}$

3. Gib die Lösungszahl der Gleichung auf vier Dezimalen genau an:

a) $e^x = 2$ b) $e^x = 3{,}65$ c) $e^x = 0{,}75$ d) $e^x = \sqrt{\pi}$

4. Zeige, dass der Graph G_L in einem Koordinatensystem mit 1 LE = 1 cm auf beiden Achsen erst in einer Entfernung von rund $3 \cdot 10^{19}$ Millionen Lichtjahren vom Ursprung eine Höhe von 1 m über der x-Achse erreicht.

5. Verwandle mit Hilfe der logarithmischen Rechengesetze in eine Summe:

a) $\ln\sqrt{x^2-4}$; $x > 2$

b) $\ln\sqrt{a^4-b^4}$; $a > b$

c) $\ln\sqrt{x^2+3x+2}$; $x > -1$

6. Gib den Termwert nach vorhergehender Anwendung der logarithmischen Rechengesetze an:

a) $\ln 4 + \ln 25$ b) $\ln 80 - \ln 8$ c) $\ln 8 + \ln 125 - \ln 33\frac{1}{3}$

d) $2 \cdot \ln 2 + \ln 17$ e) $\frac{1}{2}\ln 63 + \frac{1}{2}\ln 7$ f) $\frac{1}{3}\ln 9 - \frac{1}{3}\ln 16 - \frac{1}{3}\ln 1\frac{1}{3}$

7. Zeichne mit Hilfe von G_L die Graphen folgender Funktionen:

a) $x \mapsto \ln(x-1)$; $x > 1$ b) $x \mapsto \ln(x+1)$; $x > -1$

c) $x \mapsto 2 \cdot \ln x$; $x > 0$ d) $x \mapsto 3 \cdot \ln\sqrt[3]{x-2}$; $x > 2$

8. Man vergleiche die drei Funktionen

$f\colon x \mapsto \ln x^2$, $\varphi\colon x \mapsto 2 \cdot \ln x$ sowie $\psi\colon x \mapsto 2 \cdot \ln|x|$

in ihren maximalen Definitionsbereichen!

10.2.2. Ableitungsregel

Wie wir bereits wissen, gilt die Ableitungsregel

$$\boxed{L(x) = \ln x \implies L'(x) = \frac{1}{x}} \qquad (x \in \mathbb{R}^+).$$

Andere gebräuchliche Schreibweisen sind:

$$(\ln x)' = \frac{1}{x} \quad \text{oder} \quad y = \ln x \implies y' = \frac{1}{x} \quad \text{oder} \quad \frac{d}{dx}(\ln x) = \frac{1}{x}$$

Bei der Differenziation des Logarithmus ist häufig die Kettenregel anzuwenden:

Beispiele: a) $\frac{d}{dx}(\ln(1+x^2)) = \frac{2x}{1+x^2}$, gültig für $x \in \mathbb{R}$

b) $f\colon x \mapsto \ln(x \cdot \sin x)$; $x \in]0; \pi[$

$f'\colon x \mapsto \frac{\sin x + x \cdot \cos x}{x \cdot \sin x} = \frac{1}{x} + \cot x$; $x \in]0; \pi[$

Aufgaben

1. Wie groß ist der Neigungswinkel der Tangente (auf 0,1° genau) an den Graphen G_L in folgenden Kurvenpunkten:

   a) P (1; ?) b) Q (2; ?) c) R (0,5; ?) d) S ($\frac{2}{3}\sqrt{3}$; ?)

2. An welcher Stelle x_0 (auf 1 Dez. genau) ist die Tangente des Graphen G_L unter

   a) 7,4° b) 37,4° c) 51° 30′ d) 68° 12′

   gegen die x-Achse geneigt?

3. Für welchen Punkt P (u; v) des Graphen G_L geht die Tangente durch den Ursprung?

4. Ergänze als Definitionsmenge die maximal mögliche und bilde f′(x)!

   a) $f(x) = \ln(1+x)$ b) $f(x) = \ln(3-2x)$ c) $f(x) = \ln(x^2-5x+4)$
   d) $f(x) = \ln\sqrt{1+x}$ e) $f(x) = x \cdot \ln x$ f) $f(x) = \sqrt{x} \cdot \ln x$
   g) $f(x) = (\ln x)^2$ h) $f(x) = \sqrt{\ln x}$ i) $f(x) = \sin x \cdot \ln x$
   k) $f(x) = \dfrac{1}{x+\ln x}$ l) $f(x) = \dfrac{\ln x}{x}$ m) $f(x) = \dfrac{x}{\ln x}$

5. Gib die Ableitungsfunktion f′ an!

   a) $f\colon x \mapsto \ln\sin x;\quad x \in]0; \pi[$ b) $f\colon x \mapsto \ln\cos 2x;\quad x \in]-\frac{1}{4}\pi; \frac{1}{4}\pi[$

6. Ergänze D_{max}, skizziere G_f und bilde f′!

   a) $f\colon x \mapsto |\ln x|$ b) $f\colon x \mapsto \ln|x|$ c) $f\colon x \mapsto \ln|x+1|$
   d) $f\colon x \mapsto \ln|2x-1|$ e) $f\colon x \mapsto \ln|x^2-4|$ f) $f\colon x \mapsto \ln|\ln x|$

10.2.3. Integrationsformeln

A. Die Integraldarstellung von

$$x \mapsto \ln x = \int_1^x \frac{dt}{t}$$

zeigt, dass L eine Stammfunktion der Funktion $f\colon x \mapsto \dfrac{1}{x}$ ist. Daraus folgt:

$$\int_a^b \frac{dx}{x} = [\ln x]_a^b \qquad (0 < a < b)$$

Für $x < 0$ ist $\ln(-x)$ erklärt und es ist nach der Kettenregel

$$(\ln(-x))' = \frac{1}{(-x)} \cdot (-1) = \frac{1}{x}.$$

Folglich gilt:

$$\int_a^b \frac{dx}{x} = [\ln(-x)]_a^b \qquad (a < b < 0)$$

Beide Integralformeln lassen sich zu einer einzigen Formel zusammenfassen:

$$\int_a^b \frac{dx}{x} = [\ln|x|]_a^b,$$

falls das Integrationsintervall den Nullpunkt nicht enthält (Fig. 10.5). Wir erhalten in der Schreibweise des unbestimmten Integrals die folgende Formel:

$$\boxed{\int \frac{dx}{x} = \ln|x| + C} \qquad (1)$$

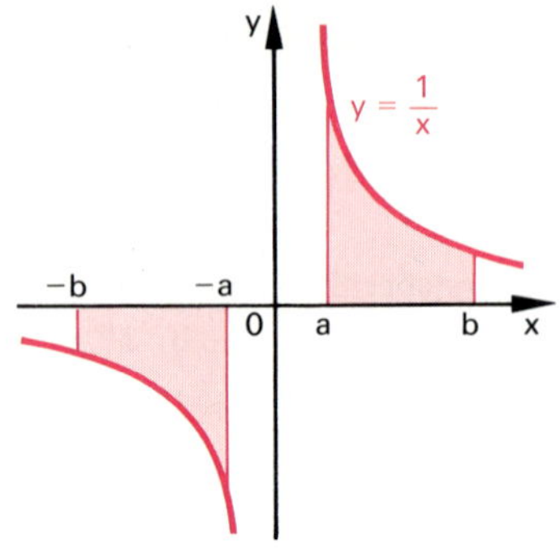

Fig. 10.5

Beispiele: Für $a, b \in \mathbb{R}^+$, $a < b$ ist (vgl. Fig. 10.5)

$$\int_a^b \frac{dx}{x} = [\ln|x|]_a^b = \ln b - \ln a > 0,$$

$$\int_{-b}^{-a} \frac{dx}{x} = [\ln|x|]_{-b}^{-a} = \ln a - \ln b < 0.$$

$\int_{-b}^{a} \frac{dx}{x}$ ist dagegen nicht definiert.

B. Für differenzierbare Funktionen f mit $f(x) \neq 0$ erhalten wir mit der Kettenregel

für $f(x) > 0$: $[\ln f(x)]' = \frac{f'(x)}{f(x)}$,

für $f(x) < 0$: $[\ln(-f(x))]' = \frac{-f'(x)}{-f(x)} = \frac{f'(x)}{f(x)}$.

Daraus ergibt sich folgende Integralformel, die beide Fälle zusammenfasst:

$$\int_a^b \frac{f'(x)}{f(x)}\,dx = [\ln|f(x)|]_a^b,$$

falls das Integrationsintervall [a; b] keine Nullstelle der Funktion f enthält. In der Schreibweise des unbestimmten Integrals ergibt sich für differenzierbare Funktionen ohne Nullstellen:

$$\boxed{\int \frac{f'(x)}{f(x)}\,dx = \ln|f(x)| + C} \qquad (2)$$

Diese Formel findet häufig Anwendung, wenn der Integrand ein Bruch ist. In einem solchen Fall untersucht man zuerst grundsätzlich, ob der Zähler die Ableitung des Nenners ist oder ob man eventuell den Zähler durch eine einfache Umformung in die Ableitung des Nenners überführen kann.

1. Beispiel: $\int\limits_0^1 \frac{2x+3}{x^2+3x+2}\,dx$

Der Zähler ist die Ableitung des Nenners. Dieser hat zwei Nullstellen, nämlich $x_1 = -1$ und $x_2 = -2$. Beide liegen außerhalb des Integrationsintervalls. Also gilt:

$$\int\limits_0^1 \frac{2x+3}{x^2+3x+2}\,dx = [\ln|x^2+3x+2|]_0^1 = \ln 6 - \ln 2 = \ln 3$$

2. Beispiel: $\int\limits_{-1}^{\sqrt{3}} \frac{x^3}{x^4+1}\,dx$

Der Zähler ist zwar nicht die Ableitung des Nenners, lässt sich aber durch Herausziehen des Faktors $\frac{1}{4}$ vor das Integral in diese überführen. Da der Nenner keine Nullstelle hat, gilt:

$$\int\limits_{-1}^{\sqrt{3}} \frac{x^3}{x^4+1}\,dx = \frac{1}{4}\int\limits_{-1}^{\sqrt{3}} \frac{4x^3}{x^4+1}\,dx = \frac{1}{4}\,[\ln|x^4+1|]_{-1}^{\sqrt{3}} = \frac{1}{4}\,(\ln 10 - \ln 2) = \frac{1}{4}\ln 5$$

Aufgaben

1. Berechne und deute geometrisch:

   a) $\int\limits_1^5 \frac{dx}{x}$ b) $\int\limits_2^5 \frac{dx}{x}$ c) $\int\limits_5^1 \frac{dx}{x}$ d) $\int\limits_{-1}^{-3} \frac{dx}{x}$ e) $\int\limits_{-5}^{-2} \frac{dx}{x}$

2. Welchen Inhalt hat das Flächenstück, das der Graph der Funktion

   $f\colon x \mapsto \frac{x+1}{x};\quad x \in \mathbb{R}^+$

   zwischen $x = 1$ und $x = 5$ mit der x-Achse einschließt?

3. Bestimme den Funktionsterm folgender Integralfunktionen:

   a) $f\colon x \mapsto \int\limits_2^x \frac{dt}{t}$ b) $f\colon x \mapsto \int\limits_{-1}^x \frac{dt}{t}$ c) $f\colon x \mapsto \int\limits_3^x \frac{t+1}{t}\,dt$

   Gib jeweils den maximalen Definitionsbereich der Funktion an!

4. Bestimme für jeden Term $f(x)$ den Definitionsbereich und gib sodann einen Stammfunktionsterm $F(x)$ zu $f(x)$ an!

   a) $f(x) = \frac{1-x}{x}$ b) $f(x) = \frac{x^2-3x+1}{x}$ c) $f(x) = \frac{\sqrt{x}+2}{2x}$ d) $f(x) = \frac{x+\sqrt{x}}{x\sqrt{x}}$

5. Berechne den Wert der folgenden Integrale auf vier Dezimalen genau:

   a) $\int\limits_e^{2e} \frac{dx}{x}$ b) $\int\limits_1^4 \frac{1+x}{x^2}\,dx$ c) $\int\limits_1^4 \frac{1+x^{-\frac{1}{2}}}{x^{\frac{1}{2}}}\,dx$

6. Gib $D_{f(x)}$ an und bestimme sodann einen Stammfunktionsterm F(x) zu f(x)!

a) $f(x) = \frac{4}{4x+3}$ b) $f(x) = \frac{2x}{x^2+1}$ c) $f(x) = \frac{2x+1}{x^2+x+1}$

d) $f(x) = \frac{x^2}{x^3-1}$ e) $f(x) = \frac{1}{5x+2}$ f) $f(x) = \frac{3x-1}{3x^2-2x+4}$

7. Berechne:

a) $\int_2^4 \frac{1}{4x-7}\,dx$ b) $\int_{\sqrt{2}}^3 \frac{x}{x^2-1}\,dx$ c) $\int_0^{\pi/3} \tan x\,dx$ d) $\int_0^{\pi/2} \frac{\sin x}{1+2\cos x}\,dx$

10.3. Die natürliche Exponentialfunktion (e-Funktion)

10.3.1. Eigenschaften und Graph

Die natürliche Exponentialfunktion $E: x \mapsto e^x$, auch e-Funktion genannt, haben wir als die Umkehrfunktion der natürlichen Logarithmusfunktion L kennen gelernt. Wir fassen ihre wesentlichen Eigenschaften zusammen: Die e-Funktion ist in $\mathbb{R}$ definiert, streng monoton zunehmend und überall stetig. Ihre Wertemenge ist $\mathbb{R}^+$, der Term e^x kann also insbesondere nie den Wert 0 annehmen.

Der Graph der e-Funktion entsteht durch Spiegelung des Graphen G_L der Funktion L an der Winkelhalbierenden des I. und III. Quadranten (Fig. 10.6). Er schneidet die y-Achse bei $y = 1$ und nähert sich asymptotisch der („negativen") x-Achse. Denn es gilt:

$$\lim_{x \to -\infty} e^x = 0$$

Mit dem Taschenrechner erhält man den Funktionswert e^a mit Hilfe der Tasten

[e^x] oder [INV] [ln x].

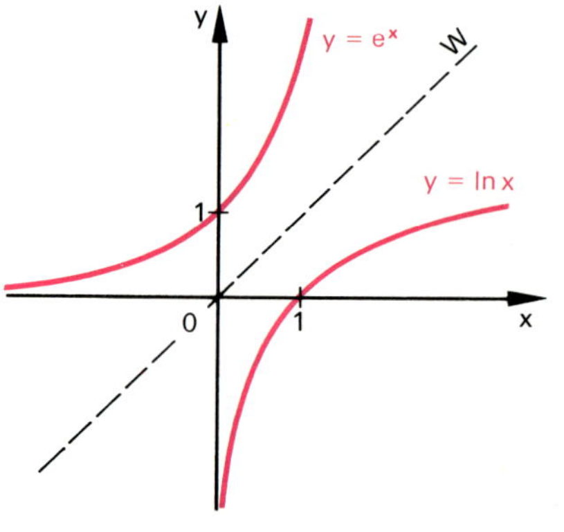

Fig. 10.6

Wertetabelle der e-Funktion (mit auf zwei Dez. gerundeten Funktionswerten):

x	$-\infty \leftarrow$	−3	−2	−1	0	1	2	3	4	5	6	$\to \infty$
e^x	$0 \leftarrow$	0,05	0,14	0,37	1	2,72	7,39	20,09	54,60	148,41	403,43	$\to \infty$

Während G_L mit wachsendem x immer schwächer ansteigt, wird der Graph der e-Funktion mit größer werdendem x immer steiler (s. Aufg. 3).
Es gelten folgende Rechenregeln (allgemeine Regeln der Potenzrechnung!):

$e^a \cdot e^b = e^{a+b}$	$\frac{e^a}{e^b} = e^{a-b}$	$(e^a)^b = e^{a \cdot b}$

Bemerkung:

In der Fachliteratur und in Programmiersprachen findet sich statt e^x auch die Schreibweise $\exp(x)$. Demnach bezeichnet $\exp(a)$ den Funktionswert der e-Funktion an der Stelle a.

Aufgaben

1. Bestimme mit dem Taschenrechner auf vier Dezimalen genau:

a) e^2 b) e^{-3} c) $\exp(0{,}2)$ d) $\sqrt{e}$ e) $\sqrt[3]{e^2}$

f) e^e g) $e^{\ln 3}$ h) $\exp(\pi)$ i) $\sin e$ k) $\sqrt[e]{e}$

2. Skizziere den Graphen der Funktion $f\colon x \mapsto f(x);\ x \in \mathbb{R}$!

a) $f(x) = -e^x$ b) $f(x) = e^x + 2$ c) $f(x) = e^{x+2}$ d) $f(x) = \frac{1}{2}e^x$

e) $f(x) = e^{-x}$ f) $f(x) = 1 + e^{-x}$ g) $f(x) = 4 - e^{-x}$ h) $f(x) = e^{2-x}$

3. Welche Höhe erreicht der Graph der Exponentialfunktion in einer Darstellung mit der Längeneinheit 1 cm auf beiden Achsen 29,5 cm links bzw. 65 cm rechts vom Nullpunkt? (Vergleiche: klassischer Elektronenradius $1{,}41 \cdot 10^{-15}$ m; Durchmesser des Weltalls 10^{26} m)

4. Gib die Lösungszahl der Gleichung auf vier Dezimalen genau an:

a) $\ln x = 3$ b) $\ln x = e$ c) $\ln x = -0{,}45$ d) $\ln x = \pi^{-1}$

5. Ermittle zur Funktion f die Umkehrfunktion f^{-1}! Beachte dabei die angegebene Definitionsmenge, die die Umkehrbarkeit sichert!

a) $f\colon x \mapsto e^{-x};\quad D_f = \mathbb{R}$ b) $f\colon x \mapsto e^{1+x};\quad D_f = \mathbb{R}$

c) $f\colon x \mapsto e^{3-2x};\quad D_f = \mathbb{R}$ d) $f\colon x \mapsto e^{\sqrt{x}};\quad D_f = \mathbb{R}_0^+$

e) $f\colon x \mapsto \ln(2x-3);\quad D_f = \{x \mid x \geqq 2\}$ f) $f\colon x \mapsto \ln\sqrt{x^2+1};\quad D_f = \mathbb{R}^+$

Muster: a) $f\colon x \mapsto e^{2x-3};\quad D_f = \mathbb{R},\ W_f = \mathbb{R}^+$

Wir setzen wie in 9.1.1.B, Bemerkung (1) an:

$$y = e^{2x-3} \xrightarrow[\text{tausch}]{\text{Variablen-}} x = e^{2y-3} \xrightarrow[\text{nach } y]{\text{Auflösung}} 2y - 3 = \ln x$$

und damit

$$y = \tfrac{1}{2}(\ln x + 3), \quad \text{also} \quad f^{-1}\colon x \mapsto \tfrac{1}{2}(\ln x + 3);\quad D_{f^{-1}} = \mathbb{R}^+$$

b) $f\colon x \mapsto \ln(x^2+1);\quad D_f = \mathbb{R}_0^+,\ W_f = \mathbb{R}_0^+$

$$y = \ln(x^2+1) \xrightarrow[\text{tausch}]{\text{Variablen-}} x = \ln(y^2+1) \xrightarrow[\text{nach } y]{\text{Auflösung}} y^2 + 1 = e^x$$

und damit

$$y = \sqrt{e^x - 1}, \quad \text{also} \quad f^{-1}\colon x \mapsto \sqrt{e^x - 1};\quad D_{f^{-1}} = \mathbb{R}_0^+$$

6. Bestimme die Lösungsmenge in der Grundmenge $\mathbb{R}$!

a) $e^x < 2$ b) $\exp(x) > 3$ c) $1 < e^x < 4$

d) $e^{x^2} + 1 = 0$ e) $0{,}5 < e^{-x} < 1{,}5$ f) $x^2e^x - e^x = 0$

10.3.2. Ableitungsregel

E ist die Umkehrfunktion von L. Mit $y = E(x) = e^x$ ist nach Satz 9.4:

$$E'(x) = \frac{1}{L'(y)} = \frac{1}{\frac{1}{y}} = y = e^x, \qquad \text{also}$$

$$\boxed{E(x) = e^x \implies E'(x) = e^x} \qquad (1)$$

Hieraus folgt, dass alle Ableitungen der e-Funktion mit der e-Funktion übereinstimmen. Da e^x nicht null werden kann, besitzt der Graph der e-Funktion weder Extrempunkte noch Wendepunkte.

Beispiele: a) $y = x + e^x \implies y' = 1 + e^x$

b) $f(x) = x \cdot e^x \implies f'(x) = 1 \cdot e^x + x \cdot e^x = (1 + x)\, e^x$

c) $\varphi(x) = e^{x^2+3x+1} \implies \varphi'(x) = e^{x^2+3x+1} \cdot (2x+3)$; (Kettenregel!)

d) $\frac{d}{dx}\left(e^{\sqrt{1-x}}\right) = e^{\sqrt{1-x}} \cdot \frac{1}{2\sqrt{1-x}} \cdot (-1) = -\frac{e^{\sqrt{1-x}}}{2\sqrt{1-x}}$

Aufgaben

1. Bilde die Ableitung $f'(x)$!

   a) $f(x) = e^{-x}$ b) $f(x) = e^{1-x}$ c) $f(x) = -0{,}5 \cdot e^{-2x}$ d) $f(x) = x - e^{-x}$

2. Skizziere den Graphen von f und untersuche, ob es Stellen gibt, an dernen die Funktion nicht differenzierbar ist!

   a) $f(x) = e^{|x|}$ b) $f(x) = e^{-|x|}$ c) $f(x) = |e^x - 1|$ d) $f(x) = e^{|x-1|}$

3. Berechne für G_f den Neigungswinkel der Tangente in $P \in G_f$ auf 0,01° genau!

   a) $f\colon x \mapsto e^{-x}$; P(2; ?) b) $f\colon x \mapsto e^{x^2}$; P(1; ?) c) $f\colon x \mapsto e^{-|2x|}$; P(−1; ?)

4. Wie heißt die n-te Ableitung von $f(x) = e^{ax}$?

5. In welchem Punkt des Graphen der Funktion $f\colon x \mapsto x + e^{-x}$ ist die Tangente parallel zur Geraden mit der Gleichung $x - 2y + 4 = 0$?

6. Unter welchem Winkel schneiden sich die Kurven mit den Gleichungen $y = e^{2x}$ und $y = e^{-2x}$ (auf 0,01° genau)?

7. Gib $D_{f(x)}$ sowie $f'(x)$ an!

   a) $f(x) = x \cdot e^x$ b) $f(x) = e^x \cdot \sin x$ c) $f(x) = e^x \cdot \ln x$

   d) $f(x) = \frac{1}{1 + e^x}$ e) $f(x) = \frac{e^x}{x}$ f) $f(x) = \frac{x}{e^x}$

   g) $f(x) = e^{x^2+x}$ h) $f(x) = e^{\cos x}$ i) $f(x) = e^{\sqrt{x+1}}$

   k) $f(x) = (2x - 1)\, e^{-x}$ l) $f(x) = x^3 \cdot e^{\sin x}$ m) $f(x) = e^{-x} \sin 2x$

   n) $f(x) = \frac{e^{2x+1}}{\ln(2x+1)}$ o) $f(x) = \frac{e^{\pi x}}{\sin \pi x}$ p) $f(x) = \frac{\sqrt{1+x^2}}{1 + e^{-x}}$

   q) $f(x) = \ln(x^2 + e^{-x})$ r) $f(x) = \sin e^{2x}$ s) $f(x) = x\sqrt{x - e^{-x}}$

10.3.3. Integrationsformeln

A. Aus der Ableitungsregel (1) folgt nach dem HDI:

$$\int_a^b e^x dx = e^b - e^a \qquad \text{bzw.}$$

$$\boxed{\int e^x dx = e^x + C}$$

Beispiel: Der Graph der e-Funktion schließt mit der x-Achse zwischen den Geraden zu $x = -1$ und $x = 1$ ein Flächenstück ein, dessen Inhalt A sich wie folgt berechnet:

$$A = \int_{-1}^{1} e^x dx = [e^x]_{-1}^{1} = e - \frac{1}{e} \approx 2{,}35$$

B. Gelegentlich ist eine Integrationsformel anwendbar, die auf der Umkehrung der Kettenregel beruht. Zu einer differenzierbaren Funktion f erhält man für die Funktion F mit dem Term

$$F(x) = e^{f(x)}$$

nach der Kettenregel

$$F'(x) = f'(x) \cdot e^{f(x)}.$$

Die Umkehrung dieser Rechnung führt auf die Integrationsformel

$$\boxed{\int f'(x) \cdot e^{f(x)} dx = e^{f(x)} + C} \qquad (2)$$

Beispiele: a) $\int (2x-1) \cdot e^{x^2-x}\, dx$

Vor e^{x^2-x} steht als Faktor die Ableitung des Exponenten. Man kann daher (2) unmittelbar anwenden:

$\int (2x-1) \cdot e^{x^2-x} dx = e^{x^2-x} + C$; Probe!

b) $\int_{-2}^{\sqrt{3}} x \cdot e^{x^2} dx$

Vor e^{x^2} steht zwar nicht die Ableitung des Exponenten. Durch eine kleine Umformung können wir dies jedoch erreichen:

$$\int_{-2}^{\sqrt{3}} x \cdot e^{x^2} dx = \tfrac{1}{2} \cdot \int_{-2}^{\sqrt{3}} 2x \cdot e^{x^2} dx =$$

$$= \tfrac{1}{2} \cdot [e^{x^2}]_{-2}^{\sqrt{3}} = \tfrac{1}{2} \cdot (e^3 - e^4) \approx -17{,}26$$

c) $\int e^{-2x} dx = -\frac{1}{2} \cdot \int (-2) \cdot e^{-2x} dx = -\frac{1}{2} \cdot e^{-2x} + C$; Probe!

Aufgaben

1. Gib zu jedem Term $f(x)$ einen Stammfunktionsterm $F(x)$ an!

   a) $f(x) = x + e^x$ b) $f(x) = e^x + \frac{1}{x}$ c) $f(x) = e^x - \sin x$ d) $f(x) = \frac{1}{\sqrt{x}} - e^x$

2. Der Graph der e-Funktion schließt mit den beiden Achsen und dem Lot zur x-Achse im Punkt $P(\ln(1+e); 0)$ ein Flächenstück ein. Welchen Inhalt hat es? (2 Dez.)

3. Die Kurve mit der Gleichung $y = e^{|x|}$ und die Parabel mit der Gleichung $y = 2e - ex^2$ begrenzen ein Flächenstück. Berechne seinen Inhalt!

4. Welches ist der Inhalt des von den drei Kurven mit den Gleichungen

   $$y = |x|, \quad y = \frac{e}{|x|} \quad \text{und} \quad y = e^{|x|}$$

   begrenzten Flächenstücks?

5. Warum kann die e-Funktion nicht als Integralfunktion dargestellt werden? Wie lautet die Integraldarstellung von

   a) $e^x - \frac{1}{e}$, b) $e^x - \sqrt{e}$, c) $e(e^{x-1} - 1) + \ln x^2$?

6. Berechne folgende Integralwerte:

   a) $\int_0^1 2 \cdot e^{2x} dx$ b) $\int_{-1}^0 3 \cdot e^{3x+1} dx$ c) $\int_{-1}^1 2x \cdot e^{x^2} dx$ d) $\int_0^{\pi/6} \cos x \cdot e^{\sin x} dx$

   e) $\int_{-1}^2 e^{-x} dx$ f) $\int_0^{0,5} e^{1-4x} dx$ g) $\int_1^4 \frac{e^{\sqrt{x}}}{\sqrt{x}}$ h) $\int_1^e \frac{e^{1+3\ln x}}{x} dx$

10.3.4. Vermischte Aufgaben zur ln- und e-Funktion

1. Bilde $f''(x)$ für

   a) $f(x) = \ln x$ b) $f(x) = x^2 \ln x$ c) $f(x) = \ln \frac{x-1}{x+1}$ d) $f(x) = e^{\ln(x^2+1)}$

2. Wie lautet die n-te Ableitung des Terms $f(x) = \ln(x-1)$? Wie groß ist insbesondere der Wert der 7. Ableitung an der Stelle $x = 7$?

3. Berechne $\ddot{s}(t)$ für

   a) $s(t) = e^{at}$ b) $s(t) = e^{at} \cos bt$

4. Skizziere den Graphen der Funktion $f: x \mapsto \ln(x^2+4)$, und berechne den Neigungswinkel der Tangente im Punkt $P(2; ?)$ auf $0{,}01°$ genau!

5. In welchem Punkt des Graphen der Funktion $f: x \mapsto x \cdot \ln x$ ist die Tangente unter $63° 26'$ gegen die x-Achse geneigt?

6. Unter welchem Winkel schneiden sich die Kurven mit den Gleichungen $y = \ln(x+3)$ und $y = \ln(7-x)$?

7. Bestätige:

   a) $f(x) = \frac{\ln(2x+1)}{x} \Rightarrow f'(1) = -0{,}4319$ b) $f(x) = e^{\sin \pi x} \Rightarrow f''(1) = \pi^2$

8. Bestimme für den Graphen der Funktion $f\colon x \mapsto \frac{x}{\ln x};\ x \in \mathbb{R}^+ \setminus \{1\}$ die Extrempunkte sowie die Wendestelle und skizziere ihn!

9. Der Graph der Funktion $f\colon x \mapsto \frac{1}{2}x^2 - 2x + \ln x;\ x \in \mathbb{R}^+$ hat in genau einem Punkt eine waagrechte Tangente. Zeige ohne Verwendung der 2. Ableitung, dass es sich um einen Terrassenpunkt handelt, in dessen Umgebung der Graph ansteigt!

10. Die beiden Funktionen

$$\varphi\colon x \mapsto e^{-\frac{1}{x}};\ x \in \mathbb{R} \setminus \{0\} \quad \text{und} \quad \psi\colon x \mapsto e^{-\frac{1}{x^2}};\ x \in \mathbb{R} \setminus \{0\}$$

sollen miteinander verglichen werden. Man zeige, dass eine von ihnen durch eine Funktion f über die Stelle 0 stetig fortgesetzt werden kann! Skizziere die Graphen der drei Funktionen!

11. Für die Funktion f mit $f(x) = \ln|\ln x|$ sind anzugeben:
   a) Der maximale Definitionsbereich und der Wertebereich,
   b) die Nullstellen,
   c) der Winkel, unter dem der Graph die x-Achse schneidet (auf 0,01° genau),
   d) die Wendestelle.

12. Gegeben ist die Funktion f mit $f(x) = x\left(3 - \ln \frac{\sin x}{x}\right) - 2, \quad x \in]-\pi; \pi[\setminus \{0\}$.
   a) Wie muss eine Funktion $\overline{f}$ definiert werden, die an der Stelle 0 stetig ist und im Übrigen mit f übereinstimmt?
   b) Bestimme die Ableitung von $\overline{f}$ an der Stelle 0!
   c) Untersuche die Ableitung an der Stelle 0 auf Stetigkeit!

13. Berechne:

   a) $\int\limits_{0,5}^{10} \frac{dx}{4x}$ b) $\int\limits_{1}^{4} \frac{1+x}{x^2}\,dx$ c) $\int\limits_{1}^{4} \frac{1 + \frac{1}{\sqrt{x}}}{\sqrt{x}}\,dx$ d) $\int\limits_{2}^{3} \frac{x-0,5}{x^2-x}\,dx$

14. Berechne mit Hilfe der Umkehrfunktion den Inhalt des Flächenstücks, das der Graph der Funktion $L\colon x \mapsto \ln x$ mit der x-Achse im Intervall $[1; e]$ einschließt!

15. Gegeben ist die Funktion $f\colon x \mapsto \sqrt{e^{x^2-4}};\quad D_f = [-2; 2]$.
   a) Welches Symmetrieverhalten zeigt der Graph G_f?
   b) Weise nach, dass f die Differenzialgleichung $f'(x) = x \cdot f(x)$ erfüllt!
   c) Mit Hilfe dieser Differenzialgleichung sollen die Extremwerte von f ohne Verwendung der 2. Ableitung berechnet werden.
   d) Die Funktion $\overline{f}$ mit $\overline{f}(x) = f(x)$ in $D_{\overline{f}} = [-2; 0]$ ist umkehrbar. Warum? Bestimme die Umkehrfunktion $\overline{f}^{-1}$.

16. Die Funktion $f\colon x \mapsto x^x;\ x \in \mathbb{R}^+$ lässt sich auf die Form $f\colon x \mapsto e^{g(x)};\ x \in \mathbb{R}^+$ bringen.
   a) Gib den Term $g(x)$ an!
   b) Bestimme aufgrund der gefundenen Darstellung $f'(x)$!
   c) f hat genau ein Extremum. Wo liegt es und von welcher Art ist es?

17. Bilde $f'(x)$ mit Beachtung von Aufgabe 16!

   a) $f(x) = \sqrt[x]{x}$ b) $f(x) = x^{\sqrt{x}}$ c) $f(x) = x^{\sin x}$ d) $f(x) = x^{\ln x}$

18. Berechne $\int\limits_a^b \frac{1}{x^2 - x}\,dx$; gib an, wie a und b gewählt werden können!

Hinweis: Zerlege den Integranden in eine Summe von zwei Brüchen mit den Nennern x und $(x-1)$!

19. Gegeben ist die Funktion $x \mapsto \frac{1}{x \cdot \ln x}$;

 a) Bestimme D_{max}!

 b) Zeige, dass die Funktion für $x > 1$ streng monoton abnimmt!

 c) Berechne den Flächeninhalt, den der Graph der Funktion mit der x-Achse zwischen den Ordinaten zu $x = e$ und $x = e^2$ einschließt! Beachte 10.2.3. B.!

20. Durch welchen Punkt auf der x-Achse muss die Parallele zur y-Achse gezeichnet werden, damit diese mit den Graphen der Funktionen $f\colon x \mapsto e^x$ und $\varphi\colon x \mapsto e^{-x}$ ein Flächenstück vom Inhalt 4 einschließt? $(x > 0)$

21. Für welche zum Ursprung symmetrischen x-Werte a und $-a$ schließt der Graph der e-Funktion im Intervall $[-a; a]$ mit der x-Achse ein Flächenstück vom Inhalt k ein $(k > 0)$? Welchen Wert hat a, wenn speziell $k = 4$ gewählt wird?
Hinweis: Setze nach der Integration $u = e^a$. Man erhält eine quadratische Gleichung mit der Variablen u, die für jedes $k > 0$ genau eine Lösung für a ergibt. Wieso?

22. Gegeben ist die in $\mathbb{R}$ definierte Funktion f mit der Gleichung

$$y = \tfrac{1}{2}\,(e^x - e^{-x}).$$

 a) Bestimme mit Hilfe einer Monotonieuntersuchung die Nullstellen und die Wertemenge von f!

 b) Warum ist der Graph punktsymmetrisch zum Ursprung? Skizziere ihn im Bereich $[-2{,}5;\ 2{,}5]$!

 c) Zeige, dass das Flächenstück zwischen dem Graphen, den beiden Achsen und der Geraden zu $x_0 = \ln(2 + \sqrt{3})$ einen rationalen Inhalt hat!

23. Die Kettenlinie
Eine zwischen den Punkten $P(-6;\ 9{,}4)$ und $Q(6;\ 9{,}4)$ frei herabhängend gedachte Kette hat mit guter Näherung die Gleichung

$$y = 2\,(e^{\frac{1}{4}x} + e^{-\frac{1}{4}x}).$$

 a) Zeichne die Kettenlinie im Bereich $[-6;\ 6]$! 1 LE = 1 cm

 b) Im Punkt $R(x_0;\ y_0)$ der Kurve wird die Normale gezeichnet. Sie schneidet die x-Achse im Punkt N. Zeige: $\overline{RN} = \frac{1}{4}\,y_0^2$

 c) Wie viel cm^2 beträgt der Inhalt des Flächenstücks zwischen der Kettenlinie, der x-Achse und den zu $x = -4$ und $x = 4$ gehörigen Ordinaten (2 Dez.)?

24. Gegeben ist die Funktion $f\colon x \mapsto x \cdot e^{1-x};\ x \in D_{max}$.

 a) Bestimme D_{max}, die Nullstellen von f, die Koordinaten und die Art der Extrempunkte sowie die Wendestellen des Graphen! Zeichne den Graphen mit Benutzung dieser Ergebnisse im Bereich $[-1;\ 5]$!

 b) Zeige: $F\colon x \mapsto -e^{1-x}(1 + x)$ ist eine Stammfunktion von f.

 c) Der Graph G_f, die positive x-Achse und die Parallele zur y-Achse im Abstand $s > 0$ schließen ein Flächenstück ein. Berechne den Inhalt A(s) dieses Flächenstücks!

 d) Berechne den Grenzwert $\lim\limits_{s \to \infty} A(s)$ und deute ihn geometrisch!

25. Zu untersuchen ist die für $x > 0$ definierte Funktionenschar

$$f_a \colon x \mapsto f_a(x) = (\ln x - 2a) \ln x$$

mit $a \in \mathbb{R}$ als Parameter.

a) Welches Verhalten zeigen die Graphen G_{f_a} dieser Funktionen für $x \to \infty$?

b) Zeige, dass zwei verschiedene Scharkurven genau den Punkt S (1; 0) gemeinsam haben!

c) Man berechne in Abhängigkeit von a die Nullstellen, den Extremwert und den Wendepunkt der Scharkurve G_{f_a}.

d) Die Menge der Extrempunkte aller Scharkurven G_f bildet die Kurve *H*, die Menge der Wendepunkte die Kurve *W*. Zeige, dass *H* aus G_{f_0} und *W* aus G_{f_1} durch Spiegelung an der x-Achse hervorgehen!

e) Skizziere unter Verwendung der bisherigen Ergebnisse die Graphen G_{f_0}, G_{f_1}, *H* und *W*! (Querformat, 1 LE = 2 cm)

f) Die Funktion f_0 für $a = 0$ ist in $]0; 1]$ umkehrbar. Warum? Wie lautet der Term der Umkehrfunktion?

26. Betrachtet wird die Funktion

$$f \colon x \mapsto f(x) = x^2 \ln x; \quad x \in \mathbb{R}^+.$$

a) Bestimme die Nullstellen, Extrem- und Wendepunkte des Graphen G_f sowie sein Verhalten für $x \to \infty$!

b) Bestätige die Ungleichung $\frac{1}{x}(x-1) < \ln x < 0$ für $0 < x < 1$ durch eine Flächenbetrachtung und zeige dann mit ihrer Hilfe, dass $\lim\limits_{x \to 0} x^2 \ln x = 0$.

c) Skizziere den Graphen G_f im Bereich $]0; 1{,}5]$! 1 LE = 10 cm.

d) Differenziere den Term $g(x) = x^3 \ln x$ und gewinne hieraus einen Term für die Integralfunktion

$$F \colon x \mapsto F(x) = \int_1^x t^2 \ln t \, dt \qquad \text{mit } x \in \mathbb{R}^+$$

e) Was ergibt sich für $\lim\limits_{x \to 0} F(x)$ und wie lässt sich das Ergebnis geometrisch am Graphen G_f (vgl. Teilaufgabe c) interpretieren?

27. Gegeben ist die Schar der Funktionen

$$f_a \colon x \mapsto f_a(x) = \frac{e^x}{x - a}$$

mit $a \in \mathbb{R}$ als Parameter und $x \in D_{max}$. Der zugehörige Graph heißt G_{f_a}.

a) Bestimme D_{max} sowie das Verhalten von f_a bei Annäherung an die Ränder der Definitionsmenge! Zeige, dass sich zwei verschiedene Graphen der Schar nirgends schneiden!

Hinweis: $\lim\limits_{x \to \infty} \frac{x}{e^x} = 0$ darf als bekannt vorausgesetzt werden.

b) Berechne die Koordinaten der Extempunkte von G_{f_a}! Auf welcher Kurve (Gleichung!) liegen alle Extrempunkte der Schar?

c) Skizziere den Graphen G_{f_0} der zu $a = 0$ gehörigen Funktion f_0 im Bereich $[-4; 3]$!

d) Weise nach, dass G_{f_0} keinen Wendepunkt haben kann!

10.4. Die allgemeine Logarithmus- und Exponentialfunktion

10.4.1. Begriffe

A. Wir gelangen zu einer Verallgemeinerung der natürlichen Logarithmus- und Exponentialfunktion, wenn wir die spezielle Basis e durch eine beliebige, positive und von 1 verschiedene Basis a ersetzen. Dann ergibt sich die allgemeine Exponentialfunktion

$$E_a: x \mapsto a^x; \quad x \in \mathbb{R}$$

und als deren Umkehrfunktion die allgemeine Logarithmusfunktion

$$L_a: x \mapsto \log_a x; \quad x \in \mathbb{R}^+$$

(gelesen: „Logarithmus von x zur Basis a").

Zusammenhänge zwischen beiden Funktionen zeigt folgende Übersicht:
($a > 0$, $a \neq 1$)

$E_a: x \mapsto a^x$	$L_a: x \mapsto \log_a x$
$E_a = L_a^{-1}$	$L_a = E_a^{-1}$
$D_{E_a} = \mathbb{R}; \quad W_{E_a} = \mathbb{R}^+$	$D_{L_a} = \mathbb{R}^+; \quad W_{L_a} = \mathbb{R}$
$a^0 = 1; \quad a^1 = a$	$\log_a 1 = 0; \quad \log_a a = 1$
$a^x = y \iff x = \log_a y$	$\log_a x = y \iff x = a^y$

Aus der letzten Zeile der ersten Spalte folgt die Definitionsgleichung des allgemeinen Logarithmus:

Definition 10.2:

Es sei $r > 0$ und $a \neq 1$. Dann bedeutet das Zeichen $\log_a r$ diejenige reelle Zahl, mit der man a potenzieren muss, um r zu erhalten.
In Zeichen: $a^{\log_a r} = r$ bzw. die Umkehrung: $\log_a a^r = r$

Beachte: $\boxed{\log_a a = 1}$ und $\boxed{\log_a 1 = 0}$

(weil $a^1 = a$ und $a^0 = 1$ ist.)

Beispiele:
a) $\log_3 81 = 4$ weil $3^4 = 81$
b) $\log_{10} 100 = 2$ weil $10^2 = 100$
c) $\log_{10} 0{,}01 = -2$ weil $10^{-2} = 0{,}01$
d) $\log_2 32 = 5$ weil $2^5 = 32$
e) $\log_e 2 = \ln 2 = 0{,}693147\ldots$

B. Setzen wir in der Beziehung $e^{\ln y} = y$ für y jeweils a^x, so folgt

$$a^x = e^{\ln a^x}$$

und mit dem 3. logarithmischen Rechengesetz:

$$\boxed{a^x = e^{x \cdot \ln a}}$$

C. Um den Zusammenhang zwischen natürlichem und allgemeinem Logarithmus festzustellen, bilden wir von beiden Seiten der Gleichung

$$a^{\log_a x} = x$$

den natürlichen Logarithmus. Wegen der Umkehrbarkeit der Logarithmusfunktion ist das eine Äquivalenzumformung dieser Gleichung:

$$\ln (a^{\log_a x}) = \ln x$$

Daraus folgt nach 10.2.1. B:

$$\log_a x \cdot \ln a = \ln x$$

und hieraus

$$\boxed{\log_a x = \frac{\ln x}{\ln a}} \qquad (a > 0,\ a \neq 1). \qquad (*)$$

Diese Gleichung ermöglicht die Berechnung allgemeiner Logarithmen mit dem Taschenrechner.

Beispiel: $\log_3 10 = \frac{\ln 10}{\ln 3} = 2{,}0959\ldots$

Kontrolle mit der Potenztaste des Taschenrechners:

$3^{2{,}0959\ldots} = 10$

Mit (*) lassen sich die Rechengesetze für natürliche leicht auf die allgemeinen Logarithmen übertragen (Aufgabe 5). Es ergeben sich die (schon aus der Algebra bekannten) logarithmischen Rechengesetze:

$\log_a (x \cdot y) = \log_a x + \log_a y$	$\log_a \frac{x}{y} = \log_a x - \log_a y$	$\log_a x^r = r \cdot \log_a x$

$x > 0,\ y > 0,\ r \in \mathbb{R}$

Bemerkungen:

1. Wegen dieser Gesetze spielten die Logarithmen zur Basis 10, auch dekadische oder Briggs'sche[1] Logarithmen genannt, früher eine wichtige Rolle beim praktischen Rechnen.

[1] Henry Briggs (1561–1630) führte die dekadischen Logarithmen als Rechenhilfe ein.

So kann beispielsweise nach dem ersten Gesetz eine Multiplikation durch eine Addition ersetzt werden: Einer sehr genauen Wertetabelle der Logarithmusfunktion, der sogenannten Logarithmentafel, entnimmt man zunächst die Logarithmen der Faktoren x und y; man addiert diese Logarithmen und erhält damit den Logarithmus des Produktwertes $x \cdot y$; den zugehörigen Produktwert ermittelt man wieder aus der Logarithmentafel. (Wie wird man logarithmisch dividieren, potenzieren?)
Wegen der Beziehung $\log_{10}(x \cdot 10^n) = n + \log_{10} x$ mussten nur Logarithmen z. B. für das Intervall $[1; 10[$ tabelliert werden.
Auch das Rechnen mit Rechenstäben beruht auf diesen Gesetzen. Durch Taschenrechner und Computer haben die Logarithmentafeln als Rechenhilfe heute keine Bedeutung mehr.

2. Statt $\log_{10} a$ schreibt man meist kurz $\log a$ oder $\lg a$. Auf Taschenrechnern kann der „Zehnerlogarithmus" oft unmittelbar durch Drücken der Taste „log" ermittelt werden.

Beispiel: $\log_{10} 5 = \lg 5 = \log 5 = 0.69897\ldots$

Aufgaben

1. Berechne:
   a) $\log_3 29$ b) $\log_5 131$ c) $\lg 791$ d) $\lg 0{,}318$ e) $\lg 3{,}18$ f) $\lg 318$
2. Wie lautet die Wertemenge der Funktion
   a) $f\colon x \mapsto \log_4 x;\quad x \in [2; 4]$ b) $f\colon x \mapsto \log_{1/4} x;\quad x \in [2; 4]$?
3. Jede Gleichung wird von genau einer reellen Zahl erfüllt. Wie heißt sie?
   a) $2{,}5^x = 20$ b) $1{,}5^x = 0{,}03$ c) $2^{x+3} = 111$ d) $2^{3x} = 3$
4. Gib die Lösungsmenge in der Grundmenge $\mathbb{R}$ an:
   a) $2 < 2^x < 3$ b) $1{,}5 < 4^x < 8$
5. Zeige die Gültigkeit der drei logarithmischen Rechengesetze für die allgemeine Logarithmusfunktion!

10.4.2. Ableitungsregeln und Graphen

Aus 10.4.1. B und C ergeben sich die Ableitungsregeln für die allgemeine Exponential- und Logarithmusfunktion (vgl. Aufgabe 3):

$$f(x) = a^x \quad \Longrightarrow \quad f'(x) = \ln a \cdot a^x$$
$$f(x) = \log_a x \quad \Longrightarrow \quad f'(x) = \frac{1}{x \cdot \ln a}$$

In Figur 10.7 und 10.8 sind die Graphen einiger Exponential- und Logarithmusfunktionen dargestellt (s. Aufgabe 4). Vergleiche!

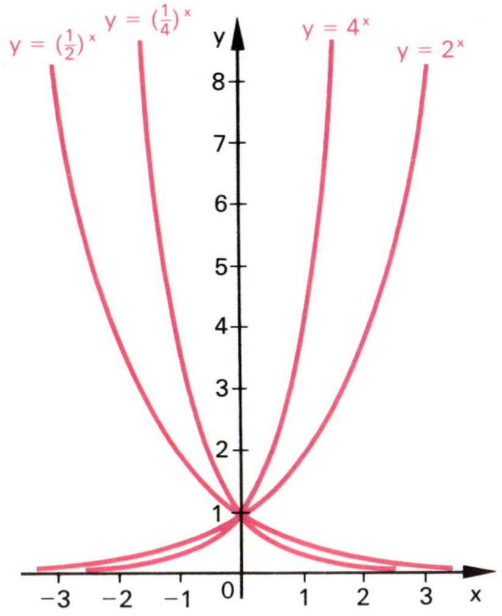

Fig. 10.7

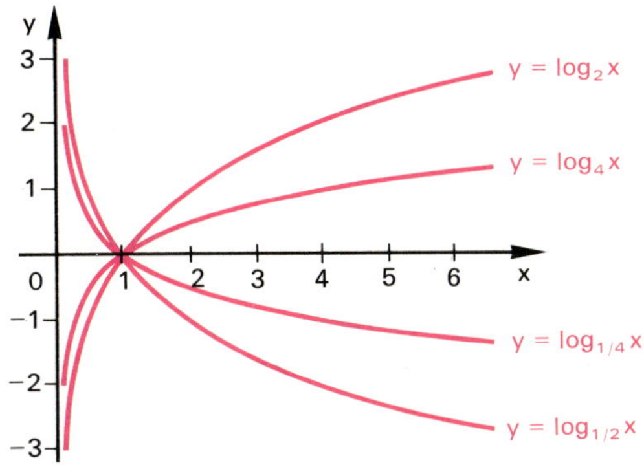

Fig. 10.8

Aufgaben

1. Bilde die Ableitung:
   a) $f(x) = a^{3x+2}$ b) $f(x) = a^{x^2}$ c) $f(x) = 2^x \sin x$ d) $f(x) = \sqrt{10^x}$
   e) $f(x) = \log_3 x$ f) $f(x) = \lg(x^2+1)$ g) $f(x) = \lg\sqrt{2x+1}$ h) $f(x) = x \cdot \log_a x$

2. Unter welchem spitzen Winkel schneidet der Graph von $f\colon x \mapsto \log_4 x$ die x-Achse?

3. Bilde mit Hilfe der Gleichungen

   a) $a^x = e^{x \ln a}$ b) $\log_a x = \dfrac{\ln x}{\ln a}$

   die Ableitung der allgemeinen Logarithmus- bzw. Exponentialfunktion!

4. Untersuche mit Hilfe der Ableitungen das Monotonieverhalten der allgemeinen Logarithmus- bzw. Exponentialfunktion!

5. In welchem Punkt des Graphen der Zehnerlogarithmusfunktion $x \mapsto \lg x$ ist die Tangente parallel zur Winkelhalbierenden des I. Quadranten?

6. An welcher Stelle ist die Tangente an den Graphen der Funktion $x \mapsto 2^x$ unter dem Winkel 54,2° gegen die x-Achse geneigt?

7. Bestätige die Integrationsregel:

$$\int a^x \, dx = \frac{a^x}{\ln a} + C$$

8. Berechne folgende Integrale auf 2 Dezimalen genau (vgl. Aufgabe 7):

   a) $\int_0^1 (1 + 2^x)\,dx$ b) $\int_0^3 (e^{-x} + 4^{-x})\,dx$

9. Zeige: Das Flächenstück zwischen den Exponentialkurven mit den Gleichungen $y = 2^x$, $y = (\frac{1}{2})^x$ und der Parallelen zur y-Achse im Abstand 1 hat den Inhalt $A = \frac{1}{2 \cdot \ln 2}$.

10. Berechne das Integral $\int_0^s (\frac{1}{2})^x dx = A(s)$ (vgl. Aufgabe 7) und zeige, dass $\lim_{s \to \infty} A(s)$ existiert! Wie lässt sich der Grenzwert geometrisch interpretieren?

10.5. Die Exponentialfunktion in Physik und Biologie

Wir wollen im Folgenden zeigen, dass die Exponentialfunktion zur Basis e bei der mathematischen Beschreibung vieler Naturvorgänge und ihrer technischen Anwendungen eine wichtige Rolle spielt. Dabei handelt es sich allemal um Wachstums- bzw. Zerfallsprozesse, die durch stetige Funktionen beschrieben werden können. Wir betrachten dazu einige charakteristische Beispiele.

10.5.1. Energieaustausch bei Abkühlung und Erwärmung

Das schon in 2.1.1. erwähnte Newton'sche Abkühlungsgesetz besagt: Die momentane Abkühlungsgeschwindigkeit (Änderung des Temperaturunterschieds in der Zeiteinheit) ist dem jeweiligen Temperaturunterschied proportional. Dabei wird vorausgesetzt, dass der Temperaturunterschied $|T_1 - T_2|$ eines Körpers (Anfangstemperatur T_1) zur Umgebung (Temperatur T_2) nicht zu groß ist und die Temperatur der Umgebung beim Wärmeaustausch konstant bleibt.
Offensichtlich ist der momentane Temperaturunterschied $|T - T_2|$ zur Zeit t eine Funktion von t. Wir schreiben: $|T - T_2| = f(t)$. Das Newton'sche Gesetz erhält dann mit k als Proportionalitätsfaktor folgende mathematische Fassung:

$$\lim_{\Delta t \to 0} \frac{\Delta f(t)}{\Delta t} = k \cdot f(t) \qquad \text{oder}$$

$$\boxed{f'(t) = k \cdot f(t)} \tag{1}$$

Die Geichung (1) ist eine sogenannte *Differenzialgleichung* der Funktion f. Allgemein stellen Differenzialgleichungen einen Zusammenhang zwischen einer Funktion und ihren Ableitungen her. Sie spielen unter anderem in der Physik zur mathematischen Beschreibung von Naturgesetzen eine bedeutende Rolle.

Da in unserem Beispiel $f(t) \geqq 0$ und der Temperaturunterschied $f(t)$ beim Wärmeaustausch ständig abnimmt, gilt $f'(t) < 0$ und damit $k < 0$.

Bei der Suche nach Funktionen f, die die Gleichung (1) erfüllen, stoßen wir bei $k = 1$ auf $f(t) = e^t$ (vgl. 10.3.2.). Für beliebiges k ergibt sich $f(t) = e^{kt}$ oder noch allgemeiner

$$f(t) = A \cdot e^{kt}, \tag{2}$$

denn $f'(t) = A \cdot e^{kt} \cdot k = k \cdot f(t)$.

Man kann nun die Frage stellen, ob es noch andere Funktionen g gibt, die die Differenzialgleichung (1) erfüllen und *nicht* auf die Form (2) gebracht werden können. Wäre dies der Fall, so müsste für g gelten:

$$g'(t) = k \cdot g(t)$$

Wir betrachten dazu die Quotientenfunktion

$$q(t) = \frac{g(t)}{f(t)} = g(t) \cdot \frac{1}{A} \cdot e^{-kt}.$$

Für sie gilt:

$$q'(t) = g'(t) \cdot \frac{1}{A} \cdot e^{-kt} + g(t) \cdot \frac{(-k)}{A} \cdot e^{-kt}$$

$$= k \cdot g(t) \cdot \frac{1}{A} \cdot e^{-kt} - k \cdot g(t) \cdot \frac{1}{A} \cdot e^{-kt} = 0$$

Daraus folgt:

$$q(t) = C \quad \text{oder} \quad g(t) = C \cdot f(t) = C \cdot A \cdot e^{kt}.$$

$g(t)$ kann also auch auf die Form (2) gebracht werden.

Damit hat die den Wärmeaustausch bei Abkühlung bzw. Erwärmung beschreibende Funktion f allgemein den Term $A \cdot e^{kt}$. Zur Bestimmung von A beachten wir, dass zu Beginn der Zeitmessung, also für $t = 0$, gilt:

$$f(0) = |T_1 - T_2| = A \cdot e^{k \cdot 0} = A$$

Daraus folgt schließlich:

$$f(t) = \begin{cases} (T_1 - T_2) \cdot e^{kt}, & \text{falls } T_1 > T_2 \quad \text{(Abkühlung)} \\ (T_2 - T_1) \cdot e^{kt}, & \text{falls } T_1 < T_2 \quad \text{(Erwärmung)} \end{cases} \tag{3}$$

Um beispielsweise die Zeit zu berechnen, die nötig ist, um einen Temperaturunterschied von nur mehr 0,1 K zu erhalten, errechnet man aus (3)

$$0{,}1\,\text{K} = |T_1 - T_2| \cdot e^{kt} \quad \Rightarrow \quad e^{kt} = \frac{0{,}1\,\text{K}}{|T_1 - T_2|}$$

Daraus folgt

$$t = \frac{1}{k} \cdot \ln \frac{0{,}1\,\text{K}}{|T_1 - T_2|}.$$

Da der anfängliche Temperaturunterschied $|T_1 - T_2|$ als Argument der ln-Funktion auftritt, hängt die Wärmeausgleichszeit bei größeren Temperaturunterschieden im Wesentlichen nur von der Größe der Konstanten k ab. Theoretisch kommt der vollständige Wärmeausgleich in endlicher Zeit nie zum Abschluss.

10.5.2. Das allgemeine Wachstumsgesetz

In der Natur mit ihren kontinuierlichen Wachstumsprozessen tragen zum momentanen Wachstum alle bereits vorhandenen Zellen durch Zellteilung bei. Sofern keine anderen Umstände das stetige Wachstum beeinflussen, ist demnach die momentane Wachstumsgeschwindigkeit eines Organismus der jeweils schon vorhandenen Substanzmenge proportional. Dies gilt für das Wachstum von Pflanzen ebenso wie für das Wachstum einer Bakterienkultur und näherungsweise auch für das Bevölkerungswachstum *unter gleichbleibenden Bedingungen*.

y beschreibe jetzt eine Größe, die einem stetigen Wachstumsprozess unterworfen ist. Weil y von der Zeit t abhängt, schreiben wir $y = f(t)$. Dann ergibt sich als

Größenänderung im Zeitintervall Δt: $\Delta y = f(t+\Delta t) - f(t)$

mittlere Wachstumsgeschwindigkeit im Zeitintervall Δt: $\frac{\Delta y}{\Delta t} = \frac{f(t+\Delta t) - f(t)}{\Delta t}$

momentane Wachstumsgeschwindigkeit im Zeitpunkt t: $\lim\limits_{\Delta t \to 0} \frac{\Delta y}{\Delta t} = f'(t)$

Nach dem oben Gesagten erhält man also wiederum die Differenzialgleichung (1):

$$f'(t) = k \cdot f(t)$$

Die Wachstumsfunktion hat demnach stets die Form (2):

$$y = f(t) = A \cdot e^{kt}$$

Der „Wachstumsfaktor" k ist positiv wegen $f(t) > 0$ und $f'(t) > 0$.
Hat die stetig wachsende Größe y zu Beginn der Zeitmessung, also für $t = 0$, den Wert y_0, so gilt offensichtlich:

$$y_0 = f(0) = A \cdot e^{k \cdot 0} = A \qquad \text{also}$$

$$y = f(t) = y_0 \cdot e^{kt} \tag{4}$$

10.5.3. Das allgemeine Zerfallsgesetz

Nimmt eine Substanzmenge durch Zerfall stetig ab und ist die momentane Zerfallsgeschwindigkeit (Menge der pro Zeiteinheit zerfallenden Substanz) der jeweils vorhandenen Menge proportional, so ändert sich an den Überlegungen grundsätzlich nichts. Ist y die stetig abnehmende Größe, so gilt mit $y = f(t)$ wiederum die Differenzialgleichung (1):

$$f'(t) = k \cdot f(t)$$

Wegen $f(t) > 0$ und $f'(t) < 0$ ist nun aber $k < 0$. Damit ergibt sich für die Zerfallsfunktion analog:

$$y = f(t) = y_0 \cdot e^{kt} \tag{4'}$$

Dieser Sachverhalt liegt beim radioaktiven Zerfall, aber auch (vgl. 10.5.1.) beim „Zerfall" des Temperaturunterschieds zwischen einem Körper und seiner Umgebung vor. Beide Vorgänge lassen sich daher durch gleichartige Funktionen beschreiben.

10.5.4. Radioaktiver Zerfall und Halbwertszeit

A. Die Gleichung des Zerfalls

Radioaktive Stoffe sind instabil. Sie zerfallen unter fortgesetzter Energieabgabe in eine Kette von selbst wieder instabilen Stoffen, an deren Ende stabile Stoffe stehen. Nach Rutherford[1] ist die in einer hinreichend kleinen Zeiteinheit zerfallende Zahl von Atomen einer bestimmten Kernart der zur Zeit t vorhandenen Zahl N (t) von unzerfallenen Atomen dieser Kernart proportional, sodass gilt:

$$\dot{N}(t) = -\lambda N(t) \qquad (\lambda > 0)$$

Dies ist die *Differenzialgleichung des radioaktiven Zerfalls* mit λ als Zerfallskonstante. Nach 10.5.3. lautet die Lösung dieser Gleichung

$$\boxed{N(t) = N_0 e^{-\lambda t}}$$

wobei N_0 die zum Zeitpunkt $t = 0$ vorhandene Zahl von Atomen bezeichnet.

B. Die Halbwertszeit

Eine wichtige Rolle bei der Beschreibung des radioaktiven Zerfalls spielt die sogenannte *Halbwertszeit*. Das ist die Zeit, in der die Hälfte der ursprünglich vorhandenen Stoffmenge zerfallen ist. Bezeichnen wir sie mit T, so gilt die Gleichung

$$\tfrac{1}{2} N_0 = N_0 e^{-\lambda T},$$

woraus für T folgt:

$$\boxed{T = \frac{\ln 2}{\lambda}}$$

Die Halbwertszeiten der verschiedenen radioaktiven Stoffe variieren zwischen 10^{-7} Sekunden und $5 \cdot 10^{14}$ Jahren. Jede Kernart hat ihre charakteristische Halbwertszeit. Diese kann daher zur Identifizierung der radioaktiven Stoffart dienen.

10.5.5. Zusammenfassung

Die hier betrachteten Anwendungen der Exponentialfunktion betreffen allemal Größenänderungen, die man als stetig betrachten kann und deren Änderungsgeschwindigkeit der momentanen Größe proportional ist. Wir sprechen von

[1] Ernest Rutherford, 1871–1937, englischer Physiker, Nobelpreis für Chemie 1908.

Wachstums- bzw. Zerfallsprozessen, je nachdem, ob die Größe kontinuierlich zu- oder abnimmt. Sie sind durch die Differenzialgleichung $y' = k \cdot y$ charakterisiert.

Allgemein gilt:

$$\left.\begin{array}{ll}\text{Wachstum:} & k > 0 \\ \text{Zerfall:} & k < 0\end{array}\right\} \quad y' = k \cdot y \quad \Longrightarrow \quad y = y_0 \cdot e^{kt}$$

Beispiel: Eine Bakterienkultur enthielt zu Beginn des Aufgusses um 8 Uhr 2200, um 12 Uhr 23300 Individuen. Stelle die Wachstumsfunktion auf und bestimme den Bakterienbestand um 9, 10, 11 und 11.30 Uhr!
Welche Individuenzahl ist um 13 Uhr zu erwarten?

Lösung: $y_0 = 2200; \quad y = 2200 \cdot e^{kt}$
Rechnen wir mit der Zeiteinheit 1 h, so gilt für $t = 4$:

$$y_4 = 23300 = 2200 \cdot e^{k \cdot 4}, \quad \text{also} \quad k = \tfrac{1}{4} \cdot \ln \tfrac{233}{22} \approx 0{,}59$$

Wir erhalten folgende Tabelle mit gerundeten Werten:

Zeit	9 Uhr	10 Uhr	11 Uhr	11.30 Uhr	13 Uhr
Bestand	3970	7160	12920	17350	42030

Aufgaben

1. Ein Körper hat eine Anfangstemperatur von 35°, seine Umgebung eine Temperatur von 15°. Nach 20 Sekunden hat sich der Körper um 12° abgekühlt.
   a) Berechne den Proportionalitätsfaktor k im Exponenten der Abkühlungsfunktion!
   b) Wie lautet die Gleichung der Abkühlungsfunktion?
   c) Nach welcher Zeit beträgt die Körpertemperatur nur noch 15,1°?

2. Ein Fieberthermometer habe eine Temperatur von 20°. Nach 1 Minute liest man 28,8° ab. Wie lange muss der Messvorgang dauern, damit bei einer Fiebertemperatur von
   a) 38°, b) 39,5°
   das Thermometer auf 0,1° genau anzeigt?

3. Ein stetiger Wachstumsvorgang gehorche der Differenzialgleichung

   $$\dot{y} = 0{,}02 \cdot y$$

   Zum Zeitpunkt $t = 0$ war die Anzahl der Individuen 3000. Wie groß ist ihre Zahl $t = 50$ Zeiteinheiten später?

4. Ein stetiger Wachstumsvorgang vollzieht sich mit dem Wachstumsfaktor $k = 0{,}04$. Nach $t = 100$ Zeiteinheiten waren 8200 Mengeneinheiten vorhanden. Wie groß war der Anfangsbestand?

5. Nach einer Bevölkerungsschätzung der Vereinten Nationen erhält man folgende Tabelle für das Bevölkerungswachstum einiger ausgewählter Länder (in Tausend; Quelle; Statistisches Jahrbuch 1994):

Land	1950	1960	1970	1980	1990	2000	2010
Ägypten	20330	25922	33053	40875	52426	64810	77681
Niederlande	10114	11480	13032	14144	14943	16073	17001
Sudan	9190	11165	13859	18681	25203	33166	43045
Türkei	20809	27509	35321	44438	55991	68165	78953

a) Lässt sich die Bevölkerungsentwicklung näherungsweise durch das allgemeine Wachstumsgesetz beschreiben? Welchen Wachstumsfaktor (bezogen auf ein Jahr) erhält man für die angegebenen Länder?

b) Welche Bevölkerungszahlen sind für das Jahr 2020 zu erwarten?

c) Wie sind längerfristige Prognosen (über das Jahr 2020 hinaus) zu bewerten? Diskutiere über die möglichen Gründe für die Unterschiede bei den Wachstumsfaktoren der verschiedenen Länder.

6. Ein Kapital K_0 wird zum Jahresbeginn mit einem Zinssatz von p% fest angelegt. Am Jahresende werden jeweils die angefallenen Zinsen zum Kapitel geschlagen und von da an mitverzinst.

a) Welches Kapital K(t) ist nach n Jahren erreicht? (Zeiteinheit: 1 Jahr)

b) Welchen Wachstumsfaktor k müsste man bei einem angenommenen kontinuierlichen Wachstum zu Grunde legen, damit jeweils am Jahresende die Ergebnisse übereinstimmen? Vergleiche z. B. bei einem Zinssatz von 5%!

7. Das Nuklid $^{210}_{84}Po$ hat eine Halbwertszeit von 138,5 Tagen. Stelle das Zerfallsgesetz auf und gib an, wie viel Prozent (1 Dez.) der ursprünglich vorhandenen Atome in den nach Ablauf der Halbwertszeit sich anschließenden nächsten 10 Tagen zerfallen![1]

8. Für das Nuklid $^{214}_{83}Bi$ ist die Halbwertszeit $T = 19{,}7$ min. Stelle das Zerfallsgesetz auf und gib die Zeit an, in der die Aktivität auf 10% des Anfangswertes abgesunken ist!

9. Die Radiocarbon-Methode[2]

Durch die Einwirkung kosmischer Strahlung entsteht in der Atmosphäre laufend das Kohlenstoffisotop $^{14}_{6}C$. Es ist nicht stabil, sondern zerfällt mit einer Halbwertszeit von 5730 Jahren. Zwischen Zerfall und Neuentstehung dieses Isotops hat sich ein Gleichgewichtszustand eingestellt: $3 \cdot 10^{-8}\%$ des in der Atmosphäre vorhandenen Kohlenstoffs besteht aus $^{14}_{6}C$-Isotopen, 1,11% sind stabile $^{13}_{6}C$-Isotope und den Hauptbestandteil machen mit 98,89% die stabilen $^{12}_{6}C$-Isotope aus.

Alle Pflanzen nehmen mit dem Kohlendioxid aus der Atmosphäre auch die radioaktiven $^{14}_{6}C$-Kerne auf. Tiere fressen Pflanzen, Menschen essen Tiere und Pflanzen. Der $^{14}_{6}C$-Gehalt des in allen lebenden organischen Stoffen enthaltenen Kohlenstoffs entspricht somit dem $^{14}_{6}C$-Gehalt des Kohlenstoffs in der Atmosphäre.

Stirbt ein organischer Stoff, so nimmt der Anteil des $^{14}_{6}C$ am vorhandenen Kohlenstoff unter Emission von β-Strahlen ständig ab, da der Nachschub aus der Atmosphäre entfällt. Hoch-

[1] Nuklid ist eine andere Bezeichnung für Atomkern. Nuklide, die sich in der Anzahl der enthaltenen Neutronen, nicht aber in der Anzahl der Protonen unterscheiden, heißen Isotope des gleichen Elements. Alle Isotope eines Elements haben gleiche chemische Eigenschaften. Das hier erwähnte Nuklid ist ein Isotop des Poloniums mit 84 Protonen und 126 (= 210 − 84) Neutronen.

[2] Von dem amerikanischen Chemophysiker W. F. Libby (Nobelpreisträger 1960) entdecktes und entwickeltes Verfahren, auch C14-Methode genannt.

empfindliche Geräte erlauben die Messung auch geringster Mengen von $^{14}_{6}C$ in einer Kohlenstoffprobe, indem sie die Zerfallsakte pro Minute zählen. Durch Kenntnis des ursprünglichen Anteils und des Restanteils an $^{14}_{6}C$-Nukliden ist es nun möglich, das Alter von abgestorbenen Pflanzenresten, von Fossilien usw. festzustellen, aber auch zwischen Original und Fälschung alter Gemälde zu unterscheiden.

a) Zeige, dass sich mit Benutzung der Halbwertszeit 5730 a (= Jahre) für $^{14}_{6}C$ die Zerfallskonstante $\lambda = 0{,}000121\ a^{-1}$ ergibt! Wie lautet das Zerfallsgesetz?

b) Bei der Freilegung einer vorgeschichtlichen Siedlungsstätte fand man Knochen von Haustieren. Der Anteil von $^{14}_{6}C$ im Kohlenstoff dieser Knochen wurde zu $1{,}2 \cdot 10^{-8}\,\%$ gemessen. Zeige, dass die Siedlung etwa auf das Jahr 5600 v. Chr. (Jungsteinzeit) zu datieren ist!

10.6 Zur Geschichte der Integralrechnung

Während die Problemgeschichte der Differenzialrechnung im Wesentlichen erst im 17. Jahrhundert beginnt, geht die *infinitesimale* Inhaltsbestimmung von Flächen und Körpern, ein wichtiges Anwendungsgebiet der Integralrechnung, bereits auf die Antike zurück. So konnte *Eudoxos von Knidos* (ca. 370 v. Chr.), der bei den Pythagoreern Geometrie gelernt hatte, mit Hilfe sogenannter *Exhaustionsbeweise* die zuvor nur durch Messung gewonnenen Ergebnisse der Flächen- und Raummessung einwandfrei begründen. Das dabei angewandte Prinzip der Exhaustion (Ausschöpfung) lässt sich nach Eudoxos folgendermaßen formulieren:

„Zieht man von irgendeiner Größe einen Teil ab, der nicht kleiner als die Hälfte der Größe ist, vom Rest einen Teil, der nicht kleiner als die Hälfte (dieses Restes) ist, und so weiter, so bleibt schließlich eine Größe übrig, die kleiner als jede vorgegebene Größe derselben Art ist."

[Zitiert nach *Kaiser/Nöbauer:* Geschichte der Mathematik für den Schulunterricht, Wien 1984, S. 164]

Das Exhaustionsprinzip kann als das Einpassen von immer besseren Näherungsfiguren und Bestimmen des Supremums charakterisiert werden. In der uns geläufigen Form kann es auch als ein Einschließen der gesuchten Größe in immer engere obere und untere Schranken beschrieben werden, wie dies z. B. bei der Einschachtelung einer Pyramide durch um- und einbeschriebene Stufenpyramiden geschieht. Der Nachweis, dass die jeweiligen Schranken nicht über- oder unterschritten werden, erfolgte als Widerspruchsbeweis mit Hilfe des Prinzips der *reductio ad absurdum*.

Im 3. Jahrhundert v. Chr. konnte *Archimedes von Syrakus*, dessen Methodenstrenge früher schon erwähnt wurde, zur Inhaltsbestimmung krummlinig begrenzter Flächen sowie von Körpern mit gekrümmten Flächen für viele Jahrhunderte richtungweisende Ergebnisse beisteuern. Besonders hervorzuheben ist seine mathematisch korrekt begründete Lösung der sogenannten Parabelquadratur, worunter die Inhaltsberechnung eines Parabelsegments zu verstehen ist. Auch für Oberfläche und Volumen von Kugel, Kugelsegment und Kugelsektor sowie von anderen Rotationskörpern fand

Archimedes den richtigen Lösungsweg. Dazu berechnete er im Prinzip bereits schwierige Integrale. In seiner „Methodenlehre", die lange Zeit als unauffindbar galt und erst 1906 wiederentdeckt wurde, berichtet Archimedes, wie er einzelne Sätze und Ergebnisse seiner Inhaltsbestimmung bei Flächen und Körpern „mit Hilfe der Mechanik" gefunden hat. So ließ er „Teile einer Figur aufwiegen gegen Teile einer anderen, einfacheren Figur, deren Maß schon bekannt war". Hierzu benützte er seine Kenntnisse vom Hebelgesetz sowie über den Schwerpunkt im Dreieck und im Trapez. Archimedes war im Übrigen davon überzeugt, dass ein solches Vorgehen keinen strengen geometrischen Beweis (nach dem Exhaustionsprinzip) ersetzen kann, aber dennoch, wie wir heute sagen würden, eine wichtige heuristische Funktion erfüllt. Er schreibt dazu in seiner „Methodenlehre":

„Gewisse Sachen wurden mir zuerst klar durch eine mechanische Methode, obwohl sie hinterher durch die Geometrie bewiesen werden mussten, weil ihre Auffindung durch die besagte Methode keinen wirklichen Beweis ergab. Aber es ist selbstverständlich leichter, wenn wir vorher durch die Methode einige Kenntnis der Lösungen gewonnen haben, den Beweis zu erbringen, als ihn ohne vorherige Kenntnis zu finden."

[Zitiert nach *B. L. Van der Waerden:* Erwachende Wissenschaft, Basel/Stuttgart 1956, S. 354]

Es ist äußerst bemerkenswert, dass sich Archimedes nicht gescheut hat, im Gegensatz zu den meisten Mathematikern, die immer nur fertige Ergebnisse der Öffentlichkeit preiszugeben bereit sind, auch Methoden und Wege mitzuteilen, die zu seinen Entdeckungen geführt hatten.

Wir wenden uns nun dem 17. Jahrhundert zu, ohne auf spezielle Detailüberlegungen zum Problem der Inhaltsmessung in der Zwischenzeit einzugehen, zumal sie über Archimedes kaum hinausführen. Wie aus brieflichen Äußerungen *Blaise Pascals* hervorgeht, wird für die Berechnung ebener Flächen wie folgt verfahren: Man zerlegt die Fläche in unendlich viele unendlich kleine Parallelstreifen gleicher Breite, die man als Rechtecke bezeichnen kann, weil ihre Breite als unendlich klein vorausgesetzt ist. Entsprechend denkt man sich einen Rotationskörper aus unendlich vielen Zylindern „derselben unendlich kleinen Höhe" zusammengesetzt, wobei die ebenen Flächen des Zylinders lotrecht zur Zylinderachse verlaufen. Die Problematik liegt hier vor allem im Begriff *unendlich klein*, der in einen unzulässigen Zusammenhang mit *gleich breit* bzw. *gleich hoch* gebracht wird. Immerhin wurde dabei klar erkannt, dass auch das Integrieren ebenso wie das Differenzieren den Begriff des *unendlich Kleinen* verwendet, was auf eine gemeinsame Grundlage hinweist.

Die Darstellung infinitesimaler Problemstellungen mit Hilfe geometrischer Sachverhalte, wie Tangentensteigung und Flächeninhalt, verdunkelte allerdings lange Zeit den inneren Zusammenhang zwischen Differenziation und Integration. Dennoch stellte *I. Barrow*, der Lehrer Newtons, in seinen „Lectiones geometricae" 1670 im Prinzip fest[1], „dass bei einer geradlinigen Bewegung die durchlaufenen Strecken

[1] Es ist bemerkenswert, dass I. Barrow, der ursprünglich Theologe war, nach der Veröffentlichung der „Lectiones geometricae", die seine bedeutendsten Erkenntnisse enthielten, den Lehrstuhl in Cambridge an seinen genialen Schüler Newton abgab, um Hofprediger des englischen Königs zu werden.

proportional zu den Flächen $\int v dt$ zwischen der Zeitachse und der Geschwindigkeitskurve sind". Hier kommt der innere Zusammenhang zwischen Differenziation und Integration, jedenfalls bei Bewegungsabläufen, unverkennbar zum Ausdruck. Dennoch wurde die Erkenntnis, dass Differenzieren und Integrieren inverse Operationen sind, wohl erst etwas später in ihrer vollen Tragweite wahrgenommen, jedenfalls, was ihre formale Anwendung bei Integrationsformeln betrifft.

Isaac Newton (1643–1727) blieb es vorbehalten, alle geometrischen Operationen der Infinitesimalrechnung durch die Operation des Differenzierens und durch die Lösung der dazu inversen Aufgabe zu ersetzen. Vermutlich war für Newton, wie auch für Barrow, die Integration keine formale Operation. Er betrachtete sie lediglich als Vollzug der Aufgabe (in zeitgenössischer Diktion), bei gegebener Fluxion die Fluente zu bestimmen (vgl. 5.3.). Dies gelang ihm mit den schon bekannten Methoden der Potenzreihenentwicklung ohne besondere Schwierigkeiten.

Während Newton für das Integral keinen Namen und keine einheitliche Bezeichnung verwendete, hat *Gottfried Wilhelm Leibniz* (1646–1716) das Integralzeichen $\int$, das 1686 erstmals im Druck erschien, als ein Operationszeichen eingeführt. Ging Newton mehr empirisch vor, war Leibniz in erster Linie ein Systematiker, dem schon in seiner Jugend die Idee einer Begriffsschrift (arithmetica universalis) gleichsam als einer *Algebra des Denkens* vorschwebte. Es ist daher nur allzu verständlich, dass Leibniz von Anfang an bestrebt war, für die zentralen Begriffe der Infinitesimalrechnung universale Bezeichnungen und Symbole festzulegen.

Das 18. Jahrhundert brachte unter dem Einfluss bedeutender Mathematiker, wie *Leonhard Euler* (1707–1783) und *Pierre Laplace* (1749–1827), eine stürmische Entwicklung der Infinitesimalrechnung. Auf die dabei erzielten Ergebnisse kann jedoch hier nicht eingegangen werden.

Im 19. Jahrhundert kam man dann zu der Einsicht, dass man über der Fülle der neuen Entdeckungen es manchmal an der mathematischen Sorgfalt bei den Begründungen hatte fehlen lassen. Neben anderen wiesen vor allem *Carl Friedrich Gauß* (1777–1855) und *Augustin-Louis Cauchy* (1789–1857) auf kritische Stellen im Aufbau und in den Anwendungen der Infinitesimalrechnung hin. Der Geltungsbereich von Sätzen war oft nicht scharf genug abgegrenzt, der Umgang mit Grenzwerten zuweilen recht unbekümmert und der Begriff *Funktion* als geometrische Linie oder als analytischer Rechenausdruck unzulänglich definiert. Es galt daher, die Differenzial- und Integralrechnung nicht nur weiterzuentwickeln, sondern zugleich auch auf logisch einwandfreie Grundlagen zustellen. In diesem Zusammenhang muss besonders *Lejeune Dirichlet* (1805–1859) genannt werden, der in der heute allgemein üblichen Weise die Funktion als Zuordnungsvorschrift erklärt hat.

Wenn auch die Einzelheiten in der neueren Entwicklung der Infinitesimalrechnung hier unberücksichtigt bleiben müssen, dürfen dennoch zwei bedeutende Mathematiker des 19. Jahrhunderts nicht unerwähnt bleiben. So zeigte *Richard Dedekind* (1831–1916), dass sich Differenzial- und Integralrechnung ganz auf den Eigenschaften der reellen Zahlen aufbauen lassen. Diese sind als sogenannte „Dedekind'sche Schnitte" darstellbar, deren Eigenschaften zur Vollständigkeitseigenschaft der Menge $\mathbb{R}$ äquivalent sind. Daneben hat *Bernhard Riemann* (1826–1866) die Begriffe *Integral* und *Integrierbarkeit* im berühmten „Riemann'schen Integralbegriff" präzisiert. Dieser wird auch in unserem Buch verwendet. Später sind weitere allgemeinere Integralbegriffe hinzugekommen. Sie sind jedoch weder für die Schule noch für praktische Anwendungen von Bedeutung, sodass sie hier übergangen werden können.

Ergänzungen und Ausblicke

Aus der Elektrizitätslehre

1. Das Abschalten eines Gleichstroms

Liegen ein Widerstand der Größe R und eine Spule der Induktivität L parallel an einer Gleichspannung U_0 (Fig. 10.9) und wird die Spannungsquelle abgeschaltet, so bricht der Strom im Kreis (R, L) nicht sofort zusammen.
Die Abnahme der Stromstärke J mit der Zeit induziert an der Spule nach dem Induktionsgesetz

$$U = -L \cdot \frac{dJ}{dt} = -L \cdot \dot{J}$$

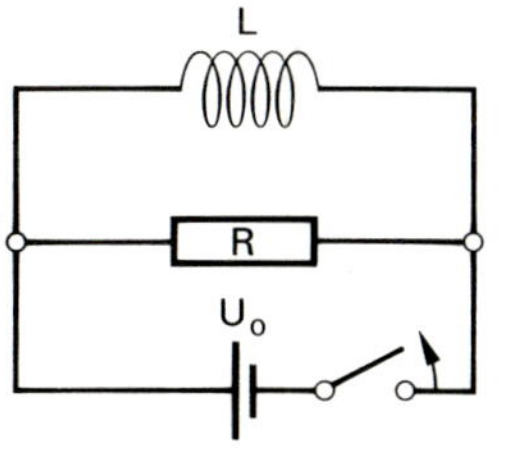

Fig. 10.9

eine Gegenspannung U, die der Änderungsgeschwindigkeit der Stromstärke proportional ist (Proportionalitätsfaktor L) und der Stromabnahme entgegenwirkt (Minuszeichen). Da diese Gegenspannung nach dem Ohm'schen Gesetz der momentanen Stromstärke J proportional ist (Proportionalitätsfaktor R), gilt folgende Differenzialgleichung:

$$J \cdot R = -L \cdot \dot{J}$$

Mit $y = J$ und $k = -R/L$ ergibt sich wieder die allgemeine Differenzialgleichung für Wachstum und Zerfall: $y' = k \cdot y$. Wir erhalten gemäß 10.5.5. mit $y_0 = J_0$ (Stromstärke zur Zeit $t = 0$):

$$\boxed{J = J_0 \cdot e^{-\frac{R}{L}t}}$$

2. Das Einschalten eines Gleichstroms

Liegen ein Widerstand der Größe R, eine Spule der Induktivität L und eine Gleichspannungsquelle der Stärke U_0 hintereinander (Fig. 10.10), dann nimmt der Strom nach dem Schließen des Stromkreises nicht sofort seinen vollen Wert J_0 an. In der Spule baut sich nämlich durch die anwachsende Stromstärke nach dem Induktionsgesetz eine zu U_0 entgegengerichtete Spannung $U = L\dot{J}$ auf. Es gilt nach dem Ohm'schen Gesetz:

$$JR = U_0 - L\dot{J}$$

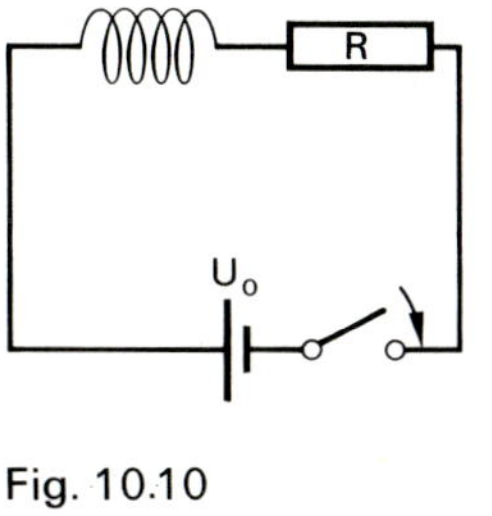

Fig. 10.10

Diese Differenzialgleichung hat die Lösung

$$\boxed{J = J_0(1 - e^{-\frac{R}{L}t})} \qquad \text{mit} \quad J_0 = \frac{U_0}{R}.$$

Begründung: Zunächst erhalten wir aus $JR = J_0 R - L\dot{J}$ die Beziehung

$$\dot{J} = \frac{1}{L}(J_0 R - JR).$$

Daraus folgt: $\dfrac{\dot{J}}{J_0 - J} = \dfrac{R}{L}$

Nunmehr ergibt sich durch unbestimmte Integration (vgl. 10.2.3. B):

linke Seite: $\displaystyle\int \frac{\dot{J}}{J_0 - J}\,dt = -\ln(J_0 - J) + C_l$ (beachte $J_0 \geqq J$!)

rechte Seite: $\displaystyle\int \frac{R}{L}\,dt = \frac{R}{L} \cdot t + C_r$

Damit erhalten wir folgende Gleichung, wobei die Integrationskonstanten C_l und C_r durch die Konstante C ersetzt werden:

$$-\ln(J_0 - J) = \frac{R}{L} \cdot t + C$$

Da die Stromstärke für $t = 0$ den Wert 0 annimmt, ist $C = -\ln J_0$.
Eine kleine Umformung führt schließlich auf

$$\ln\left(\frac{J_0 - J}{J_0}\right) = -\frac{R}{L} \cdot t, \quad \text{also} \quad J_0 - J = J_0 e^{-\frac{R}{L}t} \quad \text{bzw.} \quad J = J_0(1 - e^{-\frac{R}{L} \cdot t}).$$

Aufgabe

Zeichne den Verlauf der Stromstärke beim Einschalten (Fig. 10.10) und Ausschalten (Fig. 10.9) eines Gleichstromkreises mit $U_0 = 12$ V, $R = 4\ \Omega$ und $L = 10$ H ($1\ \text{H} = 1$ Henry $= 1\ \text{Vs}\,\text{A}^{-1}$)!

11. Weitere Funktionen

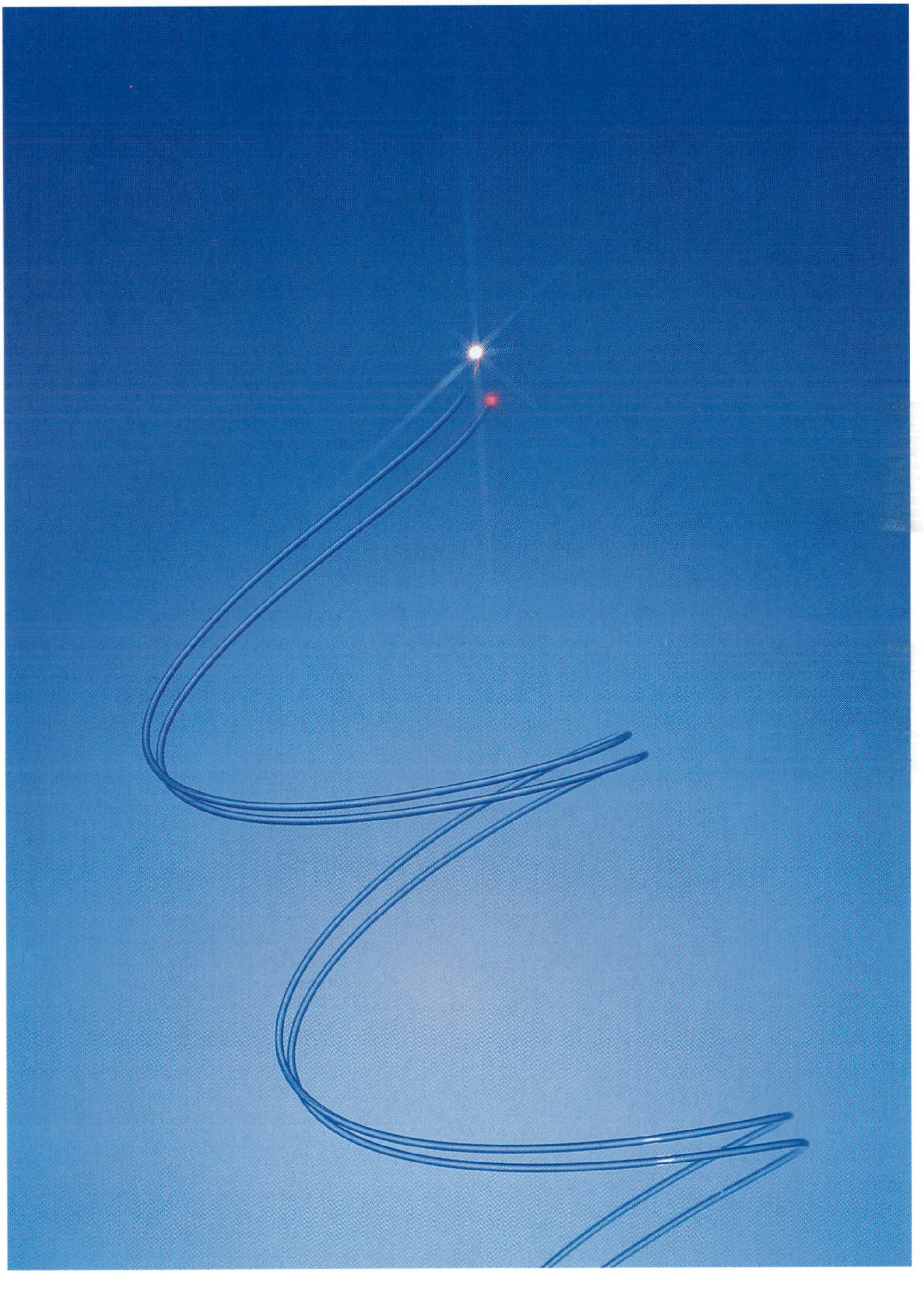

11.1. Rationale Funktionen

11.1.1. Zusammenfassung bisheriger Erkenntnisse

A. Definitionslücken, Unendlichkeitsstellen, stetige Fortsetzbarkeit

In 1.6. lernten wir bereits die rationalen Funktionen kennen:

$$f\colon\ x \mapsto f(x) = \frac{a_n x^n + a_{n-1} x^{n-1} + \ldots + a_1 x + a_0}{b_m x^m + b_{m-1} x^{m-1} + \ldots + b_1 x + b_0} \qquad \text{mit} \quad x \in \mathbb{R} \setminus N,$$

wobei N die Menge der Nullstellen des Polynoms im Nenner und $a_n \neq 0$, $b_m \neq 0$, $n \in \mathbb{N}_0$, $m \in \mathbb{N}_0$ ist.
Wenn das Polynom im Nenner eine Konstante ist, handelt es sich speziell um eine ganzrationale Funktion.
Ist c eine Nullstelle des Nenners, enthält das Polynom im Nenner also den Faktor $(x-c)$, so ist bei $x = c$ eine *Definitionslücke*. Man kann zwei Fälle unterscheiden:

1. Fall:

Der Faktor $(x-c)$ im Nenner lässt sich nicht durch Kürzen beseitigen. Der Funktionswert geht dann bei Annäherung an die Definitionslücke gegen $+\infty$ bzw. $-\infty$. Es handelt sich um eine *Unendlichkeitsstelle* (1.6.2.).

1. Beispiel: $x \mapsto \frac{1}{x}$; $\quad x \in \mathbb{R} \setminus \{0\}$

Unendlichkeitsstelle bei $x = 0$ mit Vorzeichenwechsel. Skizze!

2. Beispiel: $x \mapsto \frac{1}{x^2}$; $\quad x \in \mathbb{R} \setminus \{0\}$

Unendlichkeitsstelle bei $x = 0$ ohne Vorzeichenwechsel. Skizze!

3. Beispiel: $x \mapsto \frac{(x-1)(x-2)}{x(x-1)^2}$; $\quad x \in \mathbb{R} \setminus \{0; 1\}$

gleichwertig mit

$x \mapsto \frac{x-2}{x(x-1)}$; $\quad x \in \mathbb{R} \setminus \{0; 1\}$

Unendlichkeitsstellen bei $x = 0$ und $x = 1$ mit jeweiligem Vorzeichenwechsel. (Fig. 11.1)

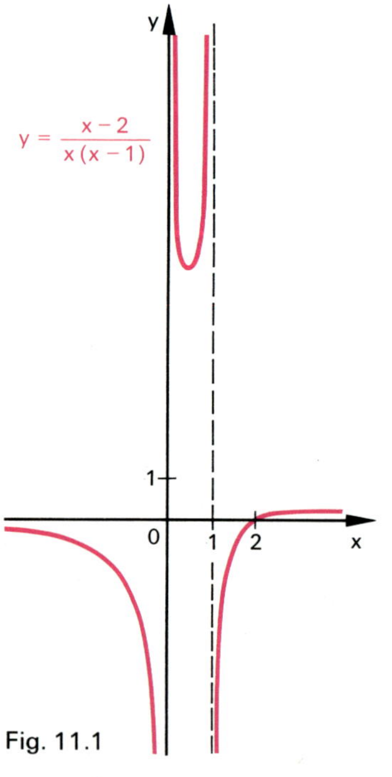

Fig. 11.1

Ist c Unendlichkeitsstelle einer gebrochenrationalen Funktion, so ist die Gerade mit der Gleichung $x = c$ eine *„senkrechte" Asymptote* des Graphen.

2. Fall:

Der Faktor $(x - c)$ im Nenner lässt sich durch Kürzen beseitigen. Der gekürzte Term habe die Form $\frac{g(x)}{h(x)}$, wobei $h(c) \neq 0$. Die Funktion

$$\bar{f}\colon x \mapsto \bar{f}(x) = \frac{g(x)}{h(x)}; \qquad x \in D_f \cup \{c\}$$

unterscheidet sich nur an der Stelle c von der Ausgangsfunktion f. Diese hat bei c eine Definitionslücke, dagegen ist $\bar{f}$ dort stetig und es ist

$$\bar{f}(c) = \frac{g(c)}{h(c)}.$$

Somit ist f *an der Stelle* c *stetig fortsetzbar* (G.3.3.).

4. Beispiel: $f\colon x \mapsto \frac{2x}{x(x-2)}; \quad x \in \mathbb{R}\setminus\{0; 2\}$ (Fig. 11.2)

bzw.

$$f\colon x \mapsto \frac{2}{x-2}; \quad x \in \mathbb{R}\setminus\{0; 2\}$$

Die Funktion

$$\bar{f}\colon x \mapsto \begin{cases} \frac{2x}{x(x-2)} & \text{für } x \neq 0; \\ -1 & \text{für } x = 0; \end{cases} \quad x \in \mathbb{R}\setminus\{2\}$$

ist eine überall in der Definitionsmenge stetige Funktion. Man kann sie einfacher schreiben:

$$\bar{f}\colon x \mapsto \frac{2}{x-2}; \quad x \in \mathbb{R}\setminus\{2\}$$

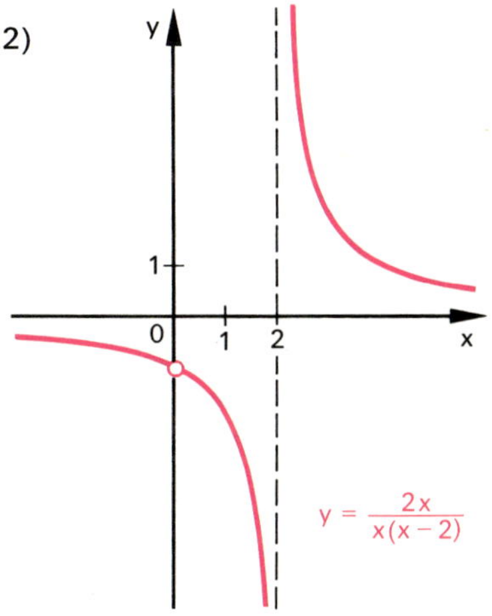

Fig. 11.2

B. Eigenschaften

Die rationalen Funktionen lassen sich durch die rationalen Operationen Addition, Multiplikation und Division aus den Funktionen

$x \mapsto x$ (identische Funktion)

und $x \mapsto c$ (konstante Funktionen)

erzeugen. Aus den Rechengesetzen mit Bruchtermen ergibt sich

Satz 11.1:

Addition, Multiplikation und Division sowie Verkettung rationaler Funktionen (ausgenommen die Nullfunktion $x \mapsto 0$) liefern ebenfalls rationale Funktionen.

Aus der Quotientenregel (G.5.3.)

$$f(x) = \frac{u(x)}{v(x)} \quad \Longrightarrow \quad f'(x) = \frac{u'(x) \cdot v(x) - u(x) \cdot v'(x)}{(v(x))^2}$$

und der Tatsache, dass jede differenzierbare Funktion stetig ist (G.4.1.), folgt

Satz 11.2:

Jede rationale Funktion ist in ihrer Definitionsmenge differenzierbar und stetig. Die Ableitungsfunktion ist wieder rational.

Da die rationale Funktion als Quotient ganzrationaler Funktionen dargestellt werden kann, folgt aus dem Nullstellensatz (Satz 1.3 in 1.5.2.)

Satz 11.3:

Jede von der Nullfunktion verschiedene rationale Funktion hat höchstens endlich viele Nullstellen und endlich viele Definitionslücken.

Bemerkungen:

1. Aus Satz 11.3 folgt, dass die trigonometrischen Funktionen nicht zu den rationalen Funktionen gehören, sich also nicht als Quotienten von Polynomen darstellen lassen.
2. In einem Computer stehen im Grunde für numerische Berechnungen nur die Grundrechnungsarten zur Verfügung. Die Berechnung von Funktionswerten nichtrationaler Funktionen (z. B. Wurzeln, e-Funktion, Logarithmen, trigonometrische Funktionen) wird daher mit Hilfe rationaler (meist sogar ganzrationaler) Näherungsfunktionen durchgeführt.

Aufgaben

1. Bestimme die Konstanten a und b derart, dass die Funktion $f\colon x \mapsto \frac{2x+b}{x^2+a}$ bei $x_1 = 2$ und bei $x_2 = -8$ Extremwerte hat!

2. Es soll ein rechteckiges Grundstück vom Inhalt 400 m^2, das auf einer Seite an eine Mauer grenzt, so abgesteckt werden, dass die Umzäunungskosten möglichst klein werden.

3. Eine abgeschlossene Tonne in Zylinderform soll mit möglichst hoher Materialersparnis geschaffen werden und 125 Liter fassen. Welches sind die Maße?

4. Es soll ein gerades Prisma vom Volumen 2 dm^3 hergestellt werden, dessen Grundfläche ein gleichseitiges Dreieck und dessen Oberfläche so klein wie möglich ist.

5. Zeige: Die Differenz zwischen dem Grad des Zählers und dem Grad des Nenners einer rationalen Funktion wird bei der Differenziation verkleinert (und daher bei der Integration vergrößert).

6. Ergänze die Funktion f, soweit möglich, an der Definitionslücke, sodass eine stetige Fortsetzung entsteht! Wie ist das Verhalten in der Umgebung der Unendlichkeitsstelle?

   a) $f\colon x \mapsto \frac{x^2+2x}{x^2+3x+2}$ b) $f\colon x \mapsto \frac{x-1}{x^2}$ c) $f\colon x \mapsto \frac{x^2(x-3)}{x(x-3)^2}$ d) $f\colon x \mapsto \frac{x^2+x}{x^7-x^6}$

11.1.2. Verhalten im Unendlichen

Die ganzrationalen Funktionen gehen, abgesehen von den konstanten Funktionen, für $|x| \to \infty$ stets gegen $+\infty$ oder $-\infty$. Bei rationalen Funktionen ist das Verhalten vielgestaltiger. Insbesondere können Asymptoten auftreten.

Definition 11.1:

1. Die Gerade mit der Gleichung $y = ax + b$ heißt *Asymptote* des Graphen der Funktion f, wenn der Grenzwert der Differenz $f(x) - (ax + b)$ für $x \to +\infty$ oder $x \to -\infty$ null ist.
2. Die Gerade $x = a$ heißt *senkrechte Asymptote* des Graphen der Funktion f, falls $|f(x)|$ für $x \to a + 0$ und für $x \to a - 0$ gegen ∞ strebt.

Wir betrachten das Verhalten der rationalen Funktion

$$f\colon x \mapsto f(x) = \frac{a_n x^n + \ldots + a_1 x + a_0}{b_m x^m + \ldots + b_1 x + b_0} \qquad \text{mit } a_n \neq 0,\ b_m \neq 0.$$

Der Grad des Zählerpolynoms ist n, der Grad des Nennerpolynoms m. Wir formen um:

$$f(x) = \frac{x^n \cdot \left(a_n + \frac{a_{n-1}}{x} + \ldots + \frac{a_1}{x^{n-1}} + \frac{a_0}{x^n}\right)}{x^m \cdot \left(b_m + \frac{b_{m-1}}{x} + \ldots + \frac{b_1}{x^{m-1}} + \frac{b_0}{x^m}\right)}$$

1. Fall: $n < m$. Wir kürzen durch x^n.

Für $|x| \to \infty$ geht die Klammer im Zähler gegen a_n, die Klammer im Nenner gegen b_m. Man erhält

$$\lim_{x \to \pm\infty} f(x) = 0,$$

da im Nenner nach dem Kürzen der Faktor x^{m-n} mit positivem Exponenten bleibt. Die x-Achse ist Asymptote des Graphen.

1. Beispiel: $f\colon x \mapsto f(x) = \frac{x^2 - 2x + 1}{2x^3 + 3x - 2} = \frac{x^2\left(1 - \frac{2}{x} + \frac{1}{x^2}\right)}{x^3\left(2 + \frac{3}{x^2} - \frac{2}{x^3}\right)} = \frac{1 - \frac{2}{x} + \frac{1}{x^2}}{x\left(2 + \frac{3}{x^2} - \frac{2}{x^3}\right)}$

Der Zähler geht für $|x| \to \infty$ gegen 1, die Klammer im Nenner gegen 2, also ist $\lim\limits_{x \to \pm\infty} f(x) = 0$. Die x-Achse ist Asymptote des Graphen.

2. Fall: $n = m$. Wir kürzen durch $x^n\ (= x^m)$.

Dann ist

$$\lim_{x \to \pm\infty} f(x) = \frac{a_n}{b_m}.$$

Die waagrechte Gerade $y = \frac{a_n}{b_m}$ ist Asymptote.

2. Beispiel: f: $x \mapsto f(x) = \frac{x+1}{x}$; $x \in \mathbb{R}\setminus\{0\}$

Hier ist $a_n = b_m = 1$, also $\lim\limits_{x \to \pm\infty} f(x) = 1$.
Die Gerade mit der Gleichung $y = 1$ ist (waagrechte) Asymptote von G_f.
(Fig. 11.3)

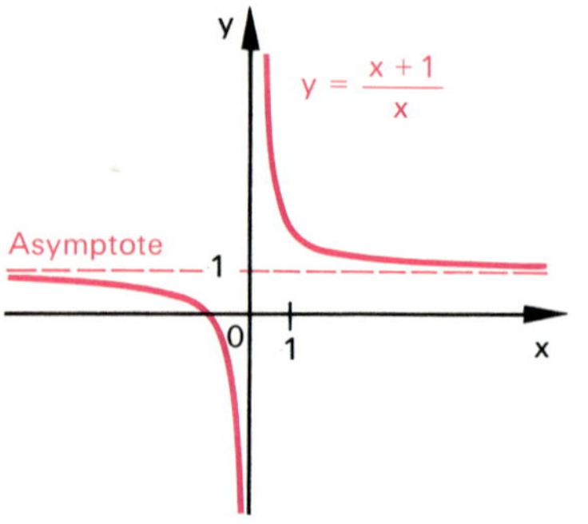

Fig. 11.3

3. Fall: $n > m$. Wir kürzen durch x^m.

Da im Zähler der Faktor x^{n-m} mit positivem Exponenten bleibt, gilt $f(x) \to +\infty$ bzw. $f(x) \to -\infty$ für $|x| \to \infty$.
Für $n > m$ erhält man durch Polynomdivision einen ganzrationalen Term vom Grad $n - m$ plus einen gebrochenrationalen Term, dessen Nennergrad größer ist als der Zählergrad.
Der gebrochenrationale Term geht also für $|x| \to \infty$ gegen 0.
Der ganzrationale Bestandteil liefert daher für große $|x|$ eine *Näherungskurve* als „krumme" Asymptote.
Für $n - m = 1$ ist sie eine Gerade (Asymptote im eigentlichen Sinn).

3. Beispiel: f: $x \mapsto f(x) = \frac{2x^2 - 3x + 1}{x}$; $x \in \mathbb{R}\setminus\{0\}$
(Fig. 11.4)

Wir formen den Funktionsterm durch Division um und erhalten $f(x) = (2x - 3) + \frac{1}{x}$.

Die Differenz $f(x) - (2x - 3) = \frac{1}{x}$ geht für $|x| \to \infty$ gegen null. Daher ist die Gerade $y = 2x - 3$ schräge, die Gerade $x = 0$ (das ist die y-Achse!) senkrechte Asymptote des Graphen.

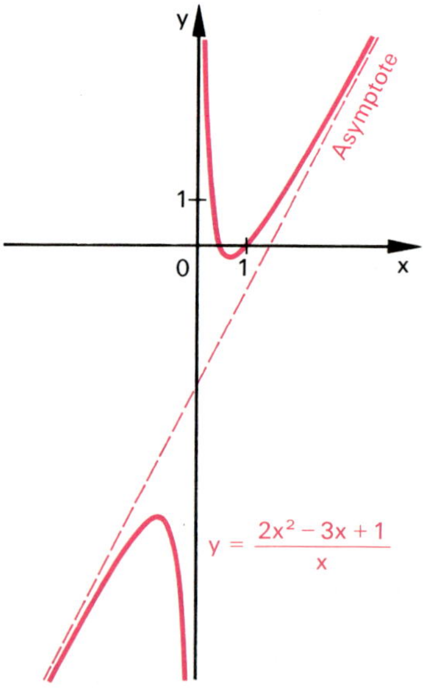

Fig. 11.4

4. Beispiel: f: $x \mapsto f(x) = \frac{3x^2}{x-2}$; $x \in \mathbb{R}\setminus\{2\}$

Wir dividieren wieder den Zähler durch den Nenner und gewinnen so die Darstellung:

$$f(x) = (3x + 6) + \frac{12}{x-2}$$

$y = 3x + 6$ ist die Gleichung der Asymptote, da $f(x) - (3x + 6) = \frac{12}{x-2}$ für $|x| \to \infty$ offenbar gegen null geht.

5. Beispiel: f: $x \mapsto f(x) = \frac{x^3+1}{x} = x^2 + \frac{1}{x}$; $x \in \mathbb{R}\setminus\{0\}$ (Fig. 11.5)

Da hier $f(x) - x^2 = \frac{1}{x}$ für $|x| \to \infty$ gegen null strebt, schmiegt sich die Kurve für große Werte von $|x|$ der Parabel $y = x^2$ an.

Die y-Achse ist Asymptote. Denn für betragsmäßig sehr kleine Werte von x verliert das Glied x^2 gegenüber $\frac{1}{x}$ an Einfluß. $y = \frac{1}{x}$ stellt dann eine gute Näherung für die Kurvengleichung dar.

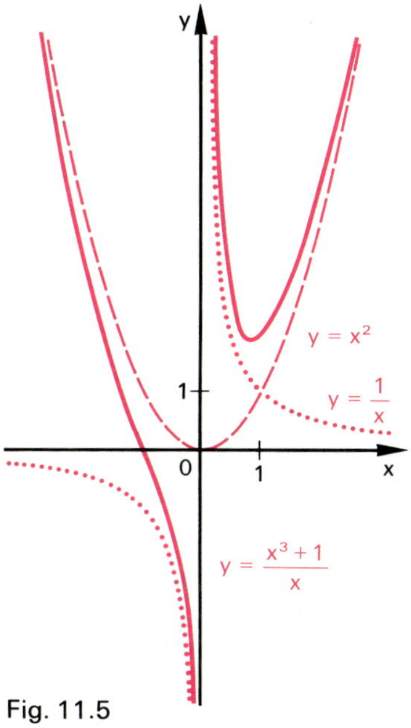

Fig. 11.5

Wir wissen bereits aus vielen Beispielen, dass der Graph einer rationalen Funktion bei Annäherung an eine Unendlichkeitsstelle a gegen $+\infty$ oder $-\infty$ geht, sich also der Geraden mit der Gleichung $x = a$ immer mehr anschmiegt. Nach Definition 11.1 stellt die Gleichung $x = a$ eine senkrechte Asymptote dar.

Die waagerechten, senkrechten und schrägen Asymptoten (z. B. Fig. 11.4) und gegebenenfalls die Graphen einfacher Näherungsfunktionen für $|x| \to \infty$ (z. B. die Parabel in Fig. 11.5) erleichtern das Zeichnen des Graphen der gegebenen Funktion.

6. Beispiel: f: $x \mapsto f(x) = \frac{-3x^3 + 4x + 16}{4x^2} = -\frac{3}{4}x + \frac{x+4}{x^2}$ (Fig. 11.6)

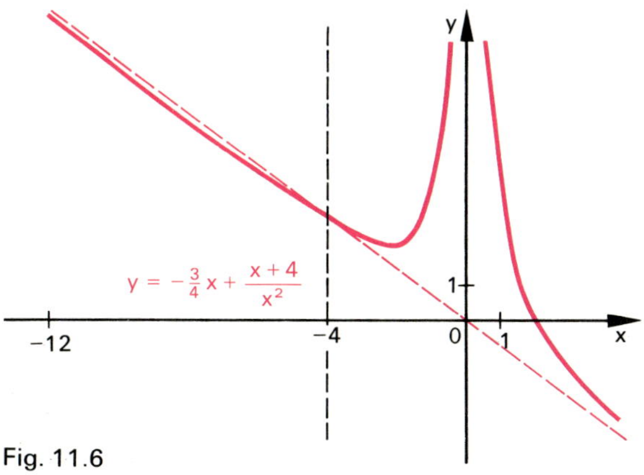

Fig. 11.6

Schräge Asymptote: $y = -\frac{3}{4}x$ für $|x| \to \infty$

Senkrechte Asymptote: $x = 0$; kein Vorzeichenwechsel, da x^2 im Nenner.

Die Gleichung $-\frac{3}{4}x = -\frac{3}{4}x + \frac{x+4}{x^2}$ liefert als Schnittpunkt von G_f mit der Asymptote $y = -\frac{3}{4}x$ den Punkt $S(-4; 3)$. Der Graph verläuft rechts von $x = -4$ oberhalb der schrägen Asymptote, da dort $\frac{x+4}{x^2}$ positiv ist, entsprechend links von $x = -4$ unterhalb dieser Asymptote.

Aufgaben

1. Bestimme die Asymptoten zu den Graphen folgender Funktionen:

a) $x \mapsto \frac{x-1}{2-3x}$ b) $x \mapsto \frac{x^3-8}{2x}$ c) $x \mapsto \frac{x^2-4}{x+1}$ d) $x \mapsto \frac{x^3-1}{x^2-1}$

e) $x \mapsto \frac{x}{x^2+2}$ f) $x \mapsto \frac{3x+1}{2-x}$ g) $x \mapsto \frac{x^3-2x}{x^2+1}$ h) $x \mapsto \frac{1-x^4}{x^3-4x}$

2. Was lässt sich bei den folgenden Funktionen über den maximal möglichen Definitionsbereich, Unendlichkeitsstellen, Nullstellen, Asymptoten, Wertebereich und Symmetrieeigenschaften aussagen? Skizze!

a) $f\colon x \mapsto \frac{1}{(x-4)^2}$ b) $f\colon x \mapsto \frac{1}{x^2-4}$ c) $f\colon x \mapsto \frac{x^2-1}{x}$ d) $f\colon x \mapsto \frac{x^2+1}{x}$

e) $f\colon x \mapsto \frac{x^2+1}{x^2}$ f) $f\colon x \mapsto \frac{x^3-1}{x^2}$ g) $f\colon x \mapsto \frac{x^2}{x+1}$ h) $f\colon x \mapsto \frac{x^2+2}{x^2+1}$

i) $f\colon x \mapsto \frac{x^2-2}{x^2+1}$ k) $f\colon x \mapsto \frac{x^2}{x^2+1}$ l) $f\colon x \mapsto \frac{x^4}{x^2+1}$ m) $f\colon x \mapsto \frac{x^4-1}{x^2}$

3. Durch welche ganzrationale Funktion können die folgenden Funktionen für großes $|x|$ angenähert werden?

a) $x \mapsto \frac{3x^2-1}{x}$ b) $x \mapsto \frac{x-x^4}{x+2}$ c) $x \mapsto \frac{x^3}{1-x}$ d) $x \mapsto \frac{3x-5}{1-2x}$

4. Welche lineare Funktion l kann man für große $|x|$ als Näherung für die Funktion

$$f\colon x \mapsto \frac{2x^2}{x+1}$$

nehmen? Wie groß muss x sein, damit gilt: $|f(x) - l(x)| < 0{,}01$?

5. Die Funktion

$$f\colon x \mapsto \frac{x^3+2}{2x^2}$$

kann für große $|x|$ durch $x \mapsto \frac{x}{2}$ und für kleine $|x|$ durch $x \mapsto \frac{1}{x^2}$ angenähert werden. Für welche x-Werte ist der absolute Fehler jeweils kleiner als 0,01?

6. Gib zwei Funktionen an, die als Näherung für $f\colon x \mapsto f(x)$ für sehr kleine bzw. sehr große Werte von $|x|$ benützt werden können!

a) $f(x) = x^2 + \frac{1}{x^2}$ b) $f(x) = \frac{2x^3+5}{x}$ c) $f(x) = \frac{x^3+2x^2+3}{x^2}$

7. Gegeben ist die Funktion $f\colon x \mapsto \frac{4x-5}{2x+3}$; $D_f = D_{f(x)}$.

Diskutiere und zeichne den Graphen! Wie lautet die Gleichung der Kurventangente im Punkt P (4; ?)? Für welche x-Werte ist $f(x) > 4$?

8. Diskutiere und zeichne die Graphen folgender Funktionen:

a) $f\colon x \mapsto \frac{54}{x^2+9}$, (1 LE = 5 mm) b) $f\colon x \mapsto \frac{4-x}{(1-\frac{x}{3})^2}$, (1 LE = 5 mm)

c) $f\colon x \mapsto \frac{x^3+9x}{x^2+1}$, (1 LE = 1 cm) d) $f\colon x \mapsto \frac{x^2+8x+7}{1-x}$, (1 LE = 5 mm)

9. Gib für die Funktionenschar $f_a\colon x \mapsto \frac{8a^3x^3+1}{8ax^2}$

den maximalen Definitionsbereich, die Nullstellen, Unendlichkeitsstellen sowie die Extremwerte, die Asymptoten und Wendepunkte des Graphen an! Bestimme diejenigen Graphen der Schar, die die x-Achse unter dem Winkel 56,31° schneiden! Zeichne diese Graphen!

10. Bestimme für den Graphen der Funktion $f\colon x \mapsto \frac{5x-x^3}{x^2+3}$

Symmetrieeigenschaften, Nullstellen, Extrempunkte, Wendepunkte, Asymptote! Welche seiner Punkte haben von der Asymptote den größten Abstand? Zeichnung für $|x| \leqq 3$.

11. Gegeben ist die Funktionenschar $f_a\colon x \mapsto x + \frac{a^2}{x}$; $x \in \mathbb{R}\setminus\{0\}$.

a) Zeige, dass die Funktionen für $a \neq 0$ keine Nullstelle, aber zwei gemeinsame Asymptoten haben!

b) Bestimme die Funktion, auf deren Graph alle Hoch- und Tiefpunkte der Schargraphen liegen!

12. Gegeben ist die Funktion $f\colon x \mapsto \frac{-x^3+6x^2-9x}{(x-1)^2}$; $D_f = \mathbb{R}\setminus\{1\}$.

a) Berechne die Nullstellen der Funktion f!

b) Wie verhält sich f in der Umgebung der Definitionslücke?

c) Bestätige, dass der Funktionsterm sich in der Form $f(x) = -x + 4 - \frac{4}{(x-1)^2}$ schreiben lässt!

d) Begründe, dass der Graph G_f für $|x| \to \infty$ eine Asymptote besitzt und dass G_f stets unterhalb dieser Asymptote verläuft!

e) Zeige nur mit Hilfe der ersten Ableitung von f, dass f an der Stelle 3 ein lokales Maximum hat und dass es keine weiteren Extrema von f gibt! Welche Ordinate hat der Hochpunkt?

f) Zeichne G_f unter Verwendung der bisherigen Ergebnisse und berechne dazu noch die Funktionswerte an den Stellen -1; $\frac{1}{2}$; $\frac{3}{2}$; 2 und 5!

13. Für die Funktion $f\colon x \mapsto \frac{x^3+x}{x-1}$; $D_f = \mathbb{R}\setminus\{1\}$ ist zu zeigen:

a) Der Graph G_f hat eine senkrechte Asymptote und nähert sich für $|x| \to \infty$ einer nach oben geöffneten Parabel mit dem Scheitel $S(-\frac{1}{2}; 1\frac{3}{4})$.

b) Für $x < 1$ verläuft der Graph unter, für $x > 1$ über der Parabel.

c) G_f hat im Bereich [1,5; 2] ein lokales Minimum.

d) Zeichne G_f samt seiner quadratischen Näherungskurve mit 1 LE = 1 cm auf der x-Achse und 1 LE = 2,5 mm auf der y-Achse im Bereich [−5; 5]!

11.1.3. Zur Integration rationaler Funktionen

In 8.2.3. lernten wir folgende Integrationsformel kennen:

$$\int x^n dx = \frac{x^{n+1}}{n+1} + C; \qquad n \in \mathbb{Z} \setminus \{-1\}$$

Damit können wir spezielle rationale Funktionen integrieren.

1. Beispiel: $\int \frac{x^3 - x^2 + 4}{x^2} dx = \int x dx - \int dx + 4\int x^{-2} dx =$

$$= \frac{x^2}{2} - x - \frac{4}{x} + C = \frac{x^3 - 2x^2 - 8}{2x} + C \quad \text{(vgl. Aufgabe 5 in 11.1.1.)}$$

Die Differenziation der gebrochenrationalen Funktion konnten wir mit Hilfe der Quotientenregel auf die Differenziation der ganzrationalen Funktion zurückführen. Ein entsprechendes Verfahren ist bei der Integration nicht möglich, weil es für die Integrale weder eine Produkt- noch eine Quotientenregel gibt.

Die Integralfunktion jeder ganzrationalen Funktion ist, wie bekannt, wieder eine ganzrationale Funktion. Dass ein entsprechender Satz für rationale Funktionen nicht gilt, zeigen schon die in Abschnitt 10. behandelte Logarithmusfunktion und folgendes

2. Beispiel: Für $x \in \mathbb{R}^+$ gilt:

$$\int_1^x \frac{t^3 - t^2 + 3t - 2}{t^3} dt = \int_1^x dt - \int_1^x \frac{dt}{t} + 3\int_1^x \frac{dt}{t^2} - 2\int_1^x \frac{dt}{t^3} = x - \ln x - \frac{3}{x} + \frac{1}{x^2} + 1$$

In 11.4. werden wir sehen, dass außer rationalen Funktionen und Logarithmen noch andere Funktionsklassen als Stammfunktionen rationaler Funktionen auftreten können. Eine systematische Behandlung der Integration rationaler Funktionen überschreitet den Rahmen dieses Buches. Die Aufgaben 6 und 7 dieses Abschnittes geben einen Einblick in die hier praktizierte Integrationstechnik. Auf die Formel in 10.2.3.B. sei in diesem Zusammenhang hingewiesen.

Aufgaben

1. Berechne die Integrale:

a) $\int_1^2 \frac{dx}{x^2}$ b) $\int_{-3}^{-1} \frac{1+x}{x^3} dx$ c) $\int_{0,5}^{3} \frac{x^2 - 2}{x^4} dx$ d) $\int_2^1 \frac{1 - x^4}{x^2} dx$

2. Warum sind die folgenden Integrale nicht definiert?

a) $\int_{-1}^{+1} \frac{dx}{x^2}$ b) $\int_{-2}^{2} \frac{dx}{x^2 - 1}$ c) $\int_3^5 \frac{x dx}{x^2 - 6x + 8}$ d) $\int_0^1 \cot x dx$

3. Stelle folgende Funktionsterme integralfrei dar:

a) $\int\limits_1^x \frac{dt}{t^5}$ b) $\int\limits_1^x \frac{2+3t^2}{t^4}\,dt$ c) $\int\limits_1^x \frac{t^2-1}{t^4+t^3}\,dt$ d) $\int\limits_1^x \frac{t^3-3}{t^2}\,dt$

4. Berechne den Inhalt eines der Flächenstücke, die von den Graphen der Funktionen

$$f_1\colon x \mapsto \frac{4}{x^2};\quad x \in \mathbb{R}\setminus\{0\} \quad \text{und} \quad f_2\colon x \mapsto x^2-6x+9;\quad x \in \mathbb{R}$$

eingeschlossen werden!

5. Gegeben ist die abschnittsweise definierte Funktion:

$$f\colon x \mapsto f(x) = \begin{cases} 2-x^2 & \text{für} \quad |x| \leqq 1 \\ \dfrac{1}{x^2} & \text{für} \quad |x| > 1 \end{cases}$$

a) Ist diese Funktion überall stetig? Ist sie überall differenzierbar?

b) Welcher Punkt des Graphen hat vom Nullpunkt die kürzeste Entfernung?

c) Berechne den Inhalt der Fläche, die vom Graphen, der x-Achse und den Ordinaten zu $x=0$ und $x=a$ eingeschlossen wird! $(a>1)$

d) Existiert der Grenzwert des Flächeninhalts für $a \to \infty$?

6. Integration unecht gebrochenrationaler Funktionen
Bei jedem der folgenden Terme $f(x)$ ist der Grad des Zählerpolynoms gleich dem des Nennerpolynoms oder größer als dieser. Um eine Stammfunktion F zu f zu finden, verwandelt man $f(x)$ durch Ausdividieren oder durch eine geeignete Zählerergänzung in die Summe eines Polynoms und eines echt gebrochenen Restgliedes.

Muster: $$f(x) = \frac{x^3}{x-1} = \frac{x^3-1+1}{x-1} = \frac{x^3-1}{x-1} + \frac{1}{x-1} = x^2+x+1+\frac{1}{x-1}$$

Ein Stammfunktionsterm zu $f(x)$ ist demnach $F(x) = \frac{1}{3}x^3+\frac{1}{2}x^2+x+\ln|x-1|$

Bestimme $D_{f(x)}$ und gib einen Stammfunktionsterm $F(x)$ zu $f(x)$ an:

a) $f(x) = \frac{x}{x+1}$ b) $f(x) = \frac{5x}{x-1}$ c) $f(x) = \frac{x+1}{x-1}$

d) $f(x) = \frac{3x-1}{3x+2}$ e) $f(x) = \frac{x^2}{x-2}$ f) $f(x) = \frac{x^3}{x+1}$

7. Integration echt gebrochenrationaler Funktionen
Bei jedem der folgenden Terme $f(x)$ ist der Grad des Zählerpolynoms kleiner als der des Nennerpolynoms. Um eine Stammfunktion F zu f zu finden, verwandelt man den Nenner in ein Produkt und stellt $f(x)$, wie das Muster zeigt, als Summe von Teilbrüchen dar. Auf eine systematische Behandlung dieser Methode der sog. *Partialbruchzerlegung* muss hier verzichtet werden.

Muster: $$f(x) = \frac{5x+1}{x^2-1} = \frac{5x+1}{(x+1)(x-1)} = \frac{A}{x+1} + \frac{B}{x-1} = \frac{(A+B)x+(B-A)}{(x+1)(x-1)}$$

Um A und B zu finden, beachten wir, dass die Beziehung

$$\frac{5x+1}{x^2-1} = \frac{(A+B)x+(B-A)}{(x+1)(x-1)}$$

nur dann bestehen kann, wenn die beiden Zählerpolynome identisch sind.

Damit ergeben sich die Gleichungen I. $A + B = 5$
II. $B - A = 1$

Die Auflösung dieses Gleichungssystems ergibt $A = 2$, $B = 3$. Also gilt:

$$f(x) = \frac{5x+1}{x^2-1} = \frac{2}{x+1} + \frac{3}{x-1}$$

Ein Stammfunktionsterm zu $f(x)$ ist $F(x) = 2\ln|x+1| + 3\ln|x-1|$

Bestimme $D_{f(x)}$ und gib einen Stammfunktionsterm $F(x)$ zu $f(x)$ an:

a) $f(x) = \frac{1}{x^2-1}$ b) $f(x) = \frac{1}{x^2-16}$ c) $f(x) = \frac{1}{x^2-x}$

d) $f(x) = \frac{5x+12}{x^2+5x+6}$ e) $f(x) = \frac{1}{x^3-x}$ f) $f(x) = \frac{4x^2-3x-4}{x^3+x^2-2x}$

g) $f(x) = \frac{2x^2+3x-2}{x^2-x^3}$ Anleitung: $\frac{2x^2+3x-2}{x^2(1-x)} = \frac{A}{x} + \frac{B}{x^2} + \frac{C}{1-x}$

h) $f(x) = \frac{2x^3+2x^2-x+1}{x^2+x}$ i) $f(x) = \frac{x^4+3x^3-x^2-2x-3}{x^2-1}$

11.1.4. Rationale Funktionen in der Physik

A. Optik, Elektrizitätslehre und Astronautik

Wir betrachten die Funktion

$$\varphi\colon x \mapsto \varphi(x) = \frac{cx}{x-c}; \quad D_\varphi = \mathbb{R}_0^+ \setminus \{c\}, \quad c \in \mathbb{R}^+. \quad \text{(Fig. 11.7)}$$

Es ist $\varphi'(x) = -\frac{c^2}{(x-c)^2}$ und $\varphi'(0) = -1$. Es gilt:

1. Nullstelle für $x = 0$. Gleichung der Tangente t an der Nullstelle: $y = -x$. In der Nähe des Ursprungs gilt daher: $\varphi(x) \approx -x$.
2. Unendlichkeitsstelle für $x = c$.
3. $x > c \Rightarrow \varphi(x) > 0$; $x < c \Rightarrow \varphi(x) < 0$.
4. Untersuchung für $x \gg c$:

   $\varphi(x) = \frac{c}{1-\frac{c}{x}}$; für $x \to \infty$ geht $\varphi(x)$ gegen c.

   $y = c$ ist die Gleichung der waagrechten Asymptote.
5. In $[0; c[$ und in $]c; \infty[$ gilt jeweils $\varphi'(x) < 0$. Die Funktion φ ist also in beiden Intervallen streng monoton abnehmend. Für $x = 0$ ergibt sich ein Randmaximum.
6. Schnittpunkt von G_φ mit der Winkelhalbierenden des I. Quadranten: $x = y = 2c$.

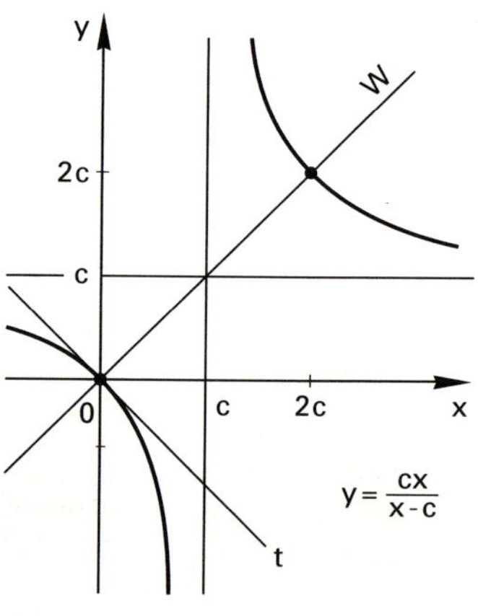

Fig. 11.7

In der Mathematik führt man die Diskussion dieser gebrochenrationalen Funktion durch, ohne danach zu fragen, welche Bedeutung man den Variablen x, y und c geben kann. Wir wollen bei dieser Funktion einmal Beispiele für Gebiete kennen lernen, in denen sie auftritt, und überlegen, was unsere Ergebnisse jeweils besagen.

Wir wählen drei Beispiele aus Optik, Elektrizitätslehre und Astronautik.
In der ersten Spalte der folgenden Tabelle steht das mathematische Symbol bzw. die Funktionsgleichung, in den übrigen Spalten die Interpretation in der jeweiligen Anwendung.

Math. Symbol Gleichung	Bedeutung beim Beispiel aus der Optik	Elektrizität	Astronautik
c	Brennweite f einer Sammellinse	Gesamtwiderstand R einer Parallelschaltung	Rotationszeit der Erde $e \approx 1$ Tag
x	Gegenstandsweite g	Ein Teilwiderstand R_1	Umlaufzeit s eines Satelliten auf einer Äquatorbahn
y	Bildweite b	Der andere Teilwiderstand R_2	Zeit t zwischen zwei Meridiandurchgängen an einem Ort der Erde
$y = \frac{cx}{x - c}$	$b = \frac{fg}{g - f}$	$R_2 = \frac{R \cdot R_1}{R_1 - R}$	$t = \frac{es}{s - e}$
mit $x \to \infty$ gilt $y \to c$ nach (4)	Gegenstand in großer Entfernung, Bild fast in der Brennebene	R_1 nahezu ein Isolator $R \approx R_2$	Bei langer Umlaufzeit bewegt sich der Satellit gegenüber den Fixsternen sehr langsam. Er kommt etwa nach 1 Tag wieder in Sicht (unser Mond!)
x wird kleiner $\Rightarrow$ y nimmt zu (5) $(x > c)$	Gegenstand rückt näher, Bild entfernt sich von der Linse $(g > f)$	Je mehr R_1 abnimmt, desto größer muss R_2 sein $(R_1 > R)$	Bei kürzerer Umlaufzeit verspätet sich der Satellit täglich mehr (solange $s > e$)
für $x = y$ ist $x = y = 2c$ (6)	Bild und Gegenstand in gleicher Entfernung 2f	$R_1 = R_2 = 2R$ oder $R = \frac{R_1}{2} = \frac{R_2}{2}$	Wenn die Umlaufzeit 2 Tage beträgt, holen wir den Satelliten auch alle 2 Tage ein. Er ist 24 Stunden über und 24 Stunden unter dem Horizont
mit $x \to c$ gilt $\lvert y \rvert \to \infty$ Unendlichkeitsstelle (2)	Gegenstand nähert sich der Brennebene, Bild rückt ins Unendliche	Wenn $R_1 = R$, muss R_2 ein Isolator sein	24-Stunden-Bahn. $t \to \infty$ Der Satellit steht über einem Ort der Erde still. Fernsehsatellit
für $x < c$ ist y negativ (3)	Gegenstand zwischen Brennebene und Linse, b negativ, virtuelles Bild	$R_1 < R$, R_2 negativ physikalisch sinnlos	Umlaufzeit $s < 1$ Tag, t negativ, d.h. der Satellit bewegt sich nicht mehr von Ost nach West, sondern umgekehrt. Er geht im Westen auf
Für x nahe 0 gilt $y \approx -x$ (1) Kurve wird für kleine x durch $y = -x$ approximiert	Gegenstand und virtuelles Bild etwa gleich weit von der Linse entfernt, wenn Gegenstand sehr nahe an der Linse	R_2 negativ physikalisch sinnlos	Schneller, d.h. tieffliegender Satellit. Umlaufzeit unterscheidet sich wenig von der Zeit zwischen zwei Durchgängen (z. B. Mir, Space Shuttle)
	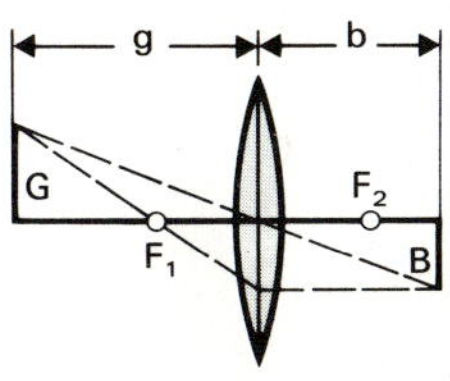	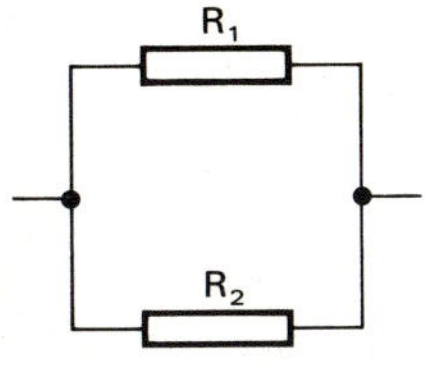	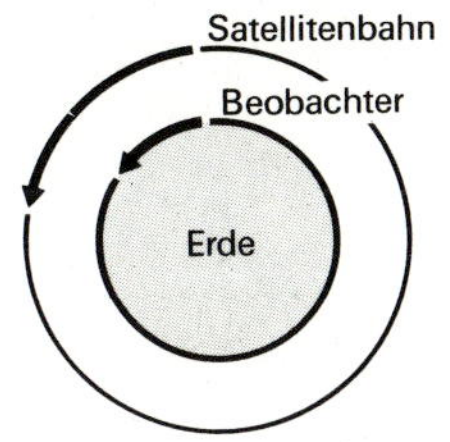

Aufgaben

1. Die beiden Oberflächenteile einer Linse sind in der Regel Ausschnitte aus Kugeloberflächen. Die Radien dieser beiden Kugeln nennen wir r_1 und r_2. Zwischen der Brennweite f der Linse, den Radien der beiden Kugeln und dem Brechungsindex n für Luft-Glas gilt folgende Gleichung: $\frac{1}{f} = (n-1)\left(\frac{1}{r_1} + \frac{1}{r_2}\right)$
   a) Stelle für konstantes, positives f und $n = 1{,}5$ den Radius r_2 als Funktion φ von r_1 dar.
   b) Berechne $\varphi(f/3)$ und $\varphi(-2f)$; welche Gestalt hat die Linse?
   c) Führe die Interpretationen der Tabelle auf der Vorseite für dieses Beispiel durch, soweit sie hier sinnvoll sind.

2. Das Gravitationspotential in der Entfernung r eines Körpers der Masse m ist $V = -G \cdot \frac{m}{r}$, G Gravitationskonstante.
   Bei mehreren Körpern, z. B. Sonne, Planeten oder Erde und Mond, addieren sich die Potentiale, $V = -G\left(\frac{m_1}{r_1} + \frac{m_2}{r_2}\right)$.
   Es soll der Potentialverlauf längs der Verbindungslinie von zwei Körpern untersucht werden.
   Wir nehmen die Funktion $V\colon x \mapsto V(x) = -\left(\frac{1}{|x|} + \frac{0{,}5}{|x-1|}\right)$, $D_V = D_{V(x)}$
   a) Wo liegen hier die beiden Körper auf der x-Achse?
   b) Wie ist das Massenverhältnis?
   c) Bestimme das lokale Maximum zwischen den Körpern.
   d) Diskutiere und zeichne die Funktion im x-V-Koordinatensystem.
   e) Wo ist das lokale Maximum für $m_1 : m_2 = 81 : 1$ (Erde–Mond)?

B. Gasverflüssigung

Zur Beschreibung des Verhaltens sogenannter realer Gase[1] hat der holländische Physiker van der Waals im Jahre 1873 die folgende Zustandsgleichung aufgestellt:

$$\left(p + \frac{a}{V^2}\right)(V - b) = RT$$

Hierbei bezeichnen p den Gasdruck, V das Molvolumen in $\frac{m^3}{kmol}$ und T die absolute Tempratur des Gases, während a und b Materialkonstanten sind, deren Zahlenwerte von der Art des Gases abhängen. Die molare Gaskonstante R hat die Größe $8{,}314 \cdot 10^3 J \cdot K^{-1} kmol^{-1}$. Man kann nun die Variable T als Parameter einer Kurvenschar mit der Gleichung $p = f_T(V)$ auffassen. Die einzelnen Kurven der Schar heißen dann Isothermen. Man beachte Fig.11.8. Die Gleichung der Isotherme zum Parameterwert T lautet:

(1) $$p = \frac{RT}{V-b} - \frac{a}{V^2}$$

[1] Ein reales Gas nähert sich umso mehr dem Zustand eines idealen Gases, je weiter es vom Verflüssigungszustand entfernt ist. Johannes van der Waals, niederländischer Physiker (1837–1923), Nobelpreis 1910.

Wie Fig. 11.8 zeigt, schneidet der Graph einer Isotherme mit einem hohen Parameterwert für T (Annäherung an den Zustand der idealen Gase) die Parallelen zur V-Achse in genau einem Punkt, während für niedrige T-Werte drei Schnittpunkte möglich sind. Im zuletzt genannten Parameterbereich tritt bei Kompression und also Volumenabnahme, trotz konstant bleibender Temperatur, eine Verflüssigung des Gases ein. Tatsächlich folgen die Gase beim Übergang in den flüssigen Zustand (und umgekehrt) den gestrichelten Linien. Auch die Gleichung von van der Waals beschreibt das Verhalten realer Gase nur näherungsweise.

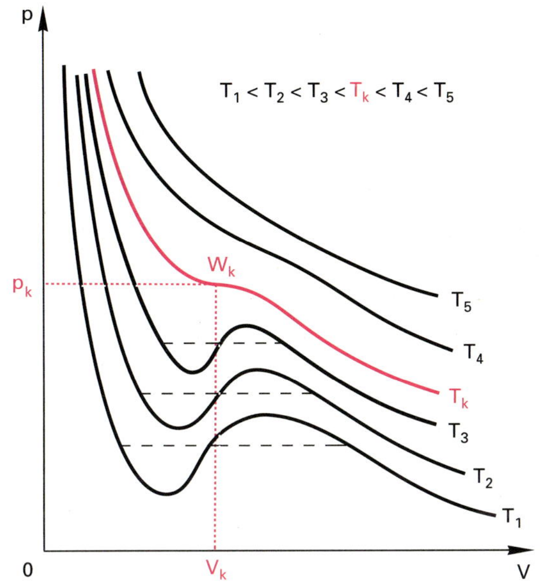

Fig. 11.8

Eine Sonderstellung nimmt die sogenannte kritische Isotherme mit dem Parameter T_k (kritische Temperatur) ein, die einen Wendepunkt W_k mit einer waagrechten Wendetangente besitzt. Die kritische Temperatur eines Gases gibt die Grenztemperatur an, oberhalb der eine Verflüssigung auch bei noch so hohen Drucken nicht möglich ist. Der kritische Punkt W_k hat die Koordinaten V_k und p_k, die man als kritisches Volumen bzw. als kritischen Druck bezeichnet.

Wir können nun mit den Mitteln der Differenzialrechnung die Materialkonstanten a und b durch p_k und V_k ausdrücken.
Aus (1) folgt durch Bildung der Ableitung mit der Schreibweise von 4.3.3. d:

$$\frac{dp}{dV} = -\frac{RT}{(V-b)^2} + \frac{2a}{V^3} \quad \text{und weiter}$$

$$\frac{d^2p}{dV^2} = \frac{2RT}{(V-b)^3} - \frac{6a}{V^4}.$$

Für einen Wendepunkt $W_k(V_k;\, p_k)$ mit waagrechter Wendetangente gilt:

(2) $$\frac{2a}{V_k^3} = \frac{RT_k}{(V_k-b)^2} \quad \text{sowie}$$

(3) $$\frac{3a}{V_k^4} = \frac{RT_k}{(V_k-b)^3}$$

Daraus ergibt sich schließlich $b = \frac{1}{3}V_k;\ a = 3p_k V_k^2$.
Setzt man diese Werte in die van der Waals'sche Zustandsgleichung ein und ersetzt $V : V_k$ durch $\overline{V}$, $p : p_k$ durch $\overline{p}$, $T : T_k$ durch $\overline{T}$, so erhält man die folgende reduzierte Zustandsgleichung, die für alle realen Gase in guter Näherung Gültigkeit hat:

$$\left(\overline{p} + \frac{3}{\overline{V}^2}\right)(3\overline{V} - 1) = 8\overline{T}$$

11.2. Potenzfunktionen

11.2.1. Begriff der Potenzfunktion

Die Kenntnisse über die allgemeine Exponentialfunktion:

$$x \mapsto a^x; \quad x \in \mathbb{R} \qquad (\text{festes } a > 0)$$

geben uns nun die Möglichkeit, die sogenannten Potenzfunktionen:

$$x \mapsto x^a; \quad x \in \mathbb{R}^+$$

in größerer Allgemeinheit zu behandeln.

Spezielle Fälle dieser Potenzfunktion kennen wir schon als einfachste ganzrationale Funktionen $x \mapsto x^n$; $x \in \mathbb{R}$, wobei n eine natürliche Zahl ist, oder als Wurzelfunktion $x \mapsto \sqrt{x} = x^{1/2}$; $x \in \mathbb{R}_0^+$. Die Verallgemeinerung besteht also in der Zulassung aller reellen Zahlen im Exponenten.
Um allgemeine Aussagen über Potenzfunktionen machen zu können, ist jedoch eine Einschränkung des Definitionsbereichs erforderlich, denn Potenzen mit reellen Exponenten sind im allgemeinen nur bei positiver Basis definiert.

Beispiele: a) Der Term $x^{\frac{1}{2}} = \sqrt{x}$ ist nur für $x \in \mathbb{R}_0^+$ definiert.

b) Der Term $x^{-1} = \frac{1}{x}$ ist nur für $x \in \mathbb{R} \setminus \{0\}$ definiert.

c) Der Term $x^{-\frac{1}{2}} = \frac{1}{\sqrt{x}}$ ist nur für $x \in \mathbb{R}^+$ definiert.

d) Der Term $x^{-\frac{2}{3}} = \frac{1}{\sqrt[3]{x^2}} = \frac{1}{(\sqrt[3]{x})^2}$ ist nur für $x \in \mathbb{R}^+$ definiert.

Wir beschäftigen uns also mit folgenden *Potenzfunktionen*:

$$f_a\colon x \mapsto x^a; \quad x \in \mathbb{R}^+ \qquad (\text{festes } a \in \mathbb{R})$$

Fig. 11.9 zeigt die Graphen für einige Werte von a.

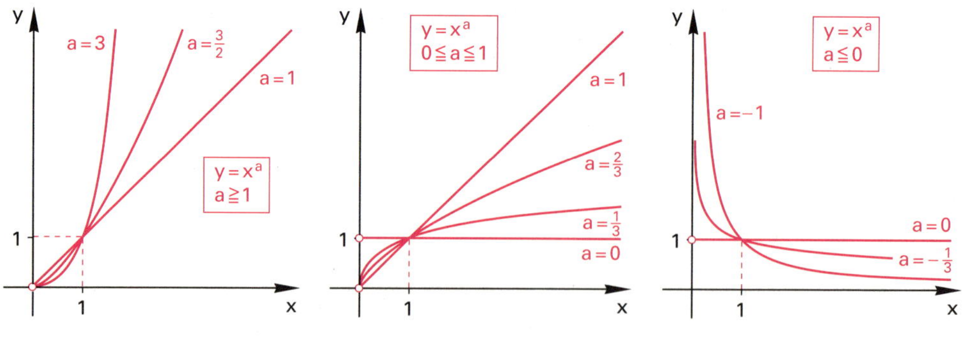

Fig. 11.9

Aufgaben

1. Gib den Definitionsbereich folgender Terme an:

   a) x^2; x^{17}; x^a mit $a \in \mathbb{N}$ b) x^{-2}; x^{-17}; x^{-a} mit $a \in \mathbb{N}$

   c) $x^{\frac{1}{2}}$; $x^{\frac{1}{17}}$; $x^{\frac{1}{a}}$ mit $a \in \mathbb{N}$ d) $x^{-\frac{1}{2}}$; $x^{-\frac{1}{17}}$; $x^{-\frac{1}{a}}$ mit $a \in \mathbb{N}$

   e) x^0

2. Schreibe auf zwei verschiedene Arten mit Wurzelzeichen und berechne gegebenenfalls den Wert des Terms!

   a) $8^{\frac{2}{3}}$ b) $9^{\frac{5}{2}}$ c) $x^{\frac{m}{n}}$ mit $m, n \in \mathbb{N}$

   d) $8^{-\frac{2}{3}}$ e) $9^{-\frac{5}{2}}$ f) $x^{-\frac{m}{n}}$ mit $m, n \in \mathbb{N}$

3. Setze die Intervallschachtelung für 2^π und x^π bis zur 8. Stufe fort; es ist $\pi = 3{,}1415926\ldots$:

   a) $2^3 < 2^\pi < 2^4$; $2^{3,1} < 2^\pi < 2^{3,2}$; … b) $x^3 < x^\pi < x^4$; $x^{3,1} < x^\pi < x^{3,2}$; …

4. Bestimme die Definitionsmenge folgender Terme:

   a) $f(x) = (16 - x^2)^{\frac{2}{3}}$ b) $f(x) = (x^2 - a^2)^{-\frac{1}{2}}$ mit $a > 0$ c) $f(x) = \dfrac{\sqrt{x^2 - 4}}{x^{\frac{1}{3}} - x^{-\frac{1}{3}}}$

   d) $(e^x - 1)^{-\frac{1}{3}}$ e) $f(x) = \sqrt[3]{\ln(x^2 - 1)}$ f) $f(x) = \dfrac{1}{\sqrt{\sin x}}$

   g) $f(x) = (\tan^2 x)^{\frac{2}{3}}$ h) $f(x) = \left(\sqrt{\cos^2 x}\right)^{0.75}$

5. Gib den jeweils für alle a der angegebenen Art möglichen maximalen Definitionsbereich D_a der Potenzfunktion $f_a\colon x \mapsto x^a$; $x \in D_a$ an!

   a) $a \in \mathbb{N}$ b) $-a \in \mathbb{N}$ c) $\frac{1}{a} \in \mathbb{N}$ d) $-\frac{1}{a} \in \mathbb{N}$

   e) $a \in \mathbb{Q}^+$ f) $a \in \mathbb{Q}^-$ g) $a \in \mathbb{R}$

6. a) Für ungerade ganze Zahlen n ließe sich auch die n-te Wurzel aus einer negativen reellen Zahl definieren. Warum?

   b) Auf die in Teilaufgabe a) erwähnte Definition verzichtet man, um Widersprüche bei der Anwendung der Potenzrechenregeln auszuschließen, d. h.: unter einem Wurzelzeichen (oder entsprechend unter einem gebrochenen Exponenten) lässt man nur positive Zahlen zu. Wie ist demnach die Lösung der Gleichung

   (1) $x^3 = -8$ (2) $x^3 = r$, $r \in \mathbb{R}^-$ zu notieren?

7. Skizziere mit Hilfe von Wertetabellen die Graphen folgender Potenzfunktionen in ein gemeinsames Koordinatensystem: f_2, f_1, $f_{1/2}$, f_0, $f_{-1/2}$, f_{-1}, f_{-2}.

8. Welche Potenzfunktion f_p wird durch Verketten der Potenzfunktionen f_r und f_s erzeugt? Hinweis: $f_r \circ f_s(x) = f_r(f_s(x))$

   a) $r = 2$, $s = 3$ b) $r = 3$, $s = 2$ c) $r = 3$, $s = -3$

   d) $r = 3$, $s = \frac{1}{3}$ e) $r = \frac{1}{2}$, $s = 2$ f) $r = 4$, $s = -\frac{1}{4}$

   g) $r = m$, $s = 1/m$ mit $m \in \mathbb{R}\setminus\{0\}$

11.2.2. Differenziation der Potenzfunktion f_a

Ähnlich wie die allgemeine Exponentialfunktion kann man auch Potenzfunktionen mit Hilfe der natürlichen Exponential- und Logarithmusfunktion darstellen.[1] Wir gehen von der Funktionsgleichung

$$y = x^a$$

aus. Logarithmieren beider Seiten ergibt:

$$\ln y = \ln x^a = a \ln x$$

Anwendung der Exponentialfunktion macht das Logarithmieren rückgängig:

$$e^{\ln y} = e^{a \ln x}$$
$$y = e^{a \ln x}$$

also:

$$\boxed{x^a = e^{a \cdot \ln x}}$$

In dieser Form ergibt sich mit der Kettenregel sofort die Ableitung der Potenzfunktion f_a:

$$f_a(x) = x^a = e^{a \ln x} \implies f_a'(x) = e^{a \ln x} \cdot \frac{a}{x} = x^a \cdot \frac{a}{x} = a \cdot x^{a-1}$$

Regel:

$$\boxed{f(x) = x^a \quad \Rightarrow \quad f'(x) = a \cdot x^{a-1} \qquad \text{mit} \quad a \in \mathbb{R} \quad \text{und} \quad x \in \mathbb{R}^+}$$

Für ganzzahlige Exponenten a haben wir diese Regel bereits auf anderem Wege gewonnen.

Beispiele: a) $f(x) = x^{\frac{3}{4}} \implies f'(x) = \frac{3}{4} \cdot x^{\frac{3}{4}-1} = \frac{3}{4} \cdot x^{-\frac{1}{4}}$

b) $f(x) = \dfrac{1}{\left(\sqrt[3]{x^2+1}\right)^2} = (x^2+1)^{-\frac{2}{3}} \implies f'(x) = -\frac{2}{3}(x^2+1)^{-\frac{5}{3}} \cdot 2x =$

$$= -\frac{4x}{3\left(\sqrt[3]{x^2+1}\right)^5}$$

c) $f\colon x \mapsto \sqrt[3]{x^3+6x} + \sqrt[4]{(1-x)^3}; \quad x \in \,]0; 1[$

In der Potenzschreibweise ist $f(x) = (x^3+6x)^{\frac{1}{3}} + (1-x)^{\frac{3}{4}}$.

Als Ableitung ergibt sich mit Verwendung der Kettenregel:

$$f'(x) = \frac{1}{3}(x^3+6x)^{-\frac{2}{3}}(3x^2+6) + \frac{3}{4}(1-x)^{-\frac{1}{4}} \cdot (-1), \quad \text{also}$$

$$f'\colon x \mapsto \frac{x^2+2}{\left(\sqrt[3]{x^3+6x}\right)^2} - \frac{3}{4\sqrt[4]{1-x}}; \qquad x \in \,]0; 1[$$

---

[1] Herleitung der Ableitungsregel für rationale Exponenten ohne Benutzung der Logarithmus- und Exponentialfunktion: Aufgabe 4 in 11.2.4.

11.2.3. Integration der Potenzfunktion f_a mit $a \in \mathbb{R} \setminus \{-1\}$

Wenden wir unsere Ableitungsregel auf die Funktion $f_{a+1}\colon x \mapsto x^{a+1};\ x \in \mathbb{R}^+$ an, so ergibt sich

$$f'_{a+1}(x) = (a+1)\,x^a$$

Daraus erhalten wir nach 8.2. sofort die Integrationsregel

$$\int x^a\,dx = \frac{x^{a+1}}{a+1} + C \qquad \text{mit} \quad a \neq -1$$

Beispiele: a) $\int\limits_a^b \sqrt{x}\,dx = \int\limits_a^b x^{\frac{1}{2}}\,dx = [\frac{2}{3}x^{\frac{3}{2}}]_a^b = \frac{2}{3}(b^{\frac{3}{2}} - a^{\frac{3}{2}})$; $\quad a, b \in \mathbb{R}_0^+$

b) $\int\limits_a^1 \frac{dx}{\sqrt{x}} = \int\limits_a^1 x^{-\frac{1}{2}}\,dx = [2x^{\frac{1}{2}}]_a^1 = 2 - 2\sqrt{a}$ $\quad$ für $\quad a \in \mathbb{R}^+$

Hier fällt auf, dass der Ergebnisterm für $a \to 0+0$ dem Grenzwert 2 zustrebt, obwohl die Integrandenfunktion für $x = 0$ nicht definiert ist (vgl. Abschnitt 12).

Bemerkung:

Eine Funktion wie $f\colon x \mapsto \sqrt{x^3+1};\ x \in \mathbb{R}^+$ lässt sich nicht mit Hilfe unserer Formel integrieren. Es gibt nämlich in der Integralrechnung keine Regel, die der Kettenregel der Differenzialrechnung entspricht, die es also gestatten würde, eine zusammengesetzte Funktion zu integrieren, wenn die Einzelfunktionen integriert werden können.

Aufgaben

1. Gib für die Funktion $f\colon x \mapsto f(x)$ mit $D_t = D_{f(x)}$ den maximalen Differenzierbarkeitsbereich an und bilde die Ableitungsfunktion:

a) $f(x) = x^{\frac{4}{5}}$ $\qquad$ b) $f(x) = (1+x^2)^{\frac{3}{4}}$ $\qquad$ c) $f(x) = (1-x^2)^{-\frac{3}{2}}$

d) $f(x) = \dfrac{1}{\sqrt[3]{(x+1)^2}}$ $\qquad$ e) $f(x) = \sqrt[3]{\dfrac{x^2}{x^2+2x+1}}$ $\qquad$ f) $f(x) = \dfrac{x}{(\sqrt{1-x^2})^3}$

2. a) Ergänze: $f(x) = (1-x)^e \implies f'(0) = \ldots$

b) Ergänze: $f(x) = (x^2+1)^{\ln 3} \implies f'(1) = \ldots$

3. Differenziere die Funktion $f\colon x \mapsto \sqrt{x} \cdot \sqrt[3]{x^2};\quad x \in \mathbb{R}^+$

a) mit der Produktregel,

b) nach vorheriger Zusammenfassung mit Hilfe der Potenzgesetze!

4. a) $\int x^{\frac{1}{3}}\,dx$ $\qquad$ b) $\int \left(x\sqrt{x} - \dfrac{x}{\sqrt{x}}\right)dx$ $\qquad$ c) $\int x^{-\frac{3}{5}}\,dx$ $\qquad$ d) $\int x^{\sqrt{5}}\,dx$

5. a) $\int\limits_0^1 \sqrt{x^3}\,dx$ $\qquad$ b) $\int\limits_1^8 \dfrac{x^2}{x^{\frac{2}{3}}}\,dx$ $\qquad$ c) $\int\limits_4^9 \dfrac{1-x}{\sqrt{x}}\,dx$ $\qquad$ d) $\int\limits_4^0 (1+\sqrt{x})^2\,dx$ $\qquad$ e) $\int\limits_0^1 x^{\pi}\,dx$

6. a) $\lim\limits_{a \to \infty} \int\limits_3^a \frac{1}{x^2}\,dx$ b) $\lim\limits_{b \to \infty} \int\limits_2^b \frac{1}{x^5}\,dx$ c) $\lim\limits_{a \to \infty} \int\limits_a^4 \frac{1}{\sqrt{x}}\,dx$

11.2.4. Umkehrung der Potenzfunktion

Potenzen x^a mit $x \in \mathbb{R}^+$, $a \in \mathbb{R}$ sind positiv. Damit ist die Ableitung ax^{a-1} positiv für $a > 0$ und negativ für $a < 0$.
Potenzfunktionen $x \mapsto x^a;\ x \in \mathbb{R}^+$ sind also streng monoton zunehmend für $a > 0$ und streng monoton abnehmend für $a < 0$. Folglich sind sie für $a \neq 0$ umkehrbar.

Auch ohne diese Überlegungen erkennt man die Umkehrbarkeit der Potenzfunktion $x \mapsto x^a;\ x \in \mathbb{R}^+$, denn die Gleichung $y = x^a$ wird durch beidseitiges Potenzieren mit $1/a$ sofort eindeutig nach x aufgelöst:

$$y^{\frac{1}{a}} = (x^a)^{\frac{1}{a}} = x$$

Daraus ergibt sich nach dem üblichen Variablentausch zur

Potenzfunktion $f_a\colon\ x \mapsto x^a;\quad x \in \mathbb{R}^+$

die Umkehrfunktion $f_a^{-1}\colon\ x \mapsto x^{\frac{1}{a}};\quad x \in \mathbb{R}^+$.

Also ist die Potenzfunktion $f_{\frac{1}{a}}$ Umkehrfunktion zur Potenzfunktion f_a $(a \neq 0)$ (vgl. hierzu Fig. 11.9).

Aufgaben

1. Bestimme die Umkehrfunktion zur Potenzfunktion f_a mit

   a) $a = 2$ b) $a = -3$ c) $a = \frac{1}{4}$ d) $a = -\frac{2}{3}$!

   Skizziere jeweils den Graphen von Funktion und Umkehrfunktion!

2. Bilde die Umkehrfunktion zu folgenden Funktionen:

   a) $f\colon x \mapsto x^5;\ D_f = \mathbb{R}_0^+$ b) $f\colon x \mapsto x^4;\ D_f = [1; 2]$ c) $f\colon x \mapsto x^6;\ D_f = [-1; 0]$
   d) $f\colon x \mapsto x^5;\ D_f =]-\infty; -1]$ e) $f\colon x \mapsto x^3;\ D_f = [-2; 3]$ f) $f\colon x \mapsto x^5;\ D_f = [-1; 2]$

3. Gib zu den folgenden Funktionstermen f(x) jeweils ein möglichst großes rechtsseitig unbeschränktes und ein möglichst großes linksseitig unbeschränktes Intervall J als Definitionsmenge an, sodass die Funktion $f\colon x \mapsto f(x);\ x \in J$ umkehrbar ist! Bestimme jeweils die zugehörige Umkehrfunktion f^{-1}!

   a) $f(x) = x^2 - 4$ b) $f(x) = (2-x)^2$ c) $f(x) = \frac{1}{3}[1-(x+2)^2]$
   d) $f(x) = (x-2)^3 + 1$ e) $f(x) = x^4 - 5x^2 + 4$ f) $f(x) = 8x^2 - x^4$

4. *Ableitung der Potenzfunktion* $f_{\frac{m}{n}}\colon x \mapsto x^{\frac{m}{n}};\ x \in \mathbb{R}^+$ *mit* $m \in \mathbb{Z}$, $n \in \mathbb{N}$ *ohne Benutzung der Exponential- und Logarithmusfunktion*

   a) Bestimme die Ableitung der Funktion $f_{\frac{1}{n}}\colon x \mapsto x^{\frac{1}{n}};\ x \in \mathbb{R}^+$ $(n \in \mathbb{Z}\setminus\{0\})$ mit Hilfe der Ableitungsregel für die Umkehrfunktion!

b) Bestimme die Ableitung der Funktion $f_{\frac{m}{n}}: x \mapsto x^{\frac{m}{n}};\ x \in \mathbb{R}^+$ $(m \in \mathbb{Z},\ n \in \mathbb{N})$ mit Hilfe der Kettenregel!

5. *Einige wichtige Grenzwerte*

a) Betrachtet wird die Funktion $f: x \mapsto a \ln x - x;\quad x \in \mathbb{R}^+$ mit $a \in \mathbb{R}^+$.
Zeige: Für $x > a$ ist $f'(x) < 0$ und $f''(x) < 0$. Was bedeutet das anschaulich?
Begründe damit: $(a \ln x - x) \to -\infty$ für $x \to \infty$.

b) Zeige mit Anwendung des Ergebnisses von a):

$$\boxed{\lim_{x \to \infty} \frac{x^a}{e^x} = 0} \qquad (a > 0)$$

c) Zeige durch die Substitution[1] $x = e^{\frac{t}{a}}$ und Anwendung des Ergebnisses von b):

$$\boxed{\lim_{x \to \infty} \frac{\ln x}{x^a} = 0} \qquad (a > 0)$$

d) Zeige durch die Substitution $x = \frac{1}{t}$ und Anwendung des Ergebnisses von c):

$$\boxed{\lim_{x \to 0} x^a \ln x = 0} \qquad (a > 0)$$

e) Interpretiere mit Hilfe des Ergebnisses von b) die Sprechweise:
„Die Exponentialfunktion steigt schneller als jede Potenzfunktion."

11.2.5. Implizite Differenziation

A. Zur Einführung

Die Funktionsgleichung der Potenzfunktion $f: x \mapsto x^{\frac{m}{n}};\ x \in \mathbb{R}^+$ mit $m \in \mathbb{N}$, $n \in \mathbb{N}$ lässt sich durch Potenzieren beider Seiten mit n in einen ganzrationalen Term umformen:

$$y = x^{\frac{m}{n}} \ (1) \quad \Longrightarrow \quad y^n - x^m = 0 \ (2)$$

Es ist zu beachten, dass diese Umformung keine Äquivalenzumformung ist.

Die Erfüllungsmenge von $y^n - x^m = 0$ kann größer sein als die von $y = x^{\frac{m}{n}}$.

Beispiel: $y = x^{\frac{1}{2}} = \sqrt{x}$ (1')

$\Longrightarrow y^2 = x$ bzw. $y^2 - x = 0$ (2')

Das Paar $(x; y) = (4; -2)$ erfüllt Gleichung (2'), aber nicht Gleichung (1').

Will man Gleichung (2) also zur Beschreibung der Funktion f verwenden, muss man oft zusätzliche Angaben zur eindeutigen Festlegung machen. Hier ist das

[1] substituere (lat.): an einer Stelle etwas durch etwas anderes ersetzen.

der Fall für gerades n; in diesem Falle genügt die zusätzliche Forderung $y \in \mathbb{R}^+$ (warum?). Damit lautet die Darstellung der Funktion f als Paarmenge

$$f = \{(x; y) \mid y^n - x^m = 0 \quad \text{und} \quad x, y \in \mathbb{R}^+\}.$$

Diese Darstellung nennt man *implizite* Darstellung[1] im Gegensatz zur *expliziten* Darstellung[2], bei der die Funktionsgleichung nach y aufgelöst ist.

Für alle Paare $(x; y) \in f$ können wir y durch $f(x) = x^{\frac{m}{n}}$ ersetzen. Damit wird der zwei Variable enthaltende Term $y^n - x^m = \varphi\,(x; y)$ zu einem Term

$$\varphi\,(x; f(x)) = [f(x)]^n - x^m = F(x)$$

der Variablen x allein. Da die Funktion F für alle $x \in \mathbb{R}^+$ konstant den Wert 0 hat, erhalten wir durch Differenziation nach der Kettenregel, wobei wir zunächst wieder y und y′ als Abkürzungen für $f(x)$ bzw. $f'(x)$ verwenden:

$$F'(x) = ny^{n-1} \cdot y' - mx^{m-1} = 0$$

Daraus ergibt sich durch Division für $y \neq 0$ (und damit für $x \in \mathbb{R}^+$):

$$y' = \frac{m}{n}\,\frac{x^{m-1}}{y^{n-1}} = \frac{m}{n}\,x^{m-1} \cdot (x^{\frac{m}{n}})^{1-n} = \frac{m}{n}\,x^{m-1+\frac{m}{n}-m} = \frac{m}{n}\,x^{\frac{m}{n}-1}$$

in Übereinstimmung mit dem Ergebnis in 11.2.2.

Man nennt das obige Verfahren *implizite Differenziation*. Es lässt sich folgendermaßen verallgemeinern:

Gehören die Elemente $(x; y)$ einer Funktion $f\colon x \mapsto y = f(x);\ x \in D_f$ zur Paarmenge $\{(x; y) \mid \varphi\,(x; y) = 0 \text{ und } x, y \in \mathbb{R}\}$, dann ist

$$F\colon x \mapsto F(x) = \varphi\,(x; f(x))$$

eine Funktion von x, die für alle $x \in D_f$ den konstanten Wert 0 hat. Es gilt daher $F'(x) = 0$ innerhalb der Differenziationsmenge der Funktion f (vgl. 4.2.3.). Durch gliedweises Differenzieren der linken Seite der Funktion F unter Beachtung der Kettenregel erhalten wir einen Ausdruck, der $y' = f'(x)$ nur linear enthält und daher nach y′ aufgelöst werden kann, wenn der Faktor bei y′ von null verschieden ist.

B. Weitere Beispiele

1. Beispiel: Alle Paare der Funktion $f\colon x \mapsto y = \frac{1}{\sqrt{x^2+1}};\quad x \in \mathbb{R}$

erfüllen die Gleichung $y^2 = \frac{1}{x^2+1}$, also $y^2x^2 + y^2 - 1 = 0$.

Nach der Produkt- und der Kettenregel ergibt sich $2yy'x^2 + 2y^2x + 2yy' = 0$

und daraus $y' = \frac{-xy}{x^2+1}$.

(Das Kürzen mit y ist dabei wegen $f(x) \neq 0$ für alle $x \in \mathbb{R}$ erlaubt.)

[1] implicitus (lat.): eingeschlossen, mitgemeint.

[2] explicitus (lat.): erklärt, ausführlich dargestellt.

Setzen wir für y den Term von f ein, so erhalten wir $y' = f'(x) = -\frac{x}{(x^2+1)^{3/2}}$

Prüfe selbst nach, dass man durch das übliche Differenzieren zum gleichen Ergebnis gelangt!

2. Beispiel: Betrachten wir nun die gegenüber dem 1. Beispiel nur geringfügig veränderte Gleichung $y^2x^2 + y^2 + 4 = 0$ mit $x, y \in \mathbb{R}$, so würde sich durch implizites Differenzieren auch hier ergeben:

$y' = \frac{-yx}{x^2+1}$.

Diese Beziehung ist hier aber offenbar sinnlos, da es überhaupt kein Paar (x; y) mit $x, y \in \mathbb{R}$ gibt, das die Gleichung $y^2x^2 + y^2 + 4 = 0$ erfüllt (warum?).

3. Beispiel: In 5.1.3. haben wir für $y = \frac{u(x)}{v(x)}$ die sogenannte Quotientenregel hergeleitet.

Auch diese allgemeine Beziehung kann leicht durch implizite Differenziation erhalten werden; denn es gilt dann $y \cdot v(x) = u(x)$.

Daraus erhält man unter Verwendung der Produktregel durch implizites Differenzieren

$y' \cdot v(x) + y \cdot v'(x) = u'(x)$, also $y' = \frac{u'(x) - y \cdot v'(x)}{v(x)}$.

Setzt man in diesen Bruch wieder $y = \frac{u(x)}{v(x)}$ ein und erweitert Zähler und Nenner mit $v(x)$, so ergibt sich die übliche Form der Quotientenregel.

C. Voraussetzungen bei der impliziten Differenziation

Wie wir schon beim 2. Beispiel gesehen haben, ist beim impliziten Differenzieren Vorsicht geboten. Wir fragen daher, welche Voraussetzungen erfüllt sein müssen, damit das Ergebnis der Rechnung sinnvoll ist. Dazu stellen wir fest:

Es muss zunächst ein Paar $(x_0; y_0)$ geben, das zur Menge $\{(x; y) \mid \varphi(x; y) = 0$ mit $x, y \in \mathbb{R}\}$ gehört. Eingeschränkt auf eine geeignet gewählte Umgebung von x_0 muss dadurch eine Funktion f definiert sein. Zur Anwendung der Kettenregel müssen ferner alle auftretenden Einzelfunktionen in dieser Umgebung differenzierbar sein. Schließlich muss es möglich sein, die durch Differenzieren erhaltene Gleichung nach y′ aufzulösen, d. h. der Faktor bei y′ muss für das Wertepaar $(x_0; y_0)$ von null verschieden sein. Wir wollen hier nicht genauer untersuchen, wie diese Eigenschaften untereinander zusammenhängen. Darüber gibt der folgende Satz Auskunft, den wir hier ohne Beweis angeben:

Satz 11.4:

Wenn die Paarmenge $M = \{(x; y) \mid \varphi(x; y) = 0$ und $x, y \in \mathbb{R}\}$ das Wertepaar $(x_0; y_0)$ enthält, die implizite Differenziation durchgeführt und die entstehende Gleichung nach y′ aufgelöst werden kann, so definiert *M*, eingeschränkt auf eine geeignet gewählte Umgebung von x_0, eine differenzierbare Funktion, deren Ableitung an der Stelle x_0 durch y′ gegeben ist.

Aufgaben

1. Berechne die Ableitung der Funktion

$$f\colon x \mapsto y = \sqrt{x}; \quad x \in \mathbb{R}^+$$

unter Benützung der Gleichung $y^2 - x = 0$ durch implizite Differenziation!
Welche andere stetige Funktion erfüllt diese Gleichung ebenfalls? Wie erhält man ihre Ableitung durch implizites Differenzieren? Welches Problem ergibt sich dabei für das Zahlenpaar (0; 0)?

2. Bei den nachfolgenden Funktionen ist die Ableitung implizit zu ermitteln und das Ergebnis durch gewöhnliches Differenzieren zu kontrollieren:

a) $f\colon x \mapsto y = \frac{1}{x}; \quad x \in \mathbb{R}\setminus\{0\}$

b) $f\colon x \mapsto y = \sqrt{x^2+1}; \quad x \in \mathbb{R}$

c) $f\colon x \mapsto y = (x^4+1)^{-\frac{1}{3}}; \quad x \in \mathbb{R}$

d) $f\colon x \mapsto y = 1 + \sqrt{2x - x^2}; \quad x \in]0; 2[$

e) $f\colon x \mapsto y = \frac{x-1}{x^2-2}; \quad x \in D_{f(x)}$

f) $f\colon x \mapsto y = \frac{2}{\sqrt{1+x^2}}; \quad x \in D_{f(x)}$

3. Es sind folgende Paarmengen M mit $x, y \in \mathbb{R}$ gegeben, die sich in der Form $M = f_1 \cup f_2$ in zwei stetige Funktionen zerlegen lassen. Bestimme jeweils die Funktionen f_1 und f_2 und differenziere sie implizit! Wo sind f_1 bzw. f_2 nicht differenzierbar? Zeichne auch die Graphen der Funktionen!

a) $M = \{(x; y) \mid y^2 - 4x = 0\}$

b) $M = \{(x; y) \mid x^2 + y^2 = 9\}$

c) $M = \{(x; y) \mid (y - x)(y + 2x) = 0\}$

d) $M = \{(x; y) \mid x^2 - y^2 = 0\}$

e) $M = \{(x; y) \mid y^2 - 3xy - 4x^2 = 0\}$

f) $M = \{(x; y) \mid (x - y)^2 = x^2 - y^2\}$

g) $M = \{(x; y) \mid x^2 + 2xy + y^2 = x + y\}$

h) $M = \{(x; y) \mid y^2 - 4y - x = 0\}$

4. Gegeben sind folgende Paarmengen M mit $x, y \in \mathbb{R}$. Ist auf Grund des Satzes 11.4 durch M eine differenzierbare Funktion in der Umgebung einer Stelle x_0 definiert? Gib, falls es möglich ist, eine derartige Stelle und die Ableitung der Funktion dort an!

a) $M = \{(x; y) \mid y + y^2 - x = 0\}$

b) $M = \{(x; y) \mid x^2 + y^2 = 0\}$

c) $M = \{(x; y) \mid x^2 + y^2 - 2x + 2 = 0\}$

d) $M = \{(x; y) \mid x^2 - y^2 - 1 = 0\}$

11.3. Die trigonometrischen Funktionen

11.3.1. Grundeigenschaften

A. Definitionen und Graphen

Wir wollen in diesem Abschnitt die wichtigsten Eigenschaften der trigonometrischen Funktionen nochmals kurz zusammenstellen. Dabei werden wir, wie vereinbart, bei den Winkeln grundsätzlich das Bogenmaß verwenden.

a) Die Terme $\sin x$ und $\cos x$ lassen sich für beliebiges $x \in \mathbb{R}$ am Einheitskreis (Fig. 11.10) veranschaulichen.

Die Funktionen

$$\sin\colon\ x \mapsto \sin x;\ x \in \mathbb{R} \quad \text{und}$$
$$\cos\colon\ x \mapsto \cos x;\ x \in \mathbb{R}$$

haben beide die Wertemenge $W = [-1; 1]$ und die Periode 2π (Vollwinkel im Einheitskreis), d.h. es gilt für alle $k \in \mathbb{Z}$;

$$\sin(x + k \cdot 2\pi) = \sin x$$
$$\cos(x + k \cdot 2\pi) = \cos x$$

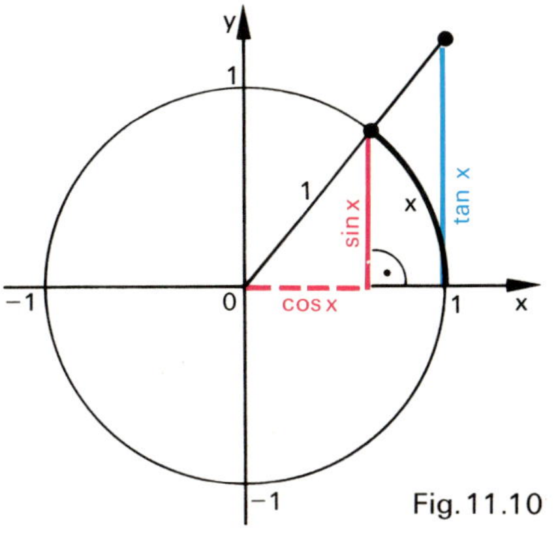

Fig. 11.10

Beide Funktionen haben im Intervall $[0; 2\pi[$ zwei Nullstellen und daher wegen der Periodizität in $\mathbb{R}$ unendlich viele. Es gilt:

$$\sin k\pi = 0 \quad \text{sowie} \quad \cos(k\pi + \tfrac{1}{2}\pi) = 0 \qquad \text{für alle } k \in \mathbb{Z}$$

Die Graphen der Sinus- und Kosinusfunktion sind uns schon aus dem Band Infinitesimalrechnung 1 und aus vielen Aufgaben bekannt. Hier sei noch vermerkt, dass beide Graphen zueinander kongruent sind. Der Graph $G_{\cos}$ geht aus dem Graphen $G_{\sin}$ durch Parallelverschiebung in Richtung der x-Achse um $-\frac{1}{2}\pi$ Längeneinheiten hervor: $\cos x = \sin(x + \frac{1}{2}\pi)$.

b) Der Term

$$\tan x = \frac{\sin x}{\cos x}$$

ist für alle $x \in \mathbb{R}$ definiert, die nicht Nullstellen des Nenners sind. Wir erhalten damit die Funktion

$$\tan = \frac{\sin}{\cos}; \quad D_{\tan} = \mathbb{R} \setminus \{x_k \mid x_k = (2k+1)\,\frac{\pi}{2} \text{ und } k \in \mathbb{Z}\}; \qquad W_{\tan} = \mathbb{R}$$

An den Definitionslücken hat die Tangensfunktion Unendlichkeitsstellen. Die Tangensfunktion hat die Periode π, d.h.: $\tan(x + k\pi) = \tan x$ für alle $k \in \mathbb{Z}$.

Geometrisch lässt sich der Wert $\tan x$ gemäß Fig. 11.10 als Abschnitt der Tangente an den Einheitskreis im Punkt (1; 0) ermitteln.[1]
Den Graphen zeigt Fig. 11.11.

c) Der Term

$$\cot x = \frac{\cos x}{\sin x}$$

definiert die Kotangensfunktion mit ähnlichen Eigenschaften. Wegen der einfachen Beziehung $\cot x = \dfrac{1}{\tan x}$ ist sie ohne größere Bedeutung.

[1] Grund: $\sin x : \cos x = \tan x : 1$ (Strahlensatz).

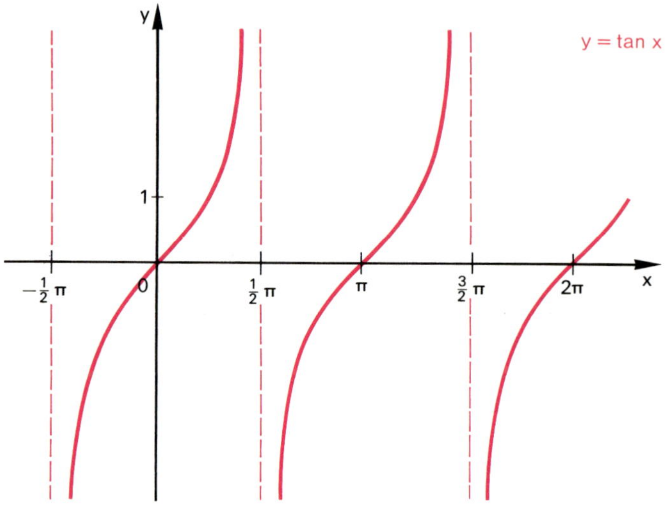

Fig. 11.11

B. Weitere goniometrische Beziehungen

Aus den Definitionen folgen die bekannten, für alle $x \in \mathbb{R}$ gültigen Gleichungen

$\sin^2 x + \cos^2 x = 1$ sowie

$\sin(-x) = -\sin x$ und $\cos(-x) = \cos x$.

sin ist also eine ungerade, cos eine gerade Funktion.

Für die trigonometrischen Funktionen gelten die sog. *Komplementärformeln*:[1]

$\sin(\frac{1}{2}\pi - x) = \cos x$ $\cos(\frac{1}{2}\pi - x) = \sin x$

$\tan(\frac{1}{2}\pi - x) = \cot x$

Die Funktion tan ist eine ungerade Funktion:

$$\tan(-x) = -\tan x$$

Aus der Trigonometrie kennen wir auch bereits die sog. *Additionstheoreme* für die Funktionen sin und cos, die wir hier mit den im Bogenmaß gemessenen Winkeln $a, b \in \mathbb{R}$ anschreiben:[2]

$$\sin(a + b) = \sin a \cos b + \cos a \sin b$$
$$\cos(a + b) = \cos a \cos b - \sin a \sin b$$

Daraus kann man durch Division für alle zulässigen Werte von a und b herleiten:

$$\tan(a + b) = \frac{\tan a + \tan b}{1 - \tan a \cdot \tan b}.$$

---

[1] Zwei Winkel heißen komplementär, wenn ihre Summe $\frac{\pi}{2}$ bzw. 90° beträgt.

[2] In 11.3.3. werden wir diese Beziehungen mit den Mitteln der Differenzialrechnung beweisen.

Die entsprechenden Terme für den Differenzwinkel erhält man am einfachsten durch Einsetzen von $a + (-b)$ in die Terme für den Summenwinkel unter Berücksichtigung der Tatsache, dass sin und tan ungerade Funktionen, cos aber eine gerade Funktion darstellt. (Führe die Herleitung selbst durch und vergleiche mit der mathematischen Formelsammlung.)

Aufgaben

1. Welche Beziehungen bestehen zwischen den trigonometrischen Funktionen des Winkels x und denen des Winkels

   a) $\frac{\pi}{2} - x$ b) $\frac{\pi}{2} + x$ c) $\pi - x$ d) $\pi + x$?

   Die Beziehungen sind zunächst am Einheitskreis abzulesen und dann mit den Additionstheoremen zu bestätigen.

2. Ist die Funktion $f: x \mapsto f(x);\ D_f = D_{f(x)}$ gerade, ungerade oder keines von beiden?

   a) $f(x) = x^2 \cos x$ b) $f(x) = x \cdot \cos x$ c) $f(x) = x \sin x$

   d) $f(x) = \cos x \cdot \tan x$ e) $f(x) = \frac{x^2}{\sin x}$ f) $f(x) = \frac{\cos x}{x}$

   g) $f(x) = \frac{\sin x}{x}$ h) $f(x) = \cos x \cdot \sin x$ i) $f(x) = x + \sin x$

   k) $f(x) = x + \cos x$ l) $f(x) = x^2 - \cos x$

3. Es sind sämtliche Symmetrieachsen der Graphen folgender Funktionen $f: x \mapsto f(x)$ mit $D_f = D_{f(x)}$ anzugeben:

   a) $f(x) = \sin x$ b) $f(x) = \cos x$ c) $f(x) = \sin(x - 1)$

   d) $f(x) = \tan^2 x$ e) $f(x) = x \sin x$ f) $f(x) = \tan^2(x - \frac{1}{2}\pi)$

4. a) Zeige: $\lim\limits_{x \to 0} \frac{\tan x}{x} = 1$

   b) Bestimme durch geeignete Umformung des Terms

   $$f(x) = \frac{\tan x}{x + \sin x}$$

   seinen Grenzwert für $x \to 0$!
   Hinweis: Bilde den Kehrwert von $f(x)$!

11.3.2. Gestaltliche Veränderungen der Graphen

A. Transformationen

Wir wollen nun auf den Graphen $G_{\sin}$ der Sinusfunktion einige einfache Abbildungen *(Transformationen)* anwenden, die sich sinngemäß auch auf $G_{\cos}$ und $G_{\tan}$ übertragen lassen.

1. Streckung in y-Richtung: $\overline{x} = x$; $\overline{y} = ay$

Der Graph $G_{\sin}$ wird abgebildet auf den Graphen der Funktion

$$\overline{x} \mapsto \overline{y} = a \sin \overline{x}; \quad \overline{x} \in \mathbb{R}.$$

Der jeweilige Funktionswert $\sin x$ wird mit a multipliziert, also für $a > 1$ vergrößert, für $0 < a < 1$ verkleinert, für $a < 0$ wird sein Vorzeichen umgekehrt (Fig. 11.12 a).

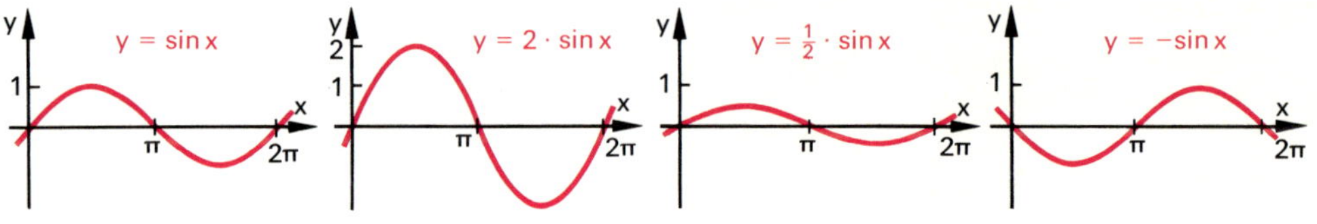

Fig. 11.12 a

2. Streckung in x-Richtung: $\overline{x} = \frac{1}{b}x$; $\overline{y} = y$ $(b \neq 0)$

$G_{\sin}$ wird abgebildet auf den Graphen der Funktion

$$\overline{x} \mapsto \overline{y} = \sin b\overline{x}; \quad \overline{x} \in \mathbb{R}.$$

Der Faktor b bedingt für $0 < b < 1$ eine Dehnung und für $b > 1$ eine Stauchung des Graphen in der x-Richtung (Fig. 11.12 b). Was ergibt sich für $b < 0$?

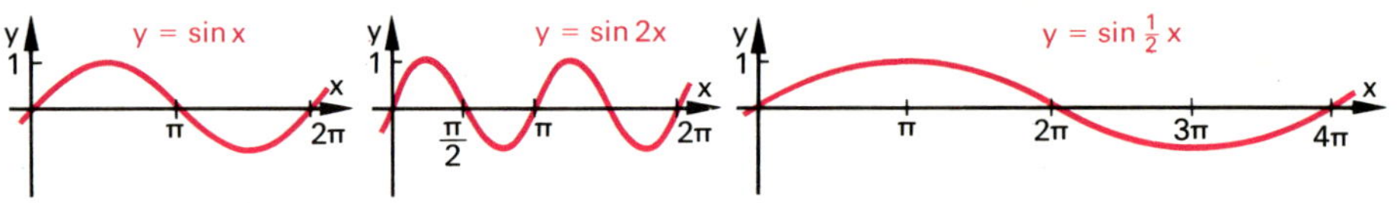

Fig. 11.12 b

3. Verschiebung in der x-Richtung: $\overline{x} = x + c$; $\overline{y} = y$

$G_{\sin}$ wird abgebildet auf den Graphen der Funktion

$$\overline{x} \mapsto \overline{y} = \sin(\overline{x} - c); \quad \overline{x} \in \mathbb{R}.$$

Der Summand c bewirkt eine Verschiebung in Richtung wachsender x-Werte für $c > 0$ und in Richtung abnehmender x-Werte für $c < 0$ (Fig. 11.13 a).

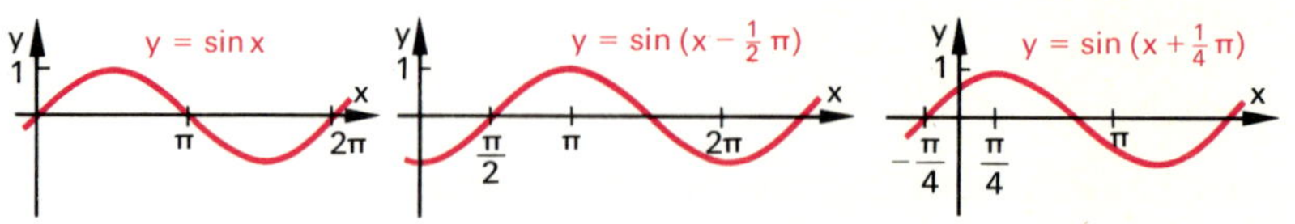

Fig. 11.13 a

4. Verschiebung in der y-Richtung: $\bar{x} = x$; $\bar{y} = y + d$

   $G_{\sin}$ wird abgebildet auf den Graphen der Funktion

   $$\bar{x} \mapsto \bar{y} = \sin \bar{x} + d\,.$$

   Durch den Summanden d wird der Graph in Richtung der y-Achse verschoben (Fig. 11.13b).

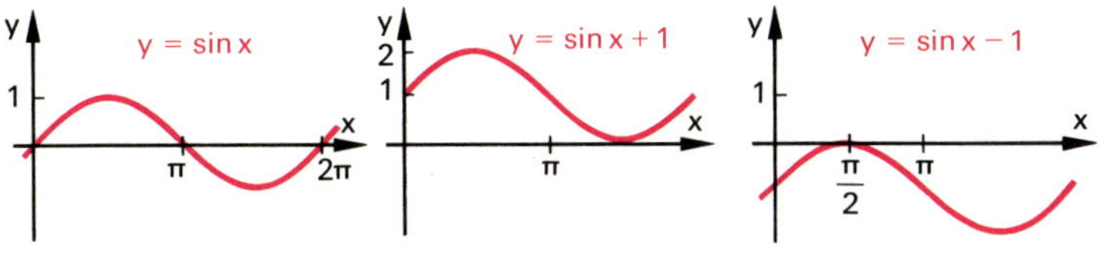

Fig. 11.13b

Beispiel: f: $x \mapsto 2\sin 2(x+2) + 2$; $x \in \mathbb{R}$ (Fig. 11.14)

Der Graph dieser Funktion geht aus $G_{\sin}$ folgendermaßen hervor:

1. Dehnung der Ordinaten auf den doppelten Betrag.
2. Stauchung der Periodenlänge auf die Hälfte.
3. Verschiebung um 2 LE nach links.
4. Verschiebung um 2 LE nach oben.

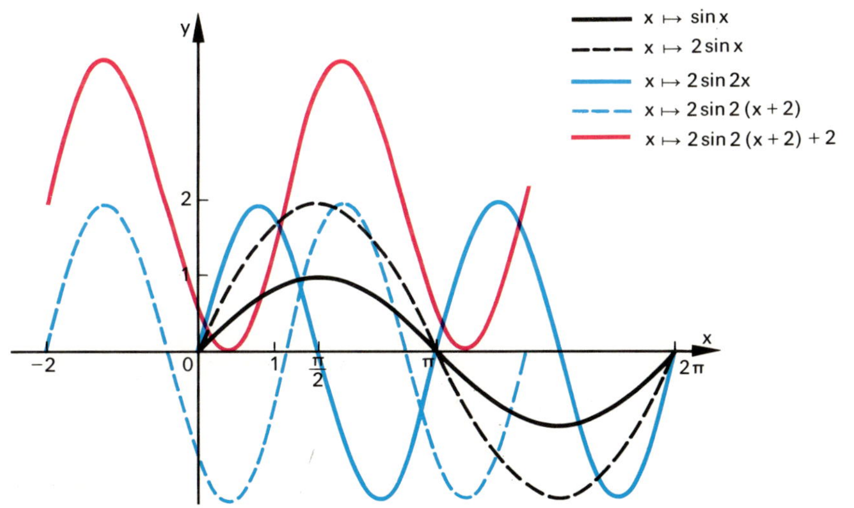

Fig. 11.14

B. Superposition

Sind die Graphen von Funktionen mit Zuordnungsvorschriften wie

$x \mapsto x + \sin x$; $x \mapsto x^2 - \sin x$; $x \mapsto \sin x - 2\cos x$ oder $x \mapsto x + \tan x$

gesucht, so zeichnet man am besten die Graphen der einzelnen Summanden und addiert (bzw. subtrahiert) zeichnerisch die Funktionswerte (*Überlagerung* oder *Superposition*).

Sonderfall:

Funktionen des Typs

$x \mapsto A\sin x + B\cos x; \quad x \in \mathbb{R}$

Ermittelt man z.B. den Graphen der Funktion

f: $x \mapsto \sin x - 2\cos x; \quad x \in \mathbb{R}$

nach der Methode der Superposition (Fig. 11.15), so erinnert er an eine Funktion der Art $x \mapsto a\sin(x+b)$.

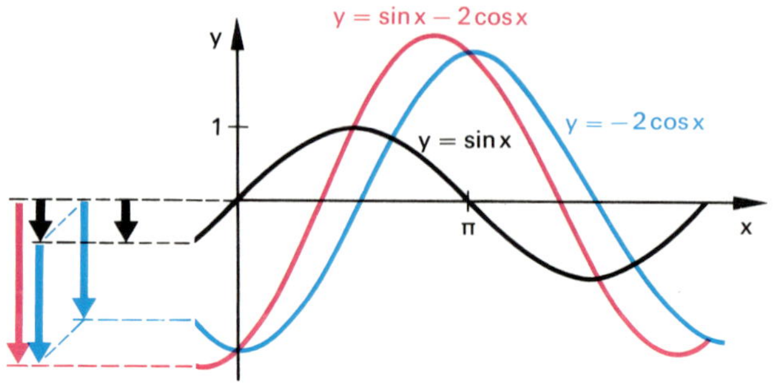

Fig. 11.15

Tatsächlich gilt:

Jeder Funktionsterm vom Typ $f(x) = A\sin x + B\cos x$ *lässt sich in die Form* $f(x) = a\sin(x+b)$ *bringen und umgekehrt.*

Beweis:

Nach den Additionstheoremen ist $a\sin(x+b) = a\sin x\cos b + a\sin b\cos x$. Die Terme

$$f(x) = a\sin(x+b) \quad \text{und} \quad \overline{f}(x) = A\sin x + B\cos x$$

sind also für alle $x \in \mathbb{R}$ äquivalent, wenn

$$A = a\cos b \quad \text{und} \quad B = a\sin b.$$

Quadriert und addiert man beide Gleichungen, so erhält man:

$$a = \pm\sqrt{A^2+B^2} \quad \text{und} \quad \cos b = \frac{A}{\pm\sqrt{A^2+B^2}} \quad \text{bzw.} \quad \sin b = \frac{B}{\pm\sqrt{A^2+B^2}}$$

Beschränkt man b auf das Intervall $[0; 2\pi[$, so gibt es zwei Lösungen a_1, b_1 und a_2, b_2 mit $a_2 = -a_1$, $b_2 = b_1 \pm \pi$.

Aufgaben

1. Zeichne die Graphen folgender Funktionen für $x \in \mathbb{R}$:

   a) f: $x \mapsto \frac{1}{2}\sin(\frac{1}{2}x) - \frac{1}{2}$ b) f: $x \mapsto -\frac{1}{2}\cdot\cos(x - \frac{1}{3}\pi)$ c) f: $x \mapsto 1{,}5\sin 3x$

2. Zeichne die Graphen der folgenden in $\mathbb{R}$ definierten Funktionen durch Überlagerung (Superposition):

   a) f: $x \mapsto \frac{1}{2}x + \sin x$ b) f: $x \mapsto -x + \cos x$ c) f: $x \mapsto x + \sin 2x$

   d) f: $x \mapsto x^2 - \frac{1}{2}\sin 2x$ e) f: $x \mapsto \cos x - 2\sin x$ f) f: $x \mapsto \sin 2x + \sin x$

3. Bringe die folgenden Funktionsterme auf die Form $f(x) = a\sin(x+b)$:

   a) $f(x) = \sin x + \cos x$ b) $f(x) = 3\sin x - 4\cos x$ c) $f(x) = -\sqrt{3}\sin x + \cos x$

4. Zeige, dass sich jeder Funktionsterm vom Typ $f(x) = A\sin Cx + B\cos Cx$ in die Form $f(x) = a\sin(Cx+b)$ bringen lässt!

5. Auf den Graphen der Funktion $f\colon x \mapsto \cos x;\ x \in \mathbb{R}$ werden die nachfolgenden Abbildungen angewandt. Zeichne den Bildgraphen und gib die zugehörige Funktion an:

a) $\bar{x} = x + 1;\quad \bar{y} = 2y$
b) $\bar{x} = -x;\quad \bar{y} = y$ (Achsensymmetrie)
c) $\bar{x} = 2x;\quad \bar{y} = 2y$ (zentrische Streckung)
d) $\bar{x} = -x;\quad \bar{y} = -y$ (Punktsymmetrie)
e) $\bar{x} = \frac{1}{2}x;\quad \bar{y} = y^2$
f) $\bar{x} = x;\quad \bar{y} = \frac{1}{y}$

6. Harmonische Schwingungen in allen Bereichen der Physik lassen sich mit Hilfe der Sinusfunktion beschreiben. Beispiel: $t \mapsto J_0 \sin 2\pi \frac{t}{T}$ beschreibt den zeitlichen Verlauf der Stromstärke in einem harmonisch schwingenden Wechselstromkreis.
a) Welche Bedeutung hat der Faktor J_0?
b) Welche Bedeutung hat die Größe T (t in Sekunden gemessen)?

11.3.3. Differenziation der trigonometrischen Funktionen

Nach Abschnitt G.4.2. gilt für alle $x \in \mathbb{R}$:

$$f(x) = \sin x \implies f'(x) = \cos x$$
$$f(x) = \cos x \implies f'(x) = -\sin x$$

In Abschnitt G.5.3. fanden wir:

$$f(x) = \tan x \implies f'(x) = \frac{1}{\cos^2 x} \quad \text{für } x \neq (2k+1)\frac{\pi}{2}$$

$$f(x) = \cot x \implies f'(x) = -\frac{1}{\sin^2 x} \quad \text{für } x \neq k\pi$$

Beispiel: Mit Hilfe der Ableitung lassen sich eine Reihe von Eigenschaften der trigonometrischen Funktionen besonders leicht beweisen. Wir zeigen dies an den Additionstheoremen von 11.3.1.B.
Wir betrachten mit beliebigem $x \in \mathbb{R}$ und ebenfalls beliebigem, aber festem $b \in \mathbb{R}$ die Funktionsterme:

$f(x) = \sin x \cos b + \cos x \sin b - \sin(x+b)$ und
$g(x) = \cos x \cos b - \sin x \sin b - \cos(x+b)$

Durch Differenzieren erhält man sofort die Beziehungen

$f'(x) = \cos x \cos b - \sin x \sin b - \cos(x+b) = g(x)$ und
$g'(x) = -\sin x \cos b - \cos x \sin b + \sin(x+b) = -f(x)$.

Deshalb ist

$f(x)\, f'(x) + g(x)\, g'(x) = 0 \quad$ für alle $x \in \mathbb{R}$.

Dies bedeutet aber nach der Kettenregel, dass die Ableitung des Funktionsterms

$F(x) = [f(x)]^2 + [g(x)]^2$

für alle $x \in \mathbb{R}$ verschwindet.

Daraus folgt, dass $F(x) = C$ eine Konstante sein muss.
Nun ist aber der Funktionswert

$$F(0) = [f(0)]^2 + [g(0)]^2 = (\sin b - \sin b)^2 + (\cos b - \cos b)^2 = 0$$

Daher muss $F(x)$ konstant null sein. Das ist aber für eine Summe von zwei Quadraten nur möglich, wenn

$$f(x) = 0 \quad \text{und} \quad g(x) = 0 \qquad \text{für alle } x \in \mathbb{R}.$$

Damit haben wir die beiden Additionstheoreme bewiesen. Setzt man $x = a$, so erhält man die in Abschnitt 11.3.1. B angegebene Form.

Bemerkung:

Bei der Differenziation von $\tan x$ und $\cot x$ sind gelegentlich folgende Beziehungen nützlich:

$$\frac{1}{\cos^2 x} = 1 + \tan^2 x \qquad \text{und} \qquad \frac{1}{\sin^2 x} = 1 + \cot^2 x$$

Aufgaben

1. Zeige:

   a) $f(x) = |\sin x| \implies f'(x) = \frac{\sin x}{|\sin x|} \cdot \cos x \qquad \text{mit } x \neq k \cdot \pi,\ k \in \mathbb{Z}$

   Hinweis: Ersetze $|\sin x|$ durch $\sqrt{\sin^2 x}$ und differenziere die Wurzel mit Beachtung der Kettenregel!

   b) $f(x) = |x| \implies f'(x) = \frac{x}{|x|} \qquad \text{mit } x \neq 0$

2. Bilde $f'(x)$! Welche x-Werte sind auszuschließen? Beachte gegebenenfalls Aufgabe 1 b)!

   a) $f(x) = |\cos x|$ b) $f(x) = |\tan x|$ c) $f(x) = \sin|x|$
   d) $f(x) = |x| \cdot |\sin x|$ e) $f(x) = |x| \cdot \sin|x|$ f) $f(x) = e^{|x|} \cdot \cos|x|$
   g) $f(x) = \ln|\cos x|$ h) $f(x) = e^{|\sin x|}$ i) $f(x) = e^{\tan|x|}$

3. Diskutiere die folgenden in $\mathbb{R}$ definierten Funktionen und zeichne ihre Graphen für $x \in [-\pi; 2\pi]$:

   a) $f\colon x \mapsto \sin x + \cos x$

   b) $f\colon x \mapsto |\sin x| + |\sin(x - \frac{1}{2}\pi)|$ (Gleichrichtung und Glättung von Wechselstrom)

   c) $f\colon x \mapsto e^{-x}\cos x$ (Gedämpfte Schwingung)

   d) $f\colon x \mapsto \begin{cases} \frac{\sin x}{x} & \text{für } x \in \mathbb{R}\setminus\{0\} \\ 1 & \text{für } x = 0 \end{cases}$

   Ermittle insbesondere das Verhalten der 1. Ableitung in der Umgebung des Ursprungs!

4. Für die Funktion $f\colon x \mapsto \cos\sqrt{x};\ x \in \mathbb{R}_0^+$ ist der Grenzwert $\lim\limits_{x \to 0+0} f'(x)$ zu ermitteln. Skizziere G_f für $[0; 3]$ mit 1 LE = 2 cm!

5. Beweise durch Differenzieren die für alle $x \in \mathbb{R}$ gültige Beziehung $\sin^2 x + \cos^2 x = 1$!

6. Gegeben ist die Funktion $f\colon x \mapsto f(x) = 3\sqrt{1 - 2\cos x}$.

   a) In welchem Teilbereich von $[0; 2\pi[$ ist f definierbar? Welcher Wertebereich ergibt sich?

   b) Bestimme diejenige Stelle x im unter a) ermittelten Definitionsbereich, für die $f'(x) = f(x)$ gilt! (Lösung erraten!)

   c) Zeichne den Graphen von f mit 1 LE = 1 cm und $\pi \approx 3$!

7. Eine Leiterschleife dreht sich mit konstanter Winkelgeschwindigkeit in einem homogenen Magnetfeld der Flussdichte B. Nach dem Induktionsgesetz

$$U(t) = \dot{\phi}(t)$$

wird dabei in der Schleife die Spannung U (t) induziert, wobei $\phi(t) = B \cdot A(t)$ der magnetische Fluss durch die Projektion der Leiterfläche auf eine zur Magnetfeldrichtung senkrechte Ebene ist (Projektionsflächeninhalt A (t), vgl. Fig. 11.16).
Bestimme U (t)! (Bezeichne die Dauer einer vollen Umdrehung mit T!)

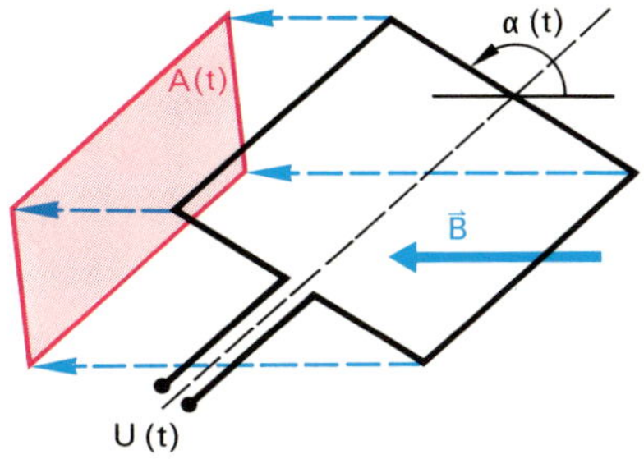

Fig. 11.16

11.3.4. Die Grundintegrale der trigonometrischen Funktionen

In 8.2.3. fanden wir bereits

$$\int \sin x\,dx = -\cos x + C \quad \text{und} \quad \int \cos x\,dx = \sin x + C.$$

Durch Umkehrung der Ableitungsregel für die Tangensfunktion ergibt sich für Intervalle, in denen keine Definitionslücke der Tangensfunktion liegt:

$$\int \frac{1}{\cos^2 x}\,dx = \tan x + C$$

Aufgaben

1. a) $\int_0^{0,5} \frac{1}{\cos^2 x}\,dx$ b) $\int_{0,5}^{1} \frac{1}{1-\cos 2x}\,dx$ c) $\int \frac{1}{\sin^2 x \cdot \cos^2 x}\,dx$

   d) $\int \tan x\,dx$ e) $\int \frac{dx}{\tan x \cdot \cos^2 x}$ f) $\int \frac{\cos 2x}{\sin x \cdot \cos x}\,dx$

   Hinweise zu c): Ersetze 1 durch $\sin^2 x + \cos^2 x$ und beachte die Formel in Aufgabe 3!
   zu d), e), f): Beachte Abschnitt 10.2.3. B.

2. a) $\int \tan^2 x\,dx$ b) $\int_{\pi/4}^{\pi/3} \frac{1-\cos 2x}{1+\cos 2x}\,dx$

   Hinweis zu a): Beachte, dass $1 + \tan^2 x = \frac{1}{\cos^2 x}$. (s. Bem. 11.1.1.).

3. Beweise die Integrationsformel

$$\int \frac{1}{\sin^2 x}\,dx = -\frac{1}{\tan x} + C \qquad (= -\cot x + C)$$

4. Berechne den Inhalt der Fläche, die von G_f und der x-Achse zwischen benachbarten Nullstellen eingeschlossen wird!

a) $f\colon x \mapsto \sin x + \cos x;\quad D_f = [0;\, 2\pi]$ b) $f\colon x \mapsto 2 - \dfrac{1}{\cos^2 x};\quad D_f =]\tfrac{1}{2}\pi;\, \tfrac{3}{2}\pi[$

c) $f\colon x \mapsto \sin x - \dfrac{2x}{\pi};\quad D_f = \mathbb{R}_0^+$

Hinweis: Die Nullstellen sind durch Probieren zu finden.

5. Die Graphen der für $x \in \mathbb{R}$ definierten Funktionen

$$f\colon x \mapsto \sin x \quad \text{und} \quad g\colon x \mapsto 1 - \cos x$$

schließen zwei Flächen mit verschiedenen Inhalten ein. Berechne die Maßzahlen dieser Inhalte!

6. Die Graphen der für $x \in \mathbb{R}$ definierten Funktionen

$$f_a\colon x \mapsto a \sin x \quad \text{und} \quad g_c\colon x \mapsto cx^2 \quad \text{mit} \quad a, c \in \mathbb{R}$$

schneiden sich im Punkt $P(\tfrac{1}{2}\pi;\, \tfrac{1}{2})$. Zu berechnen sind a, c und der Inhalt der von den zugehörigen Graphen eingeschlossenen Fläche.

7. In einer Integraltafel findet man folgende Beziehungen:

$$\int \sin^2 x\, dx = \tfrac{1}{2}x - \tfrac{1}{4}\sin 2x + C$$

$$\int x \sin^2 x\, dx = \tfrac{1}{4}x^2 - \tfrac{1}{4}x \sin 2x - \tfrac{1}{8}\cos 2x + C$$

Kontrolliere die Richtigkeit!

8. Für welche $x \in [0;\, \tfrac{1}{2}\pi]$ gilt

a) $\displaystyle\int_{\pi/6}^{x} \frac{dt}{\cos^2 t} = \tfrac{2}{3}\sqrt{3}$, b) $\displaystyle\int_{0}^{x} (8t + 2\sin t)\, dt = \pi^2 + 2$? („Gezieltes Raten"!)

11.4. Arcusfunktionen

11.4.1. Definition der Arcusfunktionen

A. Die Umkehrung der Sinusfunktion

Die Funktion $\sin\colon x \mapsto y = \sin x;\ x \in \mathbb{R}$ nimmt wegen ihrer Periodizität (vgl. 11.3.1.) jeden y-Wert zwischen -1 und $+1$ unendlich oft an, z. B. ist

$$\sin x = 0{,}5 \ \text{für} \begin{cases} x = \tfrac{1}{6}\pi + 2k\pi \\ x = (\pi - \tfrac{1}{6}\pi) + 2k\pi \end{cases} \quad \text{mit } k \in \mathbb{Z}.$$

Zur Funktion sin selbst gibt es daher keine Umkehrfunktion. Eine Umkehrfunktion wird erst dadurch möglich, dass wir die Definitionsmenge der Sinusfunktion auf ein Intervall einschränken, in dem $\sin x$ streng monoton ist. Dies ist z. B. im Intervall $[-\tfrac{1}{2}\pi;\, \tfrac{1}{2}\pi]$ der Fall. Die zugehörige Einschränkung der Sinusfunktion

$$\sin_0\colon x \mapsto \sin x; \quad x \in [-\tfrac{1}{2}\pi;\, \tfrac{1}{2}\pi]$$

hat die Wertemenge $[-1;\, 1]$ und ist umkehrbar. Die Umkehrfunktion von $\sin_0$

hat daher die Definitionsmenge $[-1; 1]$ und die Wertemenge $[-\frac{1}{2}\pi; \frac{1}{2}\pi]$. Wir nennen sie *Arcussinusfunktion* und bezeichnen sie mit

$$\arcsin: x \mapsto \arcsin x; \quad x \in [-1; 1];$$ [1]

Definition 11.2:

> arcsin x bezeichnet im Bogenmaß (arcus) den Winkel des Bereichs $[-\frac{1}{2}\pi; \frac{1}{2}\pi]$, dessen Sinus gleich x ist.[2]

Definitionsgemäß gilt daher:

$$\sin(\arcsin x) = x \quad \text{für } x \in [-1; 1]$$
$$\arcsin(\sin x) = x \quad \text{für } x \in [-\tfrac{1}{2}\pi; \tfrac{1}{2}\pi]$$

Beispiele: a) $\arcsin 0{,}5 = \frac{1}{6}\pi$, weil $\sin(\frac{1}{6}\pi) = 0{,}5$

b) $\arcsin(-\frac{1}{2}\sqrt{2}) = -\frac{1}{4}\pi$, weil $\sin(-\frac{1}{4}\pi) = -\sin(\frac{1}{4}\pi) = -\frac{1}{2}\sqrt{2}$

Den Graphen $G_{\arcsin}$ erhalten wir durch Spiegelung von $G_{\sin_0}$ an der Winkelhalbierenden des I. und III. Quadranten (Fig. 11.17).

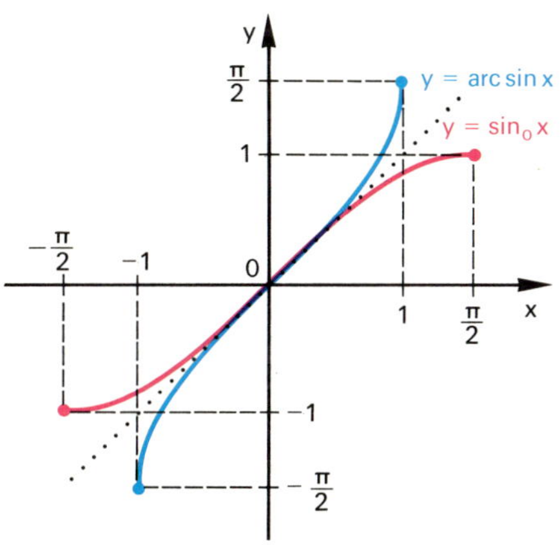

Fig. 11.17

B. Die Umkehrungen der übrigen trigonometrischen Funktionen

a) Um zu einer Umkehrfunktion zur Kosinusfunktion zu gelangen, können wir entsprechend wie vorhin verfahren. Wir betrachten hier die auf das Intervall $[0; \pi]$ eingeschränkte Funktion

$$\cos_0: x \mapsto \cos x; \quad x \in [0; \pi].$$

$\cos_0$ ist eine streng monoton abnehmende Funktion mit der Wertemenge $[-1; 1]$. Die zugehörige Umkehrfunktion heißt *Arcuskosinusfunktion*:

$$\arccos: x \mapsto \arccos x; \quad x \in [-1; 1]$$

Ihre Wertemenge ist $W = [0; \pi]$.

---

[1] Lies: Arcus-sinus-x

[2] arcus (lat.): Bogen

Definition 11.3:

arccos x bezeichnet den arcus des Bereichs [0; π], dessen Kosinus gleich x ist.

Fig. 11.18 zeigt den Graphen G_{arccos}.

a) $\arccos\frac{1}{2} = \frac{1}{3}\pi$, weil $\cos(\frac{1}{3}\pi) = \frac{1}{2}$

b) $\arccos(-\frac{1}{2}) = \frac{2}{3}\pi$, weil $\cos(\frac{2}{3}\pi) = -\frac{1}{2}$

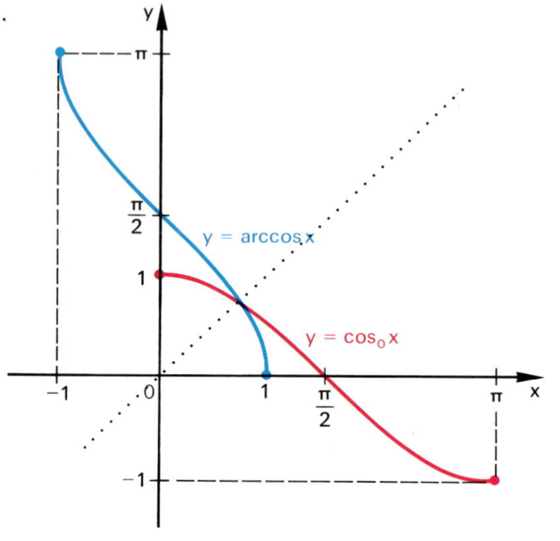

Fig. 11.18

b) Bei der Tangensfunktion ist die auf das Intervall $]-\frac{1}{2}\pi; \frac{1}{2}\pi[$ eingeschränkte Funktion

$\tan_0\colon x \mapsto \tan x; \quad x \in]-\frac{1}{2}\pi; \frac{1}{2}\pi[$

mit der Wertemenge ℝ umkehrbar. Die zugehörige Umkehrfunktion heißt *Arcustangensfunktion*:

$\arctan\colon x \mapsto \arctan x; \quad x \in \mathbb{R}$

Ihre Wertemenge ist $]-\frac{1}{2}\pi; \frac{1}{2}\pi[$.

Den Graphen $G_{\arctan}$ zeigt Fig. 11.19.

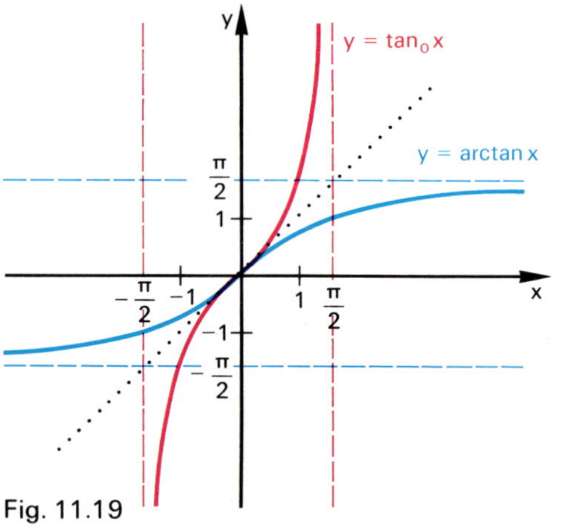

Fig. 11.19

Definition 11.4:

arctan x bezeichnet den arcus des Bereichs $]-\frac{1}{2}\pi; \frac{1}{2}\pi[$, dessen Tangens gleich x ist.

Beispiele: a) $\arctan 1 = \frac{1}{4}\pi$, weil $\tan(\frac{1}{4}\pi) = 1$

b) $\arctan(-\frac{1}{3}\sqrt{3}) = -\frac{1}{6}\pi$, weil $\tan(-\frac{1}{6}\pi) = -\frac{1}{3}\sqrt{3}$

Aus den Eigenschaften von $\tan_0$ folgen die wichtigen Grenzwerte:

$$\lim_{x \to \infty} \arctan x = \tfrac{1}{2}\pi \quad \text{und} \quad \lim_{x \to -\infty} \arctan x = -\tfrac{1}{2}\pi$$

Bemerkungen:

1. Für die Funktionen arcsin, arccos, arctan bürgern sich immer mehr auch die Bezeichnungen $\sin^{-1}$, $\cos^{-1}$ und $\tan^{-1}$ ein. Warum ist das mathematisch nicht korrekt?
2. Aus den Graphen ergeben sich folgende bei Symmetriebetrachtungen manchmal nützliche Beziehungen:

$$\arcsin(-x) = -\arcsin x \qquad \arctan(-x) = -\arctan x$$
$$\arccos(-x) = \pi - \arccos x$$

C. Bestimmung der Funktionswerte mit dem Taschenrechner

Die Werte der Arcusfunktionen werden z. B. mit den Tasten $\sin^{-1}$, $\cos^{-1}$, $\tan^{-1}$ des Taschenrechners oder mit der INV-Taste in Verbindung mit der sin-, cos-, tan-Taste ermittelt. Dabei muss der Rechner auf das Bogenmaß umgeschaltet werden.

Beispiele:
a) $\arcsin 0{,}5 = 0{,}5236\ldots$ Probe: $\sin 0{,}5236 = 0{,}5$
b) $\arccos(-0{,}75) = 2{,}4189\ldots$ Probe: $\cos 2{,}4189 = -0{,}75$
c) $\arctan(-10^6) = -1{,}5708\ldots$ ($\approx -\tfrac{1}{2}\pi$; wieso?)

Aufgaben

1. a) $\arcsin 1$ b) $\arcsin \tfrac{1}{2}\sqrt{2}$ c) $\arcsin(-\tfrac{1}{2}\sqrt{3})$ d) $\arccos \tfrac{1}{2}$
   e) $\arccos \tfrac{1}{2}\sqrt{3}$ f) $\arccos(-1)$ g) $\arctan 1$ h) $\arctan(-\sqrt{3})$
   i) $\arcsin 0{,}4810$ k) $\arccos 0{,}8531$ l) $\arctan(-0{,}7536)$ m) $\arctan(-\sqrt{2})$

2. Gesucht sind die Lösungsmengen folgender Gleichungen und Ungleichungen:
   a) $\arcsin x = \tfrac{1}{4}\pi$ b) $\arcsin x = \tfrac{1}{6}\pi$ c) $\arcsin x = 0{,}4520$
   d) $\arctan x = -\tfrac{1}{3}\pi$ e) $\arccos x = \tfrac{5}{6}\pi$ f) $(\arccos x)^2 = 0{,}25$
   g) $(\arcsin x)^2 \leqq 2$ h) $0 < \arcsin x < \tfrac{1}{8}\pi$ i) $|\arcsin x| < \tfrac{1}{3}\pi$

3. Zeige, dass für $a \in]0; 1[$ gilt:
   a) $\arcsin a = \arccos\sqrt{1 - a^2}$ b) $\arccos a = \arcsin\sqrt{1 - a^2}$
   c) $\arcsin a = \arctan \dfrac{a}{\sqrt{1 - a^2}}$ d) $\arccos a = \arctan \dfrac{\sqrt{1 - a^2}}{a}$
   Welche Änderungen ergeben sich für $a \in]-1; 0[$?

4. Folgende Terme sind für $x \in]0; 1[$ zu vereinfachen:
   a) $\cos(\arccos x)$ b) $\sin(\arccos x)$ c) $\cos(\arcsin x)$
   d) $\tan(\arccos x)$ e) $\cos(\arctan x)$
   Welche Änderungen ergeben sich für $x \in]-1; 0[$?

5. Beweise folgende Beziehungen:

a) $\arcsin a + \arccos a = \frac{1}{2}\pi$ für alle $a \in [-1; 1]$

b) $\arcsin(2x-1) + 2\arccos\sqrt{x} = \frac{1}{2}\pi$ für alle $x \in [0; 1]$

c) $2\arcsin\sqrt{x} - \arcsin(2x-1) = \frac{1}{2}\pi$ für alle $x \in [0; 1]$

6. Gib zu folgenden Termen f(x) die maximal mögliche Definitionsmenge an! Bestimme für die jeweils zugehörige Funktion f die Wertemenge und zeichne den Graphen durch Überlagerung!

a) $f(x) = x + \arccos x$ b) $f(x) = \sqrt{x} + \arcsin x$ c) $f(x) = \frac{1}{2}\pi + \arcsin(x-1)$

7. Gegeben ist die Funktion

$$f\colon x \mapsto \arctan \frac{x}{x-1}; \qquad D_f = D_{f(x)}.$$

Bestimme $\lim\limits_{x \to \pm\infty} f(x)$ sowie $\lim\limits_{x \to 1 \pm 0} f(x)$ und skizziere den Graphen G_f!

8. Untersuche das Verhalten der Funktion

$$f\colon x \mapsto \frac{1}{\frac{1}{2}\pi + \arctan 1/x}; \qquad x \in \mathbb{R}\setminus\{0\}$$

für $x \to \pm\infty$ und für $x \to 0 \pm 0$!

9. Bestimme $D_{f(x)}$ für folgende Terme:

a) $f(x) = \arccos \frac{1}{x}$ b) $f(x) = \arcsin \ln x$ c) $f(x) = \arcsin\sqrt{4-x^2}$

d) $f(x) = \arccos\left(\frac{2}{e^x + e^{-x}}\right)$ e) $f(x) = \arcsin \frac{x}{\sqrt{x^2+1}}$ f) $f(x) = \arccos(\arctan x)$

10. Gegeben ist die Funktion $f\colon x \mapsto \arcsin(x^2 - 2x - 3)$; $D_f = D_{f(x)}$.

a) Zeige: $D_f = [1-\sqrt{5}; 1-\sqrt{3}] \cup [1+\sqrt{3}; 1+\sqrt{5}]$

b) Skizziere den Graphen von f!

11. Der Graph der Funktion

$$f\colon x \mapsto y = \arccos \frac{x-1}{\sqrt{x^2-2x+2}}$$

ist punktsymmetrisch in Bezug auf den Punkt $P(1; ?) \in G_f$ als Symmetriezentrum. Man weise dies nach!

11.4.2. Differenziation der Arcusfunktionen

Die Ableitung der Arcusfunktionen gewinnen wir aus dem Ableitungssatz für die Umkehrfunktion in 9.2., wobei wir $f = \sin_0$ und $f^{-1} = \arcsin$ gesetzt denken. Die Funktion

$$\sin_0\colon x \mapsto \sin x; \quad x \in [-\tfrac{1}{2}\pi; \tfrac{1}{2}\pi]$$

hat im Innern der Definitionsmenge die Ableitungsfunktion

$$\sin_0'\colon x \mapsto \cos x; \quad x \in]-\tfrac{1}{2}\pi; \tfrac{1}{2}\pi[$$

In dieser Menge ist $\sin_0'(x) = \cos x$ positiv, und daher gilt für alle x aus der zugehörigen Wertemenge $]-1; 1[$ für die Umkehrfunktion $x \mapsto y = \arcsin x$ nach Satz 9.4.:

$$y' = (\arcsin x)' = \frac{1}{\cos y};$$ [1]

Nun ist $y = \arcsin x$ gleichwertig mit $\sin y = x$. Wegen $y \in]-\frac{1}{2}\pi; \frac{1}{2}\pi[$ gilt:

$$\cos y = \sqrt{1 - \sin^2 y} = \sqrt{1 - x^2}.$$

Also folgt:

$$y' = (\arcsin x)' = \frac{1}{\sqrt{1 - x^2}}$$

Wir erhalten somit folgende Ableitungsregel:

$$f(x) = \arcsin x \Rightarrow f'(x) = \frac{1}{\sqrt{1 - x^2}}; \quad x \in]-1; 1[$$

Ganz entsprechend ergibt sich:

$$f(x) = \arccos x \Rightarrow f'(x) = -\frac{1}{\sqrt{1 - x^2}}; \quad x \in]-1; 1[$$

Zur Ableitung der Funktion arctan greifen wir ebenfalls auf die zugehörige Umkehrfunktion zurück:

$$\tan_0\colon x \mapsto \tan x; \quad x \in]-\tfrac{1}{2}\pi; \tfrac{1}{2}\pi[$$

Für ihre Ableitung gilt

$$\tan_0'\colon x \mapsto \frac{1}{\cos^2 x}; \quad x \in]-\tfrac{1}{2}\pi; \tfrac{1}{2}\pi[$$

Die Ableitung von $\tan_0$ ist also in der ganzen Definitionsmenge positiv, und daher gilt in der zugehörigen Wertemenge $\mathbb{R}$ für die Umkehrfunktion $x \mapsto y = \arctan x$ nach Satz 9.4.:

$$y' = (\arctan x)' = \frac{1}{\frac{1}{\cos^2 y}}$$

Beachten wir, dass $y = \arctan x$ gleichwertig ist mit $\tan y = x$, dann ist

$$\frac{1}{\cos^2 y} = \frac{\cos^2 y + \sin^2 y}{\cos^2 y} = 1 + \tan^2 y = 1 + x^2,$$

[1] Statt $(\arcsin x)'$ ist auch die Schreibweise $\arcsin' x$ zulässig.

und es folgt

$$y' = (\arctan x)' = \frac{1}{1+x^2},$$

also die Ableitungsregel:

$$f(x) = \arctan x \implies f'(x) = \frac{1}{1+x^2}; \quad x \in \mathbb{R}$$

Mit dem Nachweis der Differenzierbarkeit ist auch gezeigt, dass die Funktionen arcsin und arccos in $]-1; 1[$ und die Funktion arctan in ganz $\mathbb{R}$ stetig sind. An den Stellen +1 und −1 sind arcsin und arccos noch links- bzw. rechtsseitig stetig (warum?).

11.4.3. Neue Grundintegrale

Aus den eben hergeleiteten Differenziationsregeln sehen wir, dass die Arcusfunktionen Stammfunktionen anderer Funktionen sind, die wir bisher noch nicht integrieren konnten. Nach dem HDI erhalten wir die folgenden neuen Grundintegrale:

$$\int \frac{dx}{\sqrt{1-x^2}} = \arcsin x + C$$

sowie:

$$\int \frac{dx}{1+x^2} = \arctan x + C$$

Aufgaben

1. Ermittle die Ableitungsfunktion zur Funktion arccos mit Satz 9.4!
2. Bilde die Ableitung der Arcusfunktionen durch implizite Differenziation (vgl. 11.2.5.)!
3. Für folgende Funktionsterme sind Definitionsmenge und Ableitung anzugeben:
   a) $f(x) = \arcsin(1-x)$ b) $f(x) = \arccos(2x-1)$ c) $f(x) = \arctan(e^x)$
   d) $f(x) = \arctan\sqrt{x}$ e) $f(x) = e^{\arctan x}$ f) $f(x) = \ln(\arcsin\sqrt{x})$
4. Gib die Wertemenge und die Ableitung folgender Funktionen mit $D_f = D_{f(x)}$ an:
   a) $f\colon x \mapsto \arctan x^2$ b) $f\colon x \mapsto x \arcsin x$
   c) $f\colon x \mapsto \frac{\arccos x}{x}$ d) $f\colon x \mapsto \arcsin\left(\frac{e^x - e^{-x}}{e^x + e^{-x}}\right)$
5. Berechne die zweite Ableitung zu folgenden Funktionstermen:
   a) $f(x) = a \cdot \arcsin\frac{x}{a} - \sqrt{a^2 - x^2}$ b) $f(x) = \frac{a^2}{2} \cdot \arcsin\frac{x}{a} + \frac{x}{2}\sqrt{a^2 - x^2}$

c) $f(x) = \arccos(1-x) - \sqrt{2x - x^2}$ d) $f(x) = \arcsin \frac{x}{\sqrt{x^2 + a^2}}$

e) $f(x) = \frac{1}{2} \arctan \frac{2x}{1 - x^2}$ f) $f(x) = \sqrt{x - x^2} - \arctan \sqrt{\frac{1-x}{x}}$

6. Gegeben ist die Funktion $f\colon x \mapsto \frac{1}{2} \arcsin \frac{2x}{x^2+1}; \quad x \in D_{f(x)}$.

a) Bestimme $D_{f(x)}$ und die Extremwerte von f ohne Berechnung von f'!

b) Berechne die Ableitung von f und stelle fest, wo sie nicht definiert ist!

Ermittle: $\lim\limits_{x \to 1+0} f'(x)$ und $\lim\limits_{x \to 1-0} f'(x)$.

Was sagen die Ergebnisse über den Graphen G_f aus (Skizze!)?

c) Welche Beziehung besteht zwischen f und der Funktion arctan? Leite die Beziehung für $x \in]0; 1[$ auch ohne Benutzung der Ableitung her!

7. a) Diskutiere die Funktion $f\colon x \mapsto \arctan \frac{1}{|x|}; \quad x \in \mathbb{R} \setminus \{0\}$!

b) Zeige, dass es zu f eine auf ganz $\mathbb{R}$ stetige Fortsetzung $\overline{f}$ gibt!

c) Untersuche, ob $\overline{f}$ an der Stelle $x_0 = 0$ differenzierbar ist!

d) Wie hängt $\overline{f}$ mit der Funktion arctan zusammen?

8. Auch ohne Kenntnis der Integrale der Arcusfunktionen lassen sich folgende Integrale berechnen (Skizzen):

a) $\int\limits_{-1}^{1} \arcsin x\,dx$ b) $\int\limits_{0}^{1} \arcsin x\,dx$ c) $\int\limits_{0}^{1} \arccos x\,dx$ d) $\int\limits_{0,5}^{1} \arccos x\,dx$

9. Berechne folgende Integrale:

a) $\int\limits_{0}^{1} \frac{dx}{x^2+1}$ b) $\int\limits_{0}^{1} \frac{x\,dx}{x^2+1}$ c) $\int\limits_{0}^{\frac{1}{2}\sqrt{2}} \frac{dx}{\sqrt{1-x^2}}$

d) $\int\limits_{0}^{0,8} \frac{1 - x^2 - x^4}{1 + x^2}\,dx$ e) $\int\limits_{2}^{3} \frac{1}{x^2 + x^4}\,dx$ f) $\int\limits_{2}^{3} \frac{1}{x + x^3}\,dx$

Hinweis zu e) und f): Schreibe im Zähler $1 + x^2 - x^2$!

10. Berechne die Integrale:

a) $\int\limits_{0}^{1} \frac{x^3 - 2x^2 + x - 1}{x^2 + 1}\,dx$ b) $\int\limits_{-1}^{1} \frac{3 + x - 2x^2 + x^3 - x^4}{1 + x^2}\,dx$

11. Wie ist die Grenze x zu wählen, damit die Integrale die angegebenen Werte erhalten?

a) $\int\limits_{0}^{x} \frac{dt}{\sqrt{1-t^2}} = 0{,}3$ b) $\int\limits_{1}^{x} \frac{dt}{1+t^2} = 0{,}5$ c) $\int\limits_{x}^{2} \frac{dt}{1+t^2} = 0{,}2$

12. Welche Beziehung besteht zwischen den Konstanten C und C_1 in der Integrationsformel

$$\int \frac{dx}{\sqrt{1-x^2}} = \arcsin x + C = -\arccos x + C_1\ ?$$

13. Gegeben ist die Funktion f: $x \mapsto \arctan(e^x)$; $D_f = \mathbb{R}$.

a) Bestimme das Verhalten von f für $x \to \pm\infty$!

b) An welcher Stelle ist der Graph G_f am steilsten, und wie groß ist dort die Steigung?

c) Zeige, dass es für $0 < m < 0{,}5$ stets genau zwei Stellen x_1 und x_2 gibt, an denen G_f die Steigung m hat! Zeige, dass dabei $x_2 = -x_1$ ist! Berechne diese Stellen für $m = 0{,}4$!

d) Beweise allgemein, dass G_f zum Punkt $Z(0; \frac{1}{4}\pi)$ punktsymmetrisch ist!

e) Skizziere G_f! 1 LE = 2 cm.

f) Berechne $\int_{-2}^{2} f(x)\,dx$! (Beachte das Ergebnis von d!)

11.5. Kreis und Ellipse

Ein Kreis *K* oder eine Ellipse *E* in einem x-y-Koordinatensystem kann nicht Graph einer Funktion sein. Dagegen können Teilmengen von *K* bzw. *E*, z.B. bestimmte Kreis- und Ellipsenbögen, als Graphen von Funktionen betrachtet werden.

11.5.1. Kreis in Ursprungslage

A. Der Kreis als Punktmenge

Wir betrachten den Kreis um den Koordinatenursprung O mit dem Radius a $(a > 0)$. Für einen beliebigen Punkt P(x; y) können wir $|x|$ und $|y|$ als Kathetenlängen eines rechtwinkligen Dreiecks mit der Hypotenuse der Länge a auffassen (Fig. 11.20). Dann gilt nach dem Satz des Pythagoras $|x|^2 + |y|^2 = a^2$ bzw. wegen $|x|^2 = x^2$ und $|y|^2 = y^2$

$$x^2 + y^2 = a^2.$$

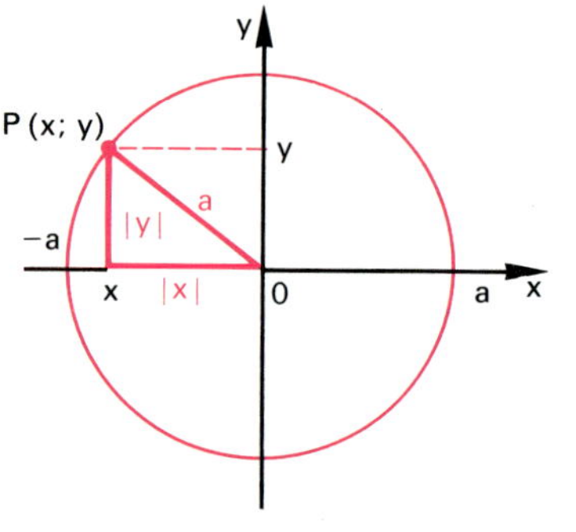

Fig. 11.20

Dies gilt für alle Punkte der Kreislinie; für alle Punkte innerhalb oder außerhalb der Kreislinie ist $x^2 + y^2$ kleiner bzw. größer als a^2. Die Kreislinie ist also der Graph der Paarmenge

$$\{(x; y) \mid x^2 + y^2 = a^2 \text{ und } x, y \in \mathbb{R}\}.$$

Die Beziehung

$$\boxed{x^2 + y^2 = a^2}$$

heißt Gleichung des Kreises um den Ursprung mit dem Radius a.

Bemerkung:
In der Sprache der analytischen Geometrie können wir sagen, dass der Vektor

$$\overrightarrow{OP} = \begin{pmatrix} x \\ y \end{pmatrix}$$

den Betrag a haben muss. Dann gilt für sein skalares Produkt:

$$\overrightarrow{OP}^2 = \begin{pmatrix} x \\ y \end{pmatrix} \cdot \begin{pmatrix} x \\ y \end{pmatrix} = x^2 + y^2 = a^2 .$$

Wir erhalten also auch auf diese Weise die Kreisgleichung.

Die beiden Halbkreise über bzw. unter der x-Achse sind Graphen von Funktionen. Die explizite Form ihrer Gleichungen erhält man durch Auflösen der Kreisgleichung nach y. Aus $y^2 = a^2 - x^2$ ergibt sich:

$f_1\colon x \mapsto y = +\sqrt{a^2 - x^2};\; x \in [-a; a]$	für den oberen Halbkreis
$f_2\colon x \mapsto y = -\sqrt{a^2 - x^2};\; x \in [-a; a]$	für den unteren Halbkreis

Durch Diskussion der Funktionen f_1 und f_2 kann man alle bekannten geometrischen Eigenschaften der Kreislinie rechnerisch bestätigen.

B. Implizite Differenziation der Kreisgleichung

Für die Ableitung im Punkt $P(x; y)$ erhält man durch implizites Differenzieren der Gleichung $x^2 + y^2 = a^2$

$$2x + 2y \cdot y' = 0$$

und daraus

$$y' = -\frac{x}{y} \qquad \text{für } y \neq 0$$

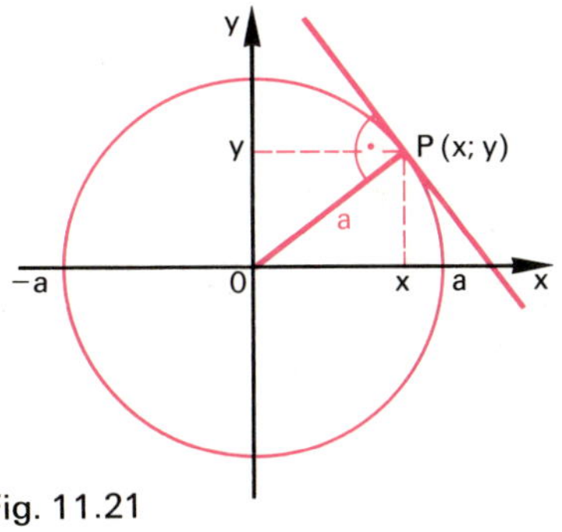

Fig. 11.21

(Unmittelbares Differenzieren von $f_{1/2}\colon x \mapsto y = \pm\sqrt{a^2 - x^2}$ liefert das gleiche Ergebnis.)

Da der Radius [OP] die Steigung $\frac{y}{x}$ hat, ist y′ dazu der negative Kehrwert. Das bedeutet nach 1.2.2., dass die Kreistangente stets senkrecht auf dem zugehörigen Radius steht (Fig. 11.21). Es lässt sich weiter ablesen, dass waagrechte Tangenten nur für $x = 0$, d.h. in den Schnittpunkten mit der y-Achse auftreten und dass die Steigung für $y \to 0$, also $|x| \to a$, ihrem Betrag nach beliebig groß wird, d.h., dass an den Schnittpunkten mit der x-Achse senkrechte Tangenten vorliegen.

C. Die Parameterdarstellung des Kreises

Führt man in Fig. 11.22 den Winkel φ zwischen positiver x-Achse und dem Vektor $\overrightarrow{OP}$ ein, so können wir die Werte von x und y in Abhängigkeit von diesem Parameter φ ablesen. Es ergibt sich die Parameterdarstellung des Kreises:

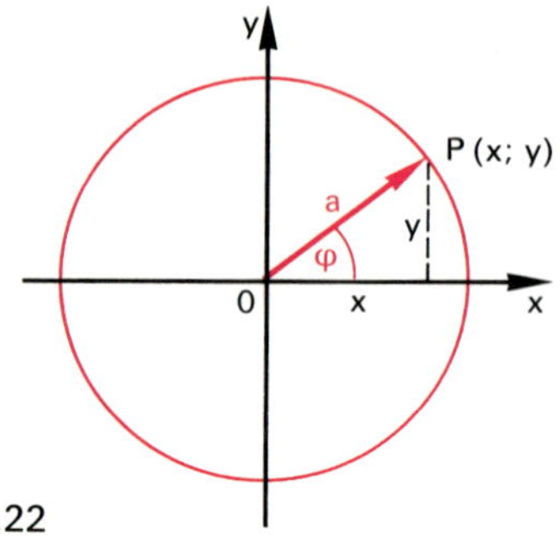

Fig. 11.22

$$\left.\begin{aligned} x &= a \cdot \cos\varphi \\ y &= a \cdot \sin\varphi \end{aligned}\right\} \quad \varphi \in [0; 2\pi[$$

Aus diesen Parametergleichungen des Kreises kann man durch Quadrieren und Addieren der beiden Gleichungen den Parameter wieder eliminieren:

$$x^2 + y^2 = a^2 \cos^2\varphi + a^2 \sin^2\varphi = a^2(\cos^2\varphi + \sin^2\varphi) = a^2$$

Es ergibt sich also wieder die Kreisgleichung $x^2 + y^2 = a^2$.

Bemerkung:

Den Begriff des Parameters kennen wir schon von den Funktionenscharen oder Kurvenscharen (z. B. in 1.2.3. bei den Geradenscharen). Dort erhielten wir für jeden Wert des Parameters eine bestimmte Funktion oder Kurve. Hier erhält man wie in der vektoriellen analytischen Geometrie für jeden Wert des Parameters eine x- und eine y-Koordinate, also insgesamt einen Punkt. Das Verfahren, durch Elimination des Parameters eine Beziehung zwischen x und y zu erhalten, ist möglicherweise aus der analytischen Geometrie bekannt.

D. Die Kreistangente

Wir wollen nun die Gleichung der Tangente in einem beliebigen Kreispunkt $P_0(x_0; y_0)$ aufstellen. Nach der in B. hergeleiteten Beziehung gilt für die Steigung y_0' im Punkt P_0:

$$y_0' = -\frac{x_0}{y_0} \qquad (\text{für } y_0 \neq 0)$$

Setzt man dieses y_0' in die allgemeine Tangentengleichung $y = y_0'(x - x_0) + y_0$ von 4.2.5.B. ein, so ergibt sich

$$y = -\frac{x_0}{y_0}(x - x_0) + y_0 .$$

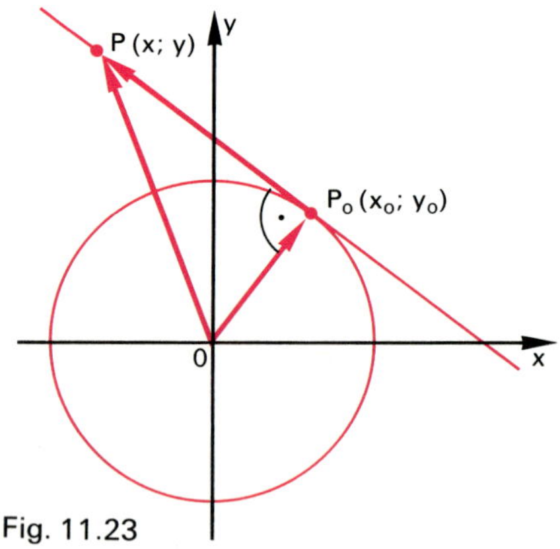

Fig. 11.23

Durch Multiplikation mit y_0 und Ordnen erhält man

$$x x_0 + y y_0 = x_0^2 + y_0^2 .$$

Da P_0 ein Kreispunkt ist, gilt $x_0^2 + y_0^2 = a^2$, und damit erhalten wir schließlich:

$$\boxed{x x_0 + y y_0 = a^2}$$

Dies ist die Gleichung der Tangente im Punkt $P_0(x_0; y_0)$ des Kreises in Ursprungslage. Nachträglich erkennt man, dass die Gleichung auch für $y_0 = 0$ gilt.

Beispiel: Gegeben ist der Kreis mit der Gleichung $x^2 + y^2 = 25$.
Dann hat die Tangente an den im IV. Quadranten gelegenen Kreispunkt $P_0(4; ?)$ wegen $x_0 = 4$ und $y_0 = -3$ die Gleichung $4x - 3y - 25 = 0$.

Bemerkung:
Man erhält die Tangentengleichung auch sehr schnell mit den Hilfsmitteln der analytischen Geometrie: Da in Fig. 11.23 der Vektor $\overrightarrow{OP_0}$ auf dem Vektor $\overrightarrow{PP_0}$ senkrecht stehen muss, gilt für das Skalarprodukt:

$$\overrightarrow{OP} \cdot \overrightarrow{PP_0} = \begin{pmatrix} x_0 \\ y_0 \end{pmatrix} \cdot \begin{pmatrix} x - x_0 \\ y - y_0 \end{pmatrix} = 0, \quad \text{also} \quad xx_0 + yy_0 - x_0^2 - y_0^2 = 0$$

Daraus ergibt sich wegen $x_0^2 + y_0^2 = a^2$ wieder die obige Beziehung.

Aufgaben

1. Welche Gleichung hat der Kreis um den Ursprung durch den Punkt $A(2; 2{,}1)$? Der zwischen der positiven y-Achse und der negativen x-Achse liegende Bogen dieses Kreises kann als Graph einer Funktion f aufgefasst werden. Wie lautet f?

2. a) Zeige, dass alle Punkte im Innern des Kreises K: $x^2 + y^2 = a^2$ die Ungleichung $x^2 + y^2 < a^2$ und alle Punkte außerhalb des Kreises die Ungleichung $x^2 + y^2 > a^2$ erfüllen!
   b) Zeichne den Graphen der Paarmenge $M_1 \cap M_2$, wobei
   $M_1 = \{(x; y) \mid x, y \in \mathbb{R} \text{ und } x^2 + y^2 \geqq 9\}$ und $M_2 = \{(x; y) \mid x, y \in \mathbb{R} \text{ und } x^2 + y^2 \leqq 25\}$!

3. Gegeben ist der Kreis mit der Gleichung $x^2 + y^2 = 25$. Untersuche, ob die folgenden Geraden den Kreis schneiden, und bestimme ggf. die Schnittpunkte:
   a) $y = \frac{1}{3}(x + 5)$ b) $y = -\frac{3}{4}x + \frac{25}{4}$ c) $y = 10 - x$

4. Die beiden Geraden mit den Gleichungen $y = 3$ und $y = 4$ schneiden aus dem Kreis um den Ursprung mit dem Radius 5 ein im I. Quadranten liegendes Bogenstück aus, das als Graph einer Funktion f betrachtet werden kann. Gib f an!

5. Untersuche bei jeweils maximalem Definitionsbereich die Funktionen
   f: $x \mapsto f(x) = (2 - x)(2 + x)$ sowie g: $x \mapsto g(x) = \sqrt{f(x)}$
   und zeichne ihre Graphen in ein gemeinsames Koordinatensystem!
   a) Welche Schnittpunkte haben die Graphen? In welchem Bereich ist $f(x) > g(x)$ und wo ist umgekehrt $f(x) < g(x)$?
   b) Unter welchen Winkeln schneiden sich die beiden Graphen?

6. Beschreibe die folgenden in Parameterform gegebenen Funktionen möglichst genau und zeichne ihre Graphen. Stelle soweit möglich durch Elimination des Parameters t eine Funktionsgleichung der Form $y = f(x)$ auf:

a) $x = -2 + t$
$y = 1 + 2t$
mit $t \in \mathbb{R}$

b) $x = 2 + t$
$y = t^2 + 1$
mit $t \in \mathbb{R}$

c) $x = 2t$
$y = \sin t$
mit $t \in [0;\ 2\pi[$

d) $x = t \sin t$
$y = t \cos t$
mit $t \in \mathbb{R}^+$

7. Gegeben ist der Kreis mit der Gleichung $x^2 + y^2 - 5 = 0$. Bestimme die Gleichungen derjenigen Kreistangenten, die parallel zur Geraden $y = 0{,}5x$ verlaufen!

8. Wie groß muss der Radius eines Kreises um den Ursprung gemacht werden, damit er die Gerade mit der Gleichung $3x - 4y - 15 = 0$ berührt? Wie lauten die Koordinaten des Berührpunktes?

9. a) Welche vier Punkte des Kreises mit der Gleichung $x^2 + y^2 = \frac{225}{4}$ haben von der x-Achse den Abstand 4,5?

b) Welche Gleichungen haben die Tangenten in diesen vier Punkten?

c) Welchen Flächeninhalt hat die Raute, die von diesen vier Tangenten begrenzt wird?

10. Gegeben ist der Kreis mit der Gleichung $x^2 + y^2 = 5$ sowie die Geradenschar mit der Gleichung $y = 1 + m(x - 2)$.

a) Bestimme den Parameter $m \in \mathbb{R}$ so, dass die zugehörige Gerade mit dem Kreis genau einen Punkt gemeinsam hat!
Hinweis: Welche Bedingung muss für die Diskriminante der zugehörigen quadratischen Gleichung gelten?

b) Wie sind die Geradenschar und das Ergebnis geometrisch zu deuten?

11.5.2. Ellipse in Ursprungslage

A. Entstehung einer Ellipse aus einem Kreis

Kreisscheiben werfen bei Beleuchtung durch die parallel verlaufenden Sonnenstrahlen auf einer ebenen Fläche einen Schatten, der im allgemeinen nicht wieder kreisförmig ist. Wir wissen aus Erfahrung, dass der Schatten die Form einer Ellipse hat.

Wir betrachten die Entstehung der Ellipse für den einfachen Fall, dass die Sonnenstrahlen senkrecht zur Schnittgeraden g zwischen der Kreisebene E und der Schattenebene $\overline{E}$ einfallen, wie in Fig. 11.24 dargestellt. Die x-Achse des Koordinatensystems in E liegt parallel zu g, die y-Achse senkrecht zu g, der Ursprung ist der Kreismittelpunkt. Das $\bar{x}$-$\bar{y}$-Koordinatenkreuz in $\overline{E}$ deckt sich mit dem Schattenbild des x-y-Koordinatenkreuzes in E.

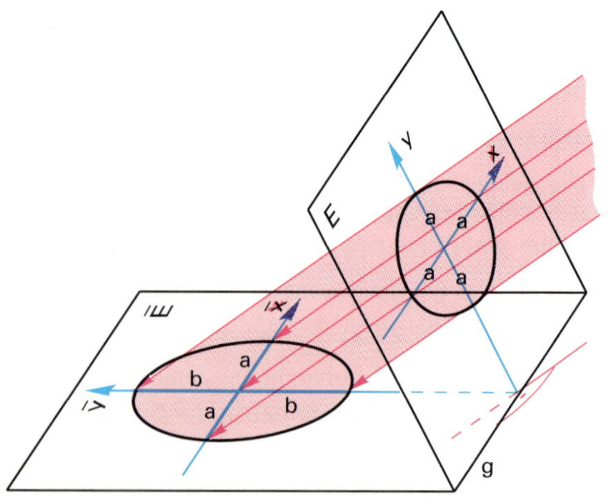

Fig. 11.24

Man sieht aus Fig. 11.24 und aus der Schnittzeichnung Fig. 11.25:

Alle Strecken, die in der Kreisebene E parallel zu g liegen, werden auf wieder zu g parallele Strecken gleicher Länge in der Schattenebene $\overline{E}$ abgebildet.

Alle Strecken, die in der Kreisebene E senkrecht zu g liegen, werden auf wieder zu g senkrechte Strecken in der Schattenebene $\overline{E}$ abgebildet, deren Länge um den Faktor b/a verändert ist (Strahlensatz). Also gilt:

$$\overline{y} = y \cdot \frac{b}{a}$$

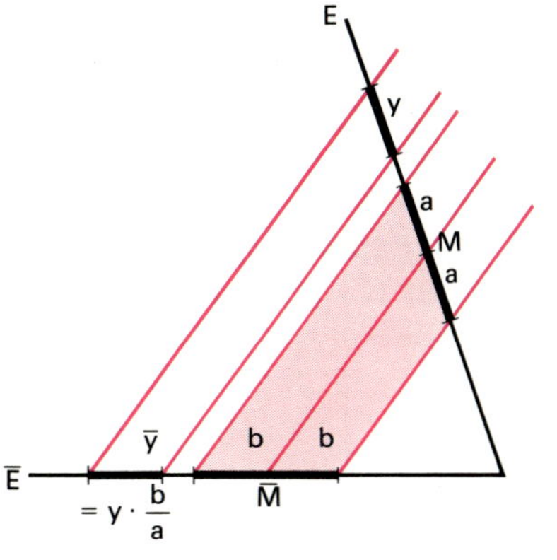

Fig. 11.25

Wir zeichnen den Kreis und die Ellipse nun so übereinander, dass die beiden Koordinatenkreuze aufeinanderfallen (Fig. 11.26). Man findet hier das Bild (Schattenbild) jedes Kreispunktes P als Punkt $\overline{P}$ der Ellipse, der dieselbe x-Koordinate, aber die b/a-fache y-Koordinate hat:

Ist $P(x; y)$ Punkt der Kreislinie, dann ist $\overline{P}(\overline{x}; \overline{y}) = \overline{P}(x; \frac{b}{a}y)$ Bildpunkt von P auf der Ellipse.

Aus $\overline{x} = x$ und $\overline{y} = \frac{b}{a} \cdot y$ erhalten wir

$$x = \overline{x} \text{ und } y = \frac{a}{b} \cdot \overline{y}.$$

Da für $P(x; y)$ die Kreisgleichung gilt, ist

$$x^2 + y^2 = \overline{x}^2 + \frac{a^2}{b^2} \cdot \overline{y}^2 = a^2.$$

Wir können diese Gleichung durch a^2 dividieren und erhalten, wenn wir wieder x statt $\overline{x}$ und y statt $\overline{y}$ setzen:

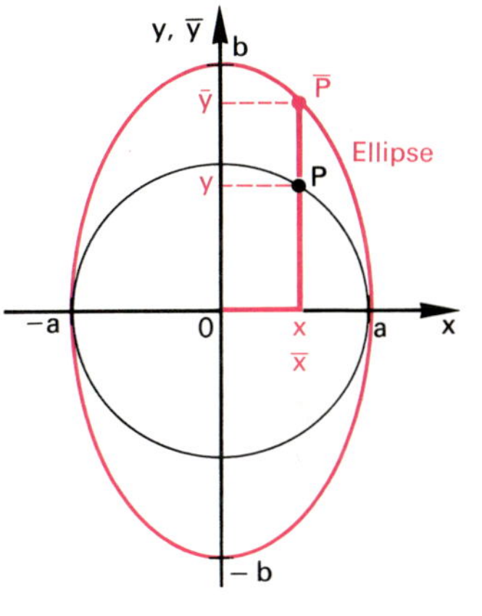

Fig. 11.26

$$\boxed{\frac{x^2}{a^2} + \frac{y^2}{b^2} = 1}$$

Diese Gleichung beschreibt die *Ellipse mit den Halbachsen a und b* in Ursprungslage.

B. Die Parameterdarstellung der Ellipse

Mit Hilfe der Abbildungsgleichungen $x = \bar{x}$ und $y = \frac{a}{b}\bar{y}$ können wir aus der in 11.5.1.C. behandelten Parameterdarstellung des Kreises sehr leicht eine Parameterdarstellung der Ellipse gewinnen. Setzen wir nämlich diese Gleichungen in die Parametergleichungen $x = a\cos\varphi$ und $y = a\sin\varphi$ des Kreises ein, so erhalten wir als Parameterdarstellung der Ellipse in Ursprungslage:

$$\left.\begin{aligned}\bar{x} &= a \cdot \cos\varphi \\ \bar{y} &= b \cdot \sin\varphi\end{aligned}\right\} \varphi \in [0;\ 2\pi[$$

Durch Elimination des Parameters φ kann man aus den Parametergleichungen der Ellipse wieder die übliche Ellipsengleichung gewinnen. Aus

$$\frac{\bar{x}}{a} = \cos\varphi \qquad \text{und} \qquad \frac{\bar{y}}{b} = \sin\varphi$$

erhält man wegen $\cos^2\varphi + \sin^2\varphi = 1$ wieder

$$\frac{\bar{x}^2}{a^2} + \frac{\bar{y}^2}{b^2} = 1\,.$$

Durch Auflösen nach $\bar{y}$ erhalten wir mit x und y anstelle von $\bar{x}$ bzw. $\bar{y}$ die Funktionsgleichungen

$$f_1\colon x \mapsto y = +\frac{b}{a}\sqrt{a^2 - x^2} \quad \text{für die obere Halbellipse}$$

$$f_2\colon x \mapsto y = -\frac{b}{a}\sqrt{a^2 - x^2} \quad \text{für die untere Halbellipse}$$

An diesen Gleichungen kann man, wie beim Kreis, die Symmetrieeigenschaften der Ellipse sowie die Definitions- und Wertemenge ablesen.

C. Ellipsenkonstruktionen

a) *Die Hauptkreiskonstruktion*

Die Parametergleichungen liefern uns eine sehr einfache Konstruktion der Ellipse. Fig. 11.27 zeigt, wie man mit Hilfe von zwei Kreisen um 0 mit den vorgegebenen Radien a und b die Ellipse mit den Halbachsen a und b punktweise konstruieren kann.
Dies ist die sog. Hauptkreiskonstruktion der Ellipse.

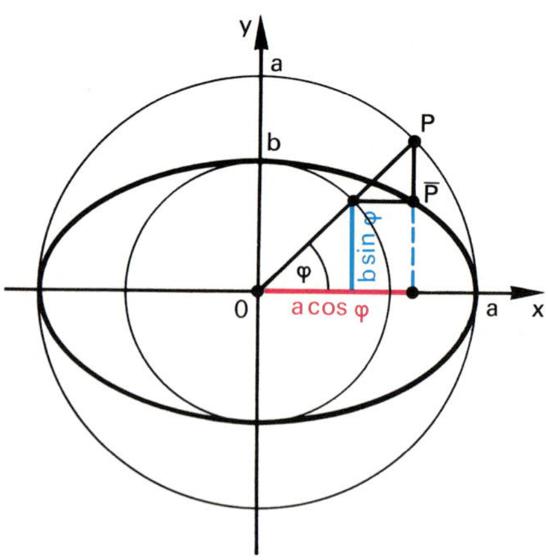

Fig. 11.27

b) *Die Papierstreifenkonstruktion*

Man kann die Hauptkreiskonstruktion etwas modifizieren: Zeichnet man auf einem Papierstreifen die Punkte A, B und $\overline{P}$ so auf, dass $\overline{A\overline{P}} = a$ und $\overline{B\overline{P}} = b$ wird und bewegt den Papierstreifen stets so, dass A auf der y-Achse und B auf der x-Achse gleitet, dann liefert $\overline{P}$ stets einen Ellipsenpunkt.
Man bezeichnet diese Konstruktion daher auch als die „Papierstreifenkonstruktion" der Ellipse. Begründe sie an Hand von Fig. 11.28!

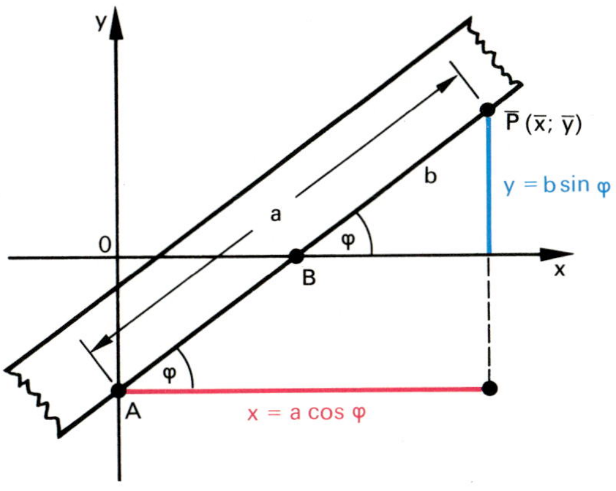

Fig. 11.28

D. Die Ellipsentangente

Für die Ableitung erhält man durch implizite Differenziation der Ellipsengleichung $\frac{x^2}{a^2} + \frac{y^2}{b^2} = 1$ in einem beliebigen Ellipsenpunkt $P_0(x_0; y_0)$ mit $y_0 \neq 0$:

$$y_0' = -\frac{b^2}{a^2} \cdot \frac{x_0}{y_0}$$

Eingesetzt in die allgemeine Tangentengleichung $y = y_0'(x - x_0) + y_0$ ergibt sich

$$y = -\frac{b^2}{a^2} \cdot \frac{x_0}{y_0}(x - x_0) + y_0$$

und daraus nach Division durch b^2 und Ordnen:

$$\frac{x x_0}{a^2} + \frac{y y_0}{b^2} = \frac{x_0^2}{a^2} + \frac{y_0^2}{b^2}$$

Da die rechte Seite dieser Gleichung den Wert 1 hat (P_0 erfüllt die Ellipsengleichung!), erhalten wir

$$\boxed{\frac{x x_0}{a^2} + \frac{y y_0}{b^2} = 1}$$

Dies ist die Gleichung der Tangente im Punkt $P_0(x_0; y_0)$ der Ellipse in Ursprungslage. Nachträglich sieht man, dass die Gleichung auch für $y_0 = 0$ gilt.

Aufgaben

1. Wie lautet die Gleichung der Ellipse in Ursprungslage mit den Halbachsen $a = 5$ und $b = 3$? Zeichne sie mit Hilfe der Hauptkreiskonstruktion und gib jene Funktion f an, deren Graph der im IV. Quadranten liegende Ellipsenbogen ist!

2. Wie lang sind die Halbachsen der Ellipsen mit folgenden Gleichungen:

   a) $\frac{x^2}{9} + \frac{y^2}{4} = 1$ b) $\frac{x^2}{6{,}25} + \frac{y^2}{3} = 1$ c) $4x^2 + 9y^2 = 36$

   d) $16x^2 + 9y^2 = 144$ e) $9x^2 + 4y^2 = 16$ f) $x^2 + 3y^2 = 12$

3. Eine Ellipse in Ursprungslage hat die große Halbachse $a = 5$ und geht durch den Punkt $P(3; 2)$. Wie lautet ihre Gleichung? Zeichne die Ellipse mit Hilfe der Papierstreifenkonstruktion!

4. a) Zeige, dass alle Punkte $P(x; y)$ innerhalb der Ellipse $\frac{x^2}{a^2} + \frac{y^2}{b^2} = 1$ die Ungleichung $\frac{x^2}{a^2} + \frac{y^2}{b^2} < 1$ erfüllen!

   b) Welche Punkte $P(x; y)$ der Zeichenebene erfüllen die Ungleichung $16x^2 + 25y^2 > 400$?

5. a) In Fig. 11.29 gilt $\overline{AP} = a$ und $\overline{BP} = b$. Die feste Strecke [AB] soll sich so bewegen, dass A und B stets auf der y- bzw. x-Achse gleiten (Papierstreifen!). Begründe, warum sich dann P auf einer Ellipse bewegt!

   b) Wie erhält man zeichnerisch die kleine Halbachse einer Ellipse, von der die große Halbachse und ein Punkt bekannt sind?

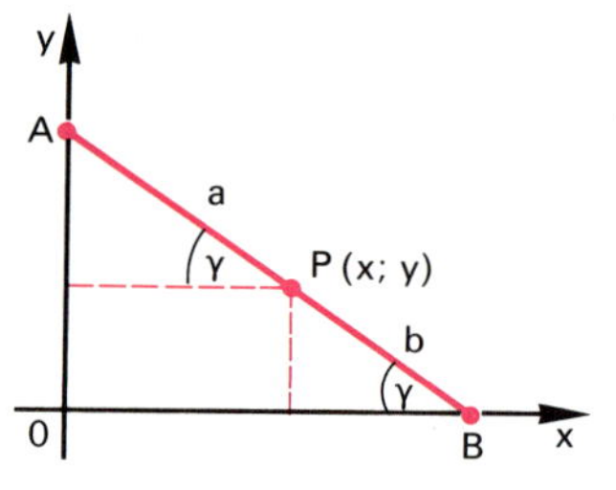

Fig. 11.29

6. An die Ellipse E soll im Ellipsenpunkt P_0 die Tangente gelegt werden:

   a) E: $16x^2 + 25y^2 = 400$; $P_0(3; y_0 > 0)$

   b) E: $4x^2 + 9y^2 = 36$; $P_0(x_0 > 0; \frac{6}{5})$

   c) E: $81x^2 + 25y^2 = 2025$; $P_0(-4; y_0 < 0)$

7. Warum sind die folgenden Geraden g Tangenten an die Ellipse E? Bestimme auch die Koordinaten der Berührpunkte!

   a) g: $8x - 15y + 50 = 0$; E: $\frac{x^2}{25} + \frac{y^2}{4} = 1$

   b) g: $5x + 2y + 25 = 0$; E: $\frac{x^2}{9} + \frac{y^2}{100} = 1$

8. An die Ellipse E: $\frac{x^2}{49} + \frac{y^2}{25} = 1$

   soll eine Tangente gelegt werden, die parallel zur Geraden g: $15x + 28y - 35 = 0$ verläuft. Bestimme die Gleichung dieser Tangente und die Koordinaten des Berührpunkts!

9. Vom Punkt $A(6{,}25; 0)$ soll an die Ellipse E: $\frac{x^2}{25} + \frac{y^2}{9} = 1$

   die Tangente gelegt werden. Wie lautet ihre Gleichung?

10. Extremalaufgaben
   a) Der Ellipse mit der Gleichung $b^2x^2 + a^2y^2 = a^2b^2$ ist dasjenige Rechteck mit achsenparallelen Seiten einzubeschreiben, das bei Rotation um die x-Achse den Zylinder mit maximalem Rauminhalt liefert.
   b) Gegeben ist die Ellipse mit der Gleichung $16x^2 + 25y^2 - 400 = 0$. Der Ursprung O ist die Spitze eines gleichschenkligen Dreiecks ABO mit der y-Achse als Symmetrieachse, während die Basisecken A und B auf der Ellipse liegen. Welches ist der maximal mögliche Flächeninhalt des Dreiecks ABO?
   c) Welche Tangente an die Ellipse mit der Gleichung $9x^2 + 16y^2 - 144 = 0$ begrenzt mit den Koordinatenachsen ein Dreieck mit minimalem Flächeninhalt?

11. Stelle durch „normales“ Differenzieren der expliziten Funktionsgleichung für die obere bzw. untere Halbellipse die Tangentengleichung im Ellipsenpunkt $P_0(x_0; y_0)$ auf!
Bringe sie auf die in 11.5.2. D. angegebene elegante Form!

11.5.3. Kreis und Ellipse in allgemeiner Lage

A. Verschiebungsform der Kreis- und Ellipsengleichung

Bisher haben wir Kreis und Ellipse nur in Ursprungslage betrachtet, d. h. das Symmetriezentrum, der Mittelpunkt, war der Punkt O (0; 0). Wir wollen uns nun überlegen, wie sich die Gleichung ändert, wenn man eine Ellipse mit den Halbachsen a und b parallel zu den beiden Koordinatenachsen so verschiebt, dass der Mittelpunkt in den Punkt $M(x_M; y_M)$ fällt, die Ellipse in „allgemeine Lage“ kommt.

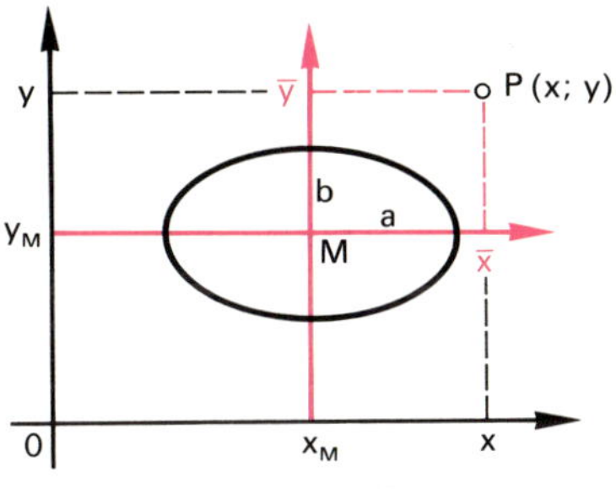

Fig. 11.30

Dazu führen wir zunächst ein achsenparalleles Hilfskoordinatensystem mit dem Punkt M als Ursprung ein (Fig. 11.30). Ein beliebiger Punkt P (x; y) hat in diesem Hilfssystem die Koordinaten $\bar{x}$ und $\bar{y}$, für die sich aus Fig. 11.30 ablesen lässt:

$$\begin{aligned} \bar{x} &= x - x_M \\ \bar{y} &= y - y_M \end{aligned} \qquad \text{(V)}$$

Da die Ellipse im Hilfssystem die Gleichung

$$\frac{\bar{x}^2}{a^2} + \frac{\bar{y}^2}{b^2} = 1$$

hat, erhalten wir durch Einsetzen der Verschiebungsgleichungen (V) als Gleichung der Ellipse in allgemeiner Lage:

$$\boxed{\frac{(x - x_M)^2}{a^2} + \frac{(y - y_M)^2}{b^2} = 1}$$

Speziell für den Kreis ist $a = b$. Damit ergibt sich als Gleichung des Kreises in allgemeiner Lage:

$$(x - x_M)^2 + (y - y_M)^2 = a^2$$

1. Beispiel: Die Ellipse mit dem Mittelpunkt $M(3; 2)$ und den Halbachsen $a = 5$ und $b = 4$ hat die Gleichung

$$\frac{(x-3)^2}{25} + \frac{(y-2)^2}{16} = 1\,.$$

Multipliziert man die Gleichung aus, so erhält man

$$16x^2 + 25y^2 - 96x - 100y - 156 = 0\,.$$

2. Beispiel: Gegeben ist die Gleichung

$$x^2 + y^2 - 6x + 2y - 15 = 0\,.$$

Man zeige, dass dies die Gleichung eines Kreises ist!

Lösung: Durch quadratische Ergänzungen bei den Termen mit x und y erhalten wir:

$$(x^2 - 6x + 9) + (y^2 + 2y + 1) = 15 + 9 + 1\,, \quad \text{oder}$$
$$(x-3)^2 + (y+1)^2 = 25$$

Es liegt also ein Kreis vor mit $M(3; -1)$ als Mittelpunkt und dem Radius 5.

3. Beispiel: Es ist zu zeigen, dass der Graph der Paarmenge

$$\{(x; y) \mid x, y \in \mathbb{R} \text{ und } 4x^2 + 9y^2 + 16x - 72y + 124 = 0\}$$

eine Ellipse darstellt. Gib Mittelpunkt und Halbachsen an!

Lösung: Umformungen und quadratische Ergänzungen, ähnlich wie im 2. Beispiel:

$$4x^2 + 16x + 9y^2 - 72y = -124$$
$$4(x^2 + 4x) + 9(y^2 - 8y) = -124$$
$$4(x^2 + 4x + 4) + 9(y^2 - 8y + 16) = -124 + 4 \cdot 4 + 9 \cdot 16$$
$$4(x+2)^2 + 9(y-4)^2 = 36$$
$$\frac{(x+2)^2}{9} + \frac{(y-4)^2}{4} = 1$$

Ellipse mit $M(-2; 4)$; $a = 3$ und $b = 2$.

4. Beispiel: Gesucht ist die Gleichung eines Kreises mit dem Radius a, der die y-Achse im Ursprung von rechts her berührt. (Fig. 11.31)

Lösung: Da dieser Kreis den Mittelpunkt $M(a; 0)$ haben muss, erhalten wir

$$(x - a)^2 + y^2 = a^2$$

oder nach Ausmultiplizieren und Zusammenfassen:

$$x^2 - 2ax + y^2 = 0$$

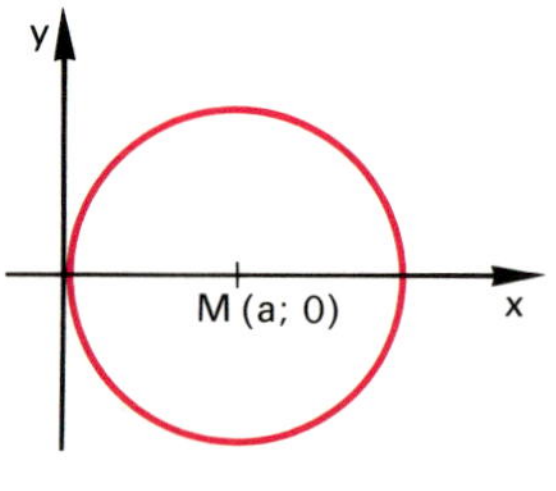

Fig. 11.31

Warum kann diese Gleichung kein konstantes Glied aufweisen? Wie lässt sich der zweite Schnittpunkt mit der x-Achse sofort an der Gleichung ablesen?

B. Tangenten

Für die Tangente in einem Kurvenpunkt $P_0(x_0; y_0)$ ist ganz entsprechend wie oben x_0 durch $x_0 - x_M$ und y_0 durch $y_0 - y_M$ zu ersetzen. Wir erhalten damit als Gleichung der Tangente der Ellipse in allgemeiner Lage:

$$\frac{(x-x_M)\cdot(x_0-x_M)}{a^2}+\frac{(y-y_M)\cdot(y_0-y_M)}{b^2}=1$$

und speziell für die Kreistangente:

$$(x-x_M)\cdot(x_0-x_M)+(y-y_M)\cdot(y_0-y_M)=a^2\,.$$

Aufgaben

1. Zeichne die Graphen folgender Paarmengen und erläutere, warum keine dieser Paarmengen Graph einer Funktion sein kann!
   a) $\{(x; y) \mid x, y \in \mathbb{R}$ und $x^2+y^2-16x+14y-8=0\}$
   b) $\{(x; y) \mid x, y \in \mathbb{R}$ und $4x^2+4y^2-16x-8y-29=0\}$
   c) $\{(x; y) \mid x, y \in \mathbb{R}$ und $x^2+4y^2-4x-32y+52=0\}$
   d) $\{(x; y) \mid x, y \in \mathbb{R}$ und $4x^2+25y^2+100y=0\}$

2. Bestimme die Gleichung des Kreises *K*, der durch folgende drei Punkte hindurchgeht:
   a) $P_1(5; 4)$; $P_2(-7; 6)$; $P_3(-7; -8)$ b) $P_1(-10; 6)$; $P_2(4; -8)$; $P_3(2; -10)$
   Hinweis: Die Kreisgleichung lässt sich in der Form $x^2+ax+y^2+by+c=0$ schreiben. Einsetzen der drei Punkte liefert 3 Gleichungen für die Variablen a, b und c.
   Welchen geometrischen Lösungsweg gibt es außerdem?

3. Beweise, dass der Kreis K: $x^2+y^2=25$ die beiden Kreise
   K_1: $2x^2+2y^2-4x-3y-25=0$ und K_2: $x^2+y^2-12x-9y+50=0$
   berührt! Fertige eine Zeichnung mit der Längeneinheit 0,5 cm an!

4. Zeige, dass sich die Kreise K: $x^2+y^2=25$ und K_2: $x^2+y^2-9x+12y+50=0$ berühren, und bestimme die Gleichung der gemeinsamen Tangente im Berührpunkt!

5. Gegeben sind der Kreis: K: $(x-8)^2+y^2=4$ und der Punkt $A(9; 3)$.
   Bestimme die Gleichung eines Kreises K' durch A so,
   a) dass er den Kreis K von außen und die x-Achse berührt,
   b) dass der Kreis K den Kreis K' von innen und K' die y-Achse berührt!
   Zeichnung mit 1 LE = 0,5 cm

6. Der Graph der Paarmenge $\{(x; y) \mid x \in \mathbb{R}, y \in \mathbb{R}_0^+$ mit $x^2+4y^2-4x-96=0\}$ ist eine Halbellipse.
   a) Wie lautet die explizite Gleichung der Funktion, deren Graph die Halbellipse ist?
   b) Bestimme die Gleichung der Tangente im Kurvenpunkt P (8; ?) durch implizite Differenziation und überprüfe das Ergebnis mit Hilfe der Tangentenformel in Abschnitt B! Für die Zeichnung: 1 LE = 0,5 cm.

7. In der Sprache der analytischen Geometrie sagt man, dass der Differenzvektor aus dem Ortsvektor $\overrightarrow{OP}$ eines Kreispunktes und dem Ortsvektor $\overrightarrow{OM}$ des Kreismittelpunktes den Betrag a hat. Leite aus dieser Feststellung die Gleichung des Kreises in allgemeiner Lage her!

Ergänzungen und Ausblicke

A. Einige bemerkenswerte Ellipseneigenschaften

1. Die Ellipse als Punktmenge

Schlägt man um den Scheitelpunkt B der kleineren Halbachse einer Ellipse einen Kreis mit Radius a (Fig. 11.32), so schneidet dieser die Hauptachse in den beiden Punkten $F_1\,(e;\,0)$ und $F_2\,(-e;\,0)$, wobei nach dem Satz von Pythagoras offenbar gilt:

$$e = \sqrt{a^2 - b^2}$$

Dann ist für den Punkt B natürlich

$$\overline{BF_1} + \overline{BF_2} = 2a\,.$$

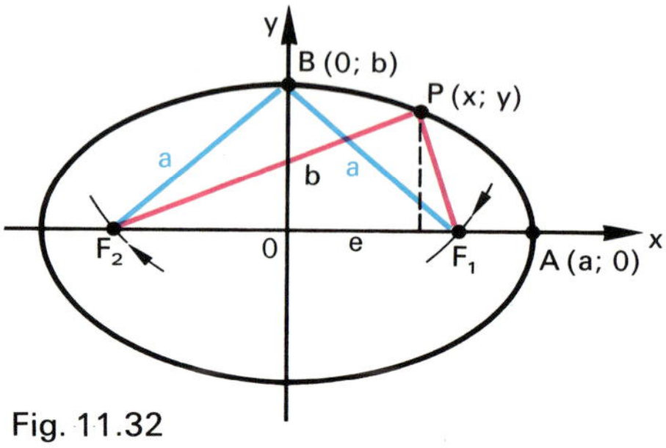

Fig. 11.32

Es gilt aber ebenso für den Punkt A: $\overline{AF_1} + \overline{AF_2} = (a - e) + (a + e) = 2a\,.$

Das Überraschende ist nun, dass auch für jeden beliebigen anderen Ellipsenpunkt P die Streckensumme $\overline{PF_1} + \overline{PF_2} = 2a$, also konstant ist.

Wir zeigen dazu rechnerisch, dass jeder Punkt $P\,(x;\,y)$ mit dieser Eigenschaft auf der Ellipse liegen muss. Da

$$\overline{PF_1} = \sqrt{(x-e)^2 + y^2} \quad \text{und} \quad \overline{PF_2} = \sqrt{(x+e)^2 + y^2}$$

ist, erhalten wir den Ansatz

$$\sqrt{(x-e)^2 + y^2} + \sqrt{(x+e)^2 + y^2} = 2a\,.$$

Bringt man die erste Quadratwurzel auf die rechte Seite der Gleichung und quadriert dann beide Seiten, so erhält man nach Vereinfachung beider Seiten

$$2ex = 4a^2 - 4a\sqrt{(e-x)^2 + y^2} - 2ex\,.$$

Bringt man den Wurzelterm isoliert auf die linke Gleichungsseite, dividiert durch 4 und quadriert anschließend nochmals beide Seiten, so ergibt sich nach Umformung:

$$(a^2 - e^2)\,x^2 + a^2y^2 = a^2\,(a^2 - e^2)\,.$$

Berücksichtigt man nun noch, dass $a^2 - e^2 = b^2$ ist, so erhalten wir

$$b^2x^2 + a^2y^2 = a^2b^2$$

und daraus ergibt sich nach Division durch a^2b^2 die bekannte Ellipsengleichung. Wir können also sagen:

Die Ellipse ist die Menge aller Punkte P, für die die Summe der Entfernungen von den beiden Punkten F_1 und F_2 den konstanten Wert $2a$ hat.

Dabei muss natürlich $2a > 2e$ sein. Fig. 11.33 zeigt die sog. „Fadenkonstruktion" der Ellipse, die auf dieser Eigenschaft beruht. Was ergibt sich für den Grenzübergang $e \to 0$ bei festem a?

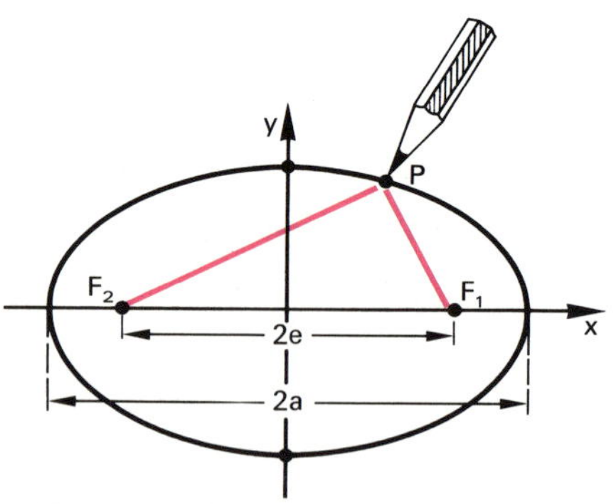

Fig. 11.33

2. Brennpunkteigenschaft

Es lässt sich zeigen, dass die Tangente in einem beliebigen Ellipsenpunkt P_0 mit den Strecken $[F_1P_0]$ und $[F_2P_0]$ gleiche Winkel einschließt (Fig. 11.34). Denkt man sich die Ellipsenlinie aus reflektierendem Material angefertigt, so würde daher jeder von F_1 ausgehende Lichtstrahl zum Punkt F_2 reflektiert und umgekehrt. F_1 und F_2 heißen daher auch die *Brennpunkte* der Ellipse.

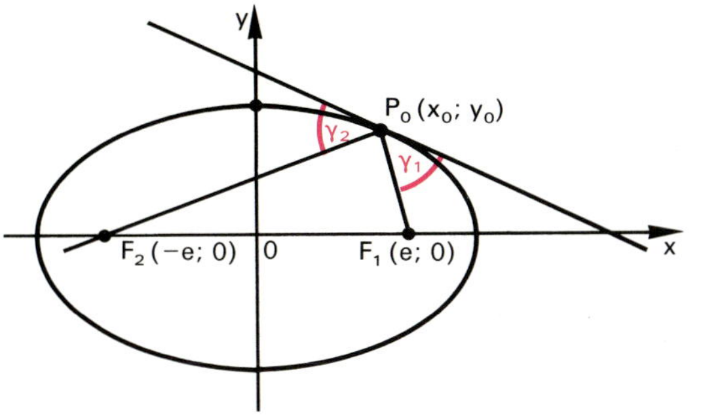

Fig. 11.34 $\gamma_1 = \gamma_2$

B. Kegelschnitte

Kreis und Ellipse gehören zur größeren Familie der sogenannten *Kegelschnitte*. Man erhält sie, indem man einen geraden Kreisdoppelkegel mit einer Ebene E zum Schnitt bringt, die nicht durch die Kegelspitze Z geht. Ist die Ebene E parallel zur Grundkreisebene, so erhält man natürlich einen Kreis. Man kann durch raumgeometrische Überlegungen zeigen, dass man als Schnittfigur eine Ellipse erhält, wenn die Ebene E zu keiner Mantelgeraden des Doppelkegels parallel ist (Fig. 11.35a).

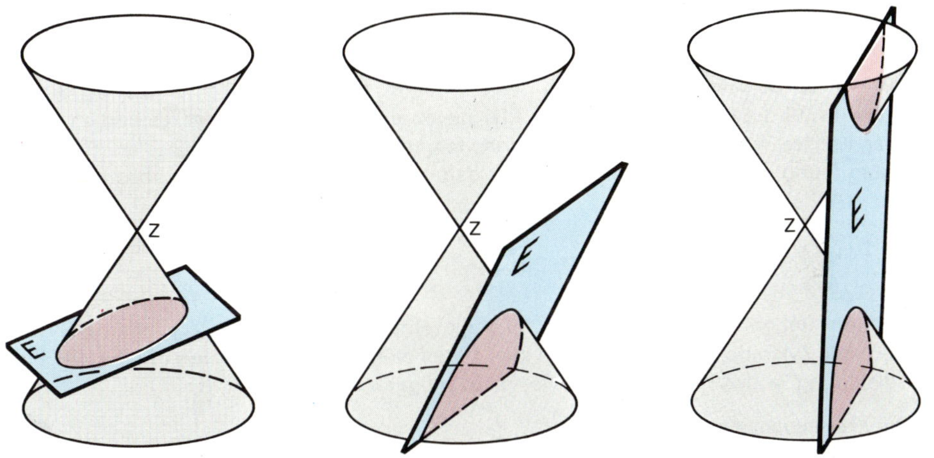

Fig. 11.35 a) Ellipse b) Parabel c) Hyperbel

Ist E parallel zu genau einer Mantelgeraden, so erhält man als Schnittfigur eine Parabel (Fig. 11.35b), und ist sie zu zwei Mantelgeraden parallel, so erhält man eine in zwei getrennte Äste zerfallende Hyperbel (Fig. 11.35c). Auf ihre analytische Behandlung müssen wir hier verzichten (vgl. Aufgabe 2).

Die Kegelschnitte spielen auch in der Physik eine wichtige Rolle. Bewegt sich ein Körper im Weltraum im Gravitationsfeld eines sehr viel schwereren Himmelkörpers, so ist seine Bahnkurve ein Kegelschnitt. Beispielsweise bewegen sich die Planeten um die Sonne in Ellipsenbahnen, in deren einem Brennpunkt die Sonne steht. Auch die bekannte Wurfparabel ist in diesem Zusammenhang zu nennen. Hyperbeln treten in der Wellenlehre als Interferenzkurven auf.

C. Kurven in Parameterdarstellung

Schon beim Kreis und bei der Ellipse haben wir die Gleichungen dieser Kurven in Parameterform kennen gelernt. Es gibt eine Reihe von besonders in der Technik wichtigen Kurven, die sich ebenfalls oder nur in Parameterform darstellen lassen (z. B. beim Wankelmotor, Planetengetriebe). Für die Kurvendiskussion und die Flächenberechnung müssen dabei die uns bekannten Formeln im Hinblick auf die Parameterdarstellung so modifiziert werden, dass sie auch dann anwendbar sind, wenn eine Elimination des Parameters unvorteilhaft oder gar unmöglich ist. Wir können im Rahmen dieses Buches hierauf nicht näher eingehen, wollen aber an dieser Stelle einige derartige Kurven wenigstens vom kinematischen Standpunkt aus vorstellen.[1]

a) *Die Zykloide*

Lassen wir einen Kreis mit dem Mittelpunkt M gemäß Fig. 11.36 vom Koordinatenursprung A aus auf der x-Achse abrollen, so beschreibt der Kreispunkt A eine sog. Rollkurve.

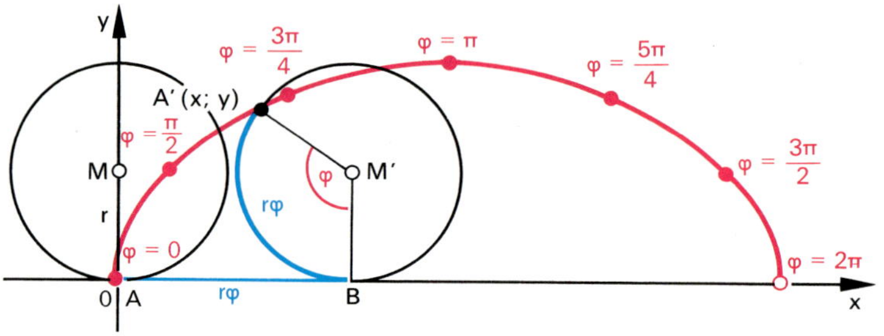

Fig. 11.36

Der Kreis habe den Radius r Längeneinheiten, das Bogenmaß des Rollwinkels sei φ. Dann ist in Fig. 11.36 die Länge der Strecke [AB] gleich der Länge des rot gezeichneten Bogens BA′ des Kreises, also gleich $r\varphi$ Längeneinheiten, und es ergibt sich $M'(r\varphi; r)$. Für die Koordinaten x und y des Kreispunktes A′ folgt damit (Lot von A′ auf die x-Achse und von M′ auf die y-Achse einzeichnen!):

$$\left.\begin{aligned} x &= r(\varphi - \sin\varphi) \\ y &= r(1 - \cos\varphi) \end{aligned}\right\} \quad \varphi \in [0; 2\pi[$$

Diese Gleichungen stellen, wie Fig. 11.36 zeigt, eine Funktion $f\colon x \mapsto y$ dar. Der Graph von f heißt Zykloide. Eine Elimination des Parameters und daher eine Angabe der Funktionsgleichung in der Form $y = f(x)$ ist nicht möglich.

b) *Die Kreisevolvente*

Denkt man sich um den Umfang eines Kreises vom Radius r Längeneinheiten einen am einen Ende fixierten, am anderen Ende losen Faden gelegt und zieht diesen wie in Fig. 11.37 ab, so beschreibt der Endpunkt P des Fadens eine Kurve, die als Kreisevolvente bezeichnet wird. Ihre Gleichungen in Parameterform mit φ als Parameter lauten, wie aus Fig. 11.37 entnommen werden kann:

$$\left.\begin{aligned} x &= r(\cos\varphi + \varphi \cdot \sin\varphi) \\ y &= r(\sin\varphi - \varphi \cdot \cos\varphi) \end{aligned}\right\} \quad \varphi \in [0; 2\pi[$$

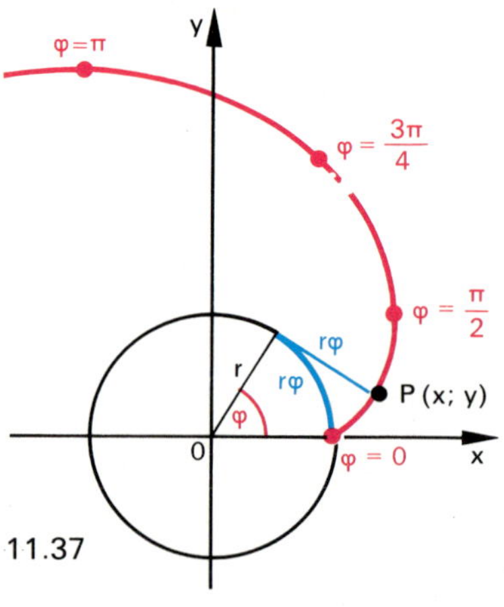

Fig. 11.37

[1] Kinematik: Lehre von der Bewegung.

Aufgaben

1. Gegeben sind die beiden Punkte $F_1(4;0)$ und $F_2(-4;0)$.
Zeichne die Kurve, auf der alle Punkte P liegen, für die $\overline{PF}_1 + \overline{PF}_2 = 10$ ist! Wie lautet die Gleichung dieser Kurve?

2. Gegeben sind die Produkte $F_1(3;0)$ und $F_2(-3;0)$. Zeichne eine ausreichende Anzahl von Punkten der Kurve, auf der alle Punkte P liegen, für die

$$|\overline{PF}_2 - \overline{PF}_1| = 4{,}5$$

ist, und ergänze diese Kurve! Es ergibt sich eine Hyperbel, deren Form aus Fig. 11.38 ersichtlich ist. Sie besteht, wie schon erwähnt, aus zwei Ästen, die punktsymmetrisch bezüglich des Ursprungs liegen. Außerdem hat sie zwei Asymptoten, die durch Spiegelung an den Achsen ineinander übergehen.

Bemerkung: Der Graph der indirekten Proportionalität ist ein im I. Quadranten liegender Hyperbelast mit den Koordinatenachsen als Asymptoten.

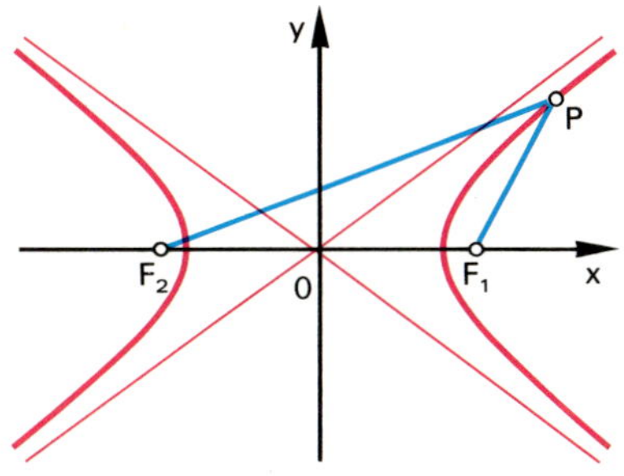

Fig. 11.38

3. a) Bestimme die Punkte der Ellipse, in denen die Entfernung zu einem Brennpunkt minimal bzw. maximal wird!

   b) Die Erdbahn ist eine Ellipse, in deren einem Brennpunkt die Sonne liegt. Die Entfernung der Erde zur Sonne beträgt im Perihel (sonnennächster Punkt, im Januar) $147 \cdot 10^9$ m, im Aphel (sonnenfernster Punkt, im Juli) $152 \cdot 10^9$ m. Wie groß sind die Halbachsen der elliptischen Bahn?

4. Eine Parabel-Eigenschaft

Gegeben sind der Punkt $F(0;d)$ und die Gerade $g\colon y + d = 0$. Zeige:

Die Menge aller Punkte P, deren Abstand von g gleich ist ihrer Entfernung von F, ist eine Parabel. (Fig. 11.39)

Sie hat die y-Achse als Symmetrieachse und den Ursprung als Scheitel. F heißt Brennpunkt der Parabel.
Konstruiere für $d = 1$ die Parabel mit Hilfe der beschriebenen Abstandseigenschaft.

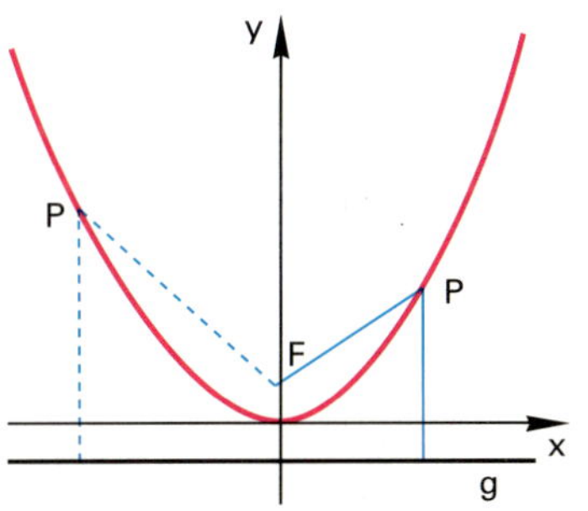

Fig. 11.39

5. Die Brennpunktseigenschaft der Parabel
An Fig. 11.35 kann man verständlich machen, dass sich die Parabel als Grenzfall einer Ellipse auffassen lässt, deren einer Brennpunkt im Unendlichen liegt. Dies veranlasst uns zu folgender Vermutung (vgl. 1. B. und 2. dieses Abschnitts „Ergänzungen und Ausblicke"):
Denkt man sich die Parabel aus optisch oder elektromagnetisch reflektierendem Material und bringt man in ihren Brennpunkt eine punktförmige Lichtquelle oder einen Sender, so werden die Licht- bzw. elektromagnetischen Strahlen so reflektiert, dass sie parallel zur Achse verlaufen (*Parabolscheinwerfer*, *Parabolantenne* für Richtfunk).

Bestätige diese Eigenschaft rechnerisch am Beispiel der Parabel in Aufgabe 4, deren Gleichung für $d = 1$ lautet: $y = \frac{1}{4}x^2$.

Anleitung: Es muss gezeigt werden, dass in Fig. 11.40 die Tangente in P Winkelhalbierende im gleichschenkligen Dreieck FPQ ist und somit auf FQ senkrecht steht.

Bemerkung: Umgekehrt werden achsenparallel einfallende Lichtstrahlen, z. B. Sonnenstrahlen, in F konzentriert. Daher der Name Brennpunkt.

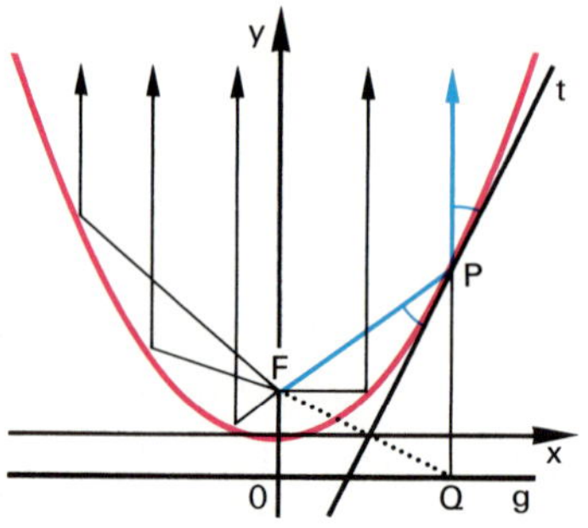

Fig. 11.40

6. Am Vorderrad eines Fahrrades vom Radius R ist im Abstand r $(r < R)$ von der Drehachse ein Sicherheitsreflektor angebracht. Gib eine Parameterdarstellung der Kurve an, die der Reflektor bei Geradeausfahrt beschreibt! (Das Rad rolle über die x-Achse; der Reflektor sei am tiefsten Punkt beim Start des Rades vom Nullpunkt aus.)
Nutze die Parameterdarstellung gegebenenfalls zum Ausdruck einer solchen Kurve mit dem Computer!

7. Beweise folgenden Satz:

Gegeben ist eine Funktion f *durch die Parameterdarstellung*

$$\left.\begin{aligned} x &= x(t) \\ y &= y(t) \end{aligned}\right\} t \in J$$

mit dem offenen Intervall J. Die Funktionen $t \mapsto x(t)$ *und* $t \mapsto y(t)$ *seien in J differenzierbar und es sei* $x'(t) \neq 0$ *für* $t \in J$.
Dann ist die Funktion f *an der Stelle* $x_0 = x(t_0)$ *mit* $t_0 \in J$ *differenzierbar und es gilt:*

$$f'(x_0) = \frac{y'(t_0)}{x'(t_0)}$$

Beweisschritte:

a) Gib D_f und W_f an!

b) Stelle fest: Die Funktion $t \mapsto x(t);\ t \in J$ ist umkehrbar und differenzierbar. Empfohlene Bezeichnung für die Umkehrfunktion: $x \mapsto t(x);\ x \in D_f$.

c) Differenziere die Funktion $f\colon x \mapsto y = y(t(x));\ x \in D_f$ nach der Kettenregel!

8. Bilde die Ableitung für einen Punkt $x_0 = a\cos\varphi_0,\ \varphi_0 \in\ ]0; \pi[$ der oberen Halbellipse in Ursprungslage entsprechend dem Satz in Aufgabe 7 aus der Parameterdarstellung, durch Differenzieren der expliziten Darstellung (Funktionsgleichung) und durch implizite Differenziation! Vergleiche! (Alle benötigten Darstellungsformen der Ellipse in 11.5.2.B)

12. Uneigentliche Integrale

12.1. Integrale mit nichtbeschränktem Integrationsbereich

12.1.1. Einführung und Definition

In 8.4.2. lernten wir das Arbeitsintegral

$$W = \int_a^b F(x)\,dx$$

für die Arbeit W bei veränderlicher Kraft F(x) längs des Wegintervalls [a; b] kennen.
In 8.4.3. haben wir beim Beispiel des Abschusses eines Körpers der Masse m für die Integrationsgrenzen $a = R$ und $b = s$ gesetzt und erkannt, dass beim Grenzübergang $s \to \infty$ sich ein endlicher Wert für die Arbeit W_∞ ergibt, die aufzuwenden ist, um den Körper ins Weltall zu befördern. Es ergab sich mit der Erdmasse M

$$W_s = \int_R^s \frac{GmM}{x^2}\,dx \quad \text{und} \quad W_\infty = \lim_{s\to\infty} W_s = \lim_{s\to\infty} \int_R^s \frac{GmM}{x^2}\,dx$$

An diesem Beispiel aus der Astronautik sieht man, dass es erforderlich sein kann das Integrationsintervall „ins Unendliche" auszudehnen. In diesem Zusammenhang wollen wir nun unsere Integralschreibweise erweitern, indem wir das Zeichen ∞ auch als obere und untere Grenze des Integrals zulassen. Dies erfordert folgende

Definition 12.1:

Ist $f: x \mapsto f(x)$ in $[a; \infty[$ integrierbar, so bedeutet unter der Voraussetzung der Existenz des Grenzwerts

$$\int_a^\infty f(x)\,dx = \lim_{b\to\infty} \int_a^b f(x)\,dx$$

Entsprechend:

$$\int_{-\infty}^b f(x)\,dx = \lim_{a\to-\infty} \int_a^b f(x)\,dx$$

Solche Integrale heißen *uneigentliche Integrale 1. Art*.

Beispiele: a) $\int_1^\infty \frac{dx}{x^2} = \lim_{b\to\infty} \int_1^b x^{-2}dx = \lim_{b\to\infty} \left[-\frac{1}{b}+1\right] = 1$

b) $\int_{-\infty}^1 e^x dx = \lim_{a\to-\infty} \int_a^1 e^x dx = \lim_{a\to-\infty} (e^1 - e^a) = e$

c) $\int_1^\infty \frac{dx}{x}$ ist kein uneigentliches Integral im oben definierten Sinn, denn

$\lim_{b\to\infty} \int_1^b \frac{dx}{x}$ existiert nicht, weil $\ln b$ mit $b \to \infty$ über alle Grenzen wächst.

Bemerkungen:

1. Mit Benutzung obiger Definition lässt sich der Begriff des Flächeninhalts erweitern, nämlich auf Flächenstücke, die sich ins Unendliche erstrecken. Der Grenzwert des entsprechenden uneigentlichen Integrals kann, falls er existiert, als die Maßzahl des Inhalts eines derartigen unbegrenzten Flächenstücks definiert werden.
2. Ein uneigentliches Integral ist Grenzwert einer Integralfunktion, aber selbst kein Integral.

12.1.2. Uneigentliche Integrale 1. Art mit x^{-k} als Integrand

Im Zusammenhang mit den obigen Beispielen a) und c) stellt sich die Frage, für welche Exponenten $k \in \mathbb{R}$ das uneigentliche Integral

$$\int_a^\infty \frac{dx}{x^k}$$

für $a \in \mathbb{R}^+$ existiert. Wir führen dazu eine Fallunterscheidung durch.

1. Fall: $k = 1$

Das Integral existiert nicht, wie Beispiel c) zeigt.

2. Fall: $k > 1$

$$\int_a^\infty \frac{dx}{x^k} = \lim_{b \to \infty} \int_a^b x^{-k} dx = \lim_{b \to \infty} \left[\frac{b^{1-k}}{1-k} - \frac{a^{1-k}}{1-k}\right] = -\frac{a^{1-k}}{1-k} + \frac{1}{1-k} \lim_{b \to \infty} b^{1-k}.$$

Nun ist $b^{1-k} = e^{(1-k)\ln b}$. Mit $b \to \infty$ geht auch $\ln b$ gegen ∞ und, weil $1-k$ in diesem Fall negativ ist, $e^{(1-k)\ln b}$ und folglich auch b^{1-k} gegen null. Das Integral existiert und hat den Wert $-\dfrac{a^{1-k}}{1-k} = \dfrac{a^{1-k}}{k-1}$.

3. Fall: $k < 1$

Eine ähnliche Umformung wie im 2. Fall zeigt, dass $\lim\limits_{b \to \infty} b^{1-k}$ nicht existiert. Da nämlich $1-k$ jetzt positiv ist, geht mit $b \to \infty$ auch der Term $e^{(1-k)\ln b}$ gegen unendlich.

Ergebnis:

$$\boxed{\int_a^\infty \frac{dx}{x^k} = \frac{a^{1-k}}{k-1} \quad \text{für } a \in \mathbb{R}^+ \text{ und } k > 1}$$

Beispiel: Für die Energie W_∞, die notwendig ist, um eine Masse m dem Gravitationsbereich der Erde (Erdmasse M) zu entziehen, ergibt sich mit $k = 2$ und $a = R$

$$W_\infty = \int_R^\infty \frac{GmM}{x^2} dx = GmM \cdot \int_R^\infty \frac{dx}{x^2} = GmM \cdot \frac{R^{1-2}}{2-1} = \frac{GmM}{R}$$

Aufgaben

1. Untersuche, ob folgende Integrale existieren, und gib ggf. ihre Werte an!

a) $\int\limits_2^{\infty} \frac{2}{x^2}\,dx$ b) $\int\limits_{-1}^{-\infty} \frac{1}{x^3}\,dx$ c) $\int\limits_1^{\infty} \frac{5+x}{x^3}\,dx$ d) $\int\limits_0^{\infty} \frac{dx}{1+x^2}$ e) $\int\limits_{-\infty}^{\infty} \frac{dx}{1+x^2}$

f) $\int\limits_{-\infty}^{-1} \frac{dx}{x^3}$ g) $\int\limits_1^{\infty} \frac{x-1}{x^3}\,dx$ h) $\int\limits_1^{\infty} \frac{1-x-x^2}{x^3}\,dx$ i) $\int\limits_2^{\infty} \frac{dx}{2\sqrt{x^3}}$ k) $\int\limits_1^{\infty} \frac{dx}{x\sqrt[3]{x}}$

2. a) $\int\limits_{-\infty}^{0} e^x\,dx$ b) $\int\limits_1^{\infty} e^{-2x}\,dx$ c) $\int\limits_0^{\infty} \sin x\,dx$

3. Gegeben sind die beiden Funktionen $f\colon x \mapsto x^{-2};\ x \in \mathbb{R}^+$ und $g\colon x \mapsto x^3;\ x \in \mathbb{R}^+$. c sei eine Zahl aus dem Intervall $[1;\ \infty[$.

a) Welche Flächenmaßzahl A_c hat das Flächenstück, das begrenzt wird von den beiden Graphen, der x-Achse und den Geraden mit den Gleichungen $x - 0{,}5 = 0$ und $x - c = 0$?

b) Existiert $\lim\limits_{c \to \infty} A_c$?

4. Eine Berechnung der folgenden Integrale ist nicht möglich, da wir (jetzt und auch später) keine Stammfunktion zur Integrandenfunktion angeben können. Trotzdem lässt sich zeigen, dass die Integrale existieren. Wie?

a) $\int\limits_0^{\infty} \frac{dx}{1+x^3}$ b) $\int\limits_1^{\infty} \frac{dx}{x\sqrt{x} + \arctan x}$

Anleitung: Ersetze jeweils den Integranden durch einen im gesamten Integrationsbereich größeren Integranden, für den das Integral existiert, und wende Satz 7.2 von 7.4.3. an!

5. Es sollen die beiden Funktionen

$$f\colon x \mapsto \frac{1}{1-x^2} = f(x);\ x \in\ ]1;\ \infty[\quad \text{und} \quad g\colon x \mapsto \frac{x^2}{1-x^2} = g(x);\ x \in\ ]1;\ \infty[$$

betrachtet werden.

a) Bestimme $f'(x)$ durch Grenzübergang und $g'(x)$ mit Hilfe der Quotientenregel!

b) Was lässt sich aus dem Vergleich der beiden Ableitungen über f und g sowie deren Graphen aussagen?

c) Skizziere den Graphen der Funktion f'!

d) Berechne $\int\limits_2^{\infty} \frac{2x}{(1-x^2)^2}\,dx$!

6. Ein Widerstand der Größe R, eine Spule der Induktivität L und eine Gleichspannungsquelle der Spannung U_0 sind parallelgeschaltet. Wird die Spannungsquelle abgeschaltet, bricht der Strom in dem die Spule und den Widerstand umfassenden Stromkreis nicht sofort zusammen, sondern nimmt vom Zeitpunkt $t = 0$ des Ausschaltens an nach folgendem Gesetz ab (vgl. „Ergänzungen und Ausblicke" nach 10.6., Fig. 10.9):

$$J(t) = J_0 \cdot e^{-\frac{R}{L} \cdot t}$$

Welche Stromarbeit wird also nach dem Abschalten noch am Widerstand geleistet? Wie ist das Ergebnis physikalisch zu deuten?

(Formeln: Ohm'sches Gesetz $U/J = R$; Stromarbeit bei konstanter Stromstärke am Widerstand R: $W = U \cdot J \cdot t$. Hinweis: Stelle zuerst das Arbeitsintegral für die Stromarbeit auf!)

7. a) Welche Fluchtgeschwindigkeit benötigt ein Körper der Masse m, der aus einer Erdumlaufbahn von 800 km Höhe heraus aus dem Sonnensystem hinausgeschleudert werden soll?
(Benötigte Größen: Gravitationskonstante $G = 6{,}670 \cdot 10^{-11}\ \mathrm{m^3\,kg^{-1}\,s^{-2}}$;
Erdmasse $5{,}976 \cdot 10^{24}$ kg; Erdradius 6370 km; mittlere Entfernung von der Sonne $149{,}50 \cdot 10^6$ km; Sonnenmasse $1{,}989 \cdot 10^{30}$ kg)

b) Welche Geschwindigkeit hat dieser Körper noch, wenn er die Bahn des Pluto passiert? (Pluto ist der Planet mit der größten mittleren Entfernung von der Sonne: $5899 \cdot 10^6$ km)

8. *Die Gauß'sche Glockenkurve*
Auf der Suche nach einem Verteilungsgesetz für zufällige Beobachtungsfehler entdeckte C. F. Gauß[1] im Alter von 18 Jahren die sogenannte Dichtefunktion der Normalverteilung mit dem Mittelwert μ und der Varianz σ:

$$x \mapsto \varphi_{\mu,\sigma}(x) = \frac{1}{\sigma \cdot \sqrt{2\pi}} \cdot e^{-\frac{1}{2}\left(\frac{x-\mu}{\sigma}\right)^2}$$

Den Graphen dieser Funktion nennt man Gauß'sche Glockenkurve.

a) Diskutiere diese Funktion und zeichne den Graphen für $\mu = 1$, $\sigma = 0{,}5$ im Bereich $[-0{,}5;\ 2{,}5]$! Achte auf Symmetrien!

b) Die Wahrscheinlichkeit, dass bei einer normalverteilten Zufallsgröße mit dem Mittelwert μ und der Varianz σ ein Wert x aus dem Intervall [a; b] beobachtet wird, ist gleich der Maßzahl der Fläche eines zur y-Achse parallelen Streifens zwischen dem Graphen und dem Intervall [a; b] auf der x-Achse.
Gib eine Formel (Integral) für diese Wahrscheinlichkeit $P(a \leqq X \leqq b)$ an, ebenso für $P(a \leqq X)$, $P(X \leqq b)$, $P(|X - \mu| \geqq r)$!

c) Mit b) ergibt sich:

$$\int_{-\infty}^{\infty} \varphi_{\mu,\sigma}(x)\,dx = 1 \qquad \text{speziell:} \qquad \int_{-\infty}^{\infty} e^{-\frac{1}{2}x^2} = \sqrt{2\pi}\,.$$

Begründe diese Folgerung mit Hilfe von Kenntnissen aus der Wahrscheinlichkeitslehre!

12.2. Integrale mit nichtbeschränktem Integranden

12.2.1. Definition

Wir betrachten die Funktion

$$f\colon x \mapsto \frac{1}{\sqrt{x}}; \quad D_f = \mathbb{R}^+$$

im Intervall [a; b] mit $a, b \in \mathbb{R}^+$. Dann existiert wegen der Stetigkeit von f in [a; b] das Integral

$$\int_a^b \frac{1}{\sqrt{x}}\,dx$$

[1] Carl Friedrich Gauß (1777–1855), deutscher Mathematiker und Astronom.

Dagegen hat das Integral

$$\int_0^b \frac{1}{\sqrt{x}}\,dx$$

mit $b > 0$ nach unserer bisherigen Auffassung keinen Sinn, weil die untere Grenze nicht zu D_f gehört. Trotzdem können wir (ähnlich wie im vorausgehenden Abschnitt) versuchen diesem Integral einen Wert zuzuordnen, indem wir zunächst untersuchen, ob der Grenzwert

$$\lim_{\varepsilon \to 0} \int_\varepsilon^b \frac{1}{\sqrt{x}}\,dx$$

mit $\varepsilon > 0$ *existiert*. Tatsächlich ist dies der Fall. Es gilt nämlich:

$$\lim_{\varepsilon \to 0} \int_\varepsilon^b \frac{1}{\sqrt{x}}\,dx = \lim_{\varepsilon \to 0} (2\sqrt{b} - 2\sqrt{\varepsilon}) = 2\sqrt{b}$$

Damit können wir definieren:

$$\int_0^b \frac{1}{\sqrt{x}}\,dx = 2\sqrt{b}$$

Wir verallgemeinern unsere Überlegungen und gelangen zu folgender

Definition 12.2:

Ist die Funktion $f\colon x \mapsto f(x)$ in $]a; b]$ integrierbar und am linken Rand a des Intervalls nicht beschränkt, so bedeutet unter der Voraussetzung der Existenz des Grenzwertes

$$\int_a^b f(x)\,dx = \lim_{t \to a+0} \int_t^b f(x)\,dx\,.$$

Ähnlich erklären wir, falls f in $[a; b[$ integrierbar und am rechten Rand b des Intervalls nicht beschränkt ist, wieder unter der Voraussetzung der Existenz des Grenzwertes

$$\int_a^b f(x)\,dx = \lim_{t \to b-0} \int_a^t f(x)\,dx\,.$$

Derartige Integrale heißen *uneigentliche Integrale* 2. *Art*. Auch hier kann der Integralwert als Maßzahl einer sich ins Unendliche erstreckenden Fläche definiert werden.

Beispiele a) $\int_0^{16} \frac{1}{\sqrt[4]{x}}\,dx = \lim_{\varepsilon \to 0+0} \int_\varepsilon^{16} \frac{1}{\sqrt[4]{x}}\,dx = \frac{4}{3} \lim_{\varepsilon \to 0+0} [\sqrt[4]{16^3} - \sqrt[4]{\varepsilon^3}] = \frac{4}{3} \cdot 8 = 10\frac{2}{3}$

b) $\int_0^b \frac{dx}{x} = \lim_{\varepsilon \to 0+0} \int_\varepsilon^b \frac{dx}{x} = \lim_{\varepsilon \to 0+0} [\ln b - \ln \varepsilon]$

Da $\ln \varepsilon$ mit $\varepsilon \to 0$ unbegrenzt abnimmt, existiert der Grenzwert nicht. Dem Integral kann kein Wert zugewiesen werden.

12.2.2. Uneigentliche Integrale 2. Art mit x^{-k} als Integrand

Ähnlich wie in 12.1.2. untersuchen wir, für welche positiven Werte von k das Integral

$$\int_0^b \frac{dx}{x^k} \quad \text{existiert.}$$

1. Fall: $k = 1$

Das Integral existiert nicht, wie schon in Beispiel b) gezeigt wurde.

2. Fall: $0 < k < 1$

$$\int_0^b \frac{dx}{x^k} = \lim_{\varepsilon \to 0} \int_\varepsilon^b \frac{dx}{x^k} = \lim_{\varepsilon \to 0} \left[\frac{b^{1-k}}{1-k} - \frac{\varepsilon^{1-k}}{1-k}\right] = \frac{b^{1-k}}{1-k},$$

denn mit $\varepsilon \to 0$ geht auch ε^{1-k} unter der gemachten Voraussetzung gegen null.

3. Fall: $k > 1$

Mit $\varepsilon \to 0$ nimmt ε^{1-k} jetzt unbegrenzt zu. Grenzwert und Integral existieren nicht.

Ergebnis:

$$\boxed{\int_0^b \frac{dx}{x^k} = \frac{b^{1-k}}{1-k} \quad \text{für } b \in \mathbb{R}^+ \text{ und } 0<k<1}$$

Aufgaben

1. Berechne die folgenden uneigentlichen Integrale, soweit sie existieren:

a) $\int_0^8 x^{-\frac{2}{3}} dx$ b) $\int_0^4 x^{-\frac{3}{2}} dx$ c) $\int_0^1 \frac{1}{\sqrt{1-x^2}} dx$

d) $\int_0^4 \frac{dx}{\sqrt{x}}$ e) $\int_1^5 \frac{dx}{\sqrt{x-1}}$ f) $\int_{-4}^1 \frac{dx}{\sqrt{1-x}}$

Bestimme bei e) und f) die Stammfunktion durch Probieren!

2. Gegeben sind die beiden Funktionen $f_1\colon x \mapsto x^{-\frac{1}{2}};\ x \in \mathbb{R}^+$ und $f_2\colon x \mapsto x^{-2};\ x \in \mathbb{R}^+$.

Es werden die Integrale $J_1 = \int_0^1 x^{-\frac{1}{2}} dx$ und $J_2 = \int_1^\infty x^{-2} dx$ betrachtet.

a) Zeige, dass f_2 Umkehrfunktion von f_1 ist, und skizziere die Graphen G_{f_1} und G_{f_2}!

b) Berechne J_1!

c) Was lässt sich über die Differenz $J_1 - J_2$ auf Grund der Erkenntnisse in a) aussagen? Welcher Wert ergibt sich demnach für J_2?

d) Bestätige diesen Wert durch Berechnung des Integrals J_2!

3. Bilde zunächst die Ableitung von $f\colon x \mapsto \arcsin \frac{x}{a}$; $D_f = D_{f(x)}$; $a > 0$ und zeige sodann, dass dem Integral

$$\int_0^a \frac{dx}{\sqrt{a^2 - x^2}}$$

ein ganz bestimmter Zahlenwert zugeordnet werden kann!

4. Bei den folgenden Integralen liegt im Innern des Integrationsintervalls eine Stelle, an der der Integrand nicht definiert ist. Zerlege zunächst das Integral in zwei uneigentliche Integrale, bei denen diese Stelle jeweils am Rande liegt, und zeige sodann, dass den nach Abschnitt 7 an sich nicht definierten Integralen jetzt ein Wert zugeordnet werden kann!

a) $\int_{-1}^{1} \frac{dx}{\sqrt[3]{x^2}}$ b) $\int_{-1}^{1} \frac{dx}{\sqrt{|x|}}$

5. Bestimme den Wert des uneigentlichen Integrals $\int_0^1 \ln x \, dx$! (Hinweis: Vgl. 9.3.)

6. Existiert das uneigentliche Integral $\int_0^{\pi/2} \tan x \, dx$? (Hinweis: Vgl. Aufgabe 7c zu 10.2.3.)

13. Integrationsverfahren

13.1. Umkehrung der Kettenregel – Integration durch Substitution

Wir haben bisher mit wenigen Ausnahmen nur solche Integrale kennen gelernt, die wir direkt durch die Umkehrung von Ableitungsregeln für Grundfunktionen gewinnen konnten. Noch nicht genutzt haben wir die Regeln, die die Ableitung „komplizierterer" Funktionen ermöglichen.

13.1.1. Substitutionsregel (1. Fassung)

In 10.2.3. erhielten wir nach Differenziation der zusammengesetzten Funktion $x \mapsto \ln(f(x))$ mit Hilfe der Kettenregel die Integralformel

$$\int \frac{f'(x)}{f(x)}\, dx = \ln|f(x)| + C\,.$$

Wir können aus der Kettenregel eine noch allgemeinere Integrationsregel herleiten:

Ist h eine zusammengesetzte Funktion mit $h(x) = F(g(x))$ und sind die Funktionen g auf dem Intervall J sowie F auf W_g differenzierbar, dann ist

$$h'(x) = [F(g(x))]' = F'(g(x)) \cdot g'(x)\,.$$

Wenn wir $f = F'$ setzen (d. h. $\int f(t)\, dt = F(t) + C$), lautet diese Beziehung

$$[F(g(x))]' = f(g(x)) \cdot g'(x)\,.$$

Daraus ergibt sich die Integralformel

$$\begin{aligned} \int f(g(x)) \cdot g'(x)\, dx &= F(g(x)) + C = \\ &= \int f(t)\, dt \end{aligned}$$

mit der *Substitution* $g(x) = t$.

1. Fassung der Substitutionsregel:

$$\boxed{\int f(g(x)) \cdot g'(x)\, dx = \int f(t)\, dt \qquad \text{mit } g(x) = t}$$

Gelingt es also, die Integrandenfunktion als zusammengesetzte Funktion der Form $f(g(x)) \cdot g'(x)$ darzustellen und ist eine Stammfunktion F von f bekannt, dann lässt sich mit dieser Formel die Integration ausführen.

1. Beispiel: Gesucht ist das unbestimmte Integral $\int(\cos(1+x^3)) \cdot 3x^2\,dx$
Man kann erkennen: Der Faktor $3x^2$ ist die Ableitung des Terms $(1+x^3)$, der als Argument der cos-Funktion auftritt. Wir setzen also $1 + x^3 = t$. Im Sinne der Integralformel ist damit $g(x) = 1 + x^3 = t$, $g'(x) = 3x^2$ und $f(t) = \cos t$,

d.h.: $(\cos(1+x^3)) \cdot 3x^2 = f(g(x)) \cdot g'(x)$ und damit

$\int (\cos(1+x^3)) \cdot 3x^2\,dx = \int \cos t\,dt = \sin t + C$ mit $t = 1 + x^3$.

Ergebnis: $\int (\cos(1+x^3)) \cdot 3x^2\,dx = \sin(1+x^3) + C$

Probe: $[\sin(1+x^3) + C]' = (\cos(1+x^3)) \cdot 3x^2$

Bei der Berechnung eines bestimmten Integrals nach dieser Integralformel kann man nach Anwendung der Formel

(1) entweder die Substitution wieder rückgängig machen (also t wieder durch g(x) ersetzen) und mit den alten Integrationsgrenzen weiterrechnen

(2) oder die Substitution beibehalten und die Integrationsgrenzen der Substitution entsprechend umrechnen.

2. Beispiel: $\int_0^1 (\cos(1+x^3)) \cdot 3x^2\,dx$ (Fortsetzung des 1. Beispiels)

Nach (1):

$\int (\cos(1+x^3)) \cdot 3x^2\,dx = \sin(1+x^3) + C$

$\int_0^1 (\cos(1+x^3)) \cdot 3x^2\,dx = [\sin(1+x^3)]_0^1 = \sin 2 - \sin 1$

Nach (2):

$\int (\cos(1+x^3)) \cdot 3x^2\,dx = \sin t + C$ mit $t = 1 + x^3$

$\int_0^1 (\cos(1+x^3)) \cdot 3x^2\,dx = [\sin t]_{1+0^3}^{1+1^3} = [\sin t]_1^2 = \sin 2 - \sin 1$

Für bestimmte Integrale lautet die Formel:

$$\int_a^b f(g(x)) \cdot g'(x)\,dx = \int_{g(a)}^{g(b)} f(t)\,dt \qquad \text{mit } g(x) = t$$

Sie gilt für in [a; b] stetige Funktionen f und differenzierbare Funktionen g.

3. Beispiel: $\int_0^{\pi/4} \sin^2 x \cdot \cos x\,dx = \int_0^{\pi/4} (\sin x)^2 \cos x\,dx$

Im ersten Faktor des Integranden liegt offenbar eine Verkettung der Quadrat- und Sinusfunktion vor. Der zweite Faktor ist die Ableitung des Sinus. Wir setzen

$g(x) = \sin x = t$, also $g'(x) = \cos x$, und $f(t) = t^2$.

Dann ist $g(0) = 0$ und $g(\frac{1}{4}\pi) = \frac{1}{2}\sqrt{2}$ und es folgt

$$\int_0^{\pi/4} \sin^2 x \cdot \cos x\,dx = \int_0^{\frac{1}{2}\sqrt{2}} t^2\,dt = [\tfrac{1}{3}t^3]_0^{\frac{1}{2}\sqrt{2}} = \tfrac{1}{3}(\tfrac{1}{2})^3 2\sqrt{2} = \tfrac{1}{12}\sqrt{2}$$

4. Beispiel: $\int\limits_0^r \sqrt{r^2 - x^2} \cdot x\,dx$

Im ersten Faktor des Integranden ist die Quadratwurzelfunktion mit einer ganzrationalen Funktion zweiten Grades verkettet. Der zweite Faktor ist zwar nicht unmittelbar die Ableitung von $(r^2 - x^2)$, denn es ist $(r^2 - x^2)' = -2x$, aber durch eine leichte Modifizierung des Integrals erhalten wir

$$\int\limits_0^r \sqrt{r^2 - x^2} \cdot x\,dx = -\frac{1}{2} \int\limits_0^r \sqrt{r^2 - x^2} \cdot (-2x)\,dx = J\,,$$

und jetzt ist die Anwendung obiger Formel unmittelbar möglich. Mit

$g(x) = r^2 - x^2 = t$, also $g'(x) = -2x$, und $f(t) = \sqrt{t}$,

ferner $g(0) = r^2$ und $g(r) = 0$ ergibt sich:

$$J = -\frac{1}{2} \int\limits_{r^2}^0 \sqrt{t}\,dt = -\frac{1}{2} \left[\frac{2}{3} t^{\frac{3}{2}}\right]_{r^2}^0 = \left[-\frac{1}{3} \sqrt{t^3}\right]_{r^2}^0 = \frac{1}{3} r^3$$

5. Beispiel: $\int\limits_1^2 \frac{1}{3 + 5x}\,dx$

Naheliegend ist die Substitution des Nenners:

$f(t) = \frac{1}{t}$ mit $t = 3 + 5x = g(x)$, also $g'(x) = 5$

Wir können das Integral so umformen, dass $g'(x) = 5$ als Faktor des Integranden auftritt:

$$\int\limits_1^2 \frac{1}{3 + 5x}\,dx = \frac{1}{5} \int\limits_1^2 \frac{1}{3 + 5x} \cdot 5\,dx$$

Mit den neuen Integrationsgrenzen $g(1) = 8$ und $g(2) = 13$ erhalten wir

$$\int\limits_1^2 \frac{1}{3 + 5x}\,dx = \frac{1}{5} \int\limits_8^{13} \frac{1}{t}\,dt = \frac{1}{5} [\ln t]_8^{13} = \frac{1}{5} (\ln 13 - \ln 8) = 0{,}0971\ldots$$

6. Beispiel: Man bestimme jene Stammfunktion F_* zu

$$f\colon x \mapsto \frac{1}{x\sqrt{\ln x}}; \quad x \in \mathbb{R}^+,$$

für die $F_*(e) = 1$ gilt.

Lösung: $\int \frac{dx}{x\sqrt{\ln x}} = \int \frac{1}{\sqrt{\ln x}} \cdot \frac{1}{x}\,dx$

Der Faktor $\frac{1}{x}$ lässt vermuten, dass das Integral durch die Substitution $\ln x = t$ vereinfacht werden kann, denn

$$g(x) = \ln x = t \quad \Longrightarrow \quad g'(x) = \frac{1}{x}.$$

Es ergibt sich:

$$\int \frac{dx}{x\sqrt{\ln x}} = \int \frac{dt}{\sqrt{t}} = \int t^{-\frac{1}{2}}\,dt = 2 \cdot t^{\frac{1}{2}} + C = 2\sqrt{\ln x} + C$$

Aus dieser Termschar ist jener Term auszuwählen, der für $x = e$ den Wert 1 annimmt. Setzen wir $x = e$, so erhalten wir für C die Bestimmungsgleichung

$2\sqrt{\ln e} + C = 1$ und damit $C = -1$.

Ergebnis: $F_*: x \mapsto 2\sqrt{\ln x} - 1;\; x \in \mathbb{R}^+$ ist die gesuchte Stammfunktion.

7. Beispiel: Man gebe zu

$$f: x \mapsto \frac{x^2}{\sqrt{1-x^6}};\quad D_f =]-1;1[$$

eine Stammfunktion F_* an, deren Graph durch den Punkt $P(\sqrt[3]{0{,}5};\, 0)$ geht.

Lösung:
$$\int \frac{x^2}{\sqrt{1-x^6}}\,dx = \int \frac{1}{\sqrt{1-(x^3)^2}}\,x^2\,dx;$$

Der Faktor x^2 deutet auf die Substitution $x^3 = t$ hin, denn aus $g(x) = x^3 = t$ folgt $g'(x) = 3x^2$.

Es ergibt sich:

$$\int \frac{x^2}{\sqrt{1-x^6}}\,dx = \tfrac{1}{3} \int \frac{1}{\sqrt{1-t^2}}\,dt = \tfrac{1}{3}\arcsin t + C = \tfrac{1}{3}\arcsin x^3 + C$$

In der Schar der Gleichungen $y = \frac{1}{3}\arcsin x^3 + C$ ist der Scharparameter C so zu bestimmen, dass das Zahlenpaar $(\sqrt[3]{0{,}5};\, 0)$ die Gleichung erfüllt. Dies liefert die Bedingung:

$0 = \frac{1}{3}\arcsin 0{,}5 + C$ oder $C = -\frac{1}{18}\pi$.

Ergebnis: $F_*: x \mapsto \frac{1}{3}\arcsin x^3 - \frac{1}{18}\pi;\; x \in]-1;1[$ ist die gesuchte Stammfunktion.

8. Beispiel: $\displaystyle\int \frac{1}{a^2+x^2}\,dx$

Der Integrand erinnert an den Term $\dfrac{1}{1+t^2}$, für dessen Integration wir eine Grundformel kennen. Wir versuchen den Integranden durch Ausklammern von a^2 im Nenner entsprechend umzuformen:

$$\int \frac{1}{a^2+x^2}\,dx = \int \frac{1}{a^2} \cdot \frac{1}{1+\frac{x^2}{a^2}}\,dx = J$$

Durch die Substitution $\frac{x}{a} = t = g(x)$, also $g'(x) = \frac{1}{a}$, erhalten wir

$$J = \frac{1}{a}\int \frac{1}{1+\left(\frac{x}{a}\right)^2} \cdot \frac{1}{a}\,dx = \frac{1}{a}\int \frac{1}{1+t^2}\,dt = \frac{1}{a}(\arctan t + \bar{C}) =$$
$$= \frac{1}{a}\arctan\frac{x}{a} + C \quad \text{(Probe!)}$$

Aufgaben

1. Berechne die folgenden Integrale

a) $\int_0^1 (1+x^2)^3 \cdot 2x\, dx$ b) $\int_1^e (\ln x)^2 \cdot \frac{1}{x}\, dx$

2. Bestimme $D_{f(x)}$ und gib einen Stammfunktionsterm $F(x)$ zu $f(x)$ an!

a) $f(x) = (1+x)^3$ b) $f(x) = \frac{1}{(x-2)^2}$ c) $f(x) = \sqrt{1+x}$ d) $f(x) = \sqrt[3]{3+x}$

e) $f(x) = (2-x)^4$ f) $f(x) = \frac{1}{(3+2x)^2}$ g) $f(x) = \sqrt{2+3x}$ h) $f(x) = \sin 2x$

i) $f(x) = \cos 2x$ k) $f(x) = \sin \omega x$ l) $f(x) = \sin x \cos x$ m) $f(x) = \sin^2 x$

n) $f(x) = x(x^2-1)^3$ o) $f(x) = x\sqrt{9-x^2}$ p) $f(x) = \frac{x}{\sqrt{a^2-x^2}}$ q) $f(x) = \frac{x}{(1-x^2)^2}$

3. Bestimme jene Stammfunktion F_* zu $f\colon x \mapsto f(x);\ D_f = D_{f(x)}$, für die gilt:

a) $f(x) = \sin^2 x \cos x$ und $F_*(0) = 2$ b) $f(x) = \cos^3 x \sin x$ und $F_*(\frac{1}{2}\pi) = 1$

c) $f(x) = \sin^3 x$ und $F_*(\frac{1}{3}\pi) = 0$ d) $f(x) = \frac{\sqrt{\tan x}}{\cos^2 x}$ und $F_*(\frac{1}{4}\pi) = 2$

Anleitung zu c): $\sin^3 x = (1-\cos^2 x)\sin x$.

4. Es soll zu $f\colon x \mapsto f(x);\ D_f = D_{f(x)}$ die Stammfunktion F_* angegeben werden, deren Graph durch den Punkt P geht.

a) $f(x) = \frac{x}{1+x^4}$; $P(0; 1)$ b) $f(x) = \frac{x}{\sqrt{1-x^4}}$; $P(1; 0)$

c) $f(x) = \frac{x^2}{1+x^6}$; $P(0; 2)$ d) $f(x) = \frac{x^2}{\sqrt{1-x^6}}$; $P(1; \frac{7}{6}\pi)$

5. a) $\int e^{-x} dx$ b) $\int e^{2x+3} dx$ c) $\int \frac{1}{e^{3x-2}} dx$ d) $\int x e^{x^2} dx$

e) $\int \frac{e^{\sqrt{x}}}{\sqrt{x}} dx$ f) $\int e^{\cos x} \sin x\, dx$ g) $\int \frac{e^x}{1-e^x} dx$ h) $\int \frac{e^x - e^{-x}}{e^x + e^{-x}} dx$

6. a) $\int \frac{\ln x}{x} dx$ b) $\int \frac{1}{x}\sqrt{\ln x}\, dx$ c) $\int \frac{1}{x}\sqrt{1+\ln x}\, dx$ d) $\int \frac{\sin(\ln x)}{x} dx$

7. a) $\int_0^{\pi/4} \tan x\, dx$ b) $\int_{\pi/4}^{\pi/2} \frac{1}{\tan x} dx$ (Beachte 10.2.3. B!)

8. a) $\int_0^4 \sqrt{4+3x}\, dx$ b) $\int_0^1 \frac{dx}{\sqrt{16-7x}}$ c) $\int_0^2 x\sqrt{3x^2+4}\, dx$

d) $\int_0^2 \frac{x^2 dx}{\sqrt{16+x^3}}$ e) $\int_0^a \frac{2x+a}{\sqrt{x^2+ax}} dx$ f) $\int_{1/a}^{2/a} \cos ax\, dx$, $(a > 0)$

g) $\int_0^{\sqrt{2}} x \cos x^2 dx$ h) $\int_0^{\pi/6} \frac{\cos x}{\sqrt{1-\sin x}} dx$ i) $\int_0^2 \frac{dx}{x^2+16}$

13.1.2. Substitutionsregel (2. Fassung)

Liest man die 1. Fassung der Substitutionsregel von rechts nach links und vertauscht man – um die bei Integralformeln gewohnte Form zu erhalten – die Integrationsvariablen x und t, so erhält man die

2. Fassung der Substitutionsregel:

$$\int f(x)\,dx = \int f(g(t)) \cdot g'(t)\,dt \qquad \text{mit } x = g(t)$$

Auf den ersten Blick erscheint hier ein einfaches Integral durch ein komplizierteres ersetzt. Das folgende Beispiel zeigt jedoch, dass manchmal erst die Umformung durch die Substitution $x = g(t)$ auf ein Grundintegral und damit zur Berechnung des gegebenen Integrals führt:

1. Beispiel: $\int \frac{x}{\sqrt{2x-3}}\,dx$

Hier ist keine Stammfunktion des Integranden und auch keine geeignete Umformung erkennbar, die das Auffinden einer Stammfunktion ermöglichen könnte. Um eine geeignete Substitution zu finden, streben wir versuchsweise eine Vereinfachung des Nenners $\sqrt{2x-3}$ zu $\sqrt{t}$ an.

Wir setzen daher $2x - 3 = t$;

$2x - 3 = t \implies x = \frac{1}{2}(t+3) = g(t)$

Also ist $g'(t) = \frac{1}{2}$. Die Substitution liefert:

$$\int \frac{x}{\sqrt{2x-3}}\,dx = \int \frac{\frac{1}{2}(t+3)}{\sqrt{t}} \cdot \frac{1}{2}\,dt = \frac{1}{4}\int (t^{\frac{1}{2}} + 3t^{-\frac{1}{2}})\,dt =$$

$$= \frac{1}{4}\left(\frac{2}{3}t^{\frac{3}{2}} + 3 \cdot \frac{2}{1}t^{\frac{1}{2}}\right) + C =$$

$$= \frac{1}{6}t^{\frac{3}{2}} + \frac{3}{2}t^{\frac{1}{2}} + C$$

Ergebnis: $\int \frac{x}{\sqrt{2x-3}}\,dx = \frac{1}{6}\sqrt{(2x-3)^3} + \frac{3}{2}\sqrt{2x-3} + C$

Wie bei der 1. Fassung werden bestimmte Integrale berechnet:

2. Beispiel: $\int_2^6 \frac{x}{\sqrt{2x-3}}\,dx$ (Fortsetzung des 1. Beispiels)

Wir behalten hier die Substitution bei und rechnen die Intervallgrenzen um:

$x = g(t) = 2 \implies t = g^{-1}(2) = 2 \cdot 2 - 3 = 1$

$x = g(t) = 6 \implies t = g^{-1}(6) = 2 \cdot 6 - 3 = 9$

Damit gilt:

$$\int_2^6 \frac{x}{\sqrt{2x-3}}\,dx = \left[\frac{1}{6}t^{\frac{3}{2}} + \frac{3}{2}t^{\frac{1}{2}}\right]_1^9 = 7\tfrac{1}{3}$$

Für bestimmte Integrale lautet die 2. Fassung der Substitutionsregel:

$$\int_a^b f(x)\,dx = \int_{g^{-1}(a)}^{g^{-1}(b)} f(g(t)) \cdot g'(t)\,dt \qquad \text{mit } x = g(t)$$

Die Substitution muss also so gewählt werden, dass die Funktion g im Integrationsintervall umkehrbar ist.

3. Beispiel: Berechne $\int_1^5 x\sqrt{5-x}\,dx$ mit der Substitution $\sqrt{5-x} = t$!

Substitution: $\sqrt{5-x} = t \Rightarrow 5 - x = t^2 \Rightarrow x = 5 - t^2$

$g(t) = 5 - t^2$, also $g'(t) = -2t$

Neue Integrationsgrenzen: $x = 1 \Rightarrow t = 2$
$x = 5 \Rightarrow t = 0$

Einsetzen: $\int_1^5 x\sqrt{5-x}\,dx = \int_2^0 (5 - t^2) \cdot t \cdot (-2t)\,dt =$

$= -2 \int_2^0 (5t^2 - t^4)\,dt =$

$= -2\left[\frac{5}{3}t^3 - \frac{1}{5}t^5\right]_2^0 = 13\frac{13}{15}$

4. Beispiel: $\int \frac{1}{x\sqrt{x^2-4}}\,dx$ Substituiere $\frac{1}{x} = t$! (Integrationsbereich $]2; \infty[$)

$\frac{1}{x} = t \Rightarrow x = \frac{1}{t}$

$g(t) = \frac{1}{t} \Rightarrow g'(t) = -\frac{1}{t^2}$

$$\int \frac{1}{x\sqrt{x^2-4}}\,dx = \int \frac{1}{\frac{1}{t}\sqrt{\frac{1}{t^2}-4}}\left(-\frac{1}{t^2}\right)dt = -\int \frac{1}{\sqrt{1-(2t)^2}}\,dt$$

Dieses Integral können wir durch Substitution nach der 1. Fassung lösen: Wir substituieren $z = 2t$; dann ist $z'(t) = 2$ und

$$-\int \frac{1}{\sqrt{1-(2t)^2}}\,dt = -\frac{1}{2}\int \frac{1}{\sqrt{1-(2t)^2}} \cdot 2dt = -\frac{1}{2}\int \frac{1}{\sqrt{1-z^2}}\,dz$$

$$= -\frac{1}{2}\arcsin z + C = -\frac{1}{2}\arcsin 2t + C =$$

$$= -\frac{1}{2}\arcsin \frac{2}{x} + C.$$

Ergebnis: $\int \frac{1}{x\sqrt{x^2-4}}\,dx = -\frac{1}{2}\arcsin\frac{2}{x} + C$; Probe!

Aufgaben

1. Berechne mit Hilfe der angegebenen Substitution!

a) $\int_0^1 \frac{x}{\sqrt{1+3x}}\,dx$ mit $x = \frac{1}{3}(t-1)$ b) $\int_1^5 \frac{x}{\sqrt{1+3x}}\,dx$ mit $x = \frac{1}{3}(t^2-1)$

2. Suche selbst die geeignete Substitution für das Integral $\int f(x)\,dx$!

a) $f(x) = \frac{x}{(2-x)^3}$ b) $f(x) = \frac{x^2}{(1+x)^4}$ c) $f(x) = \frac{x}{\sqrt{1-x}}$ d) $f(x) = x\sqrt{1+x}$

3. a) $\int \frac{x}{(1-x)^2}\,dx$ b) $\int \frac{x^2}{(1-x)^3}\,dx$ c) $\int \frac{x^3}{(1-x)^4}\,dx$

4. a) $\int \frac{1}{\sin x}\,dx$ b) $\int \frac{1}{\cos x}\,dx$

Anleitungen:

Zu a) Ersetze $\sin x$ durch $2\sin\frac{x}{2}\cos\frac{x}{2}$ und 1 durch $\sin^2\frac{x}{2} + \cos^2\frac{x}{2}$!

Zu b) Führe die Substitution $x = \frac{\pi}{2} - t$ durch!

5. a) $\int \frac{dx}{x\sqrt{x^2-1}}$ b) $\int \frac{dx}{x^2\sqrt{1-x^2}}$

Anleitung: Substituiere $x = \frac{1}{t}$!

6. Auf 4 Dezimalen genau gilt: $\int_0^{16} \frac{\sqrt[4]{x}}{4(1+\sqrt{x})}\,dx = 1{,}7738$ Weise dies nach!

Vermischte Aufgaben

7. a) $\int \frac{dx}{1+(\frac{x}{3})^2}$ b) $\int \frac{dx}{a^2+x^2}$ c) $\int \frac{dx}{16+25x^2}$

d) $\int \frac{dx}{1+(\frac{3-2x}{5})^2}$ e) $\int \frac{dx}{17-8x+x^2}$ f) $\int \frac{dx}{5-2x+x^2}$

g) $\int \frac{dx}{20-12x+9x^2}$ h) $\int \frac{dx}{p+qx+x^2}$, $(q^2 < 4p)$ i) $\int \frac{dx}{a+bx+cx^2}$, $(b^2 < 4ac)$

8. a) $\int \frac{x+1}{x^2+2x+3}\,dx$ b) $\int \frac{1}{x^2+2x+3}\,dx$ c) $\int \frac{x+2}{x^2+2x+3}\,dx$ d) $\int \frac{3x+4}{x^2+6x+10}\,dx$

e) $\int \frac{1}{4-x^2}\,dx$ f) $\int \frac{1}{(x-1)^2-4}\,dx$ g) $\int \frac{1}{4x^2-12x+5}\,dx$ h) $\int \frac{1}{5-4x-x^2}\,dx$

Hinweis zu e) bis h): Zeige, dass $\frac{1}{S^2-T^2} = \frac{1}{2S}\cdot\left(\frac{1}{S-T} + \frac{1}{S+T}\right)$ bzw.

$\frac{1}{S^2-T^2} = \frac{1}{2T}\cdot\left(\frac{1}{S-T} - \frac{1}{S+T}\right)$. Verwende (ggf. nach geeigneter Umformung des Nenners, insbesondere quadratischer Ergänzung) diese Formel zur Zerlegung des Bruchs in zwei Summanden, in deren Nenner nur noch lineare Terme von x vorkommen.

9. Erläutere: Jedes Integral der Art

$$\int \frac{d+ex}{a+bx+cx^2}\,dx$$

kann mit den uns nun verfügbaren Hilfsmitteln berechnet werden. (Vgl. Aufgabe 8!)

10. a) $\int \frac{dx}{\sqrt{1-(\frac{x}{2})^2}}$ b) $\int \frac{dx}{\sqrt{a^2-x^2}}$ $(a>0)$ c) $\int \frac{dx}{\sqrt{9-4x^2}}$

d) $\int \frac{dx}{\sqrt{1-(\frac{2x-5}{3})^2}}$ e) $\int \frac{dx}{\sqrt{6x-x^2-8}}$ f) $\int \frac{dx}{\sqrt{32-9x^2-12x}}$

g) $\int \frac{dx}{\sqrt{24+8x-16x^2}}$ h) $\int \frac{dx}{\sqrt{a+bx-cx^2}}$ $a, b, c>0$ i) $\int \frac{dx}{\sqrt{a-bx-cx^2}}$ $a, b, c>0$

11. a) $\int\limits_0^{\sqrt{3}} \frac{dx}{\sqrt{4-x^2}}$ b) $\int\limits_0^{\frac{a}{2}\sqrt{2}} \frac{x}{\sqrt{a^4-x^4}}\,dx$ c) $\int\limits_0^{\frac{1}{2}\sqrt{2}} \frac{dx}{1-2x+2x^2}$

d) $\int\limits_{0,5}^{1,5} \frac{dx}{\sqrt{2x-x^2}}$ e) $\int\limits_2^3 \frac{dx}{x^2-x+1}$ f) $\int\limits_0^{0,5} \frac{dx}{\sqrt{1+3x-4x^2}}$

12. a) $\int\limits_0^{0,5} 5e^{2x}dx$ b) $\int\limits_0^1 e^x\sqrt{e^x-1}\,dx$ (2 Dez.) c) $\int\limits_0^1 \frac{e^x}{2e^x-1}\,dx$ (2 Dez.)

d) Es ist $f(t) = \int\limits_0^{1/t} e^{tx}dx.$ Wie groß ist $f(e)$?

e) Es ist $\varphi(t) = \int\limits_0^{t} e^{\sin x}dx.$ Wie groß ist $\dot{\varphi}(\frac{\pi}{2})$?

13. Uneigentliche Integrale

a) $\int\limits_0^4 \frac{x\,dx}{\sqrt{4-x}}$ b) $\int\limits_0^a \frac{dx}{\sqrt{a^2-x^2}}$ c) $\int\limits_0^\infty \frac{dx}{a^2+x^2}$

d) $\int\limits_0^\infty \frac{dx}{\sqrt{a+x}^3}$ $(a>0)$ e) $\int\limits_0^\infty \frac{x\,dx}{(x^2-1)^3}$ f) $\int\limits_{-\infty}^\infty \frac{dx}{1+x+x^2}$

14. Das Kreisintegral

Das bei der Berechnung des Flächeninhaltes des Kreises mit der Gleichung $x^2+y^2=a^2$ auftretende Integral heißt Kreisintegral. Es gilt:

$$\int \sqrt{a^2-x^2}\,dx = \frac{a^2}{2}\arcsin\frac{x}{a} + \frac{x}{2}\sqrt{a^2-x^2} + C, \quad (a>0)$$

a) Beweise diese Formel mit Hilfe der Substitution $x = a\sin t$ sowie durch Differenziation der rechten Seite!

b) Bestätige: Die Ellipse mit den Halbachsen a und b hat die Flächenmaßzahl $A = ab\pi$.

c) Welchen prozentualen Anteil an der Ellipsenfläche hat der Inhalt des kleineren Segmentes, das die Gerade mit der Gleichung $x-a=0$ aus der Ellipse mit der Gleichung $x^2+4y^2-4a^2=0$ ausschneidet? Schätzung!

15. Gegeben ist die Funktion $f\colon x \mapsto f(x) = \dfrac{x}{\sqrt{1-x^2}}$; $D_f = D_{f(x)}$.

a) Gib D_f an und zeige, dass G_f punktsymmetrisch zum Ursprung ist und monoton steigt!

b) Wie lautet die Umkehrfunktion f^{-1} zu f?

c) Berechne den Inhalt des Flächenstücks, das der Graph mit der x-Achse zwischen Ursprung und der Ordinate zu $x = \frac{1}{2}\sqrt{2}$ einschließt!

16. Für die Funktion

$$f\colon x \mapsto \frac{4-x}{\sqrt{8-2x^2}};\quad D_f = D_{f(x)}$$

ist die Definitionsmenge anzugeben und der Inhalt des Flächenstücks zu berechnen, das von G_f, den Achsen und der Minimalordinate begrenzt wird. Zeichnung mit 1 LE = 2 cm.

17. Der Graph der Funktion $f\colon x \mapsto \frac{1}{3}x\sqrt{x-3}$; $D_f = [3; \infty[$ wird an der x-Achse gespiegelt. Die zwischen Graph und Spiegelbid entstehende rechtsoffene Fläche wird durch die Gerade mit der Gleichung $x - 7 = 0$ abgeschlossen. Welchen Inhalt hat dieses Flächenstück?

18. Zu untersuchen ist die Funktion $f\colon x \mapsto ae^{\frac{x}{a}}$; $x \in \mathbb{R}$ mit $a > 0$.

a) Zeichne G_f für $a = 4$ im Bereich $[-6; 6]$!

b) Stelle die Gleichung der Tangente und Normale im Punkt $P(a; f(a))$ des Graphen auf!

c) Wie groß ist der Inhalt des von G_f, der x-Achse und den Ordinaten zu $x = -a$ und $x = a$ begrenzten Flächenstücks?

d) Die Tangente in irgendeinem Punkt $P_0(x_0; y_0)$ des Graphen schneide die x-Achse in T. Der Fußpunkt des Lotes von P_0 auf die x-Achse sei F. Berechne die Länge $\overline{TF}$!

19. Gegeben ist die Funktion $f\colon x \mapsto f(x) = \frac{1}{2}\ln\left(x + \sqrt{x^2+1}\right)$; $D_f = D_{f(x)}$.

a) Gib D_f an!

b) Zeige, dass f streng monoton zunimmt und somit umkehrbar ist!

c) Bestimme f^{-1}.

d) Beweise: $f(-x) = -f(x)$.

e) Welchen Inhalt hat das Flächenstück, das vom Graphen G_f, der x-Achse und der Geraden mit der Gleichung $x = \frac{1}{2}(e - e^{-1})$ begrenzt wird? Anleitung: Berechne das Integral von $x \mapsto f^{-1}(y)$ zwischen den Grenzen $y = 0$ und $y = \frac{1}{2}$! Vgl. Abschnitt 9.3.!

20. Der Graph der Funktion

$$f\colon x \mapsto \frac{-x^3 + 6x^2 - 9x}{(x-1)^2};\quad D_f = \mathbb{R}\setminus\{1\},$$

seine schräge Asymptote und das Intervall [3; 4] auf der x-Achse begrenzen ein sich ins Unendliche erstreckendes Flächenstück. Welchen Inhalt hat es? (Vgl. Aufgabe 12 in 11.1.2.)

21. Das auf Seite 98 angegebene Integral zur Berechnung der Bogenlänge muss meist mit Computern ausgewertet werden. Nur selten gelingt die Berechnung mit Hilfe unserer Integrationsmethoden, wie etwa in folgenden Beispielen:

a) Die Punkte $A(0; 0)$ und $B(4; 8)$ liegen auf der Kurve mit der Gleichung $y = x\sqrt{x}$. Zeige: Die Länge des Kurvenstücks zwischen A und B beträgt $\frac{8}{27}\cdot(10\sqrt{10} - 1)$ LE!

b) Berechne die Länge des Bogens zwischen den Punkten $A(1; ?)$ und $B(4; ?)$ des Graphen der Funktion $f\colon x \mapsto \frac{2}{3}\sqrt{(x-1)^3}$; $x \in [1; \infty[$!

c) Welche Länge hat der Bogen der Kurve mit der Gleichung $y = \frac{1}{4}x^2 - \frac{1}{2}\ln x$ zwischen den Punkten $A(1; ?)$ und $B(e; ?)$?

13.2. Umkehrung der Produktregel – Partielle Integration

Wir gehen aus von der Formel für die Ableitung des Produktes zweier Funktionen. Es seien u und v in einem gemeinsamen Bereich [a; b] differenzierbare Funktionen. Dann können wir nach 5.1.1. schreiben:

$$f(x) = u(x) \cdot v(x) \quad \Longrightarrow \quad f'(x) = u'(x)\,v(x) + u(x)\,v'(x)$$

Sind die Ableitungen u' und v' stetig in [a; b], so können wir diese Gleichung integrieren:

$$\int_a^b f'(x)\,dx = \int_a^b u'(x)\,v(x)\,dx + \int_a^b u(x)\,v'(x)\,dx$$

$$\Longrightarrow \quad [f(x)]_a^b = [u(x)\,v(x)]_a^b = \int_a^b u'(x)\,v(x)\,dx + \int_a^b u(x)\,v'(x)\,dx$$

Wir lösen diese Gleichung nach dem zweiten Summanden der rechten Seite auf und erhalten

$$\int_a^b u(x)\,v'(x)\,dx = [u(x)\,v(x)]_a^b - \int_a^b u'(x)\,v(x)\,dx$$

bzw. als Formel für das unbestimmte Integral:

$$\int u(x)\,v'(x)\,dx = u(x)\,v(x) - \int u'(x)\,v(x)\,dx$$

Unter der Voraussetzung, dass u und v in [a; b] stetig differenzierbare Funktionen[1] sind, kann mit Hilfe dieser Formel das auf der linken Seite stehende Integral auf ein anderes, unter Umständen einfacheres Integral zurückgeführt werden. Die Integration ist, wie die rechte Seite zeigt, jedenfalls nur teilweise ausgeführt. Das Verfahren wird daher als *partielle Integration* bezeichnet.

1. Beispiel: $\int_0^{\pi/2} x \sin x\,dx.$

Wir setzen $\begin{cases} u(x) = x & \Longrightarrow \quad u'(x) = 1 \\ v'(x) = \sin x & \Longrightarrow \quad v(x) = -\cos x \end{cases}$ und es ergibt sich

$$\int_0^{\pi/2} x \sin x\,dx \;=\; [x(-\cos x)]_0^{\pi/2} - \int_0^{\pi/2} 1 \cdot (-\cos x)\,dx \;=\; 0 + [\sin x]_0^{\pi/2} = 1$$

2. Beispiel: $\int_0^{\pi} \sin^2 x\,dx = \int_0^{\pi} \sin x \cdot \sin x\,dx.$

Wir setzen $\begin{cases} u(x) = \sin x & \Longrightarrow \quad u'(x) = \cos x \\ v'(x) = \sin x & \Longrightarrow \quad v(x) = -\cos x \end{cases}$ und es folgt zunächst:

$$\int_0^{\pi} \sin^2 x\,dx = [-\sin x \cos x]_0^{\pi} + \int_0^{\pi} \cos^2 x\,dx$$

[1] Eine Funktion f heißt im Intervall *J stetig differenzierbar*, wenn f' in *J* existiert und stetig ist.

Zur weiteren Behandlung des Integrals beachten wir, dass $\cos^2 x = 1 - \sin^2 x$ ist. Damit ergibt sich die Gleichung

$$\int_0^\pi \sin^2 x\,dx = 0 + \int_0^\pi dx - \int_0^\pi \sin^2 x\,dx \quad \text{und hieraus}$$

$$2 \cdot \int_0^\pi \sin^2 x\,dx = [x]_0^\pi, \quad \text{schließlich}$$

$$\int_0^\pi \sin^2 x\,dx = \frac{\pi}{2}.$$

Diese Beispiele zeigen die beiden typischen Lösungswege bei Anwendung der partiellen Integration: Im 1. Beispiel wurde das Integral durch partielle Integration auf ein einfacher zu lösendes zurückgeführt, im 2. Beispiel entstand durch die partielle Integration nach einfachen Umformungen (hier auch noch einer einfachen Integration) eine Gleichung, die nach dem gesuchten Integral aufgelöst werden konnte.
Häufig werden diese Ergebnisse erst nach mehrmaliger Anwendung des Verfahrens erreicht, wie das 4. Beispiel zeigt.

3. Beispiel: Es soll zu $f\colon x \mapsto x \sin x;\ x \in \mathbb{R}$ eine Stammfunktion angegeben und sodann $\int_0^{\pi/2} x \sin x\,dx$ berechnet werden.

Lösung: a) $\int x \sin x\,dx$. Wir setzen:

$$\begin{cases} u(x) = x & \Longrightarrow \quad u'(x) = 1 \\ v'(x) = \sin x & \Longrightarrow \quad v(x) = -\cos x, \end{cases}$$

und erhalten:

$$\int x \sin x\,dx = -x\cos x + \int \cos x\,dx = -x\cos x + \sin x + C.$$

Also ist

$F_0\colon x \mapsto -x\cos x + \sin x;\quad x \in \mathbb{R}$

eine Stammfunktion zu f.

Probe: $F_0'(x) = (-1)\cos x - x(-\sin x) + \cos x = x\sin x = f(x)$.

b) $\int_0^{\pi/2} x \sin x\,dx = [-x\cos x + \sin x]_0^{\pi/2} = 1$

4. Beispiel: Man berechne die Integrale $\int_0^1 x^2 e^{-x}\,dx$ und $\int_{-1}^1 x^2 e^{-x}\,dx$.

Lösung: Wir suchen zunächst eine Stammfunktion zu $f\colon x \mapsto x^2 e^{-x};\ x \in \mathbb{R}$, indem wir

$\int x^2 e^{-x}\,dx$

partiell behandeln. Dazu setzen wir:

$$\begin{cases} u(x) = x^2 & \Longrightarrow \quad u'(x) = 2x \\ v'(x) = e^{-x} & \Longrightarrow \quad v(x) = -e^{-x} \quad \text{(Probe!)}, \end{cases}$$

sodass wir zunächst erhalten:

$$\int x^2 e^{-x} dx = -x^2 e^{-x} + 2 \int x e^{-x} dx \qquad (1)$$

Auf das Integral der rechten Seite von (1) wenden wir erneut die Regel für die partielle Integration an, indem wir setzen:

$$\begin{cases} u(x) = x & \Longrightarrow \quad u'(x) = 1 \\ v'(x) = e^{-x} & \Longrightarrow \quad v(x) = -e^{-x}, \end{cases}$$

sodass sich ergibt:

$$\int x e^{-x} dx = -x e^{-x} + \int e^{-x} dx = -x e^{-x} - e^{-x} + C$$

Tragen wir dies in (1) ein, so folgt:

$$\int x^2 e^{-x} dx = -x^2 e^{-x} + 2(-x e^{-x} - e^{-x} + C) = -e^{-x}(x^2 + 2x + 2) + C'$$

Eine Stammfunktion zu f ist also

$$F_0\colon\ x \mapsto -e^{-x}(x^2 + 2x + 2)$$

und es ergeben sich folgende Integralwerte:

$$\int_0^1 x^2 e^{-x} dx = [-e^{-x}(x^2 + 2x + 2)]_0^1 = 2 - 5e^{-1}$$

$$\int_{-1}^1 x^2 e^{-x} dx = [-e^{-x}(x^2 + 2x + 2)]_{-1}^1 = e - 5e^{-1}$$

Aufgaben

1. a) $\int_0^{\pi/2} x \cos x \, dx$ b) $\int_0^{\pi/4} x \sin 2x \, dx$ c) $\int x \cos ax \, dx, \quad (a > 0)$

2. a) $\int \sin^4 x \, dx$ b) $\int \cos^4 x \, dx$

3. a) $\int_{-\pi/2}^{\pi/2} x^2 \sin x \, dx$ b) $\int_{-\pi/2}^{0} x^2 \cos x \, dx$ c) $\int x^2 \sin ax \, dx, \quad (a > 0)$

4. a) $\int \arcsin x \, dx$ b) $\int \arccos x \, dx$ c) $\int_0^{0,5} \arccos 2x \, dx$

   Hinweis zu a): Schreibe $\int \arcsin x \cdot 1 \, dx$ und setze $u(x) = \arcsin x,\ v'(x) = 1$.

5. a) $\displaystyle\int \frac{x^3}{\sqrt{a^2 - x^2}} dx, \ (a > 0)$ b) $\displaystyle\int \frac{\sqrt{a^2 - x^2}}{x^2} dx, \ (a > 0)$ c) $\displaystyle\int \frac{dx}{x^2 \sqrt{a^2 - x^2}}, \ (a > 0)$

   Hinweise: Zu a) $u(x) = x^2$; Aufgabe 2p in 13.1.1.
   Zu b) $u(x) = \sqrt{a^2 - x^2}$
   Zu c) $\displaystyle\frac{a^2}{x^2\sqrt{a^2 - x^2}} = \frac{1}{\sqrt{a^2 - x^2}} + \frac{\sqrt{a^2 - x^2}}{x^2}$

6. Das Kreisintegral (2. Art der Berechnung)
   Beweise die Integralformel von Aufgabe 14 in 13.1.2. mittels der Umformung

$$\sqrt{a^2 - x^2} = \frac{a^2 - x^2}{\sqrt{a^2 - x^2}} = \frac{a^2}{\sqrt{a^2 - x^2}} - \frac{x^2}{\sqrt{a^2 - x^2}}$$

   und partieller Integration des Subtrahenden mit $u(x) = x$!

7. a) $\int\limits_0^{\frac{1}{2}a\sqrt{2}} \frac{x^2}{\sqrt{a^2-x^2}}\,dx \quad (a>0)$
   b) $\int\limits_0^a x^2\sqrt{a^2-x^2}\,dx \quad (a>0)$ Hinweis: $u(x) = x$

8. a) $\int x \arcsin x\,dx$
   b) $\int x \arctan x\,dx$
   c) $\int\limits_0^1 x^2 \arcsin x\,dx$

9. a) $\int xe^x dx$
   b) $\int\limits_{-1}^0 xe^{-x}dx$
   c) $\int x^2e^x dx$
   d) $\int e^x \cos x\,dx$
   e) $\int\limits_0^{\pi/2} e^x \sin x\,dx$ (4 Dezimalen)

10. Berechne das unbestimmte Integral $\int \sin x \cos x\,dx$ auf fünf verschiedene Arten:
    a) Unter Anwendung der Substitutionsregel (1. Fassung) mit der Substitution $g(x) = \sin x$ bzw. $g(x) = \cos x$.
    b) Unter Anwendung der partiellen Integration mit $u(x) = \sin x$, $v'(x) = \cos x$ bzw. umgekehrt.
    c) Unter Anwendung der Formel $\sin 2x = 2\sin x \cos x$.

11. Integration des Logarithmus
    a) Beweise mittels partieller Integration die Formel

$$\boxed{\int \ln x\,dx = x(\ln x - 1) + C}$$

    b) Berechne den Inhalt des Flächenstücks, das vom Graphen $G_{\lg}$ der Funktion $\lg\colon x \mapsto \lg x$; $x \in \mathbb{R}_0^+$, der x-Achse und der Ordinate zu $x = 4$ begrenzt wird!
    c) Durch die Gleichung $y = \log_b x$, $x \in \mathbb{R}_0^+$ mit $b > 0$ als Parameter ist eine Schar logarithmischer Kurven gegeben. Bestimme b so, dass das zwischen der Kurve, der x-Achse und der Ordinate zu $x = e$ liegende Flächenstück den Inhalt 1 hat!

12. a) $\int x \ln x\,dx$
    b) $\int \frac{\ln x}{x^2}\,dx$
    c) $\int x^n \ln x\,dx, \quad (n \neq -1)$
    d) $\int\limits_1^e \frac{\ln x}{(1+x)^2}\,dx$
    e) $\int x\ln(1+x^2)\,dx$
    f) $\int\limits_e^1 (\ln x)^2 dx$
    g) $\int \arctan x\,dx$
    h) $\int\limits_0^{0,5} \arccos 2x\,dx$
    i) $\int\limits_1^e \frac{\ln x}{\sqrt{x}}\,dx$, (2 Dez.)

13. Uneigentliche Integrale.
    a) $\int\limits_0^\infty xe^{-x}dx$
    b) $\int\limits_0^\infty x^2e^{-x}dx$
    c) $\int\limits_1^\infty xe^{-x}dx$
    d) $\int\limits_{0,5}^1 \frac{dx}{x^2\sqrt{1-x^2}}$
    e) $\int\limits_0^1 \frac{x^2}{\sqrt{1-x^2}}\,dx$
    f) $\int\limits_1^2 \frac{x^2}{\sqrt{x^2-1}}\,dx$

14. a) $\int \frac{dx}{\sqrt{x^2+a^2}}$
    b) $\int \frac{dx}{\sqrt{x^2-a^2}}$
    c) $\int \sqrt{x^2+a^2}\,dx$
    d) $\int \sqrt{x^2-a^2}\,dx$

    Hinweise: Zu a) und b): Substitution $t = x + \sqrt{x^2 \pm a^2}$. Zu c) und d): Ähnliche Behandlung des Integrals wie in Aufgabe 6.

15. Berechne das in 8.4.4. nach trigonometrischen Umformungen errechnete Integral $\int \sin^2\omega t\,dt$ nun mit Hilfe der Substitutionsregeln und der partiellen Integration!

Ergänzungen und Ausblicke

A. Größenabschätzung von m!

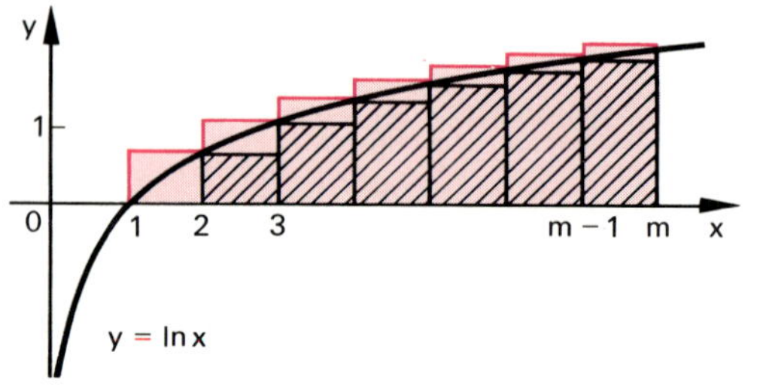

Fig. 13.1

Die Integration des Logarithmus (vgl. S. 233, 11.) gestattet eine einfache Größenabschätzung des Produkts der ersten m natürlichen Zahlen, das mit m! („m Fakultät") bezeichnet wird. Wir betrachten dazu Fig. 13.1. Hier sind in den Graphen der Funktion ln zu den Abszissen 2, 3, …, m die zugehörigen Ordinaten ln 2, ln 3, …, ln m eingezeichnet. Bezeichnen wir die Maßzahl der Inhaltssumme der (m − 2) schraffierten Rechtecke mit $\underline{A}$, die der (m − 1) rot umrandeten Rechtecke „dahinter" mit $\overline{A}$, so gilt:

$$\underline{A} = \ln 2 + \ln 3 + \ldots + \ln(m-1) = \ln(2 \cdot 3 \cdot \ldots \cdot (m-1)) = \ln\big((m-1)!\big) \quad \text{und}$$
$$\overline{A} = \ln 2 + \ln 3 + \ldots + \ln m = \ln(2 \cdot 3 \cdot \ldots \cdot m) = \ln(m!)$$

Zwischen diesen beiden Werten liegt der Inhalt des Flächenstücks, das der Graph $G_{\ln}$ mit der x-Achse im Intervall [1; m] einschließt. Wir erhalten demnach folgende Ungleichung:

$$\underline{A} < \int_1^m \ln x\,dx < \overline{A}$$

Das Integral hat nach Aufgabe 11, S. 233 den Wert $m \cdot \ln m - m + 1$. Also folgt:

$$\ln\big((m-1)!\big) < m \cdot \ln m - m + 1 < \ln(m!)$$

Nun ist nach den logarithmischen Rechengesetzen

$$m \cdot \ln m - m + 1 = \ln(m^m) - \ln e^m + \ln e = \ln\left(e\left(\tfrac{m}{e}\right)^m\right).$$

Somit ergibt sich folgende Doppelungleichung:

$$\ln\big((m-1)!\big) < \ln\left(e\left(\tfrac{m}{e}\right)^m\right) < \ln(m!)$$

Hieraus folgt wegen der strengen Monotonie der Funktion ln:

$$(m-1)! < e\left(\tfrac{m}{e}\right)^m < m!$$

Nach der rechten Teilungleichung ist $m! > e\left(\tfrac{m}{e}\right)^m$. Aus der linken Teilungleichung folgt nach Multiplikation mit m die Beziehung $m! < me\left(\tfrac{m}{e}\right)^m$. Zusammenfassend ergibt sich damit:

$$\boxed{e\left(\tfrac{m}{e}\right)^m < m! < me\left(\tfrac{m}{e}\right)^m} \qquad (1)$$

B. Ein bemerkenswerter Grenzwert

Aus der Doppelungleichung (1) können wir eine wichtige Folgerung ziehen: Durch Kehrwertbildung finden wir, wenn wir gleichzeitig m durch den geläufigeren Buchstaben n ersetzen:

$$\frac{1}{e}\left(\frac{e}{n}\right)^n > \frac{1}{n!} > \frac{1}{ne}\left(\frac{e}{n}\right)^n$$

und nach Multiplikation mit der positiven Zahl $|x^n|$:

$$\left|\frac{1}{e}\left(\frac{ex}{n}\right)^n\right| > \left|\frac{x^n}{n!}\right| > \left|\frac{1}{ne}\left(\frac{ex}{n}\right)^n\right|$$

Da für jede reelle Zahl x der Quotient $\frac{ex}{n}$ dem Betrag nach kleiner wird als 1, sobald $n > |ex|$ ist, geht $(\frac{ex}{n})^n$ mit $n \to \infty$ gegen null. Somit gilt:

$$\boxed{\lim_{n\to\infty} \frac{x^n}{n!} = 0 \quad \text{für } x \in \mathbb{R}} \tag{2}$$

Dieser Grenzwert spielt eine bedeutende Rolle bei der Approximation von Funktionstermen durch Reihen.

C. Die Reihenentwicklung der Exponentialfunktion

Der Grenzwert (2) ermöglicht eine Abschätzung von e^x, die eine Berechnung der Funktionswerte mit jeder gewünschten Genauigkeit gestattet. Wir betrachten hierzu den Term

$$f(t) = e^t \quad \text{in} \quad 0 \leqq t \leqq x$$

Er hat in diesem Bereich ein Minimum $m = e^0 = 1$ und ein Maximum $M = e^x$. Daher ist nach Abschnitt 7.3.3.:

$$1 \cdot x < \int_0^x e^t\,dt < e^x \cdot x$$

Hieraus folgt:

$$x < e^x - 1 < x \cdot e^x \tag{3}$$

Die linke Teilungleichung liefert, wenn wir x wieder durch t ersetzen:

$$e^t > 1 + t \quad \text{für} \quad t \neq 0 \tag{4}$$

Die Integration beider Seiten von (4) zwischen den Grenzen 0 und $x > 0$ ergibt nach Satz 7.2.:

$$e^x > 1 + x + \frac{x^2}{2!}$$

Setzen wir den Integrationsprozess nach erneuter Einführung der Integrationsvariablen t fort, so folgt nach n Schritten für eine untere Schranke von e^x:

$$e^x > 1 + x + \frac{x^2}{2!} + \frac{x^3}{3!} + \ldots + \frac{x^n}{n!} \tag{5}$$

Um eine obere Schranke für e^x zu finden, gehen wir von der rechten Teilungleichung (3) aus. Sie liefert nach Ersatz von x durch t

$$e^t < 1 + te^t \quad \text{für} \quad t \neq 0 \tag{6}$$

Durch Integration beider Seiten zwischen 0 und $x > 0$ finden wir nach Satz 7.2.:

$$e^x < 1 + x + \frac{x^2}{2!}e^x;$$ [1]

[1] Es ist $\int_0^x te^t\,dt < e^x \int_0^x t\,dt$ und allgemein $\int_0^x t^n e^t\,dt < e^x \int_0^x t^n\,dt$, wenn man den veränderlichen Faktor e^t durch seinen Maximalwert e^x im Intervall $0 \leqq t \leqq x$ ersetzt und Satz 7.2. beachtet.

Durch Fortsetzung des Integrationsprozesses erhalten wir nach n Schritten:

$$e^x < 1 + x + \frac{x^2}{2!} + \frac{x^3}{3!} + \ldots + \frac{x^n}{n!}e^x \qquad (7)$$

Aus (5) und (7) folgt:

$$\sum_{\nu=0}^{n} \frac{x^\nu}{\nu!} < e^x < \sum_{\nu=0}^{n-1} \frac{x^\nu}{\nu!} + \frac{x^n}{n!}e^x$$

Die Differenz zwischen den Näherungspolynomen der rechten und linken Seite ist $\frac{x^n}{n!}(e^x - 1)$. Sie geht nach (2) mit $n \to \infty$ gegen null. Damit ergibt sich die Reihe:

$$\boxed{e^x = 1 + x + \frac{x^2}{2!} + \frac{x^3}{3!} + \ldots \quad \text{für} \quad x \geqq 0;} \text{ [1]}$$

insbesondere folgt für $x = 1$:

$$\boxed{e = 1 + 1 + \frac{1}{2!} + \frac{1}{3!} + \ldots}$$

womit die in 10.1.3b angegebene Formel zur Berechnung der Euler'schen Zahl bewiesen ist.

Aufgaben

1. Berechne e auf drei und $\sqrt{e}$ auf vier Dezimalen genau!
2. Zeichne zum Graphen der e-Funktion die Graphen der Näherungspolynome 0. bis 3. Grades!

D. Die Sinus- und die Kosinusreihe

Wir gehen aus von der für alle $t \neq 2n\pi$, $n \in \mathbb{Z}$, gültigen Ungleichung

$$\cos t < 1$$

Mit Benutzung von Satz 7.2. und Integration zwischen den Grenzen 0 und $x > 0$ folgt:

$$\sin x < x$$

Denken wir uns x durch t ersetzt und integrieren nochmals zwischen 0 und $x > 0$, ergibt sich:

$$1 - \cos x < \tfrac{1}{2}x^2$$

Hieraus folgt mit Auflösung nach $\cos x$ und Ersatz von x durch t:

$$\cos t > 1 - \frac{t^2}{2!}$$

Erneute Integration zwischen den Grenzen 0 und $x > 0$ ergibt:

$$\sin x > x - \frac{x^3}{3!}$$

[1] Die Reihe konvergiert, was hier nicht weiter interessiert, auch für $x < 0$.

Hieraus folgt:

$$1 - \cos x \; > \; \frac{x^2}{2!} - \frac{x^4}{4!}$$

Durch Fortsetzung des Verfahrens erhält man:

1. Für $\sin x$ gilt im Falle $x > 0$:

$$x - \frac{x^3}{3!} \; < \; \sin x \; < \; x$$

$$x - \frac{x^3}{3!} + \frac{x^5}{5!} - \frac{x^7}{7!} \; < \; \sin x \; < \; x - \frac{x^3}{3!} + \frac{x^5}{5!}$$

....

Die Differenz zwischen den Näherungspolynomen rechts und links ist $\frac{x^{2n+1}}{(2n+1)!}$. Sie geht nach (2) für jedes x mit $n \to \infty$ gegen 0. Hieraus folgt:

$$\sin x = \lim_{n \to \infty} \sum_{\nu=0}^{n} (-1)^{\nu} \cdot \frac{x^{2\nu+1}}{(2\nu+1)!}$$

oder

$$\boxed{\sin x = x - \frac{x^3}{3!} + \frac{x^5}{5!} - \frac{x^7}{7!} + \ldots \quad \text{für} \quad 0 \leqq x < \infty;}$$ [1]

2. Eine analoge Betrachtung für $\cos x$ ergibt die Kosinusreihe:

$$\boxed{\cos x = 1 - \frac{x^2}{2!} + \frac{x^4}{4!} - \frac{x^6}{6!} + \ldots \quad \text{für} \quad 0 \leqq x < \infty;}$$ [2]

Fig. 13.2 zeigt zum Graphen der Funktion cos die Graphen G_0 bis G_8 der Näherungspolynome 0. bis 8. Grades.

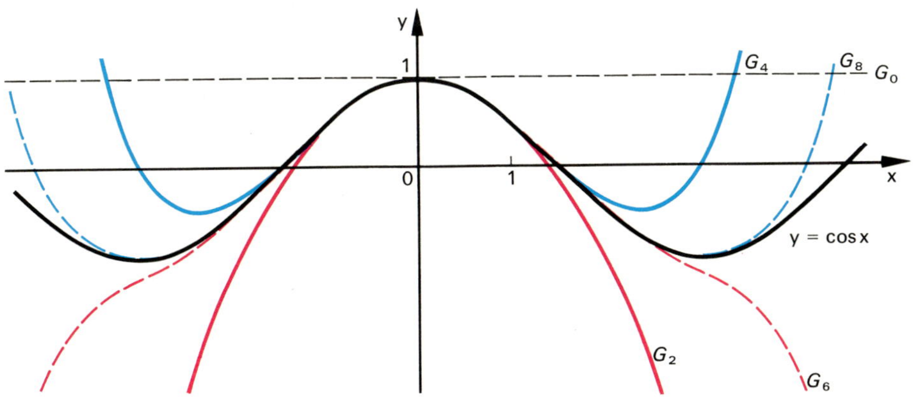

Fig. 13.2

[1] Nachträglich ist zu erkennen, dass die Reihe auch für negative x-Werte konvergiert, denn sin ist eine ungerade Funktion.

[2] Nachträglich ist zu erkennen, dass die Reihe auch für negative x-Werte konvergiert.

Zu den Graphen in Fig. 13.2 gehören folgende Funktionsgleichungen:

Zu G_0: $y = 1$

Zu G_2: $y = 1 - \frac{x^2}{2}$

Zu G_4: $y = 1 - \frac{x^2}{2} + \frac{x^4}{24}$

Zu G_6: $y = 1 - \frac{x^2}{2} + \frac{x^4}{24} - \frac{x^6}{720}$

Zu G_8: $y = 1 - \frac{x^2}{2} + \frac{x^4}{24} - \frac{x^6}{720} + \frac{x^8}{40\,320}$

Aufgaben

1. Setze die beiden Reihen für $\sin 9°$ und $\cos 9°$ an und brich nach dem 2. Glied ab! Zeige durch Berechnung des Fehlers, dass sich auf diese Weise die Funktionswerte bereits auf vier Dezimalen ergeben!
   Beachte zur Fehlerabschätzung: Bricht man bei einer alternierenden Reihe nach dem n-ten Glied ab, so ist der Fehler stets kleiner als der Betrag des $(n+1)$-ten Gliedes.
2. Berechne $\sin 1$ auf vier Dezimalen genau.
3. Zeichne zur Sinuslinie die Graphen der Näherungspolynome 1. bis 7. Grades!
4. Berechne die Kosinus-Werte entsprechend dem folgenden Programm (Zeile 100–150) für $x = 0{,}5$ und $x = 0{,}1$ sowie EPS $= 0{,}001$:

```
10  REM Cosinus-Funktion
20  INPUT"x-Wert";X
30  INPUT"Genauigkeit";EPS
100 LET S=0: LET G=1: LET N=0
110 WHILE ABS(G)>EPS
120   LET S=S+G
130   LET G=(-1)*G*X*X/((N+1)*(N+2))
140   LET N=N+2
150 WEND
200 PRINT "cos("X") ="S
210 PRINT
220 PRINT "Fehler kleiner als"EPS
500 END
```

5. Formuliere ein Computerprogramm zur Berechnung von $\sin x$ entsprechend dem Programm für die Kosinus-Funktion!

14. Wiederholungsaufgaben

14.1. Aufgaben zur Wiederholung von Produktregel, Quotientenregel und Kettenregel[1]

1. Berechne für die Funktion $f\colon x \mapsto \frac{|x|}{1+|x|};\ x \in \mathbb{R}$ den Wert der Ableitung, falls diese existiert, an der Stelle

   a) $x_0 = 0$, b) $x_0 = 4$, c) $x_0 = -1$!

2. Berechne für die Funktion $f\colon x \mapsto \frac{\sin x}{x+1};\ x \in]-1; \infty[$ den Wert der 2. Ableitung am Ursprung!

3. Differenziere zuerst mit der Quotientenregel, dann mit der Kettenregel:

   a) $f(x) = \frac{1}{\sin x}$ b) $f(x) = \frac{1}{\cos^3 x}$

4. Untersuche bei den folgenden Funktionen f mit $D_f = D_{f(x)}$ die Symmetrieeigenschaften des Graphen, Nullstellen, das Verhalten in der Umgebung der Nullstellen des Nenners und das Verhalten für $x \to \pm\infty$! Skizziere den Graphen im Bereich $[-5; 5]$!

   a) $f\colon x \mapsto \frac{x}{4-x^2}$ b) $f\colon x \mapsto \frac{2x^2}{x^2+1}$ c) $f\colon x \mapsto \frac{1}{|x-2|}$ d) $f\colon x \mapsto \frac{1}{|x|-2}$

5. Bestimme die Wertemengen der folgenden Funktionen mit $D_f = D_{f(x)}$ mit Hilfe der Extremwerte sowie des Verhaltens an Unendlichkeitsstellen und für $x \to \pm\infty$!

   a) $f\colon x \mapsto \frac{4x-4}{x^2-2x+2}$ b) $f\colon x \mapsto \frac{x^2}{x^4+1}$ c) $f\colon x \mapsto \frac{|x|}{x-1}$

6. Versuche möglichst viele Eigenschaften der Klasse der *gebrochenlinearen Funktionen*

   $f\colon x \mapsto \frac{ax+b}{cx+d};\quad D_f = D_{f(x)};\quad a, b, c, d \in \mathbb{R} \wedge c \neq 0$ herauszufinden!

7. Wo ist der Graph von $f\colon x \mapsto \frac{1}{6}x^4 - \frac{1}{3}x^3 - 6x^2 + 1$ in $[-3; 3]$ am steilsten?

8. Gegeben ist die Funktionenschar $f_a\colon x \mapsto f_a(x) = \frac{2-ax}{2+x^2};\quad a \in \mathbb{R},\quad D_{f_a} = D_{f(x)}$

   a) Bestimme die maximal zulässige Definitionsmenge D_{f_a}!

   b) Für welchen Wert von a ist G_{f_a} symmetrisch zur y-Achse?

   c) Für welches a liegt der Punkt $P(-3; 1)$ auf dem Graphen?

   d) Zeichne den Graphen der in c) ermittelten Funktion in $[-4; 4]$!

   e) Für welche Werte von a hat der Graph mindestens einen Punkt mit der Geraden zu $g\colon y - 5 = 0$ gemeinsam?

9. Vergleiche die Ableitungen der für $x \neq 0$ definierten Funktionen $f\colon x \mapsto \frac{x^3+1}{x^3}$ und $\varphi\colon x \mapsto \frac{1}{x^3}$! Wie erklärt sich das Ergebnis?

10. Es sind zwei positive Zahlen zu bestimmen, deren Summe 6 ist und für die die Summe ihrer Kehrwerte extremal wird.

---

[1] Die Aufgaben stammen zum größten Teil aus dem Band Infinitesimalrechnung 1 und behandeln Stoff der 11. Jahrgangsstufe.

11. Gegeben ist die Funktion $\varphi\colon\ x \mapsto y = \sqrt{4 - x^2}; \quad x \in D_{max}$
   a) Gib D_{max} an!
   b) Differenziere φ und bestimme den Differenzierbarkeitsbereich $D_{\varphi'}$!
   c) Stelle die Gleichung der Normalen in einem beliebigen Punkt $P(x_0; y_0)$ des Funktionsgraphen G_φ auf und zeige, dass sie durch den Ursprung geht!
   d) Zeichne G_φ und erkläre das Ergebnis von Teilaufgabe c) geometrisch!
   Hinweis: Berechne $x^2 + y^2$!

12. Für die Bewegung eines Massenpunktes gilt die Weg-Zeit-Gleichung $s(t) = \sin \omega t$. Zeige, dass diese Bewegung der Differenzialgleichung $\ddot{s} + \omega^2 \cdot s = 0$ gehorcht!

13. Einem Kreis vom Radius r soll das Rechteck mit dem größtmöglichen Flächeninhalt einbeschrieben werden.

14. Einem Kreis vom Radius r soll das Rechteck vom größten Umfang einbeschrieben werden.

15. Gesucht ist das rechtwinklige Dreieck mit der festen Hypotenusenlänge c, das den größtmöglichen Umfang hat.
   Zeige, dass es gleichzeitig das rechtwinklige Dreieck mit der Hypotenusenlänge c mit größtmöglichem Flächeninhalt ist.
   Verwende die Kathetenlängen x und $\sqrt{c^2 - x^2}$.

16. *Das Minimalprinzip der Optik*
   Nach einem von Pierre de Fermat (1601–1665) aufgestellten Prinzip verläuft das Licht beim Übergang von Luft in Wasser so, dass seine Laufzeit zwischen zwei Punkten A und B minimal wird. Zeige, dass sich daraus das Brechungsgesetz von W. Snellius (1580–1626) ableiten lässt!
   Löse die Aufgabe in folgenden Schritten (Fig. 14.1):

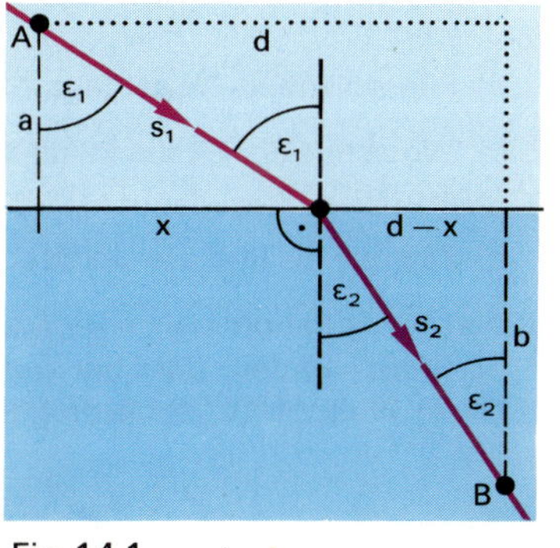

Fig. 14.1

   a) Zeige, dass die Laufzeit von A nach B sich zu
   $$t(x) = \frac{\sqrt{x^2 + a^2}}{v_1} + \frac{\sqrt{(d - x)^2 + b^2}}{v_2}$$ ergibt!
   b) Stelle eine Gleichung für das x auf, für welches t(x) minimal wird!
   c) Begründe: $\dfrac{x}{\sqrt{x^2 + a^2}} = \sin \varepsilon_1$ und $\dfrac{d - x}{\sqrt{(d - x)^2 + b^2}} = \sin \varepsilon_2$
   d) Leite aus den gefundenen Beziehungen ab, dass für die minimale Laufzeit des Lichts von A nach B das Brechungsgesetz $\dfrac{\sin \varepsilon_1}{\sin \varepsilon_2} = n$ gilt, wenn $n = \dfrac{v_1}{v_2}$ gesetzt wird.

17. Aus drei gleichen Brettern von der Breite a soll eine Rinne gebildet werden, deren Querschnitt ein gleichschenkliges Trapez ist und die möglichst viel Wasser fassen kann.
   Anleitung: Führe den spitzen Winkel, den die beiden schrägen Bretter gegen die Horizontale bilden, als unabhängige Variable φ in die Rechnung ein!

18. Aus vier gleichen Brettern von der Breite a soll eine Rinne gebildet werden, die möglichst viel Wasser fassen kann. Die beiden äußeren Bretter sollen vertikal stehen.
Welchen Abstand müssen sie voneinander haben, und wie groß ist der Winkel, den die beiden inneren Bretter bilden, auf ganze Grad genau? (Erg.: 137°)

14.2. Aufgaben zu den Abschnitten 1. bis 6.[1]

1. Aufgabe

Gegeben ist die Funktion

$$f\colon x \mapsto f(x) = 1 - \frac{2x^2}{x+1}, \quad x \in D_{max}$$

Ihr Graph ist G_f.

1. a) Wie lautet der maximale Definitionsbereich D_{max} der Funktion f?

b) Die Gerade h ist durch die Gleichung $y = -2x + t$ bestimmt; dabei ist $t = \lim\limits_{x \to \infty} [f(x) + 2x]$.
Man berechne mit diesem Ansatz die Größe t und gebe die Gleichung von h an.

c) Es ist nachzuweisen, dass die Gerade h mit G_f keinen gemeinsamen Punkt besitzt.

d) Die Differenz der Ordinaten zwischen den Punkten der Geraden h und dem Graphen G_f bei gleicher Abszisse x_0 sei $d(x_0)$. Zeige: $d(x_0)$ hat für $|x_0| \to \infty$ den Grenzwert 0.

e) Für welche x-Werte liegt G_f „oberhalb", für welche „unterhalb" der Geraden h?

2. a) Wo schneidet G_f die x-Achse? Man ermittle die Extrempunkte von G_f.

b) Besitzt G_f Wendepunkte? Begründung!

c) Zeichne G_f und die Gerade h im Bereich $|x| \leqq 4$! (Hochformat DIN A4, 1 LE = 1 cm)

3. Für die Funktion $\varphi\colon x \mapsto \varphi(x) = ax^2 + bx + c$ sollen die Koeffizienten a, b und c so bestimmt werden, dass der Graph G_φ durch den Punkt $P(0; -1)$ geht und den Graphen G_f im Punkt $N(1; 0)$ orthogonal schneidet.

2. Aufgabe

1. Betrachtet wird zunächst die Schar der Funktionen

$$f_a\colon x \mapsto f_a(x) = x + \frac{a}{x}, \quad x \neq 0$$

mit $a > 0$ als Scharparameter. Der Graph von f_a heißt G_{f_a}.

a) Für welche Werte von k besitzt die Gerade mit der Gleichung $y = kx$ keine gemeinsamen Punkte mit den Graphen G_{f_a}?

b) Man bestimme die 1. Ableitung von f_a durch Grenzwertrechnung.

c) Welche Koordinaten haben die Extrempunkte der Graphen G_{f_a} und von welcher Art sind sie? Welche Gleichung hat der geometrische Ort dieser Extrempunkte?

d) Für $a = 4$ erhält man den Graphen G_{f_4}. Zeichne diese Kurve unter Berücksichtigung der bisherigen Ergebnisse im Bereich $|x| \leqq 8$!

[1] Die Aufgaben 1 bis 7 sind für Grundkurse, die Aufgaben 8 bis 12 für Leistungskurse vorgesehen.

2. Zu einer zweiten Schar von Funktionen

$$g_a\colon x \mapsto g_a(x) = x - \frac{x^3}{3a^2}, \quad x \in \mathbb{R}$$

gehört die Graphenschar G_{g_a}. Auch hier ist der Scharparameter $a > 0$.

a) Zeige, dass alle Graphen der Schar die gleiche Wendetangente besitzen!

b) Für $a = 4$ erhält man den Graphen G_{g_4}. Man zeichne diesen Graphen im Bereich $|x| \leqq 8$ in das Koordinatensystem der Teilaufgabe 1.d) ein. Dabei lassen sich die Schnittpunkte mit der x-Achse, die Extrempunkte und die Wendetangente vorteilhaft verwenden.

3. a) Es soll durch Rechnung festgestellt werden, ob es Werte a gibt, für welche die zugehörigen Graphen G_{f_a} und G_{g_a} gemeinsame Punkte haben.

b) Eine Gerade, die durch die Gleichung $x = c$ mit $c > 0$ gegeben ist, schneidet die zum gleichen a-Wert gehörigen Graphen G_{f_a} und G_{g_a} in den Punkten A und B. Für welchen Wert c_0 von c nimmt die Streckenlänge $e = \overline{AB}$ einen Extremwert an? Um welche Art von Extremum handelt es sich anschauungsgemäß? (Rechnerischer Nachweis nicht erforderlich.)
Zeige, dass in den zu c_0 gehörigen Punkten A_0 und B_0 die beiden Kurven G_{f_a} und G_{g_a} die gleiche Steigung $m = m(a)$ haben!
Berechne $\lim\limits_{a \to \infty} m(a)$!

14.3. Aufgaben zu den Abschnitten 1. bis 9.

3. Aufgabe

Der Graph einer ganzrationalen Funktion f zweiten Grades schneidet die x-Achse in den Punkten $N_1(-2; 0)$ und $N_2(4; 0)$. $S(1; 3)$ ist ein weiterer Punkt des Graphen.

1. a) Man ermittle die Gleichung $y = f(x)$ der Funktion f.
[Ergebnis: $y = -\frac{1}{3}(x^2 - 2x - 8)$]

b) Zeichne den Graphen von f im Bereich $[-2; 4]$!
(1 LE = 1 cm; Hochformat DIN A4; Koordinatenursprung 3 cm vom linken und 10 cm vom oberen Blattrand entfernt)

2. Welchen Flächeninhalt hat das vom Graphen und der x-Achse begrenzte Flächenstück?

3. a) Zeige: Die Ableitungen in den Nullstellen der in 1. a) gefundenen Funktion erfüllen die Beziehung

$$f'(-2) + f'(4) = 0\,.$$

b) Man weise nach, dass allgemein bei jeder ganzrationalen Funktion zweiten Grades $g\colon x \mapsto g(x) = ax^2 + bx + c$ mit den Nullstellen x_1 und x_2 gilt:

$$g'(x_1) + g'(x_2) = 0$$

c) Wie lässt sich die Beziehung aus 3. b) geometrisch deuten?

4. Gegeben ist nun die Funktion

$$h\colon x \mapsto h(x) = \begin{cases} -\frac{1}{3}(x^2 - 2x - 8) & \text{für } x \leqq 0 \\ mx + t & \text{für } x > 0;\ m, t \in \mathbb{R} \end{cases}$$

a) m und t sollen so bestimmt werden, dass h an der Stelle $x = 0$ stetig und differenzierbar ist.

b) Trage im Intervall $[-2; 8]$ den Graphen von h in die zu 1.b) gefertigte Zeichnung farbig ein!

c) Beweise: Die Funktion h nimmt für alle $x \in \mathbb{R}$ streng monoton zu.

d) Wie lautet die Umkehrfunktion h^{-1} von h?

4. Aufgabe

Gegeben ist die Schar der Funktionen

$$f_p\colon x \mapsto f_p(x) = \frac{8}{x^2 + 3p^2}; \quad x \in \mathbb{R} \quad \text{und} \quad p \in \mathbb{R}^+.$$

Der Graph von f_p heißt G_{f_p}.

1. a) Berechne die Koordinaten des Extrempunktes und der Wendepunkte W_p und W_p'! Dabei ist W_p der Wendepunkt mit positiver Abszisse.
   Der Nachweis für die Wendepunkte ist ohne Berechnung der 3. Ableitung zu führen.

   b) Zeichne den zu $p = 1$ gehörenden Graphen G_{f_1} der Funktion f_1 im Bereich $|x| \leqq 3$! 1 LE = 2 cm.

   c) Wie lautet die Gleichung der Punktmenge (Ortskurve) K für die Wendepunkte W_p, wenn p alle zugelassenen Werte durchläuft? Welche Definitionsmenge hat die Funktion, deren Graph K ist?

2. a) Die Tangente und die Normale an den Graphen G_{f_p} im Wendepunkt W_p der Aufgabe 1.a) schneiden die y-Achse in den Punkten A und B. Wie groß ist die Länge $\overline{AB}$?

   b) Man bestimme nunmehr p so, dass das Verhältnis der Diagonalen im Drachenviereck $AW_p'BW_p$, also $\overline{AB}\colon \overline{W_pW_p'}$, extremal wird. Von welcher Art ist das Extremum? (Begründung)

3. W_1 und W_1' sind die Wendepunkte des Graphen G_{f_1}.
   Für die Funktion

   $$g\colon x \mapsto g(x) = \tfrac{1}{3}(a|x|^3 - 9x^2 + bx + c)$$

   sind die Koeffizienten a, b, c so zu berechnen, dass der zugehörige Graph G_g durch den Punkt W_1' geht und die Kurve K der Aufgabe 1.c) im Punkt W_1 berührt.

4. Gegeben ist nun die Funktion $h\colon x \mapsto h(x)$ mit

   $$h(x) = \begin{cases} \frac{1}{3}(2|x|^3 - 9x^2 + 13) & \text{für} \quad |x| \leqq 1 \\ \dfrac{2}{x^2} & \text{für} \quad |x| > 1 \end{cases}$$

   a) Untersuche den Graphen G_h von h auf Symmetrie!

   b) Beweise: Die Funktion h ist an den Stellen $x_1 = 0$ und $x_2 = 1$ stetig.

   c) Zeichne in das Koordinatensystem der Aufgabe 1.b) den Graphen G_h im Bereich $|x| \leqq 3$ nach Aufstellen einer Wertetabelle für die ganzzahligen x-Werte und für $x = 0{,}5$!

   d) Das Flächenstück, das von der x-Achse, dem Graphen G_h und den Geraden mit den Gleichungen $x = 0$ und $x - 2 = 0$ eingeschlossen wird, hat den Inhalt $A = 4{,}5$. Weise dies nach!

14.4. Aufgaben zu den Abschnitten 1. bis 10.

5. Aufgabe

Gegeben ist die Funktion

$$f\colon x \mapsto (\ln x)^2; \quad D_f = \mathbb{R}^+.$$

G_f sei ihr Graph.

1. a) Man ermittle, soweit vorhanden, die Nullstellen von f und gebe das Verhalten von $f(x)$ für $x \to 0$ und für $x \to \infty$ an.
   b) Wie lautet die 1. Ableitung $f'(x)$? Welches Monotonieverhalten zeigt f? Wo liegt das Extremum und von welcher Art ist es? Welche Wertemenge hat f?
   c) Es ist nachzuweisen, dass bei $x = e$ die zweite Ableitung $f''(x)$ das Vorzeichen wechselt. Was bedeutet dies für den Graphen G_f?
   d) Zeichne G_f unter Berücksichtigung aller bisherigen Ergebnisse und einiger geeigneter Funktionswerte im Bereich $]0; 4]$! 1 LE = 2 cm

2. Nun sei die Funktion

$$g\colon x \mapsto 2 \cdot \int_1^x \frac{\ln t}{t}\,dt; \quad D_g = \mathbb{R}^+$$

gegeben. Man beweise, dass g und f ein und dieselbe Funktion sind.

3. G_L sei der Graph der Funktion

$$L\colon x \mapsto \ln x; \quad D_L = \mathbb{R}^+.$$

   a) Skizziere G_L in das Koordinatensystem von Teilaufgabe 1.d!
   b) Die Graphen G_f und G_L schneiden aus jeder Parallelen zur y-Achse mit der Gleichung $x = u$, wobei $1 < u < e$, eine Strecke aus.
   Für welchen Wert von u hat die Länge dieser Strecke ein Maximum? Welches ist die maximale Länge dieser Strecke? Das Ergebnis soll durch Eintragung der gefundenen Strecke in die Zeichnung (siehe Teilaufgaben 1.d) und 3.a)) überprüft werden.

6. Aufgabe

Untersucht wird die Funktion

$$f\colon x \mapsto f(x) = \frac{2x-4}{1-x}, \quad x \in D_f$$

Ihr Graph wird mit G_f bezeichnet.

1. a) Welches ist die maximal mögliche Definitionsmenge D_f von f? Wo schneidet der Graph G_f die Koordinatenachsen?
   b) Wie verhält sich $f(x)$ für $x \to \pm\infty$ und für $x \to 1$?
   c) Welches Monotonieverhalten zeigt die Funktion f? Besitzt G_f Extrempunkte?
   d) Zeichne G_f im Bereich $[-4; 5]$ unter Verwendung der bisherigen Ergebnisse und einiger geeigneter Funktionswerte! 1 LE = 1 cm

2. a) Man begründe, weshalb f umkehrbar ist. Wie lautet die Gleichung $y = f^{-1}(x)$ der Umkehrfunktion f^{-1}? Welches ist der Definitions- und Wertebereich von f^{-1}?

   b) Welche Koordinaten haben die Schnittpunkte der Graphen G_f und $G_{f^{-1}}$? ($G_{f^{-1}}$ ist der Graph von $f^{-1}: x \mapsto y$)

3. a) Man zeige, dass die Funktion

$$F: x \mapsto \ln[(1-x)^2] - 2x; \quad D_F = D_f$$

   eine Stammfunktion von f ist.

   b) Zeige: Der Flächeninhalt der Figur, die begrenzt wird vom Graphen G_f, der Winkelhalbierenden des III. Quadranten, der negativen y-Achse und der Geraden mit der Gleichung $x = -2$, beträgt, auf zwei Dezimalen genau, 4,20 Flächeneinheiten.

7. Aufgabe

Gegeben ist die Funktion

$$f: x \mapsto f(x) = e^{1-0{,}5x^2}; \quad D_f = \mathbb{R}.$$

Ihr Graph ist G_f.

1. a) Man untersuche den Graphen G_f auf Symmetrieeigenschaften und ermittle seine waagrechte Asymptote.

   b) Zeige: Die erste Ableitung von $f(x)$ lässt sich darstellen in der Form $f'(x) = -x \cdot f(x)$. Ohne Verwendung der zweiten Ableitung soll begründet werden, dass G_f genau einen Extrempunkt besitzt. Welche Koordinaten hat er? Welches ist die Wertemenge W_f der Funktion f?

   c) Nur mit Hilfe der zweiten Ableitung soll gezeigt werden, dass der Punkt $W(1; \sqrt{e})$ ein Wendepunkt von G_f ist und dass es im Bereich $x \geqq 0$ keinen weiteren Wendepunkt gibt. Welche Koordinaten haben die Schnittpunkte der dazugehörigen Wendetangente mit den Koordinatenachsen?

   d) Zeichne den Graphen G_f unter Berücksichtigung der bisherigen Ergebnisse einschließlich der Wendetangente! Dazu sollen auch die Punkte mit den Abszissen 0,5; 2 und 3 verwendet werden.
   (1 LE = 2 cm. Ursprung in Blattmitte)

2. a) Man skizziere den Graphen $G_{f'}$ der Ableitungsfunktion f' im Intervall $[-3; 3]$ in das bereits angelegte Koordinatensystem und erläutere, welche Bedeutung die Wendestellen von f für den Verlauf des Graphen $G_{f'}$ der Ableitungsfunktion f' haben!

   b) Der Graph $G_{f'}$ der Ableitungsfunktion, die x-Achse und die Gerade mit der Gleichung $x = 1$ begrenzen ein Flächenstück. Sein Inhalt beträgt, auf zwei Dezimalen genau, 1,07 Flächeneinheiten. Dies soll nachgewiesen werden.

14.5. Aufgaben zu den Abschnitten 1. bis 13.

8. Aufgabe

Gegeben ist die in $\mathbb{R}$ definierte Funktion

$$f\colon x \mapsto f(x) = \frac{2}{1+e^x}.$$

1. a) Man berechne $f'(x)$, begründe die strenge Monotonie von f und untersuche das Verhalten von f und f' für $x \to \pm\infty$.

   b) Zeige: Der Graph einer Funktion φ mit dem Definitionsbereich $\mathbb{R}$ ist genau dann symmetrisch zum Punkt $P(0; 1)$, wenn für jedes $x \in \mathbb{R}$ gilt: $\varphi(x) + \varphi(-x) = 2$.

   Es ist nachzuweisen, dass die Funktion f dieser Bedingung genügt.

   c) Welchen Wert hat $f'(0)$? Zeichne unter Berücksichtigung der bisherigen Ergebnisse den Graphen G_f im Bereich $|x| \leqq 4$! (Querformat; 1 LE = 2 cm).

2. a) Beweise: In $\mathbb{R}$ gilt folgende Ungleichung:

   $$f(x) < 2 \cdot e^{-x}$$

   Hieraus soll gefolgert werden, dass die im I. Quadranten liegende, von G_f und den Koordinatenachsen begrenzte Fläche einen endlichen Inhalt J besitzt. Welche Abschätzung ergibt sich hierbei für J?

   b) Verifiziere die Umformung

   $$f(x) = 2 - \frac{2e^x}{1+e^x}$$

   und berechne damit den exakten Wert des in Teilaufgabe 2. a) genannten Flächeninhalts J!

3. Nun wird die Menge der Stammfunktionen zu der in $\mathbb{R}$ definierten Funktion

   $$h\colon x \mapsto h(x) = f(x) - 1$$

   betrachtet.

   a) Allein unter Berufung auf die Eigenschaften von h soll gezeigt werden, dass der Graph der Funktion

   $$H_0\colon x \mapsto H_0(x) = \int_0^x h(t)\,dt\,; \quad x \in \mathbb{R}$$

   symmetrisch zur y-Achse ist und genau ein Maximum hat. Was folgt daraus für den Graphen einer beliebigen Stammfunktion von h?

   b) Wie lautet die Gleichung derjenigen Stammfunktion H, deren Graph den Punkt $Q(0; 2)$ enthält?
   [Ergebnis: $H(x) = x - 2\ln(1+e^x) + 2 + \ln 4$]

   c) Man begründe, dass die Gerade mit der Gleichung $y = x + 2 + \ln 4$ für $x \to -\infty$ Asymptote des Graphen von H ist. Wie lautet auf Grund der Symmetrie die Asymptotengleichung für $x \to +\infty$? Skizziere nun den Graphen G_H von H in das bereits angelegte Koordinatensystem!

9. Aufgabe

1. Gegeben ist die Schar von Funktionen

$$f_k\colon x \mapsto f_k(x) = \frac{4}{\sqrt{x(2k-x)}}; \quad x \in D_{max} \quad \text{und} \quad k \in \mathbb{R}^+.$$

   a) Man bestimme den maximalen Definitionsbereich D_{max} von f_k.
   b) Wie verhält sich f_k, wenn x gegen die Grenzen des Definitionsbereichs strebt?
   c) Zeige, dass für $0 \leqq d < k$ gilt: $f_k(k-d) = f_k(k+d)$. Welche Bedeutung hat diese Gleichung für den Graphen G_{f_k} von f_k?
   d) Ohne Benutzung der zweiten Ableitung ist nachzuweisen, dass jede Funktion der Schar f_k genau ein Minimum hat. Welche Koordinaten haben die Minima der Graphen und auf welcher Ortskurve liegen sie?
   e) Stelle fest, ob zwei zu verschiedenen Parameterwerten k_1 und k_2 gehörende Graphen gemeinsame Punkte haben können!
   f) Auf Grund der bisherigen Ergebnisse sind die Funktionsgraphen für $k = 1$, $k = 2$ und $k = 4$ zu zeichnen. Die Ortskurve der Minima ist ebenfalls einzutragen. (1 LE = 1 cm)

2. Es wird nun die Funktionenschar

$$F_k\colon x \mapsto F_k(x) = 4 \arcsin\left(\frac{x}{k} - 1\right); \quad x \in D_{max} \quad \text{mit} \quad k \in \mathbb{R}^+$$

   betrachtet.

   a) Ermittle den maximalen Definitionsbereich D_{max} von F_k!
   b) Zeige, dass für $0 < x < 2k$ gilt: $F_k'(x) = f_k(x)$!
   c) Jede Funktion der Schar f_k hat einen Graphen, der mit seinen Asymptoten und der x-Achse eine Fläche einschließt. Wie groß ist die Maßzahl A_k dieser Fläche? Was ist an dem Ergebnis bemerkenswert?

10. Aufgabe

1. Gegeben ist die Funktion

$$f\colon x \mapsto f(x) = \arccos \frac{2x}{x^2+1}; \quad D_f = D_{f(x)}.$$

   a) Zeige, dass $D_f = \mathbb{R}$ gilt. Welches Verhalten zeigt die Funktion f für $|x| \to \infty$?
   b) Welche Koordinaten haben die Punkte, die der Graph G_f der Funktion f mit den Koordinatenachsen gemeinsam hat?
   c) Zeige: Für $|x| \neq 1$ gilt: $f'(x) = \dfrac{2(x^2-1)}{|x^2-1| \cdot (x^2+1)}$.

      Welches Verhalten zeigt $f'(x)$ bei Annäherung an die Stellen $x = 1$ und $x = -1$? Welche Besonderheit muss demnach G_f in den Punkten mit diesen Abszissen aufweisen? Bestimme die Intervalle, in denen f streng monoton zunimmt bzw. abnimmt!
   d) Schließe auf Grund der Ergebnisse von a) und c) auf die Extrempunkte von G_f und gib den Wertebereich von f an!
   e) Unter Verwendung der gefundenen Eigenschaften ist nun der Graph G_f zu skizzieren. Querformat DIN A4; Ursprung in Blattmitte; 1 LE = 2 cm; $\pi \approx 3$.

2. Es wird nun die Integralfunktion

$$J\colon x \mapsto J(x) = \int_1^x f(t)\,dt; \quad D_J = \{x \mid x \geqq 1\}$$

betrachtet, wobei f die in Teilaufgabe 1 diskutierte Funktion ist.

a) Man weise ohne Berechnung des Integrals nach, dass die Funktion J in D_J genau eine Nullstelle hat, und gebe diese an.

b) Der Graph G_f, die x-Achse und die Gerade g mit der Gleichung $x - \sqrt{3} = 0$ schließen ein Flächenstück ein. Wie groß ist dessen Inhalt?

Hinweis: Man beginne mit partieller Integration.

11. Aufgabe

1. Gegeben sei die Funktion

$$f\colon x \mapsto f(x) = \frac{2}{1 + x^2} - 1; \quad D_f = \mathbb{R}.$$

a) Man bestimme die Schnittpunkte des Graphen G_f mit der x-Achse, sein Symmetrieverhalten sowie etwaige Asymptoten.

b) Zeige:

$$f'(x) = -\frac{4x}{(1 + x^2)^2}$$

Man untersuche die Funktion f auf Monotonie und Extremwerte und gebe den Wertebereich W_f an.

c) Skizziere nun den Graphen G_f in einem Koordinatensystem (1 LE = 2 cm). Welchen Inhalt J hat das zwischen G_f und der Geraden mit der Gleichung $y = -1$ gelegene Flächenstück?

2. a) Nun wird die Funktion

$$g\colon x \mapsto g(x) = \arcsin f(x)$$

betrachtet. Dabei ist f(x) der in Teilaufgabe 1 untersuchte Term. Welchen maximalen Definitionsbereich hat die Funktion g?

b) Bestätige:

$$g'(x) = -\frac{2x}{|x| \cdot (1 + x^2)}$$

c) Welches Verhalten zeigt der Graph G_g der Funktion g für $|x| \to \infty$?

d) Es soll nachgewiesen werden, dass die beiden Graphen G_f und G_g sich in den Punkten A(1; 0) und B(−1; 0) *berührend durchdringen* und dass sie sonst keine weiteren Punkte gemeinsam haben.

e) Skizziere nun G_g mit anderer Farbe in der Zeichnung von Teilaufgabe 1.c)! Untersuche dazu auch die Steigung bei rechts- bzw. linksseitiger Annäherung an die Stelle $x = 0$!

f) Welchen Inhalt A hat das Flächenstück, das von G_f und G_g begrenzt wird?

g) Zeige, dass für alle $x \in \mathbb{R}$ gilt: $g(x) = \frac{1}{2}\pi - 2 \cdot \arctan|x|$.

Hinweis: Fallunterscheidung mit $x > 0$, $x = 0$ und $x < 0$!

12. Aufgabe

1. Untersucht wird zunächst die Schar der Funktionen

$$g_a: x \mapsto \frac{|x|}{\sqrt{a^2 - x^2}}, \quad x \in D_{g_a}$$

mit $a > 0$ als Scharparameter und dem maximalen Definitionsbereich D_{g_a}.

a) Bestimme D_{g_a}! Welches Symmetrieverhalten zeigen die Graphen G_{g_a}, welche Asymptoten besitzen sie?

b) Zeige, dass für alle positiven $x \in D_{g_a}$ gilt:

$$g_a'(x) = \frac{a^2}{\left(\sqrt{a^2 - x^2}\right)^3}$$

Ist g_a im ganzen Definitionsbereich differenzierbar? Begründung! Untersuche die Funktionen g_a auf Monotonie, weise nach, dass alle Graphen G_{g_a} genau einen gemeinsamen Extrempunkt besitzen, und gib nun die Wertemenge der Funktionen g_a an!

c) Für die Funktion g_2 sollen nun die Funktionswerte an den Stellen 0,5 , 1 und 1,5 auf zwei Dezimalen genau berechnet werden. Dann ist der Graph der Funktion g_2 in einem Koordinatensystem mit 1 LE = 2 cm zu zeichnen, wobei auch das Verhalten der Ableitung von g_2 für $x \to 0$ zu berücksichtigen ist.

d) Welchen Inhalt J_a hat die Fläche, die von der x-Achse, dem Graphen der Funktion g_a und seinen Asymptoten begrenzt wird?

2. Nun wird die Schar der Funktionen

$$f_a: x \mapsto \arctan \frac{|x|}{\sqrt{a^2 - x^2}}; \quad a > 0$$

mit dem maximalen Definitionsbereich D_{f_a} betrachtet.
Die folgenden Teilaufgaben 2.a) und 2.b) sind mit Hilfe der Eigenschaften der Funktion arctan und der Ergebnisse von Teilaufgabe 1 zu bearbeiten, ohne die Ableitung $f_a'(x)$ zu berechnen.

a) Begründe, warum $D_{f_a} = D_{g_a}$ gilt! Welche Symmetrie zeigen die Graphen G_{f_a}?

b) Bestimme die Lage und die Art etwaiger Extrema sowie die Wertemenge der Funktionen f_a!

3. a) Berechne $f_a'(x)$ für die Funktionen f_a aus Teilaufgabe 2 und gib den Definitionsbereich von f_a' an. Welches Verhalten zeigt $f_a'(x)$, wenn x gegen die Ränder des Definitionsbereichs strebt?

b) Es soll nachgewiesen werden, dass für $f_a(x)$ auch die einfachere Darstellung

$$f_a(x) = \arcsin \frac{|x|}{a}$$

möglich ist.

c) Skizziere G_{f_2} unter Verwendung der bisherigen Ergebnisse in das bereits angelegte Koordinatensystem!

d) Der Graph G_{f_a} und die Gerade mit der Gleichung $y = \frac{\pi}{2}$ schließen ein Flächenstück ein. Es ist zu zeigen, dass dieses Flächenstück ebenfalls den Inhalt J_a hat (vgl. Teilaufgabe 1.d).

15. Anhang

15.1. Der Mittelwertsatz der Differenzialrechnung

Einige Kriterien bei der Untersuchung von Funktionen und ihrer Graphen beruhen auf einem wichtigen Satz der Differenzialrechnung, dem sogenannten *Mittelwertsatz*. Die ihm zugrunde liegende Problemstellung lässt sich etwa durch folgende Fragen veranschaulichen:

- Kommt die Sekantensteigung zwischen zwei Punkten A und B eines Funktionsgraphen G_f immer auch als Tangentensteigung in einem Zwischenpunkt C vor? (Fig. 15.1)
- Gibt es einen Zeitpunkt, in dem die Durchschnittsgeschwindigkeit eines Autos auf einer bestimmten Fahrtstrecke während dieser Fahrt als Momentangeschwindigkeit am Tachometer angezeigt wird?

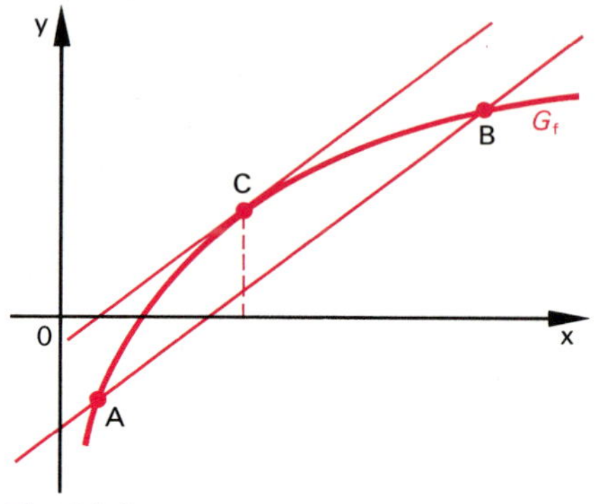

Fig. 15.1

A. Wir betrachten zunächst als Sonderfall das Stück eines Graphen zwischen zwei Nullstellen (Fig. 15.2). Die Annahme, dass zwischen benachbarten Nullstellen eines Graphen immer eine Stelle mit waagrechter Tangente existiert, erscheint im Fall a) plausibel, trifft aber im Fall b) nicht zu. Wir beschränken uns daher auf differenzierbare Funktionen.

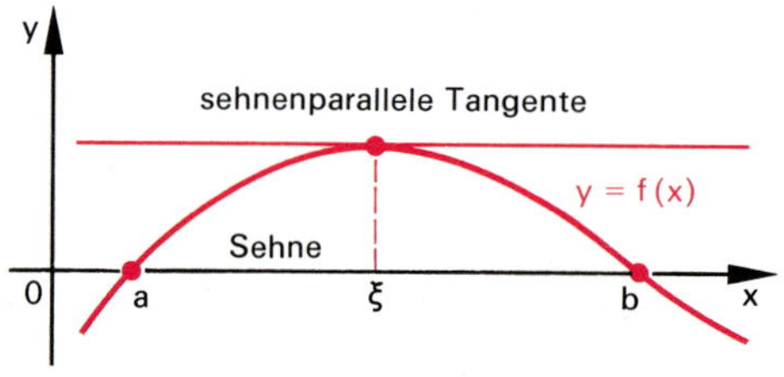

Fig. 15.2 a)

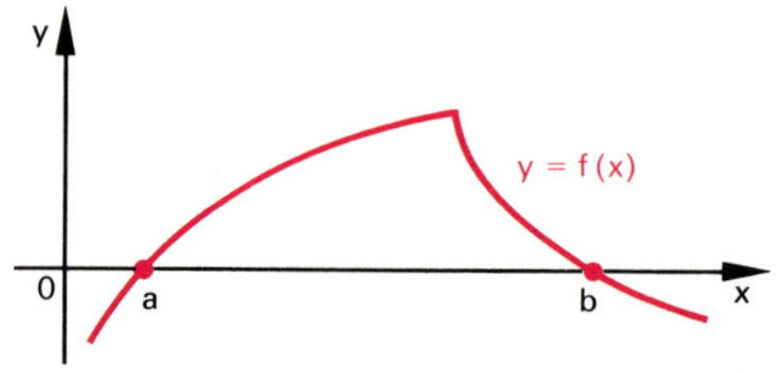

Fig. 15.2 b)

Satz von Rolle[1]:

> Eine im abgeschlossenen Intervall [a; b] stetige und im Innern dieses Intervalls, also in]a; b[, differenzierbare Funktion f mit $f(a) = f(b) = 0$ hat in]a; b[mindestens eine Stelle ξ mit $f'(\xi) = 0$.

[1] Michel Rolle (1652–1719), französischer Mathematiker.

Beweis:
Wir betrachten zunächst als Sonderfall diejenige Funktion f, für die $f(x) = \text{const.}$ für alle $x \in [a; b]$ gilt. Dann ist $f'(x) = 0$ im ganzen Intervall und damit sicher der Satz erfüllt.
Sei f keine konstante Funktion, so nimmt f, wegen der vorausgesetzten Stetigkeit, an einer Stelle ξ mit $a < \xi < b$ einen Extremwert an (Extremwertsatz, S. 14).
Nehmen wir an, dass es sich um ein Maximum handelt, dann gilt:

$$f(\xi) - f(x) \geqq 0 \qquad \text{für } \textit{alle } x \in [a; b] \tag{1}$$

Daraus folgt rechts von ξ, also für $x = \xi + h$ mit $x \in]a; b[$ und $h > 0$:

$$\frac{f(\xi + h) - f(\xi)}{\xi + h - \xi} \leqq 0 \tag{2}$$

Entsprechend ergibt sich links von ξ für $x = \xi - h$ mit $x \in]a; b[$ und $h > 0$:

$$\frac{f(\xi - h) - f(\xi)}{\xi - h - \xi} \geqq 0 \tag{3}$$

Da f in $]a; b[$ überall differenzierbar sein soll, existieren die Grenzwerte

$$\lim_{h \to 0+0} \frac{f(\xi + h) - f(\xi)}{h} = p \leqq 0 \quad \text{und} \quad \lim_{h \to 0+0} \frac{f(\xi - h) - f(\xi)}{-h} = q \geqq 0.$$

Außerdem müssen die beiden Grenzwerte übereinstimmen. Das heißt, es gilt $p = q$. Dies aber trifft nur für $p = q = 0$ zu, womit sich $f'(\xi) = 0$ ergibt.

Entsprechendes gilt, wenn der Extremwert bei $x = \xi$ ein Minimum ist.

Damit ist der Satz von Rolle bewiesen.

1. Beispiel: (Fig. 15.3): Wir betrachten die Funktion $f\colon x \mapsto f(x) = -2x^3 + \frac{11}{2}x^2 - 3x$.

Wie man leicht nachprüft, gilt: $f(0) = f(\frac{3}{4}) = f(2) = 0$

Aus $f'(x) = -6x^2 + 11x - 3$ erhält man $f'(\xi) = 0$ für

$\xi_1 = \frac{1}{3}$; $\xi_2 = \frac{3}{2}$.

Es gilt $0 < \frac{1}{3} < \frac{3}{4}$ und $\frac{3}{4} < \frac{3}{2} < 2$ gemäß dem Satz von Rolle.

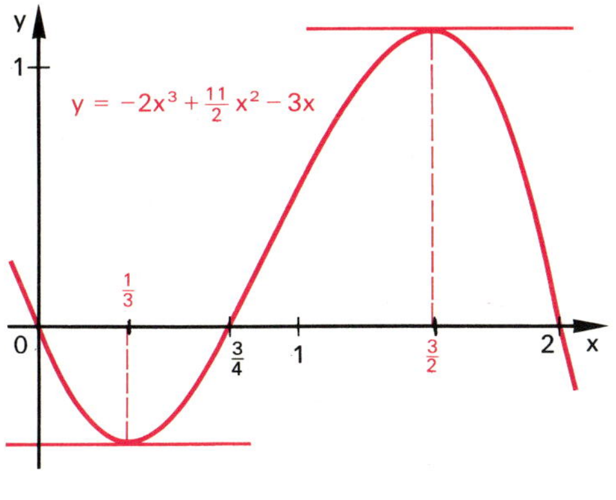

Fig. 15.3

2. Beispiel: (Fig. 15.4): Im Falle der Funktion $f: x \mapsto \sin x$ liegen die Stellen mit waagrechter Tangente genau in der Mitte zwischen zwei benachbarten Nullstellen des Graphen, wie sich aus der Ableitungsfunktion $f': x \mapsto \cos x$ sofort ergibt (Fig. 15.4).

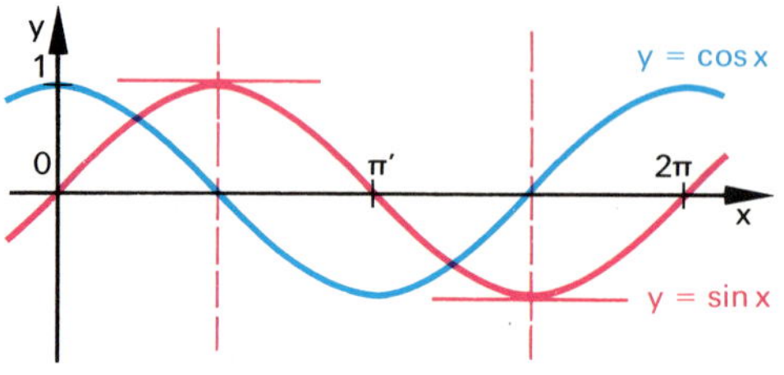

Fig. 15.4

B. Wir verallgemeinern nun unsere Betrachtungen auf den in Fig. 15.1 dargestellten Fall. Dabei sind die an die Funktion f gestellten Bedingungen die gleichen wie im Satz von Rolle.

Mittelwertsatz der Differenzialrechnung

Eine im abgeschlossenen Intervall $[a; b]$ stetige und im Innern dieses Intervalls, also in $]a; b[$, differenzierbare Funktion f hat in $]a; b[$ mindestens eine Stelle ξ mit

$$f'(\xi) = \frac{f(b) - f(a)}{b - a}.$$

Beweis: (Fig. 15.5)

Wir führen diesen Satz auf den Satz von Rolle zurück, indem wir die Differenzfunktion d aus der Funktion f und der linearen Funktion s mit der Geraden AB als Graph betrachten:

$d(x) = f(x) - s(x)$ mit

$$s(x) = \frac{f(b) - f(a)}{b - a}(x - a) + f(a)$$

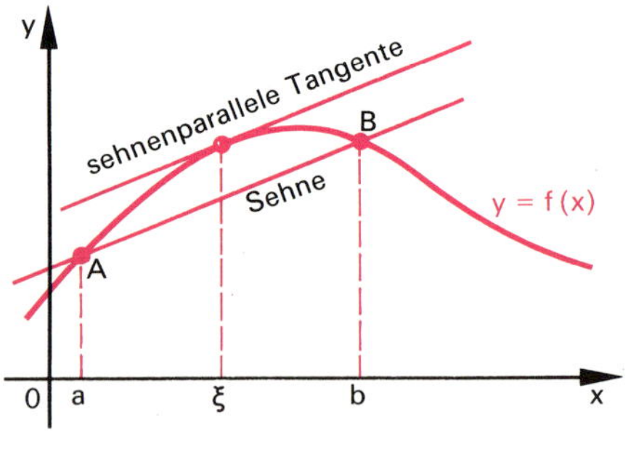

Fig. 15.5

Diese neue Funktion d erfüllt die Bedingungen des Satzes von Rolle, denn es gilt $d(a) = d(b) = 0$. Außerdem ist d in $[a; b]$ stetig und in $]a; b[$ differenzierbar, weil dies für f und die lineare Funktion s gilt. Die Ableitung von d hat demnach im Innern des Intervalls eine Nullstelle ξ.

Aus $d'(\xi) = 0$ folgt $f'(\xi) = s'(\xi)$, und daher:

$$f'(\xi) = \frac{f(b) - f(a)}{b - a}$$

Hinweis: Häufig wird der Mittelwertsatz der Differenzialrechnung in der folgenden Form ausgesprochen:

$$f(b) = f(a) + (b-a)\,f'(\xi) \qquad \text{mit } a < \xi < b$$

oder auch mit $b - a = h$:

$$f(a+h) = f(a) + h \cdot f'(a + \vartheta h) \qquad \text{mit } 0 < \vartheta < 1$$

Diese Form spielt bei den Anwendungen des Mittelwertsatzes eine entscheidende Rolle, wie wir noch sehen werden.

Aufgaben

1. Gegeben ist die Funktion $f\colon x \mapsto x^2$ mit $D_f = \mathbb{R}$. Zeige für ein beliebiges Intervall $[a; b]$, dass die Sekante durch die Kurvenpunkte $A(a; a^2)$ und $B(b; b^2)$ zu derjenigen Tangente parallel ist, die den Graphen G_f genau über dem Intervallmittelpunkt berührt!

2. Zeige für jede ganzrationale Funktion 2. Grades und jedes Intervall $[a; b]$, dass die Stelle ξ des Mittelwertsatzes stets das Intervall halbiert!

3. Gegeben: $f(x) = \begin{cases} \frac{1}{2}x^2 - x & \text{für } x \leqq -1 \\ -\frac{1}{2} - 2x & \text{für } x > -1 \end{cases}$.

   Erfüllt die Funktion f in jedem Teilintervall von $\mathbb{R}$ die Bedingungen des Mittelwertsatzes? In welchem Punkt des Graphen G_f hat die Tangente die gleiche Steigung wie die Sekante durch die Punkte $P(-3; ?)$ und $Q(2; ?)$?

4. Gegeben sind die Funktionen $f\colon x \mapsto x^3 - 5x^2 + 7x$ und $g\colon x \mapsto -x^2 + 3x$ mit der gemeinsamen Definitionsmenge $D = \mathbb{R}$.
   a) Zeichne die Graphen G_f von f und G_g von g in $[-1; 3]$!
   b) Die Graphen G_f und G_g haben zwei Punkte A und B gemeinsam. Welche?
   c) Bestimme für beide Graphen die Abszissen der Berührpunkte derjenigen Tangenten, die zur Sekante AB parallel sind!
   d) Wie findet man die Berührpunkte weiterer zueinander paralleler Tangenten an G_f und G_g? Inwieweit kann auch hier der Mittelwertsatz die Existenz solcher Tangentenpaare sichern?

15.2. Iterationsverfahren zur Nullstellenbestimmung

Die Nullstellen von Funktionen lassen sich nur in speziellen Fällen exakt nach den Verfahren der Algebra bestimmen. Daher sind schon sehr früh *Iterationsverfahren*[1] entwickelt worden, mit denen man die gesuchten Nullstellen durch wiederholte Anwendung des Verfahrens mit beliebiger Genauigkeit annähern kann. Durch die Entwicklung des Computers haben diese Methoden zusätzlich an Bedeutung gewonnen.

Als Beispiel wählen wir die noch recht einfache Funktion f mit

$$f(x) = x^3 + x - 1; \quad x \in \mathbb{R} \qquad \text{(Graph schwarz in Fig. 15.6)}$$

[1] von lat. *iteratio*, Wiederholung

Da $f(x) \to -\infty$ für $x \to -\infty$ und $f(x) \to \infty$ für $x \to \infty$, folgt aus der Stetigkeit (Zwischenwertsatz, G.3.3), dass mindestens eine Nullstelle existieren muss. Wegen $f'(x) = 3x^2 + 1 > 0$ folgt, dass f überall streng monoton zunimmt, damit also nur genau eine Nullstelle x_0 haben kann. Wegen $f(0) = -1$ und $f(1) = +1$ muss $0 < x_0 < 1$ sein.

Wir wollen nun drei verschiedene Iterationsverfahren zur Bestimmung von x_0 kennen lernen.

15.2.1. Verfahren der fortgesetzten Intervallhalbierung (Weierstraß'sches Halbierungsverfahren)

Man berechnet den Funktionswert in der Intervallmitte $f(0{,}5) = -0{,}375$ und schließt aus seinem Vorzeichen, dass $0{,}5 < x_0 < 1$ sein muss. Für dieses kleinere Intervall wird wieder der Funktionswert in der Mitte $f(0{,}75) = 0{,}171875 > 0$ berechnet, aus dessen Vorzeichen $0{,}5 < x_0 < 0{,}75$ folgt usw.

In einem entsprechenden Computerprogramm kann man dieses Verfahren z. B. so lange fortsetzen, bis der Betrag des Funktionswertes in der Intervallmitte kleiner ist als eine vorgegebene Zahl ε („Genauigkeit"). Dann wird diese Intervallmitte als Näherungswert für die Nullstelle ausgedruckt.

Der von der Wahl der Programmiersprache unabhängige logische Aufbau des Programms wird durch das folgende „Struktogramm" veranschaulicht. Daneben ist der Ergebnisausdruck eines entsprechenden BASIC-Programms angegeben; Startintervall war hierbei [0; 1], Genauigkeit $\varepsilon = 1 \cdot 10^{-5}$ (= „1 E-05").

Struktogramm:

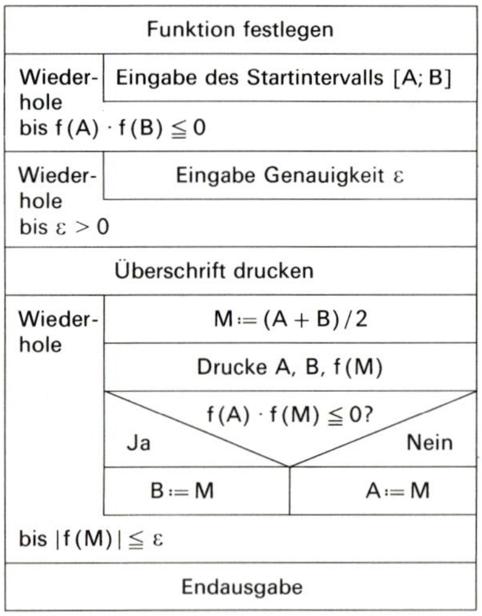

Ergebnis:

```
INTERVALLGRENZEN              MITTE M
RECHTS         LINKS           F(M)
1               0             -.375
1               .5             .171875
.75             .5            -.130859375
.75             .625           .0124511721
.6875           .625          -.0611267088
.6875           .65625        -.0248298643
.6875           .671875       -6.31380058E-03
.6875           .6796875       3.03739356E-03
.68359375       .6796875      -1.64600438E-03
.68359375       .681640625     6.9374172E-04
.682617188      .681640625    -4.76619229E-04
.682617188      .682128906     1.0843901E-04
.682373047      .682128906    -1.8412061E-04
.682373047      .682250977    -3.78484838E-05
.682373047      .682312012     3.52934003E-05
.682342529      .682312012    -1.2780074E-06

NAEHERUNG DER NULLSTELLE M= .682327271
FUNKTIONSWERT F(M)= -1.2780074E-06
```

Bei diesem Verfahren kann man bei jedem Schritt sofort eine obere Schranke für den Fehler des Näherungswertes angeben, nämlich die halbe Länge des gerade verwendeten Intervalls. Da diese gegen null geht, ist auch die Konvergenz gesichert.

Allerdings ist die Konvergenz nicht gut: Nach 10 Halbierungen ist die Intervall-Länge erst ein Tausendstel, da $2^{10} = 1024$; man hat erst 3 Dezimalstellen gewonnen.

15.2.2. Sekantenverfahren („Regula falsi")

Man geht auch hier von zwei groben Näherungswerten a_1 und b_1 für die gesuchte Nullstelle aus, deren Funktionswerte $f(a_1)$ und $f(b_1)$ verschiedene Vorzeichen haben. Die zugehörigen Punkte $P_1(a_1; f(a_1))$ und $Q_1(b_1; f(b_1))$ liegen also auf verschiedenen Seiten der x-Achse. Den nächsten Näherungswert x_1 gewinnt man nun nicht durch Intervallhalbierung, sondern man berechnet ihn als Schnittpunkt der Kurvensekante P_1Q_1 mit der x-Achse.
Aus der Gleichung für die Gerade P_1Q_1

$$y = \frac{f(b_1) - f(a_1)}{b_1 - a_1}(x - a_1) + f(a_1)$$

ergibt sich für $y = 0$ der neue Näherungswert

$$x_1 = a_1 + \frac{f(a_1)}{f(a_1) - f(b_1)} \cdot (b_1 - a_1).$$

Haben dann $f(a_1)$ und $f(x_1)$ verschiedene Vorzeichen, so setzt man das Verfahren mit den Werten a_1 und x_1 fort, andernfalls mit x_1 und b_1 (in Fig. 15.6 blau eingezeichnet).

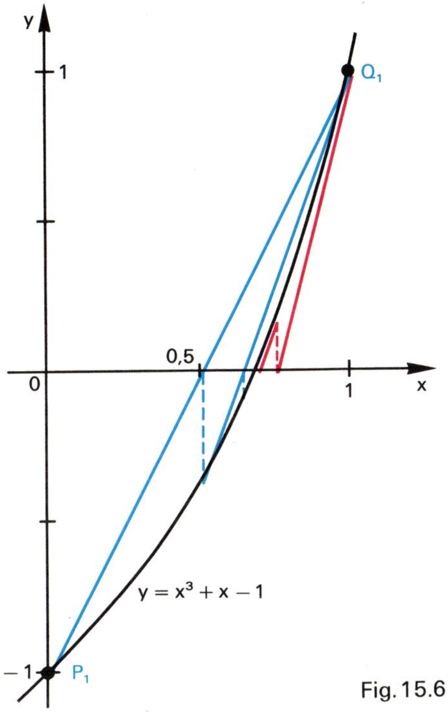

Fig. 15.6

Beginnen wir mit $P_1(0; -1)$ und $Q_1(1; 1)$, so erhalten wir nebenstehende Tabelle (wieder bis $|f(x_1)| < 10^{-5}$).

Schritt	Näherungswert x_1	$f(x_1)$
1	0,500000000	−0,375000000
2	0,636363636	−0,105935386
3	0,671195652	−0,026428287
4	0,679661646	−0,006375484
5	0,681691020	−0,001525536
6	0,682175816	−0,000364224
7	0,682291533	−0,000086928
8	0,682319148	−0,000020744
9	0,682325738	−0,000004950

Fehlerabschätzung:

x_0 sei eine Lösung, also $f(x_0) = 0$.
Nach dem Mittelwertsatz gilt

$$\frac{f(x_n) - f(x_0)}{x_n - x_0} = f'(\xi) \quad \text{oder} \quad x_n - x_0 = \frac{f(x_n) - f(x_0)}{f'(\xi)} = \frac{f(x_n)}{f'(\xi)}$$

Wenn daher für die Ableitung $|f'(x)| > k > 0$ in einer Umgebung der Lösung x_0 gilt, so erhält man dort die Fehlerabschätzung $|x_n - x_0| < |f(x_n)|/k$. Die Schranke hängt von k ab. Es leuchtet ein, dass der Fehler klein ist, wenn die Kurve steil, d. h. $|f'(x)|$ groß ist.
Auch dieses Verfahren konvergiert meist nicht sehr gut. Schneller kommt man im Allgemeinen mit dem nächsten Verfahren ans Ziel.

15.2.3. Tangentenverfahren (Newton'sches Näherungsverfahren)

Hier benötigt man nur einen ersten groben Näherungswert x_1 für die Nullstelle. Dann ersetzt man näherungsweise den Funktionsgraphen durch die Tangente im Punkt $Q_1(x_1; f(x_1))$ und berechnet ihren Schnittpunkt x_2 mit der x-Achse. Mit $Q_2(x_2; f(x_2))$ setzt man das Verfahren fort usw. (in Fig. 15.6 rot eingezeichnet).
Wir verfolgen den 1. Schritt rechnerisch. Die Tangentengleichung in Q_1 lautet:

$$y = f'(x_1)(x - x_1) + f(x_1)$$

Für $x = x_2$ soll $y = 0$ sein, also ist $x_2 = x_1 - \frac{f(x_1)}{f'(x_1)}$.

Entsprechend ergibt sich aus dem n-ten Näherungswert x_n der nächste Näherungswert x_{n+1} zu

$$x_{n+1} = x_n - \frac{f(x_n)}{f'(x_n)}.$$

In unserem Beispiel ist $f(x) = x^3 + x - 1$; $f'(x) = 3x^2 + 1$ und damit

$$x_{n+1} = x_n - \frac{x_n^3 + x_n - 1}{3x_n^2 + 1} = \frac{2x_n^3 + 1}{3x_n^2 + 1}$$

Mit dem Anfangswert $x_1 = 1$ erhalten wir dann die nebenstehenden Werte.

n	x_n	$f(x_n)$
1	1,000000000	1,000000000
2	0,750000000	0,171875000
3	0,686046512	0,008941037
4	0,682339583	0,000028231
5	0,682327804	0,0000000009

Das Newton'sche Verfahren konvergiert bei brauchbarem Anfangswert sehr schnell. Wird dieser ungünstig gewählt, so kann es aber auch vollständig versagen.

Auf jeden Fall muss für alle Näherungswerte die Ableitung $f'(x)$ ungleich null sein, da sie im Nenner auftritt.

Aufgaben

1. Wendet man das Newton'sche Verfahren auf $f(x) = x^2 - a$ mit $a > 0$ an, so erhält man das sog. *Heron'sche Quadratwurzelverfahren* mit $x_{n+1} = \frac{1}{2}\left(x_n + \frac{a}{x_n}\right)$.

   Überprüfe dies und berechne damit $\sqrt{2}$ und $\sqrt{5}$ auf 5 Dezimalen genau!
2. Berechne $\sqrt[3]{5}$ auf 4 geltende Dezimalstellen mit Hilfe eines Iterationsverfahrens!

Ergänzungen und Ausblicke

A. Das Newton-Verfahren mit beliebigen Anfangswerten

Bei den Näherungsverfahren versucht man, mit einem möglichst guten Anfangswert x_1 zu beginnen.
An der sehr einfachen Gleichung $f(x) = x^3 - 1 = 0$ werden wir sehen, welch unerwartete Erscheinung man beobachten kann, wenn man beliebige Anfangswerte x_1 bei dem Newton'schen Verfahren zulässt.
In dem Computerdiagramm Fig. 15.7 ist für alle Punkte einer Bildschirmzeile, die ein Intervall der x-Achse darstellt, nach oben aufgetragen, wie viele Iterationen notwendig sind, bis x_n sich um weniger als 10^{-5} von der Lösung $x_0 = 1$ unterscheidet.

Für $x_1 > 0$ wird erwartungsgemäß die Zahl der nötigen Iterationen umso kleiner, je näher man von links bzw. rechts mit dem Anfangswert x_1 an die Lösung $x_0 = 1$ herangeht.

Für $x_1 = 0$ versagt das Newton-Verfahren, da $f'(x) = 3x^2$ null wird. In der Nähe treten hohe Iterationszahlen auf, weil das im Nenner stehende $f'(x)$ sehr klein ist, der Betrag des nächsten Näherungswertes also sehr groß.

Für $x_1 < 0$ erkennt man eine Folge von Stellen, bei denen die Iterationszahl ein lokales Minimum ist, und dazwischen Werte, bei denen, wie in der Nähe von $x = 0$, hohe Iterationszahlen auftreten.

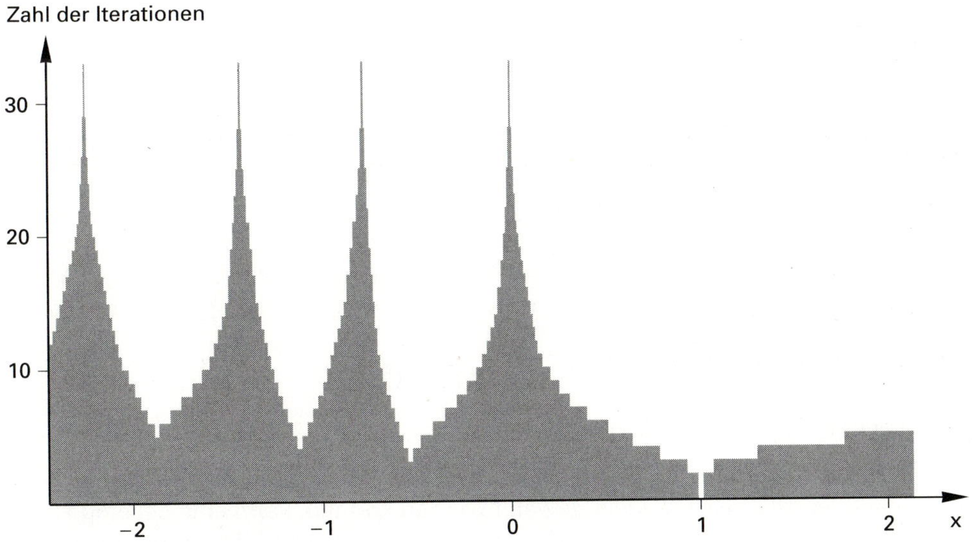

Fig. 15.7

Wir können diese Stellen auch berechnen: Für einen Wert x_1, der nach einer oder mehreren Iterationen zu $x = 0$ führt, versagt das Newton-Verfahren ebenfalls und in der Umgebung haben wir ein Verhalten wie beim Nullpunkt.

Die Iteration lautet:

$$x_2 = x_1 - (x_1^3 - 1) / (3x_1^2)$$

Für welchen Wert x_1 erhält man $x_2 = 0$?
Setzt man $x_2 = 0$, so erhält man

$$2x_1^3 = -1 \quad \text{oder} \quad x_1 = -\sqrt[3]{0{,}5} \approx -0{,}7937.$$

Für $x_1 = -0{,}7937$ versagt das Verfahren also nach *einem* Iterationsschritt.

Nach *zwei* Iterationen kommt man zum Nullpunkt, wenn man diesen Wert für x_2 einsetzt:

$$-0.7937 = x_1 - (x_1^3 - 1) / 3x_1^2$$

Mit Hilfe eines unserer Näherungsverfahren erhält man $x_1 \approx -1{,}4338$.

Setzt man dies für x_2 ein, erhält man denjenigen Ausgangswert x_1, für den sich nach *drei* Iterationen null ergibt. Man erhält so eine unendliche Folge solcher Stellen:

$$-0{,}7937 \quad -1{,}4338 \quad -2{,}2495 \quad -3{,}4170 \quad -5{,}1444 \quad -7{,}7250$$
$$-11{,}5913 \quad -17{,}3886 \quad \ldots$$

B. Eine Gleichung mit mehreren reellen Nullstellen

Wählt man eine Ausgangsgleichung, die mehrere reelle Nullstellen hat, z. B.

$$x^4 - 5x^2 + 4 = 0,$$

so wird man durch das Newton-Verfahren je nach Anfangswert x_1 zu verschiedenen Nullstellen geführt. In Fig. 15.8 ist durch Farben angezeigt, zu welcher Nullstelle man von dem betreffenden x_1-Wert kommt; es sind die „Einzugsbereiche" der 4 Nullstellen. Wieder gibt es Stellen, wo das Verfahren versagt.

Fig. 15.9 stellt einen winzigen Ausschnitt aus 15.8 dar, nämlich das Intervall

$$J_1: \quad 1{,}4791478 < x < 1{,}4816397$$

Überraschenderweise gibt es in diesem Intervall beliebig viele und beliebig kleine Intervalle, die genau so aussehen, wenn man sie mit einem geeigneten Faktor vergrößert, z. B. das Intervall

$$J_2: \quad 1{,}4790765899 < x < 1{,}4791478342$$

Man spricht von *Selbstähnlichkeit*.

Man erkennt in Fig. 15.9. außerdem, dass noch alle 4 Einzugsbereiche vertreten sind. Da diese Intervalle beliebig klein gewählt werden können, kann eine beliebig kleine Änderung des Startwertes zu irgendeiner anderen Nullstelle führen. Im praktischen Fall, wo man keine exakten Werte hat und wo bei der Berechnung mit irrationalen

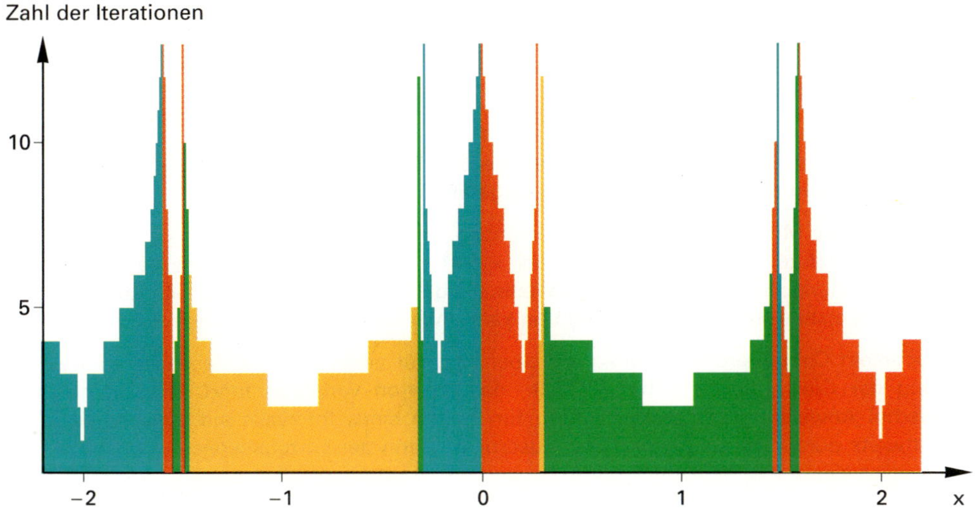

Fig. 15.8

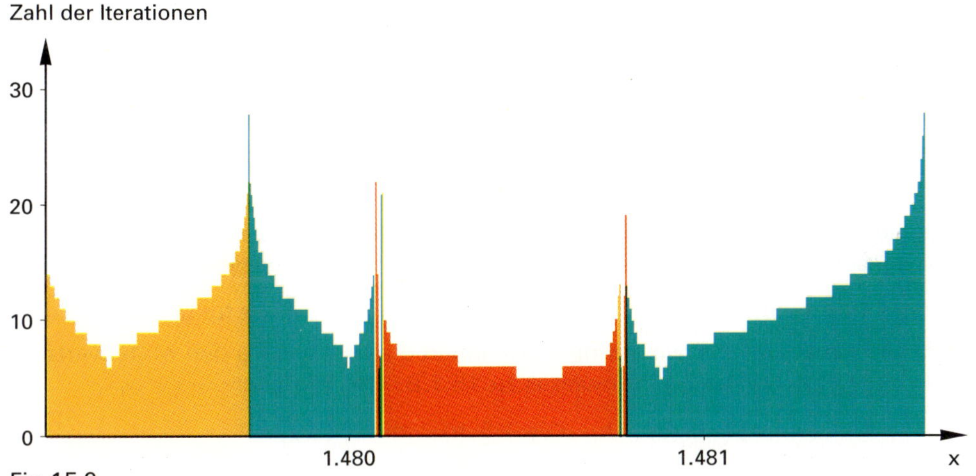

Fig. 15.9

Zahlen immer Rundungsfehler auftreten, ist daher nicht voraussagbar, zu welcher Lösung das Verfahren führt. Dies ist eine Eigenschaft von *chaotischem Verhalten*, wie es in der Chaostheorie untersucht wird.

Bemerkung:

Noch interessantere Bilder ergeben sich, wenn man unsere Gleichungen und die Einzugsbereiche der Nullstellen für komplexe Zahlen betrachtet: Wir können hier aber nicht näher darauf eingehen. Faszinierende Bilder dazu findet man in vielen Büchern über Fraktale.

Aufgaben

1. Bestimme die Längen der Intervalle J_1 und J_2 und ihren Quotienten, d. h. den Faktor, um den die Skala verändert ist.

2. Versuche auch bei der Gleichung $x^4 - 5x^2 + 4 = 0$ Stellen zu berechnen, wo das Newton-Verfahren versagt, weil sich sofort oder nach einem Näherungsschritt null im Nenner ergibt. An Fig. 15.8 kann man dann das Ergebnis ungefähr überprüfen.

3. Versuche lokale Minima in Fig. 15.7 zu berechnen.
Hilfe: Das absolute Minimum liegt sicher bei $x_0 = 1$, d. h., man verwendet als Näherungswert schon die Lösung. Gesucht sind nun die Werte, bei denen man nach 1, 2, ... Schritten zu $x = 1$ kommt. Die erste sich ergebende Gleichung kann man noch ohne Näherungsverfahren lösen.

4. Versuche ein Computerprogramm zu schreiben, das für einen Punkt x_1 feststellt, zu welcher Lösung der Gleichung $x^4 - 5x^2 + 4 = 0$ das Newton-Verfahren führt. Bilde dann eine Wiederhol-Anweisung, die diese Prüfung für Punkte eines Intervalls mit einer bestimmten Schrittweite durchführt und den x-Wert ausdruckt, wenn der Einzugsbereich wechselt.

15.3. Die Regel von de l'Hospital

Mit Hilfe des Mittelwertsatzes lässt sich in vielen Fällen der Grenzwert von Funktionen sehr viel einfacher berechnen, als dies bisher möglich war. Wir zeigen dies für einen wichtigen Sonderfall:

Im Intervall $J = [a - h; a + h]$ sei die Funktion f in der Form

$$f\colon x \mapsto f(x) = \frac{u(x)}{v(x)}, \quad x \neq a$$

gegeben. Für $x = a$ sei f wegen $u(a) = v(a) = 0$ nicht definiert. Jedoch wird vorausgesetzt, dass u und v in J stetig und in $J \setminus \{a\}$ differenzierbar sind.

Für die Entscheidung, ob $\lim\limits_{x \to a} f(x)$ existiert, und gegebenenfalls für die Berechnung des Grenzwerts wenden wir auf die Funktionen u und v jeweils den Mittelwertsatz an. In der Schreibweise des Hinweises zu 15.1.B. erhalten wir:

$$u(a + h) = u(a) + h \cdot u'(a + \vartheta_1 h) \quad \text{mit} \quad 0 < \vartheta_1 < 1$$
$$v(a + h) = v(a) + h \cdot v'(a + \vartheta_2 h) \quad \text{mit} \quad 0 < \vartheta_2 < 1$$

Dabei ist zu beachten, dass ϑ für beide Funktionen eine andere Zahl zwischen 0 und 1 sein kann, weshalb wir ϑ_1 bzw. ϑ_2 schreiben.
Nun ist aber a eine Nullstelle der Funktionen u und v, sodass wir für $f(a + h)$ folgenden Rechenausdruck erhalten:

$$f(a + h) = \frac{hu'(a + \vartheta_1 h)}{hv'(a + \vartheta_2 h)} = \frac{u'(a + \vartheta_1 h)}{v'(a + \vartheta_2 h)}$$

Nunmehr erkennen wir, dass $\lim\limits_{h \to 0+0} f(a + h)$ sicher dann existiert, wenn

$$\lim_{h \to 0+0} v'(a + \vartheta_2 h) = v'(a) \neq 0.$$

Wir erhalten dann wegen der vorausgesetzten Stetigkeit der Ableitungsfunktion v' in J:

$$\lim_{h \to 0+0} f(a+h) = \frac{u'(a)}{v'(a)}$$

(Beim Grenzübergang $h \to 0$ ändern sich auch ϑ_1 und ϑ_2. Immer ist jedoch $0 < \vartheta_1 < 1$ bzw. $0 < \vartheta_2 < 1$, also $a < a + \vartheta_1 h < a + h$ bzw. $a < a + \vartheta_2 h < a + h$.) Damit erhalten wir die folgende

Regel von de l'Hospital[1]:

> Ist $f(x) = \dfrac{u(x)}{v(x)}$ und
>
> (1) u, v sind an der Stelle a stetig mit $u(a) = v(a) = 0$,
>
> (2) u und v sind in einem gemeinsamen Intervall $J = [a - h; a + h]$ differenzierbar mit $v'(x) \neq 0$ für $x \in J$,
>
> (3) $\lim\limits_{x \to a} \dfrac{u'(x)}{v'(x)}$ existiert,
>
> so gilt folgende Grenzwertregel:
>
> $$\lim_{x \to a} f(x) = \lim_{x \to a} \frac{u'(x)}{v'(x)}$$

Bei der Herleitung dieser Regel haben wir den Fall $f(a-h)$ nicht gesondert untersucht. Der Gedankengang verläuft analog zu dem hier durchgeführten.

Beispiele: a) $\lim\limits_{x \to 1} \dfrac{x^3 - x^2 + 2x - 2}{x^4 + 2x^2 - 3} = \lim\limits_{x \to 1} \dfrac{3x^2 - 2x + 2}{4x^3 + 4x} = \dfrac{3}{8}$

b) $\lim\limits_{x \to 0} \dfrac{\sin 2x}{\sin x} = \lim\limits_{x \to 0} \dfrac{2\cos 2x}{\cos x} = 2$

Manchmal kommt man erst durch wiederholte Anwendung dieses Verfahrens zum Ziel. Man muss sich allerdings jedes Mal vergewissern, ob die Voraussetzungen für die Anwendung erfüllt sind:

Beispiel: $\lim\limits_{x \to 0} \dfrac{1 - \cos x}{x^2} = \lim\limits_{x \to 0} \dfrac{\sin x}{2x} = \lim\limits_{x \to 0} \dfrac{\cos x}{2} = \dfrac{1}{2}$

Aufgaben

1. Bestimme folgende Grenzwerte mit Hilfe der Regel von de l'Hospital:

a) $\lim\limits_{x \to 2} \dfrac{x^2 - 2x}{x - 2}$ b) $\lim\limits_{x \to -3} \dfrac{x^2 + 3x}{x^2 - 9}$

[1] *Marquis de l'Hospital*, ein französischer Mathematiker, veröffentlichte diese Regel 1696 ohne Beweis in einem Lehrbuch der Differenzialrechnung. Es gibt weitere ähnliche Regeln von de l'Hospital.

c) $\lim\limits_{x \to 0} \dfrac{\sin x}{x}$ d) $\lim\limits_{x \to 3} \dfrac{x^3 - 3x^2 + 2x - 6}{x^2 - 11x + 24}$

e) $\lim\limits_{x \to 0} \dfrac{x^2 \sin x}{x^2 - \sin x}$ f) $\lim\limits_{x \to \frac{\pi}{2}} \dfrac{1 - \sin x}{2x - \pi \sin x}$

g) $\lim\limits_{x \to 0} \dfrac{\sin x}{x + \sin x}$ h) $\lim\limits_{x \to 0} \dfrac{1 - \cos x}{x^2 + x}$

i) $\lim\limits_{x \to 0} \left(\dfrac{1}{\sin x} - \dfrac{1}{x}\right)$ k) $\lim\limits_{x \to \frac{\pi}{2}} \left(x - \dfrac{\pi}{2}\right) \tan x$

2. An welchen Stellen ist $f\colon x \mapsto \dfrac{x^3 - 4x^2 + 4x}{2x^3 + 2x^2 - 12x}$ nicht definiert?

   Berechne die Grenzwerte für diese Stellen!

3. Wie verhält sich der Term $f(x) = \dfrac{x^2 - 2x + 3}{x - 3}$ für $x \to 3$?

   Warum darf die obige Regel nicht angewandt werden?

15.4. Das Beweisprinzip der vollständigen Induktion

A. Als einführendes Beispiel wählen wir eine bei Abschätzungen oft verwendete Beziehung, die sogenannte *Bernoulli'sche Ungleichung:*[1]

$$\boxed{(1 + x)^n > 1 + n \cdot x}$$

gültig für $x > 0$ und $n = 2, 3, 4, \ldots$.

Zum Beweis zeigen wir zunächst die Gültigkeit der Ungleichung für die speziellen Werte $n = 2$ und $n = 3$.
Es ist $(1 + x)^2 = 1 + 2x + x^2 > 1 + 2x$ und demnach

$$(1 + x)^2 > 1 + 2 \cdot x\,.$$

Durch Multiplikation beider Seiten mit dem positiven Term $1 + x$ ergibt sich $(1 + x)^3 > (1 + 2x)(1 + x) = 1 + 2x + x + 2x^2 > 1 + 3x$, also

$$(1 + x)^3 > 1 + 3 \cdot x\,.$$

Entsprechend folgert man die Gültigkeit für $n = 4$ aus der für $n = 3$. Allgemein lässt sich aus der Gültigkeit für $n = k$, also aus

$$(1 + x)^k > 1 + k \cdot x$$

[1] Jakob Bernoulli (1654–1705), Schweizer Mathematiker, gab diese Ungleichung 1689 bekannt. Sie gilt auch noch für $-1 < x < 0$, was hier nicht weiter interessiert.

auf die Gültigkeit für $n = k+1$ schließen, denn es ist
$(1+x)^{k+1} = (1+x)^k (1+x) > (1+kx)(1+x) = 1 + kx + x + kx^2 > 1 + (k+1)x$,
also

$$(1+x)^{k+1} > 1 + (k+1) \cdot x\,.$$

Damit steht fest:

Falls die Ungleichung für $n = k$ gilt, so gilt sie auch für $n = k+1$ (wie gezeigt).
Weil die Ungleichung für $n = 2$ gilt (wie gezeigt), gilt sie auch für $n = 3$,
weil die Ungleichung für $n = 3$ gilt, gilt sie auch für $n = 4$,
weil die Ungleichung für $n = 4$ gilt, gilt sie auch für $n = 5$
usw.

Es ist unmittelbar einleuchtend, dass sie damit für alle natürlichen Zahlen $n \geqq 2$ gilt, was zu beweisen war.

So ist etwa $(1 + 0{,}01)^{10} > 1 + 10 \cdot 0{,}01$, das heißt: $1{,}01^{10} > 1{,}1$.

B. Nach diesem einfachen Beispiel befassen wir uns nun mit der Reihe

$$\frac{1}{1 \cdot 2} + \frac{1}{2 \cdot 3} + \frac{1}{3 \cdot 4} + \ldots + \frac{1}{n(n+1)} = s_n$$

Wir berechnen Schritt für Schritt die Summenwerte

$$s_1 = \frac{1}{1 \cdot 2} = \frac{1}{2} \qquad \text{(die „Reihe" besteht hier nur aus einem Glied)}$$

$$s_2 = s_1 + \frac{1}{2 \cdot 3} = \frac{1}{2} + \frac{1}{6} = \frac{2}{3}$$

$$s_3 = s_2 + \frac{1}{3 \cdot 4} = \frac{2}{3} + \frac{1}{12} = \frac{3}{4}$$

$$s_4 = s_3 + \frac{1}{4 \cdot 5} = \frac{3}{4} + \frac{1}{20} = \frac{4}{5}$$

$$s_5 = s_4 + \frac{1}{5 \cdot 6} = \frac{4}{5} + \frac{1}{30} = \frac{5}{6} \qquad \text{usw.}$$

Die Werte der ersten fünf Summen sind jeweils Brüche, deren Nenner um 1 größer ist als der mit dem Index übereinstimmende Zäher. Dies lässt *vermuten*, dass

$$s_n = \frac{n}{n+1}$$

und somit die Aussageform

$$A(n): \quad \frac{1}{1 \cdot 2} + \frac{1}{2 \cdot 3} + \frac{1}{3 \cdot 4} + \ldots + \frac{1}{n(n+1)} = \frac{n}{n+1}$$

in $\mathbb{N}$ allgemein, das heißt für $n = 1, 2, 3, 4, \ldots$ gilt.

Wie können wir dies beweisen? Dazu knüpfen wir an das erste Beispiel an. Ähnlich wie dort zeigen wir zunächst, dass sich eine wahre Aussage ergibt, wenn wir in A(n) für n die Zahl 1 setzen. Es ist dann

$$\frac{1}{1 \cdot 2} = \frac{1}{1+1}$$

$$\boxed{A(1) \text{ ist wahr}} \qquad (1)$$

Nun haben wir beim Beweis der Bernoulli'schen Ungleichung Folgendes festgestellt: Der offenbar entscheidende Schritt war dort der Nachweis, dass aus der Gültigkeit der Ungleichung für einen beliebigen Exponenten k die Gültigkeit der Ungleichung auch für den Exponentennachfolger $k+1$ erschlossen werden konnte. Ähnliches versuchen wir in diesem Beispiel. Dazu überlegen wir:

Falls A(n):

$$s_n = \frac{1}{1 \cdot 2} + \frac{1}{2 \cdot 3} + \frac{1}{3 \cdot 4} + \ldots + \frac{1}{n(n+1)} = \frac{n}{n+1} \qquad \text{gilt,}$$

lässt sich der Summennachfolger

$$s_{n+1} = \underbrace{\frac{1}{1 \cdot 2} + \frac{1}{2 \cdot 3} + \frac{1}{3 \cdot 4} + \ldots + \frac{1}{n(n+1)}} + \frac{1}{(n+1)(n+2)}$$

schreiben in der Form

$$s_{n+1} = s_n + \frac{1}{(n+1)(n+2)}$$

und vereinfachen zu

$$s_{n+1} = \frac{n}{n+1} + \frac{1}{(n+1)(n+2)}$$

$$= \frac{n^2+2n+1}{(n+1)(n+2)} = \frac{(n+1)^2}{(n+1)(n+2)} = \frac{n+1}{n+2}$$

Das heißt: Aus A(n): $s_n = \frac{n}{n+1}$ folgt

$$s_{n+1} = \frac{n+1}{n+2}$$

Diese Gleichung ist aber mit der Aussageform $A(n+1)$ identisch. Man erkennt dies sofort, wenn man in A(n) die Variable n durch den Nachfolger $n+1$ ersetzt. Damit ist gezeigt:

$$\boxed{\text{Wenn } A(n) \text{ für ein } n \in \mathbb{N} \text{ gilt, dann gilt auch } A(n+1)} \qquad (2)$$

(2) allein besagt noch nicht, dass A(n) in $\mathbb{N}$ allgemeingültig ist. In Verbindung mit (1) ergibt sich aber jetzt die Schlusskette:

Falls A(n) gilt, so gilt auch A(n + 1).
Weil A(1) wahr ist, ist auch A(2) wahr;
weil A(2) wahr ist, ist auch A(3) wahr;
weil A(3) wahr ist, ist auch A(4) wahr
usw.

Damit ist die Gültigkeit von A(n) für alle natürlichen Zahlen erwiesen.

Das hier und bei der Bernoulli'schen Ungleichung angewandte Beweisverfahren heißt *vollständige Induktion*, weil *induktiv*, das heißt vom Einzelfall ausgehend, unter *vollständiger* Erfassung aller Einzelfälle ein in $\mathbb{N}$ allgemeingültiges Gesetz begründet wurde.

C. Das Ergebnis unserer Überlegungen können wir in folgende Kurzform bringen:

Aus (1)	A(1) ist wahr
und (2)	A(n) ist wahr $\Rightarrow$ A(n + 1) ist wahr für alle $n \in \mathbb{N}$
folgt:	A(n) ist wahr für alle $n \in \mathbb{N}$

Wir wollen den Sachverhalt an zwei weiteren Beispielen vertiefen:

1. Beispiel: Man beweise die in 7.2.2.C. der Formelsammlung entnommene und bei der Integration benutzte Summenformel

$$\sum_{\nu=1}^{n} \nu^3 = \frac{n^2(n+1)^2}{4}$$

Lösung: Es ist zu zeigen, dass

$$A(n):\quad 1^3 + 2^3 + 3^3 + \ldots + n^3 = \frac{n^2(n+1)^2}{4} \quad \text{gilt für alle } n \in \mathbb{N}.$$

1. Schritt Nachweis der Gültigkeit von A(n) für $n = 1$
Setzen wir für den Term links vom Gleichheitszeichen T_l, für den Term rechts davon T_r, so ist für $n = 1$

$T_l = 1^3 = 1$ (Die „Summe" besteht nur aus einem Summanden)

$$T_r = \frac{1^2(1+1)^2}{4} = 1$$

Wegen $T_l = T_r$ ist damit A(1) wahr.

2. Schritt Schluss von n auf n + 1
Wir ersetzen in A(n) die Variable n durch n + 1 und haben zu zeigen:

$$1^3 + 2^3 + 3^3 + \ldots + n^3 + (n+1)^3 = \frac{(n+1)^2(n+2)^2}{4}$$

Nun ist

$$T_l = \underbrace{1^3 + 2^3 + 3^3 + \ldots + n^3} + (n+1)^3$$

$$= \qquad \frac{n^2 (n+1)^2}{4} \qquad + (n+1)^3$$

$$= \frac{n^2 (n+1)^2 + 4(n+1)^3}{4} = \frac{(n+1)^2 (n^2 + 4n + 4)}{4} = \frac{(n+1)^2 (n+2)^2}{4};$$

$$T_r = \frac{(n+1)^2 (n+2)^2}{4}.$$

Also gilt $T_l = T_r$, was zu beweisen war. Aus $A(n)$ folgt somit $A(n+1)$, womit in Verbindung mit dem 1. Beweisschritt die Gültigkeit der Summenformel $A(n)$ für alle $n \in \mathbb{N}$ nachgewiesen ist.

2. Beispiel: Beweise: $\sum\limits_{\nu=1}^{n} \nu^2 = \frac{n(n+1)(2n+1)}{6}$ (vgl. 7.2.2. B.)

Lösung: Es ist zu zeigen, dass

$$A(n): \quad 1^2 + 2^2 + 3^2 + \ldots + n^2 = \frac{n(n+1)(2n+1)}{6}$$ für alle $n \in \mathbb{N}$ gilt.

1. Schritt Nachweis der Gültigkeit von $A(n)$ für $n = 1$

$$T_l = 1^2$$

$$T_r = \frac{1 \cdot 2 \cdot 3}{6} = 1$$

Es ist $T_l = T_r$ und somit $A(1)$ wahr.

2. Schritt Schluss von n auf $n+1$

In $A(n)$ ersetzen wir wieder die Variable n durch $n+1$ und haben zu zeigen:

$$1^2 + 2^2 + 3^3 + \ldots + n^2 + (n+1)^2 = \frac{(n+1)(n+2)(2n+3)}{6}$$

$$T_l = \underbrace{1^2 + 2^2 + 3^2 + \ldots + n^2} + (n+1)^2 =$$

$$= \qquad \frac{n(n+1)(2n+1)}{6} \qquad + (n+1)^2 =$$

$$= \frac{n(n+1)(2n+1) + 6(n+1)^2}{6} = \frac{(n+1)(2n^2 + n + 6n + 6)}{6} =$$

$$= \frac{(n+1)(2n^2 + 7n + 6)}{6} \underset{1}{=} \frac{(n+1)(n+2)(2n+3)}{6} = T_r,$$

was zu beweisen war.

[1] Es gilt $2n^2 + 7n + 6 = (n+2)(2n+3)$, wie man durch Probieren findet. „Sieht" man dies nicht, so klammert man aus dem Term den Faktor 2 aus und bestimmt die beiden Lösungen der sich ergebenden quadratischen Gleichung. Man erhält $n_1 = -2$, $n_2 = -1{,}5$ und damit $2(n+2)(n+1{,}5) = (n+2)(2n+3)$.

D. Das Prinzip der vollständigen Induktion gründet sich auf ein von dem italienischen Mathematiker Peano (1858–1932) ausgesprochenes Axiom folgenden Inhalts:

> Gilt für eine Menge M natürlicher Zahlen
>
> (1) $1 \in M$
>
> (2) $n \in M \Longrightarrow (n+1) \in M$ für alle $n \in M$
>
> so folgt: $M = \mathbb{N}$

Der induktive Schluss ist dadurch gekennzeichnet, dass er eine Einzelaussage (Spezialfall) verallgemeinert. Demgegenüber spricht man von einer Deduktion, wenn ein allgemeines Gesetz auf einen Sonderfall innerhalb seines Geltungsbereichs angewendet wird. Um beide Schlussverfahren zu vergleichen, betrachten wir folgendes Schema:

Allgemeines Gesetz		Einzelaussage
Für jedes Paar positiv reeller Zahlen a, b mit $a \neq b$ gilt: $\sqrt{ab} < \frac{a+b}{2}$	→ Deduktion ($a = 2;\ b = 4{,}5$) ← Induktion ($2 = a;\ 4{,}5 = b$)	Für die positiv reellen Zahlen 2 und 4,5 gilt: $\sqrt{2 \cdot 4{,}5} < \frac{2+4{,}5}{2}$

Während der deduktive Schluss bei richtiger Anwendung zwingende Gewissheit vermittelt, können induktive Schlussfolgerungen entweder wahr oder falsch sein. Ihre Richtigkeit steht nur dann fest, wenn jeder mögliche Einzelfall als richtig erwiesen ist. Aus diesem Grund können z. B. alle auf experimentellem Weg gefundenen physikalischen Gesetze keinen absoluten Gültigkeitsanspruch erheben. Denn sie beruhen stets auf einer „unvollständigen" Induktion. In der Mathematik dagegen gelingt es, mit dem Prinzip der vollständigen Induktion unendlich viele Einzelfälle in einem einfachen Denkvorgang auf einmal restlos zu erfassen.

Aufgaben

1. Beweise die Gültigkeit folgender Summenformeln für alle $n \in \mathbb{N}$!

a) $1 \cdot 2 + 2 \cdot 3 + 3 \cdot 4 + \ldots + n \cdot (n+1) = \frac{n(n+1)(n+2)}{3}$

b) $\frac{1}{1 \cdot 5} + \frac{1}{5 \cdot 9} + \frac{1}{9 \cdot 13} + \ldots + \frac{1}{(4n-3)(4n+1)} = \frac{n}{4n+1}$

c) $\sum\limits_{\nu=1}^{n} \nu(\nu+1)(\nu+2) = \frac{n(n+1)(n+2)(n+3)}{4}$

d) $\sum\limits_{\nu=1}^{n} \frac{1}{(3\nu-2)(3\nu+1)} = \frac{n}{3n+1}$

2. Beweise die folgenden, bereits bekannten Formeln mit vollständiger Induktion!

a) $\sum_{v=1}^{n} v = \frac{n(n+1)}{2}$; (vgl. 1.9.1. B.)

b) $\sum_{v=1}^{n} aq^{v-1} = a\,\frac{q^n - 1}{q - 1}$ mit $q \neq 1$; (vgl. 1.9.2.)

3. Zeige, dass bei der Aussageform

$$A(n):\quad \frac{1}{1 \cdot 3} + \frac{1}{3 \cdot 5} + \frac{1}{5 \cdot 7} + \ldots + \frac{1}{(2n-1)(2n+1)} = \frac{3n+1}{2n+1}; \quad n \in \mathbb{N}$$

der Schluss von n auf $n+1$ gelingt! Trotzdem ist die Formel falsch. Warum?

Stichwortverzeichnis

Bildnachweis

Image Bank, München: 219 (Grafton M. Smith) – Bildagentur Mauritius, Mittenwald: 239 (SDP) – Tony Stone, München: 7 (Glenn Allison), 27 (Andy Sacks), 67 (Randy Wells), 101 (Doug Armand), 115 (David Fitzgerald), 153, 211, 251 (Terry Vine)